光电材料与器件

主　编　韩　涛　曹仕秀　杨　鑫
副主编　唐典勇　阮海波　关有为

科 学 出 版 社
北　京

内 容 简 介

本书主要介绍光电材料的基础理论、物理特性，光电元器件制备技术、工作原理、最新应用，光电材料与器件技术的最新进展及与其他技术的关联等。内容主要涉及光电材料的理论基础、微纳光电材料及器件、半导体发光材料与器件、无机光致发光材料、LED 封装技术、透明导电材料、触控屏、显示屏、太阳能电池材料及应用的基本原理和发展趋势等。特别是，对于光-电转换材料与器件、电-光转换材料与器件和透明导电材料等新型的光电材料与器件，本书作了较系统的理论分析，并给出了应用实例。

本书可作为高等院校工科类材料、光信息科学与技术、信息显示与光电技术、光电信息工程、光电子材料与器件等专业本科生或研究生教材，也可作为相关专业科研人员和工程技术人员的参考用书。

图书在版编目(CIP)数据

光电材料与器件 / 韩涛，曹仕秀，杨鑫主编. —北京：科学出版社，2017.1（2024.12 重印）

ISBN 978-7-03-051672-5

Ⅰ.①光… Ⅱ.①韩… ②曹… ③杨… Ⅲ.①光电材料-高等学校-教材 ②光电器件-高等学校-教材 Ⅳ. ①TN204②TN15

中国版本图书馆 CIP 数据核字（2017）第 022136 号

责任编辑：张 展 李小锐 / 责任校对：韩雨舟
封面设计：墨创文化 / 责任印制：罗 科

科学出版社 出版
北京东黄城根北街16 号
邮政编码：100717
http://www.sciencep.com

成都锦瑞印刷有限责任公司 印刷
科学出版社发行 各地新华书店经销

*

2017 年 1 月第 一 版 开本：787×1092 1/16
2024 年 12 月第十二次印刷 印张：16 1/2
字数：400 000

定价：42.00 元

（如有印装质量问题，我社负责调换）

前　言

随着信息、显示、半导体照明、光电传感等光电技术的快速发展，光电产业将是21世纪最具魅力的朝阳产业，发展潜力巨大。光电材料是整个光电产业的基础和先导，新材料和新器件的产生促进光电子技术的重大进步，没有这些基础的材料与器件，就难以组装高性能的光电设备和搭建高性能的光电系统。光电材料与器件涉及光学、电子、材料等多个学科，目前相关的专业教材比较少。

根据学校的“十三五”规划，按照学科专业一体化建设思路，重点建设材料类学科专业，形成适应地方支柱产业、战略性新兴产业等发展需求的学科专业体系。目前，学校已建有材料科学与工程、微电子科学与工程等专业，规划建设光电信息科学与工程、光学工程等专业。光电材料与器件作为以上专业的主干课程，其教材建设具有重要意义。

本书主要涉及光电材料的理论基础、微纳光电材料及器件、半导体发光材料与器件、LED封装技术、无机光致发光材料、透明导电材料、触控屏、显示屏、太阳能电池材料及应用的基本原理和发展趋势等。

本书由重庆文理学院新材料技术研究院的教师集体编写而成，共分为10章。韩涛组织全书的编写工作并编写第1、6章，唐典勇编写第2、3章，曹仕秀编写4、5章，阮海波编写第7章，关有为编写第8章，杨鑫、阮海波和韩涛合作编写完成第9章，杨鑫编写第10章。

本书的写作特点如下：

(1)从技术现状出发，注重与现代光电技术发展的环境紧密结合，与高等教育教学改革的理念相适应；

(2)编写中注重内容的科学性、严谨性、先进性、实用性和针对性；

(3)相关内容深入浅出，循序渐进，强化应用，详略得当。

本书可作为高等院校工科类材料、光信息科学与技术、信息显示与光电技术、光电信息工程、光电子材料与器件等专业本科生或研究生教材，也可作为相关专业科研人员和工程技术人员的参考用书。

本书的出版得到了重庆文理学院教材项目资助，在此表示感谢。

限于编者的水平，书中难免存在疏漏和不足之处，恳请广大读者批评指正，以便修正。

韩　涛

2017年1月于重庆文理学院

目　　录

第1章 绪 论

1.1 光电子技术简介

根据“全球工业分析”(global industrial analysis)最新的市场分析报告，全球光电产业的产值2015年达到9320亿美元。光电产业是21世纪的第一主导产业，是经济发展的制高点，其战略地位是不言而喻的。光电子技术是光电产业的支柱与基础，涉及光电子学、光学、材料学、微电子学、计算机技术等前沿理论和技术，是多学科相互渗透、相互交叉而形成的高新技术科学，它的应用涉及太阳能光伏、发光二极管(有机发光二极管)、平板显示屏、激光、计算机、通信、信息存储、现代测试仪器、智能玻璃等众多领域。

1.1.1 光电子技术发展历程

最早出现的光电子器件是光电探测器，而光电探测器的基础是光电效应的发现和研究。1873年，英国史密斯发现了硒的光电导性。1888年，德国赫兹观察到紫外线照射到金属时，能使金属发射带电粒子。1890年，勒纳通过对带电粒子的电荷质量比的测定，证明它们是电子，由此弄清了光电效应的实质。1900年，德国物理学家普朗克在黑体辐射研究中引入能量量子，提出了著名的描述黑体辐射现象的普朗克公式，为量子论奠定了基础。1929年，科勒制成银氧铯光电阴极，从此出现了光电管。1939年，苏联兹沃雷金制成实用的光电倍增管。20世纪30年代末，硫化铅(PbS)红外探测器问世，它可探测到3μm辐射。20世纪40年代出现用半导体材料制成的温差电型红外探测器和测辐射热计。20世纪50年代中期，可见光波段的硫化镉(CdS)、硒化镉(CdSe)、光敏电阻和短波红外硫化铅光电探测器投入使用。1954年，第一个硅基太阳能电池诞生在美国贝尔实验室。1958年，英国劳森等发明碲镉汞(HgCdTe)红外探测器。

1960年，美国梅曼研制成世界上第一台激光器——红宝石激光器。1961年，第一台激光测距仪出现，其后，各种激光制导武器、激光致盲武器、激光毁灭性武器等相继研制成功。

1964年，美国RCA公司发现了液晶的光电效应、宾主效应、动态散射效应和相移存储效应，为液晶显示器、液晶光阀等器件的研制奠定了理论基础。自此，平板显示器技术以液晶显示器发展最快，其他平板显示器，包括等离子体显示器、有机电致发光显示器等相继问世。

1966年，光纤技术开始发展。同年，英籍华人科学家高锟等提出了实现低损耗光学纤维的可能性，为光纤通信开辟了道路。20世纪70年代，光电子技术领域的标志性成果是低损耗光纤的实现、半导体激光器的成熟及电荷耦合元件(charge-coupled device，CCD)的问世。1970年，美国研制出损耗为20dB/km的石英光纤和室温下连续工作的半导体激光器，使光纤通信成为可能。这一年被公认为“光纤通信元年”。自此，光纤通信得到迅猛发展。在技术发展的同时，应用也在展开。20世纪70年代初，美国激光制导炸弹投入使用，1972年，荷兰飞利浦公司演示了模拟式激光视盘。20世纪70年代中后期，日本、美国、英国开始建设光纤通信骨干网。

20世纪90年代，光电子技术在储存领域取得到了成功应用，光盘已成为计算机存储的重要手段，CD、VCD已深入千家万户，DVD也于20世纪90年代中期走进人们生活。另外，光电子技术在照明和显示方面也取得了长足发展。1983年，美籍华裔教授邓青云在实验室中发现了有机发光二极管(organic light emitting diode，OLED)，其低电压、高量子效率的特点使其成为新一代平板显示技术。1993年，日本日亚(Nichia)公司的中村修二发明了基于宽禁带半导体材料氮化镓(GaN)和铟氮化镓(InGaN)的具有商业应用价值的蓝光发光二极管(LED)，革新了光源技术。

1.1.2 光电子技术相关概念

光电子技术是一个非常宽泛的概念，它围绕着光信号的产生、传输、处理和接收，涵盖了新材料(新型发光感光材料、非线性光学材料、衬底材料、传输材料和人工材料的微结构等)、微加工和微机电、器件和系统集成等一系列从基础到应用的领域。光电子技术科学是光电信息产业的支柱与基础，涉及光电子学、光学、材料学、微电子学、计算机技术等前沿学科理论，是多学科相互渗透、相互交叉而形成的高新技术学科。目前，光电子技术所涉及的范围如表1-1所示。

表1-1 光电子技术概况

类别	产业技术内容		
光电子材料与元件	光电材料		光学玻璃、光塑料、光学晶体、红外材料、激光材料、光纤材料、非线性光学材料、半导体光电材料及外延材料等
	光电元件		发光器件、光探测/接收元件、光导管、光电晶体管、太阳能电池等
光电显示	LED显示、液晶显示、等离子体显示、有机发光二极管、有机电致发光显示、场致发光显示、激光全息投影等		
光传感器	磁光效应传感器、环境光传感器、红外光传感器、太阳光传感器		
光输入/光输出	扫描仪、表格阅读机、文字识别机、数码相机、激光打印机、激光复印机、光传真机等		
光存储	CD、VCD、DVD、光量子数据存储、三维体存储及光盘机、刻录机		
光通信	元器件	单模/多模光纤、光纤连接器等	
		有源器件	光放大器、光源—光纤耦合器、光源—探测器耦合器、光源TO封装器件、光泵浦器件等
		无源器件	光开关、光耦合器、光衰减器、光隔离器、分光器、波分复用器等
	系统与设备	光纤传输设备、光纤区域网络设备、光纤通信检测与监控设备、光纤广电有线电视(community antenna television，CATV)系统等	

续表

类别	产业技术内容	
激光及其他应用	激光器	半导体激光器、固体激光器、气体激光器、染料激光器、准分子激光器等
	激光应用	激光工业加工、激光医疗、激光武器、激光科研及其他应用

光电子技术与电子技术关系密切。电子学是一门以应用为主要目的的学科，它主要研究电子的特性和行为，以及电子器件的物理性质。电子学涉及很多学科门类，包括物理、化学、数学、材料科学等。而光电子学是指光波波段，即红外线、可见光、紫外线和软X射线(波长范围1～10nm)的电子学，它是研究以光子作为信息载体和能量载体的科学，主要研究光子如何产生及其运动和转化的规律。电子技术研究电子的运动规律，并应用于电子器件、电子电路和设备的技术。光电子技术则是同时研究光与电，即光子或光波与电子相互作用的一门技术，它包括光电子能源技术和光电子信息技术。光电子技术离不开电子技术，光电子技术需要电能-光能转换，光源需要驱动和控制电路才能发光，在信息领域则需要进行光电信号处理，而且目前大量的信息处理仍然以电子技术为基础，在发射和接收过程中仍需要电信息与光信息之间的转换、放大。未来信息技术的核心是光电子技术，光电子技术在信息技术领域的优越性尤其体现在以下三个方面。

(1)光波的频率更高，能够传输的信息容量更大。

(2)光波在介质中传输具有一定的优势。

(3)光电子信息技术尤其是在激光出现以后取得巨大的进展(光通信、光存储)。

1.2　光电材料与器件的概念、地位及作用

1.2.1　光电材料与器件的基本概念

光电子技术环节包括“材料、器件、模块、设备、系统”，其中器件则由一定性能(化学、电学、光学和力学性能指标)的材料制成，模块由适合于指定参数要求(电流、电压、响应速度或频率)的器件组成，设备由多个功能模块在一定的软件环境下运行，系统由设备在一定的标准协议下构建而成。因此，光电技术的底层、基础是光电材料与器件。

光电材料是整个光电产业的基础和先导，光电材料是指能产生、转换、传输、处理、存储光信号的材料，主要包括半导体光电材料(Ⅲ-Ⅴ族)、有机半导体光电材料、无机晶体和石英玻璃等。Ⅲ-Ⅴ族的元素可以任意组合形成许多化合物半导体材料，如AlGaAs、InGaAsN等，其晶格常数、禁带宽度和吸收/发射光波长是决定化合物半导体材料光电属性的3个最重要的参数。光电器件是指能实现光辐射能量与信号之间转换功能或光电信号传输、处理和存储等功能的器件。目前，大多数商用半导体光电器件由GaAs基、InP基和GaN基化合物半导体材料系统制成，广泛用于光通信网络、光电显示、光电存储、光电转换和光电探测等领域。

1.2.2 光电材料与器件在光电技术中的地位与作用

新器件和材料的产生促进光电子技术的重大进步，包括 LED、OLED、太阳能电池、触摸屏、激光器、光纤、全光网络的各种器件(半导体激光器、EDFA、OXC、OADM)，还有激光打印机、数码相机、VCD、DVD 等。没有这些器件或者不了解这些器件，就难以组装高性能的光电设备和搭建高性能的光电系统。

由光电材料制成的光电器件和产品正逐渐应用于信息产业的每一个重要环节，从信息的获取、处理、传输到信息的存储和显示，信息产业对信息相关产品的高速、大容量、高清晰、超薄和超轻的要求不断提高，推动着光电产业的持续高速发展，光电新材料、新产品和新技术不断涌现。其中，光电传感系统及其相关器件、光电显示、光通信和光存储是目前光电产业最主要的应用领域。在光电显示领域，以液晶显示器(LCD)为主流的平面显示器件产品已替代传统的 CRT(阴极射线管)市场，占据了整个显示市场的半壁江山。在光电平面显示器件和产品中，液晶已经渗透到显示器件的每一个领域；被誉为梦幻显示的 OLED 也开始在手机、数码相机、个人数字助理(PDA)等小尺寸显示领域得到应用。GaN 基蓝光发光二极管(LED)的研制成功和商用器件的面世，为 LED 产品的全彩显示和白光照明提供了可能，并在世界范围内掀起了一场蓝光热，白光照已成为第四代照明光源。

半导体激光器的成功开发，使以 CD-ROM、VCD 和 DVD 为代表的数字光盘成为当今多媒体信息时代不可缺少的存储技术之一，已广泛应用于计算机存储、数字家电、广播电视、车载导航和电子出版等领域。光存储正沿着 CD—DVD—三维全息存储的方向发展。

近年来，有机及有机/无机复合光电材料与器件研究和应用取得了重大进步和发展，引起了国际光电学术界、产业界的高度重视。有机材料以其快速、高密度、廉价等优点成为正在崛起的新一代光电信息材料。以有机材料为基础的光电器件，如 OLED、塑料光纤、有机薄膜激光器、聚合物基全息光存储器、有机波导器件、有机晶体管与场效应管、有机光开关等的开发和产业化将推动光电产业到达一个新的高度。

1.3 本书的理论基础

1.3.1 光电转换材料与器件

光电转换依据的是光电效应原理，光电效应原理为物质在光辐射作用下释放出电子的现象，光电现象由赫兹首先发现，但爱因斯坦第一个成功地解释了光电效应。爱因斯坦认为，一个光子的能量传递给金属中的单个电子，当电子吸收一个光子后，把能量的一部分用来挣脱金属对它的束缚，余下的一部分就变成电子离开金属表面后的动能，爱因斯坦光电效应方程为

$$\frac{1}{2}mv^2 = h\nu - W \tag{1-1}$$

式中，h 为普朗克常量；ν 为光频率；$\frac{1}{2}mv^2$ 为光电子的动能；W 为光电子逸出金属表面所需的最小能量，称为金属的逸出功。发射出来的电子称为光电子。

光电效应分为外光电效应和内光电效应。外光电效应是指在光的作用下，物体内的电子逸出物体表面向外发射的现象，故又称光电发射效应。内光电效应指光照在物体上，使物体的电导率发生变化，或产生光生电动势的现象，其又分为光电导效应和光生伏特效应(即光伏效应)。光电导效应是在光线作用下，电子吸收光子能量从键合状态过渡到自由状态，而引起材料电导率变化的现象。当光照射到光电导体上时，若这个光电导体为本征半导体材料，且光辐射能量又足够强，光电材料价带上的电子将被激发到导带上，使光导体的电导率变大。光生伏特效应是指光照使不均匀半导体或半导体与金属结合的不同部位之间产生电位差的现象。

光电效应和光伏效应有较大区别。从定义上来说，光电效应其实是光伏效应的前提，光伏效应是光电效应作用于半导体这一特殊场所，从而产生了电势差。从材料上来说，产生光伏效应的材料只能是半导体，而产生光电效应的材料还可以是金属。光伏效应是少数载流子过程，是半导体中少数载流子吸收光子后在 PN 结两端产生电势差，而光电效应是半导体或金属在光子激励下辐射出自由电子，并且克服表面势垒后逸出表面向外发射电子。光伏效应中载流子不能离开材料，后者可以离开材料。前者对于光谱有一定的吸收谱并且与光强有关，而后者存在截止波长电子逸出速度与光强无关，只与频率有关。

通过光生伏特效应将太阳能转换为电能的材料，主要用于制作太阳能电池。光电转换材料的工作原理如下：将相同的材料或两种不同的半导体材料做成 PN 结电池结构，当太阳光照射到 PN 结表面时，通过 PN 结将太阳能转换为电能。太阳能电池对光电转换材料的要求是转换效率高、能制成大面积的器件，以便更好地吸收太阳光。已使用的光电转换材料以单晶硅、多晶硅和非晶硅为主。目前无机硅光伏电池(简称光伏电池)的最高能量转换效率已经达到 24%，砷化镓半导体的光伏电池的能量转换效率甚至已经达到 32%。但它们对材料的纯度和制作工艺要求苛刻，且在制造过程中会产生一些剧毒物质，此外无机光伏电池的非柔韧性和不易加工等缺点也限制了其大面积化的应用进程。基于共轭聚合物的光伏电池，或称聚合物太阳能电池，既具备了共轭聚合物分子设计灵活、制作方法简单、生产成本低廉、能够制备大面积的柔性器件的优点，又继承了无机纳米晶载流子的迁移率高、化学稳定性好等优点，因而受到极大的关注。

1.3.2　电光转换材料与器件

固体发光材料在电场激发下发光的现象称为电致发光，它是将电能直接转换为光能的过程，利用这种现象制成的器件称为电致发光器件，如 LED、液晶显示器、半导体激光器等。LED 利用固体半导体芯片作为发光材料，在半导体中通过载流子发生复合放出过剩的能量而引起光子发射，直接发出红、黄、蓝、绿光，在此基础上，利用三基色原理，添加荧光粉，可以发出红、黄、蓝、绿、青、橙、紫、白等任意颜色的光。具有体积小、耗电量低、使用寿命长、亮度高、热量低、环保、耐用等特点。LED灯具就是利用LED作为光源制造出来的照明器具，已被广泛应用于照明、显示、指示等领域。OLED又称为有机电致发光，它使用有机聚合材料作为发光二极管中的半导体材料。OLED技术具有自发光的特性，采用非常薄的有机材料涂层和玻璃基板，当有电流通过时，这些有机材料就会发光，而且OLED显示屏幕可视角度大，并且能够节省电能。OLED显示技术广泛地运用于手机、数码摄像机、DVD播放机、PDA、笔记本电脑、汽车音响和电视等。

1.3.3 透明导电材料

透明导电材料是一类对可见光具有高透光率，同时又具有高导电率的特殊材料，如掺锡的氧化铟(indium tin oxide，ITO)、纳米金属线、石墨烯等。由于特有的光电性能，透明导电材料具有广泛的应用。在许多近代电子信息技术、光电技术、新能源技术及国防技术中，透明导电材料的设计、制造及使用工艺是一项必不可少的关键技术。例如，在触摸显示屏中，透明导电材料是必不可少的电极材料。在光伏太阳能电池中，高透光率的电极材料可以保证光伏电池能够充分吸收太阳光。在建筑玻璃表面镀上一层高透光、高导电率的薄膜，可以有效地阻止红外辐射的进入或逃离，大幅度提高建筑的节能效果。透明导电薄膜还可以有效地屏蔽电磁辐射，因此在航空、通信等国防工业领域也有着重要的应用。

参考文献

安毓英，刘继芳，李庆辉，等，2011. 光电子技术. 第3版. 北京：电子工业出版社.
侯宏录. 2012，光电子材料与器件. 北京：国防工业出版社.
江文杰，施建华，2009. 光电技术. 北京：科学出版社.
石顺祥，刘继芳，2010. 光电子技术及其应用. 北京：科学出版社.
王筱梅，叶常青，2013. 有机光电材料与器件. 北京：化学工业出版社.
朱京平，2009. 光电子技术基础. 北京：科学出版社.

第 2 章　光电材料理论基础

2.1　能带理论

在完整的晶体中运动的电子，其能谱值是一些密集的能级组成的带，这种带称为能带。能带与能带之间被能量禁区分开。其中，0K 时完全空着的最低能带称为导带，完全被电子占满的最高能带称为价带，两者间的能量禁区称为禁带。能带理论又称固体能带理论，是关于晶体中电子运动状态的一种量子力学理论。其预言晶体中电子能量总会落在某些限定范围或“能带”中。晶体的电学、光学和磁学等性质都与电子的运动有关，在研究这些问题时，都要用到能带理论。能带理论成功地解释了金属、半导体和绝缘体之间的差别，解释了霍尔效应。半导体物理学就是建立在能带理论基础之上的。

随着实验技术的发展，人们通过回旋共振、电光、磁光、光谱等手段已成功地测定了许多晶体的电子能带结构。特别是近年来由于计算机技术的广泛应用，在理论上已可以对电子的能带结构进行更为精确的计算。尽管如此，由于能带理论毕竟是经过许多简化后的近似理论，所以其只适用于有序晶体，并且即使对于有序晶体，当其结构较为复杂时，能带理论处理起来往往也显得有些困难。

2.1.1　晶体的薛定谔方程及其近似解

1. *薛定谔方程*

晶体由大量原子周期性排列构成，原子由原子核和电子组成。由于内层电子不参与晶体的物理过程，所以可认为晶体是由原子最外层电子和失去电子的离子组成。若用 $\boldsymbol{r}_1$，$\boldsymbol{r}_2$，…，$\boldsymbol{r}_i$ 表示电子的位矢，用 $\boldsymbol{R}_1$，$\boldsymbol{R}_2$，…，$\boldsymbol{R}_j$ 表示失去电子的离子的位矢，则晶体定态薛定谔方程为

$$\widehat{\boldsymbol{H}}\psi = E\psi \tag{2-1}$$

式中，ψ 为波函数；E 为能量本征值；$\widehat{\boldsymbol{H}}$ 是哈密顿算符，且

$$\widehat{\boldsymbol{H}} = \widehat{\boldsymbol{T}}_{\mathrm{e}} + \widehat{\boldsymbol{T}}_{\mathrm{Z}} + \widehat{\boldsymbol{u}}_{\mathrm{e}} + \widehat{\boldsymbol{u}}_{\mathrm{Z}} + \widehat{\boldsymbol{u}}_{\mathrm{eZ}} + \widehat{\boldsymbol{V}} \tag{2-2}$$

式中，$\widehat{\boldsymbol{T}}_{\mathrm{e}} = \sum_i \widehat{\boldsymbol{T}}_i = \sum_i \left(-\frac{\hbar^2}{2m}\nabla_i^2\right)$ 为全部电子的动能算符，m 为电子质量，$\nabla_i^2 = \frac{\partial^2}{\partial x_i^2} + \frac{\partial^2}{\partial y_i^2} + \frac{\partial^2}{\partial z_i^2}$ 为第 i 个电子的拉普拉斯算符；

$$\widehat{\boldsymbol{T}}_{\mathrm{Z}} = \sum_\alpha \widehat{\boldsymbol{T}}_\alpha = \sum_\alpha \left(-\frac{\hbar^2}{2M_\alpha}\nabla_\alpha^2\right)$$

为全部离子的动能算符，M_α 为离子质量，∇_α^2 为第 α 个离子的拉普拉斯算符；

$$\hat{\boldsymbol{u}}_e = \frac{1}{2}\sum_{i,j\neq i}\frac{e^2}{4\pi\varepsilon_0|\boldsymbol{r}_i-\boldsymbol{r}_j|} = \frac{1}{2}\sum_{i,j\neq i}\hat{\boldsymbol{u}}_{ij}$$

表示电子之间的相互作用能；

$$\hat{\boldsymbol{u}}_Z = \frac{1}{2}\sum_{\alpha,\beta\neq\alpha}\frac{z_\alpha z_\beta e^2}{4\pi\varepsilon_0|\boldsymbol{R}_\alpha-\boldsymbol{R}_\beta|} = \frac{1}{2}\sum_{\alpha,\beta\neq\alpha}\hat{\boldsymbol{u}}_{\alpha\beta}$$

表示离子之间的相互作用能；$z_\alpha e$，$z_\beta e$ 分别为 α，β 离子的电荷量；

$$\hat{\boldsymbol{u}}_{eZ} = -\sum_{i,\alpha}\frac{z_\alpha e^2}{4\pi\varepsilon_0|\boldsymbol{r}_i-\boldsymbol{R}_\alpha|} = \sum_{i,\alpha}\hat{\boldsymbol{u}}_{i\alpha}$$

表示电子－离子之间的相互作用能；

$$\hat{\boldsymbol{V}} = V(\boldsymbol{r}_1,\boldsymbol{r}_2,\cdots,\boldsymbol{r}_n,\boldsymbol{R}_1,\boldsymbol{R}_2,\cdots,\boldsymbol{R}_N)$$

为所有电子和离子在外场中的势能。

晶体中原子体密度约为 $5\times10^{22}\text{cm}^{-3}$，故上述方程不能严格求解，一般情况下采用单电子近似方法处理。

2. 绝热近似与原子价近似法

(1)绝热近似：一般地，重粒子(如原子核)与轻粒子(如核外电子)平衡时其平均动能为同一个数量级。由于 $M_\alpha \gg m$，故电子速度远大于核运动速度(约 2 个数量级)，从而把晶体中电子的运动同原子核的运动分开加以考虑，近似地来说是可以的。这种简化以原子的整体运动对电子运动的影响比较弱的假定为前提，就好像原子整体运动和电子运动之间不交换能量一样。通常称这种简化为绝热近似。

进一步，如果再假设原子核固定不动，这时核坐标不再是变量，而是以 $\boldsymbol{R}_{10}$，$\boldsymbol{R}_{20}$，…，$\boldsymbol{R}_{\alpha0}$，…，$\boldsymbol{R}_{N0}$的形式出现，表示晶格格点的坐标。这种情况下，核动能为零，而其相互作用能 $\hat{\boldsymbol{u}}_Z$ 是常数，可选为零。此外，若不存在外场，则有 $\hat{\boldsymbol{V}}=0$。

此时，晶体的薛定谔方程可简化为描述固定核场中的电子运动方程：

$$\begin{aligned}\hat{\boldsymbol{H}}\psi_e &= (\hat{\boldsymbol{T}}_e+\hat{\boldsymbol{u}}_e+\hat{\boldsymbol{u}}_{eZ})\psi_e = \left[\sum_i\left(-\frac{\hbar^2}{2m}\nabla_i^2\right)+\frac{1}{2}\sum_{i,j\neq i}\frac{e^2}{4\pi\varepsilon_0|\boldsymbol{r}_i-\boldsymbol{r}_j|}\right.\\ &\left.\quad-\sum_{i,\alpha}\frac{z_\alpha e^2}{4\pi\varepsilon_0|\boldsymbol{r}_i-\boldsymbol{R}_\alpha|}\right]\psi_e\\ &= E_e\psi_e \end{aligned} \tag{2-3}$$

(2)原子价近似：为进一步简化上述方程，采用了所谓的原子价近似，即除了价电子，所有电子都与其原子核形成固定的离子实。

3. 单电子近似——哈崔－福克法

晶体中含有大量的电子，属于多电子体系，体系中的每个电子都要受其他电子的库仑作用。因此即使只研究电子运动的问题，也仍然十分复杂。目前，处理多电子问题的最有效方法是所谓的单电子近似法，即把每个电子的运动分别地单独考虑。单电子近似法也称哈崔－福克法。在该方法中，为了近似地把每个电子的运动分开来处理，采用了适当的简化：在研究一个电子的运动时，其他电子在晶体各处对该电子的库仑作用，按照它们的概率分布，被平均地加以考虑。这种平均考虑是通过引入自洽电子场来完成的。例如，对第 i 个电子，假定借助于外加势场，在任一时刻都能在该电子的位置上施加一个与其他电子的作用相同的势场，记为 Ω_i，则 Ω_i 只与第 i 个电子的位矢 $\boldsymbol{r}_i$ 有关，可记为 $\Omega_i = \Omega_i(\boldsymbol{r}_i)$，称自洽电子场。对所有其他电子都作相同处理，则有

$$\sum_i \Omega_i(\boldsymbol{r}_i) = \frac{1}{2}\sum_{i,j\neq i}\widehat{\boldsymbol{u}}_{ij} = \frac{1}{2}\sum \frac{e^2}{4\pi\varepsilon_0 |\boldsymbol{r}_i - \boldsymbol{r}_j|} \tag{2-4}$$

假定 $\Omega_i(\boldsymbol{r}_i)$已知，体系哈密顿算符则可写成

$$\begin{aligned}\widehat{\boldsymbol{H}}_e &= \sum_i -\frac{\hbar^2}{2m}\nabla_i^2 + \frac{1}{2}\sum_{i,j\neq i}\widehat{\boldsymbol{u}}_{ij} + \sum_{i,\alpha}\widehat{\boldsymbol{u}}_{i,\alpha} \\ &= \sum_i -\frac{\hbar^2}{2m}\nabla_i^2 + \sum_i \Omega_i(\boldsymbol{r}_i) + \sum_i\left(\sum_\alpha \widehat{\boldsymbol{u}}_{i,\alpha}\right) \\ &= \sum_i \widehat{\boldsymbol{H}}_i\end{aligned} \tag{2-5}$$

故对第 i 个电子，哈密顿算符为

$$\widehat{\boldsymbol{H}}_i = -\frac{\hbar^2}{2m}\nabla_i^2 + \Omega_i(\boldsymbol{r}_i) + \sum_\alpha \widehat{\boldsymbol{u}}_{i\alpha} = -\frac{\hbar^2}{2m}\nabla_i^2 + \Omega_i(\boldsymbol{r}_i) + \widehat{\boldsymbol{u}}_i(\boldsymbol{r}_i) \tag{2-6}$$

式中，$\widehat{\boldsymbol{u}}_i(\boldsymbol{r}_i)$为第 i 个电子在所有离子场中的势能；$\Omega_i(\boldsymbol{r}_i)$为第 i 个电子在所有其他电子场中的势能。从而体系本征函数可表示为每个电子波函数的乘积，总能量为每个电子的能量之和：

$$\psi_e(\boldsymbol{r}_1, \boldsymbol{r}_2, \cdots, \boldsymbol{r}_n) = \prod_i \psi_i(\boldsymbol{r}_i) \tag{2-7a}$$

$$E_e = \sum_i E_i \tag{2-7b}$$

式中，$\psi_i(\boldsymbol{r}_i)$和 E_i 满足单电子的薛定谔方程：

$$\widehat{\boldsymbol{H}}_i\psi_i(\boldsymbol{r}_i) = E_i\psi_i(\boldsymbol{r}_i) \tag{2-8}$$

这样通过引入自洽电子场概念就将多电子问题转化为单电子问题了。由于第 i 个电子可以是任何电子，故上述单电子方程可一般地表示为

$$\widehat{\boldsymbol{H}}\psi(\boldsymbol{r}) = E\psi(\boldsymbol{r}) \tag{2-9}$$

式中，$\widehat{\boldsymbol{H}} = -\frac{\hbar^2}{2m}\nabla^2 + V(\boldsymbol{r}), V(\boldsymbol{r}) = \Omega(\boldsymbol{r}) + \widehat{\boldsymbol{u}}(\boldsymbol{r})$，其中，$-\frac{\hbar^2}{2m}\nabla^2$ 是单电子的动能算符；$V(\boldsymbol{r})$是它的势能算符，包含所有其他电子对它的平均库仑作用能和所有离子(原子实)对它的库仑作用能。

对于具体的晶体，只要写出势函数 $V(\boldsymbol{r})$，原则上通过求解薛定谔方程就可找到一系列能量谱值 E 和相应的波函数 $\psi(\boldsymbol{r})$。

4. 原子轨道与晶格轨道

晶体中的电子有两种不同类型的单电子波函数，一种为原子轨道，另一种为晶格轨道。在原子轨道中，电子未摆脱原子的束缚，基本上绕原子运动，其波函数只在个别原子附近才有较大值。原子轨道适于晶体中的内电子。在晶格轨道中，电子除了绕每个原子运动外，还在原子之间转移，在整个晶体中作共有化运动，其波函数延展于整个晶体。晶格轨道对于外电子比较适合。

通常关心的是晶体中的外电子，一般选择晶格轨道。另外，还认为原子都静止在其平衡位置。故外电子的势能$V(\boldsymbol{r})$应具有晶格的对称性，特别是周期性。

5. 电子的状态分布

找到了单个电子所有可能的能量谱值和运动状态后，如果还知道晶体中的大量电子在这些单电子态中的分布情况，则晶体中电子运动问题也就解决了。

电子在状态中的分布问题属于量子统计问题。在热平衡情况下，电子在状态中的分布近似地由费米-狄拉克分布决定。在非平衡情况下也可以找到新的分布函数。

2.1.2 布洛赫定理

晶体中单电子波动方程为

$$\left[-\frac{\hbar^2}{2m}\nabla^2+V(\boldsymbol{r})\right]\psi(\boldsymbol{r})=E\psi(\boldsymbol{r})$$

式中，势函数$V(\boldsymbol{r})$具有晶格的微观对称性，特别是具有晶格的周期性。例如，一维周期性势场中电子势函数的形式如图 2-1 所示。

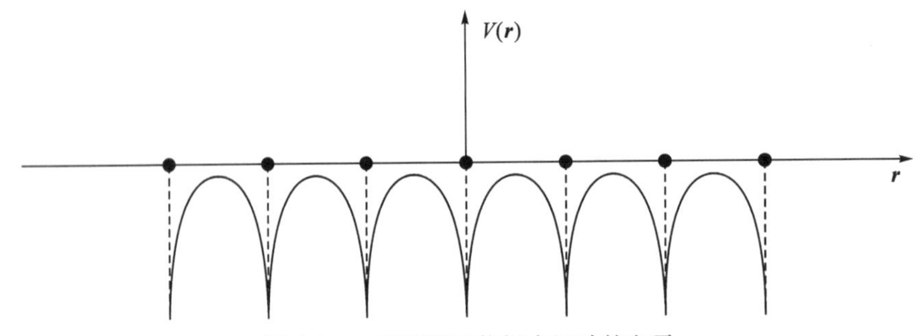

图 2-1 一维周期性势场中运动的电子

布洛赫定理：若$V(\boldsymbol{r})$具有晶格周期性，即$V(\boldsymbol{r}+\boldsymbol{R}_{\mathrm{m}})=V(\boldsymbol{r})$，则晶体的薛定谔方程的解可以一般地写成下面的布洛赫函数形式，

$$\psi(\boldsymbol{r})=\mathrm{e}^{\mathrm{i}\boldsymbol{k}\cdot\boldsymbol{r}}u(\boldsymbol{r}) \tag{2-10}$$

其中，$\boldsymbol{k}$ 称波矢量，为实数；$u(\boldsymbol{r})$为具有晶格周期性的函数，即

$$u(\boldsymbol{r}+\boldsymbol{R}_{\mathrm{m}})=u(\boldsymbol{r})$$

式中，$\boldsymbol{R}_{\mathrm{m}}$ 为晶格矢量。

布洛赫定理的另一种常见形式为

$$\psi(\boldsymbol{r}+\boldsymbol{R}_{\mathrm{m}})=\mathrm{e}^{\mathrm{i}\boldsymbol{k}\cdot\boldsymbol{R}_{\mathrm{m}}}\psi(\boldsymbol{r}) \tag{2-11}$$

该式表明周期性势场中的电子波函数$\psi(\boldsymbol{r})$经过任意一个晶格矢量$\boldsymbol{R}_{\mathrm{m}}$平移后，得到波函数$\psi(\boldsymbol{r}+\boldsymbol{R}_{\mathrm{m}})$，这两个波函数之间只差一个模量为 1 的常数因子。

总之，周期性场中电子波函数可一般地表示为一个平面波和一个周期性因子的乘积。平面波的波矢量就是实数矢量$\boldsymbol{k}$，$\boldsymbol{k}$ 可以用来标志电子的运动状态，不同$\boldsymbol{k}$ 代表不同状态。因此，$\boldsymbol{k}$ 同时也起着量子数作用。为明确起见，以后在波函数和能量谱值(本征值)上附加一个指标$\boldsymbol{k}$，即

$$\psi_k(\boldsymbol{r}) = e^{i\boldsymbol{k}\cdot\boldsymbol{r}} u_k(\boldsymbol{r}) \tag{2-12a}$$

$$E = E(\boldsymbol{k}) \tag{2-12b}$$

由上式可知，欲使电子波无阻尼地在整个晶体中传播，波矢 $\boldsymbol{k}$ 只能取实数值。可以给波函数一个粗略解释：平面波因子 $e^{i\boldsymbol{k}\cdot\boldsymbol{r}}$ 与自由电子波函数相同，它描述电子在各原胞之间运动；周期性因子 $u_k(\boldsymbol{r})$ 则描述电子在单个原胞中的运动，因为它在各原胞之间只是周期性重复着。由于

$$|\psi_k(\boldsymbol{r}+\boldsymbol{R}_m)|^2 = |e^{i\boldsymbol{k}\cdot\boldsymbol{R}_m}\psi_k(\boldsymbol{r})|^2 = |\psi_k(\boldsymbol{r})|^2$$

这一结果表明，电子在各原胞中的相应点上，出现的概率相等。

由于晶体中电子的动量算符 $-i\hbar\nabla = \frac{\hbar}{i}\nabla$ 与 $\widehat{\boldsymbol{H}}$ 不可交换，其波函数不是单纯平面波，还有一个周期性因子。波矢 $\boldsymbol{k}$ 与 $\hbar$ 的乘积具有动量的量纲，对于周期性场中运动的电子，通常把 $\hbar\boldsymbol{k}$ 称为电子的“准动量”，用 $\boldsymbol{p}$ 表示：$\boldsymbol{p}=\hbar\boldsymbol{k}$。准动量也称晶格动量。

2.1.3 周期性边界条件

由布洛赫定理知，周期场中电子的波函数可以表示为一个平面波和一个周期性因子的乘积。考虑边界条件后，$\boldsymbol{k}$ 要受到限制，只能取断续值。实际晶体的大小总是有限的，电子在表面附近的原胞中所处的环境与内部原胞中的相应位置上的环境是不同的，因而周期性被破坏，这给理论分析带来一定的不便。为了克服这一困难，通常采用玻恩－卡门周期性边界条件：假设一个无限大晶体是由有限晶体周期性重复而生成的，并要求电子的运动情况以有限晶体为周期在空间周期性重复着。

设想所考虑的有限晶体是一个平行六面体，沿 $\boldsymbol{a}_1$ 方向有 N_1 个原胞，$\boldsymbol{a}_2$ 方向有 N_2 个原胞，$\boldsymbol{a}_3$ 方向有 N_3 个原胞，总原胞数 $N=N_1N_2N_3$。根据周期性边界条件，要求沿 $\boldsymbol{a}_1$ 方向波函数以 $N_1\boldsymbol{a}_1$ 为周期，即

$$\psi(\boldsymbol{r}+N_1\boldsymbol{a}_1) = \psi(\boldsymbol{r}) = e^{i\boldsymbol{k}\cdot N_1\boldsymbol{a}_1}\psi(\boldsymbol{r}) \Rightarrow e^{i\boldsymbol{k}\cdot N_1\boldsymbol{a}_1} = 1 \Rightarrow \boldsymbol{k}\cdot N_1\boldsymbol{a}_1 = 2\pi\times\text{整数}$$

令 $\boldsymbol{k} = \beta_1\boldsymbol{b}_1+\beta_2\boldsymbol{b}_2+\beta_3\boldsymbol{b}_3$，由于 $\boldsymbol{b}_i\cdot\boldsymbol{a}_j = 2\pi\delta_{ij}$，从而有

$$\boldsymbol{k}\cdot N_1\boldsymbol{a}_1 = 2\pi\beta_1N_1 = 2\pi l_1 \Rightarrow \beta_1 = \frac{l_1}{N_1}\ (l_1\ \text{为任意整数})$$

同理有

$$\beta_2 = \frac{l_2}{N_2}, \beta_3 = \frac{l_3}{N_3}\ (l_2,\ l_3\ \text{为任意整数})$$

从而有

$$\boldsymbol{k} = \frac{l_1}{N_1}\boldsymbol{b}_1 + \frac{l_2}{N_2}\boldsymbol{b}_2 + \frac{l_3}{N_3}\boldsymbol{b}_3 \tag{2-13}$$

即在周期性边界条件下，$\boldsymbol{k}$ 只能取断续值，从而与这些波矢相应的能量 $E(\boldsymbol{k})$ 也只能取断续值。由式(2-13)决定的波矢 $\boldsymbol{k}$，它们在倒空间的代表点都处在一些以 $\frac{\boldsymbol{b}_1}{N_1},\frac{\boldsymbol{b}_2}{N_2},\frac{\boldsymbol{b}_3}{N_3}$ 为三条边的平行六面体的顶角上。在倒空间中，每个波矢 $\boldsymbol{k}$ 的代表点所占的体积为

$$\frac{\boldsymbol{b}_1}{N_1}\cdot\left(\frac{\boldsymbol{b}_2}{N_2}\times\frac{\boldsymbol{b}_3}{N_3}\right) = \frac{\Omega^*}{N_1N_2N_3} = \frac{(2\pi)^3/\Omega}{N} = \frac{(2\pi)^3}{N\Omega} = \frac{(2\pi)^3}{V} \tag{2-14}$$

式中，V 为整个有限晶体的体积；从而单位倒空间中的波矢数为$\frac{V}{(2\pi)^3}$，该值为 $\boldsymbol{k}$ 的代表点在倒空间中的分布密度。于是每个倒原胞中的 $\boldsymbol{k}$ 的代表点数为

$$\frac{\Omega^* V}{(2\pi)^3}=\frac{(2\pi)^3 N\Omega}{(2\pi)^3\Omega}=N \tag{2-15}$$

即在每个倒原胞中，$\boldsymbol{k}$ 的代表点数与晶体的总原胞数 N 相等。这是由周期性边界条件所导出的一个重要结论。每个波矢 $\boldsymbol{k}$ 代表电子在晶体中的一个空间运动状态(量子态)，从而波矢量在 $\mathrm{d}\boldsymbol{k}=\mathrm{d}k_x\mathrm{d}k_y\mathrm{d}k_z$ 范围内的电子状态数为

$$\frac{V}{(2\pi)^3}\mathrm{d}\boldsymbol{k}=\frac{V}{(2\pi)^3}\mathrm{d}k_x\mathrm{d}k_y\mathrm{d}k_z \tag{2-16}$$

2.1.4 能带及其一般特性

1. 能带

晶体中电子运动的波函数为布洛赫函数，

$$\psi_{\boldsymbol{k}}(\boldsymbol{r})=\mathrm{e}^{\mathrm{i}\boldsymbol{k}\cdot\boldsymbol{r}}u_{\boldsymbol{k}}(\boldsymbol{r}) \tag{2-17}$$

给定一个 $\boldsymbol{k}$，则平面波部分就确定下来了。为确定 $u_{\boldsymbol{k}}(\boldsymbol{r})$，需解波动方程

$$\hat{\boldsymbol{H}}\psi_{\boldsymbol{k}}(\boldsymbol{r})=\left[-\frac{\hbar^2}{2m}\nabla^2+V(\boldsymbol{r})\right]\psi_{\boldsymbol{k}}(\boldsymbol{r})=E(\boldsymbol{k})\psi_{\boldsymbol{k}}(\boldsymbol{r})$$

$$\Rightarrow\left[-\frac{\hbar^2}{2m}\nabla^2+V(\boldsymbol{r})\right]\mathrm{e}^{\mathrm{i}\boldsymbol{k}\cdot\boldsymbol{r}}u_{\boldsymbol{k}}(\boldsymbol{r})=E(\boldsymbol{k})\mathrm{e}^{\mathrm{i}\boldsymbol{k}\cdot\boldsymbol{r}}u_{\boldsymbol{k}}(\boldsymbol{r})$$

$$\Rightarrow\left[-\frac{\hbar^2}{2m}(\nabla^2+i2\boldsymbol{k}\cdot\nabla-k^2)+V(\boldsymbol{r})\right]u_{\boldsymbol{k}}(\boldsymbol{r})=E(\boldsymbol{k})u_{\boldsymbol{k}}(\boldsymbol{r})$$

$$\Rightarrow\left[\frac{\hbar^2}{2m}\left(\frac{1}{i}\nabla+\boldsymbol{k}\right)^2+V(\boldsymbol{r})\right]u_{\boldsymbol{k}}(\boldsymbol{r})=E(\boldsymbol{k})u_{\boldsymbol{k}}(\boldsymbol{r}) \tag{2-18}$$

上式为 $u_{\boldsymbol{k}}(\boldsymbol{r})$所满足的微分方程，且有 $u_{\boldsymbol{k}}(\boldsymbol{r}+\boldsymbol{R}_{\mathrm{m}})=u_{\boldsymbol{k}}(\boldsymbol{r})$。对于给定的问题，$V(\boldsymbol{r})$是一定的，$\boldsymbol{k}$ 给定后，微分方程的形式便确定了。一般来说，对于这种性质的本征方程，可以有很多个分离的能量谱值：

$$E_1(\boldsymbol{k}),E_2(\boldsymbol{k}),\cdots,E_n(\boldsymbol{k}) \tag{2-19}$$

将这些能量谱值分别代入微分方程，则可解出与其相应的函数 $u_{\boldsymbol{k}}(\boldsymbol{r})$：

$$u_{1,\boldsymbol{k}}(\boldsymbol{r}),u_{2,\boldsymbol{k}}(\boldsymbol{r}),\cdots,u_{n,\boldsymbol{k}}(\boldsymbol{r}) \tag{2-20}$$

这些函数乘上平面波因子 $\mathrm{e}^{\mathrm{i}\boldsymbol{k}\cdot\boldsymbol{r}}$ 就得到相应的波函数：

$$\psi_{1,\boldsymbol{k}}(\boldsymbol{r}),\psi_{2,\boldsymbol{k}}(\boldsymbol{r}),\cdots,\psi_{n,\boldsymbol{k}}(\boldsymbol{r}) \tag{2-21}$$

以上关系可简写为

$$\begin{cases}E_n(k)\\ \psi_{n,\boldsymbol{k}}(\boldsymbol{r})=\mathrm{e}^{\mathrm{i}\boldsymbol{k}\cdot\boldsymbol{r}}u_{n,\boldsymbol{k}}(\boldsymbol{r})(n=1,2,3,\cdots)\end{cases} \tag{2-22}$$

晶体中电子能谱值 $E_n(\boldsymbol{k})$具有以下性质。

(1) $E_n(-\boldsymbol{k})=E_n(\boldsymbol{k})$，即 $E_n(\boldsymbol{k})$具有反演对称性。特别地，对一维情况，$E_n(\boldsymbol{k})$为偶函数。

(2) $E_n(\boldsymbol{k}+\boldsymbol{K}_l)=E_n(\boldsymbol{k})$，其中，$\boldsymbol{K}_l$ 为倒格矢，$\boldsymbol{K}_l=l_1\boldsymbol{b}_1+l_2\boldsymbol{b}_2+l_3\boldsymbol{b}_3$。这是因为 $\boldsymbol{k}$ 与 $\boldsymbol{k}+\boldsymbol{K}_l$ 的物理意义是等价的。

因此，晶体中电子运动状态和相应的能量谱值需要用两个量子数 n 和 $\boldsymbol{k}$ 标志。

由于 $\boldsymbol{k}=\frac{l_1}{N_1}\boldsymbol{b}_1+\frac{l_2}{N_2}\boldsymbol{b}_2+\frac{l_3}{N_3}\boldsymbol{b}_3$ 取分立值，故 $E_n(\boldsymbol{k})$为准连续的能带，即 $E_n(\boldsymbol{k})$与 $\boldsymbol{k}$ 的变化关系为准连续的；指标 n 为能带的标号，不同的 n，相应于不同的能带 $E_n(\boldsymbol{k})$；$\boldsymbol{k}$ 为每个能带中不同状态和能级的标号，每个 $\boldsymbol{k}$ 又由倒空间中一个点来表示，该点就是把矢量 $\boldsymbol{k}$ 的始点置于原点时，其末端所指的点子。对于每个能带而言，倒空间中的一个点可代表一个单电子状态和能级，这样的 $\boldsymbol{k}$ 点数目为 N 个。图 2-2 给出了一维情况下准自由电子的能带结构：$E_n(\boldsymbol{k})=\frac{\hbar^2k^2}{2m}$。

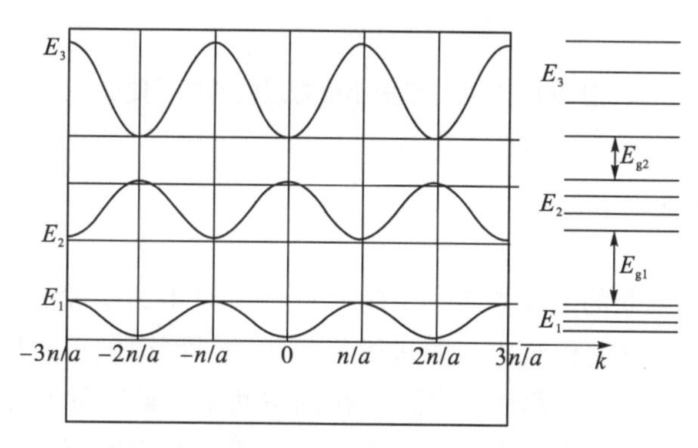

图 2-2　一维准自由电子的能带结构示意图

2. 能带的一般特性

(1)$V(\boldsymbol{r})$具有晶格的周期性：$V(\boldsymbol{r}+\boldsymbol{R}_{\mathrm{m}})=V(\boldsymbol{r})$。

(2)$E_n(\boldsymbol{k})$具有倒格子的周期性：$E_n(\boldsymbol{k}+\boldsymbol{K}_l)=E(\boldsymbol{k})$，$\boldsymbol{K}_l$ 为任一倒格矢。

(3)波函数也具有倒格子的周期性：$\psi_{n,\boldsymbol{k}+\boldsymbol{K}_l}(\boldsymbol{r})=\psi_{n,\boldsymbol{k}}(\boldsymbol{r})$。

(4)$E_n(\boldsymbol{k})$具有反演对称性：$E_n(-\boldsymbol{k})=E_n(\boldsymbol{k})$。

(5)$E_n(\boldsymbol{k})$具有晶体宏观点群对称性：$E_n(\alpha\boldsymbol{k})=E_n(\boldsymbol{k})$，$\alpha$ 为晶体的任一宏观点群对称操作。这里 $\alpha\boldsymbol{k}$ 代表 $\boldsymbol{k}$ 经过转动或转反操作后所得到的另一个波矢量，与它们相应的能量谱值是相等的。应当注意，这里虽然与 $\alpha\boldsymbol{k}$ 和 $\boldsymbol{k}$ 相应的能量谱值相等，但波函数一般来说却是独立的。这意味着能带的对称性可以引起能级的简并，但只有那些彼此相差一个倒格矢 $\boldsymbol{K}_l$ 的 $\boldsymbol{k}$ 和 $\alpha\boldsymbol{k}$ 所对应的状态才是一致的。

彼此相差一个倒格矢的波矢量 $\boldsymbol{k}$ 和 $\boldsymbol{k}'$($\boldsymbol{k}'=\boldsymbol{k}+\boldsymbol{K}_l$)，标志相同的电子态，称它们是等价的；而彼此被点对称操作联系起来的波矢量 $\boldsymbol{k}$ 和 $\boldsymbol{k}'$($\boldsymbol{k}'=\alpha\boldsymbol{k}$)，它们对应的能量谱值相等，称它们是对称的。

(6)在每个能带中，电子的空间波函数 $\psi_{n,\boldsymbol{k}}(\boldsymbol{r})$的数目共 N 个，N 为晶体的总原胞数。考虑电子自旋的两种可能取向后，每个能带的状态数等于晶体原胞总数的 2 倍，为 $2N$ 个。

(7)由能带的对称性可以推断，能带的极值在倒空间是对称分布的，其波矢之间被对称操作联系着。在倒空间中由能量相等的代表点所组成的曲面称等能面，能量极小值出现的位置称能谷。由 $E_n(\alpha\boldsymbol{k})=E_n(\boldsymbol{k})$ 可见，在晶体的宏观点对称操作下，倒空间的等能面是彼此重合的。例如，硅的导带极小值附近的等能面为旋转椭球面，如图 2-3 所示，其具有立方体的点群对称性，因此具有 6 个彼此对称的能谷。

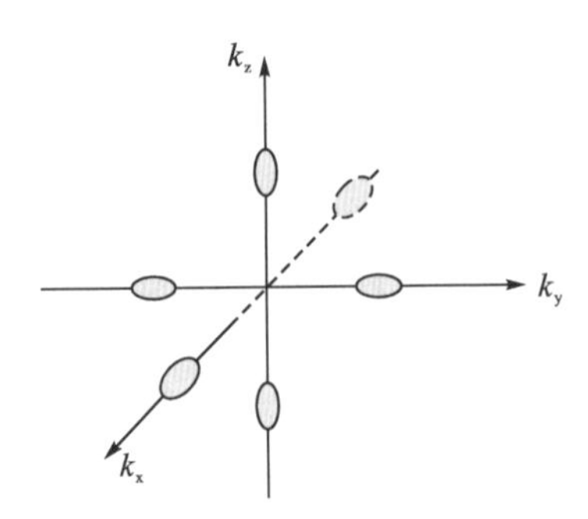

图 2-3　硅的导带极小值附近的椭球等能面

2.1.5　布里渊区

能带 $E_n(\boldsymbol{k})$在倒空间的变化具有一定的对称性，对于那些被晶体宏观点群对称操作联系起来的波矢量，与它们相对应的能量谱值都相等。倒原胞可以用来分析晶体能带的周期性，但用来讨论能带的对称性不合适。在倒空间中，被对称操作联系起来的 $\boldsymbol{k}$ 的代表点一般不在同一个倒原胞中。因此有必要用新的方法把倒空间划分成一些既有周期性又有对称性的重复单元——布里渊区。

1. 布里渊区划分法

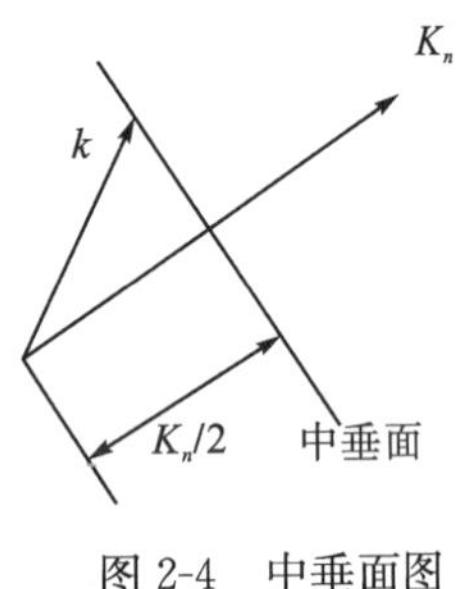

图 2-4　中垂面图

在倒空间中作原点与所有倒格点之间连线的中垂面，如图 2-4 所示。这些平面便把倒空间划分成一些区域，其中距离原点最近的一个区域称第一布里渊区，距原点次最近的若干个区域组成第二布里渊区。以此类推，得到第三、第四…布里渊区。也可以说，在原点附近由分界面所围成的区域为第一布里渊区，从原点出发穿过一个分界面进入的区域为第二布里渊区，穿过第$(n-1)$个分界面后进入的区域为第 n 布里渊区。布里渊区边界上 $\boldsymbol{k}$ 的代表点都位于倒格矢 $\boldsymbol{K}_n$ 的中垂面上并满足平面方程：

$$\boldsymbol{k}\cdot\left(\frac{\boldsymbol{K}_n}{K_n}\right)=\frac{1}{2}K_n \text{ 或 } \boldsymbol{k}\cdot\boldsymbol{K}_n=\frac{1}{2}K_n^2 \tag{2-23}$$

2. 布里渊区的特性

(1)每个布里渊区的体积相等且均等于一个倒原胞的体积。

(2)每个布里渊区的各部分在经过平移适当的倒格矢 $\boldsymbol{K}_n$ 后，可使其与另一个布里渊区重合。

(3)每个布里渊区都以原点为中心对称分布着，且具有正格子和倒格子的点群对称性。

3. 简约布里渊区

为了寻找每个能带中的独立状态，只要把 $\boldsymbol{k}$ 限制在一个布里渊区中变动就可以了。而第一布里渊区用起来最方便，通常称其为简约布里渊区。

2.1.6　金属、半导体和绝缘体

能带理论成功之处的很重要方面在于它能说明为什么有些元素结合成晶体后，形成良导体，而另一些则形成半导体或绝缘体。导体和绝缘体的物理性质差别非常显著，如在 1K 下，良导体(不包括超导体)的电阻率可低至约$10^{-10}\Omega\cdot\mathrm{cm}$，而好的绝缘体的电阻率可高达$10^{22}\Omega\cdot\mathrm{cm}$。

金属一般为导体，电导率随温度升高而下降；半导体导电性能较差，电导率随温度升高迅速增加；绝缘体导电性能最差，基本上不导电。利用能带理论可很好地解释它们之间的这些差别。

1. 满带与部分填充的能带

晶体中一个电子对电流密度的贡献为$\boldsymbol{j}_k=\dfrac{-e}{V}\boldsymbol{v}$，总电流密度为$\boldsymbol{j}=-e\dfrac{2}{(2\pi)^3}\int f\boldsymbol{v}\,\mathrm{d}\boldsymbol{k}$。由于$E(-\boldsymbol{k})=E(\boldsymbol{k})$，故对处于$\pm\boldsymbol{k}_0$ 状态的一对电子而言，它们的速度大小相等、方向相反。根据电子平均速度公式有

$$\begin{aligned}\boldsymbol{v}(-\boldsymbol{k}_0)&=\frac{1}{\hbar}[\nabla_k E(\boldsymbol{k})]_{\boldsymbol{k}=-\boldsymbol{k}_0}=\frac{1}{\hbar}[\nabla_{-k'}E(-\boldsymbol{k}')]_{\boldsymbol{k}'=\boldsymbol{k}_0}\\&=-\frac{1}{\hbar}[\nabla_{k'}E(\boldsymbol{k}')]_{\boldsymbol{k}'=\boldsymbol{k}_0}=-\boldsymbol{v}(\boldsymbol{k}_0)\end{aligned}$$

(1)无外场时，电子处于热平衡状态，分布函数 f 只是能量 E 的函数，波矢量为$\pm\boldsymbol{k}$ 的状态，对应的能量相等，因此被电子占据的概率相等。在这一对状态中的电子速度大小相等、方向相反，故对电流的贡献相互抵消。此时晶体中无电流流动，如图 2-5 所示。

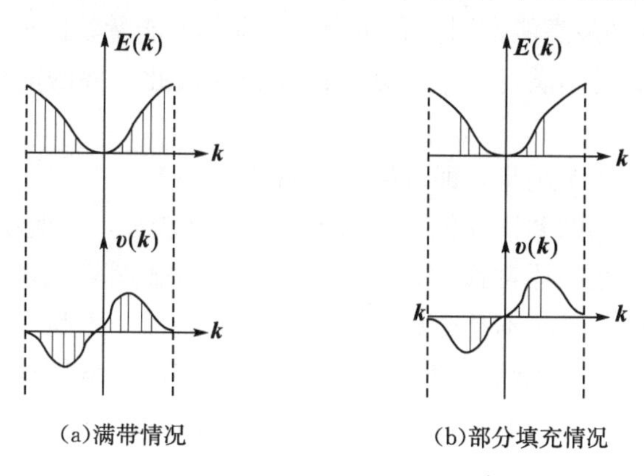

图 2-5　无外场时的 E-$\boldsymbol{k}$ 和 $\boldsymbol{v}$-$\boldsymbol{k}$ 关系图

(2)有电场$\boldsymbol{\varepsilon}$时，

$$\frac{\mathrm{d}\boldsymbol{k}}{\mathrm{d}t}=\frac{1}{\hbar}\boldsymbol{F}=\frac{-e}{\hbar}\boldsymbol{\varepsilon}$$

①对于满带情况：在电场作用下，电子在布里渊区中的变动如图 2-6 所示，$\pm\boldsymbol{k}$ 态同时有电子占据，故对电流的贡献为零。

②对于部分填充情况：此时波矢 $\boldsymbol{k}$ 与电场相反的状态上的电子多，与电场相同的状态上的电子少，或者说$\boldsymbol{v}$ 与$\boldsymbol{\varepsilon}$ 方向相反的电子多，与 $\boldsymbol{\varepsilon}$ 方向相同的电子少。电子带负电荷，结果使晶体中存在一个净的沿电场方向的电流。

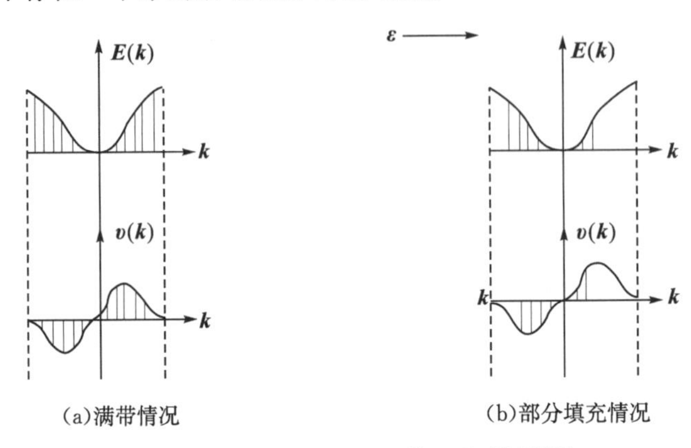

(a)满带情况　　(b)部分填充情况

图 2-6　有外场时的 E-$\boldsymbol{k}$ 和 $\boldsymbol{v}$-$\boldsymbol{k}$ 关系图

2. 金属、半导体和绝缘体

半导体、绝缘体与金属的区别，关键在于 0K 时是否有部分填充的不满能带存在。判定晶体是半导体或绝缘体的两个基本条件如下。

(1)电子足够填充整数个能带。如果晶体共有 N 个原胞，考虑电子的两种取向，每个能带可容纳 $2N$ 个电子，晶体中总电子数为每个原胞中的电子数乘以原胞数，故该条件可表示为

$$\frac{\text{每个原胞中的电子数}\times N}{2N}=\text{整数}$$

即每个原胞中的电子数应为偶数。

(2)被电子所占据的最高能带同更高能带之间有一个能量禁区——禁带存在，不发生能带重叠。如果这一条件不满足，电子则可以填充到彼此重叠的能带中，使它们都不能充满。

以上两条件中有一条不满足，即可能为金属。

半导体与绝缘体之间的差别，仅在于前者禁带宽度较窄，一般小于 3eV。

以上讨论对于大多数晶体都适用，但对于一些过渡金属氧化物不适用。例如，氧化钴(CoO)是一种半导体材料而不是金属。虽然氧化钴的每个原胞中的电子数为奇数，但在这样的材料中涉及被原子束缚较紧的电子运动，不能简单地把单电子近似和共有化运动模型应用到这种情况。这说明能带理论是有局限性的。

2.1.7 电子、空穴和载流子

对于半导体和绝缘体而言，温度从 0K 升高后，实际上总会有少数的电子，由于热激发，由最高满带跳到邻近的空带中去。这时原来空着的邻近能带中也有了少数电子，它们可以导电。通常称这种最高满带上的最低空带为导带；原来被充满的最高能带，现在也出现了空状态，电子有了活动的余地，也能导电。这种最高的满带，由于它们是形成化学键的价电子所占据的能带，所以通常称为价带。在价带中出现的空状态称为空穴。导带中的电子和价带中的空穴都能传导电流，故将其统称为载流子。

1. 空穴

热激发使价带电子中的一部分跳到导带，形成空状态。为了分析问题方便，相应于价带中的空状态，引入一个假想的粒子，称为空穴。

2. 空穴电流

满带中的一个空状态所引起的电流密度，即一个空穴的电流密度，同一个相应状态的电子引起的电流密度大小相等、方向相反。若设空穴电流密度为 $\boldsymbol{j}_{\mathrm{h}}$，则有

$$\boldsymbol{j}_{\mathrm{h}} + \boldsymbol{j}_{\mathrm{e}} = 0 \tag{2-24}$$

式中，$\boldsymbol{j}_{\mathrm{e}} = \frac{-e}{V}\boldsymbol{v}(\boldsymbol{k})$ 为电子的电流密度。从而空穴电流密度为

$$\boldsymbol{j}_{\mathrm{h}} = -\boldsymbol{j}_{\mathrm{e}} = \frac{e}{V}\boldsymbol{v}(\boldsymbol{k}) \tag{2-25}$$

这相当于空穴携带电荷($+e$)，而且以与状态 $\boldsymbol{k}$ 相对应的电子速度运动。即若设空穴的平均速度为$\boldsymbol{v}_{\mathrm{h}}(\boldsymbol{k})$，则有

$$\boldsymbol{v}_{\mathrm{h}}(\boldsymbol{k}) = \frac{1}{\hbar}\nabla_k E(\boldsymbol{k}) \tag{2-26}$$

3. 空穴加速度

当有外电场时，电子在倒空间的变动速度为

$$\frac{\mathrm{d}\boldsymbol{k}}{\mathrm{d}t} = \frac{1}{\hbar}\boldsymbol{F} = \frac{-e}{\hbar}(\boldsymbol{\varepsilon} + \boldsymbol{v} \times \boldsymbol{B})$$

加速度为

$$\boldsymbol{a} = \frac{\mathrm{d}\boldsymbol{v}}{\mathrm{d}t} = \frac{1}{\hbar}\nabla_k \nabla_k E(\boldsymbol{k}) \cdot \frac{\mathrm{d}\boldsymbol{k}}{\mathrm{d}t} = \frac{1}{\hbar^2}\nabla_k \nabla_k E(\boldsymbol{k}) \cdot (-e)(\boldsymbol{\varepsilon} + \boldsymbol{v} \times \boldsymbol{B})$$

由于电子具有占据低能状态的趋势，所以空状态都在满带顶附近。下面考虑价带顶附近等能面为球面的情况。此时

$$E(\boldsymbol{k}) = E_{\mathrm{v}} + \frac{\hbar^2 k^2}{2m_{\mathrm{e}}} \tag{2-27}$$

式中，E_{v}为价带顶能量；m_{e}为电子的有效质量。由于 E_{v}是价带的最大能量值，该点处的二级微商小于零，从而有 m_{e}小于零。令 $m_{\mathrm{h}}=-m_{\mathrm{e}}$，称为空穴的有效质量，则有

$$E(\boldsymbol{k}) = E_{\mathrm{v}} - \frac{\hbar^2 k^2}{2m_{\mathrm{h}}} \tag{2-28}$$

$$\Rightarrow \frac{\mathrm{d}\boldsymbol{v}_{\mathrm{h}}}{\mathrm{d}t} = \frac{-e}{-m_{\mathrm{h}}}(\boldsymbol{\varepsilon} + \boldsymbol{v} \times \boldsymbol{B}) = \frac{e}{m_{\mathrm{h}}}(\boldsymbol{\varepsilon} + \boldsymbol{v} \times \boldsymbol{B}) \tag{2-29}$$

4. 空穴能量

$$E_{\mathrm{h}}(\boldsymbol{k}) = -E_{\mathrm{e}}(\boldsymbol{k})$$

2.2 材料中的光吸收过程

一般来说，半导体材料在不同的程度上具备电介质和金属材料的全部光学特性。当半导体材料从外界以某种形式(如光、电等)吸收能量时，其电子将从基态被激发到激发态，即光吸收。处于激发态的电子会自发或受激再从激发态跃迁到基态，并将吸收的能量以光的形式辐射出来(辐射复合)，即发光；当然也可以无辐射的形式(如发热)将吸收的能量发散出来(无辐射复合)。图 2-7 是材料中可能出现的吸收光谱示意图。对应不同的物理过程有不同的吸收光谱。材料的光吸收区主要划分为 6 个区。

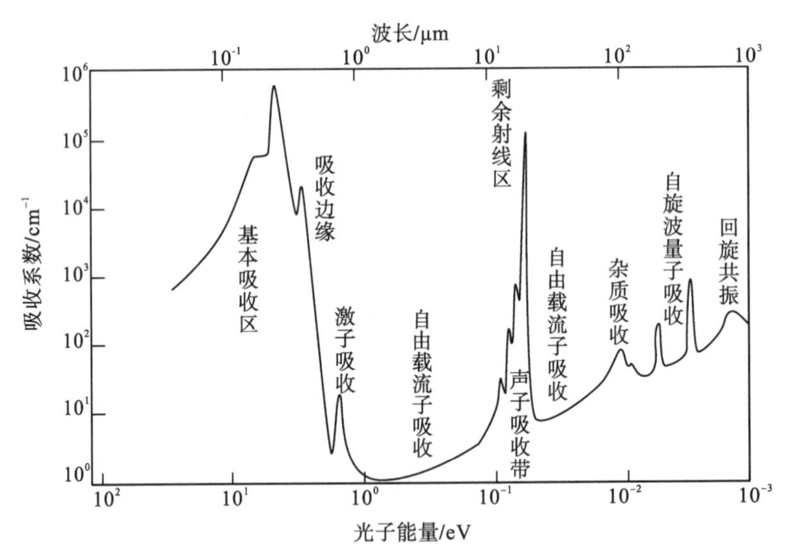

图 2-7　某一假设半导体材料的吸收光谱

(1)基本吸收区：光谱范围在紫外—可见光—近红外波段。电子从价带跃迁到导带引起光的强吸收，吸收系数很高，常伴随可以迁移的电子和空穴，出现光电导。

(2)吸收边缘：电子跃迁跨越的最小能量间隙，其中对于非金属材料，还常伴随激子(受激电子和空穴互相束缚而结合在一起成为一个新的系统——激子)的吸收而产生精细光谱线。

(3)自由载流子吸收：由导带中电子或价带中空穴在同一带中吸收光子能量所引起，它可以扩展到整个红外甚至扩展到微波波段，显然吸收系数是电子(空穴)浓度的函数，金属材料载流子浓度较高，因而这一区吸收谱线强度很大，甚至掩盖其他吸收区光谱。

(4)晶体振动引起的吸收：由入射光子和晶格振动(声子)相互作用引起，波长在 20～50μm。

(5)杂质吸收：杂质在本征能带结构中引入浅能级，电离能在 0.01eV 左右，只有在低温下易被观察到。

(6)自旋波量子或回旋共振吸收：自旋波量子、回旋共振与入射光产生作用，能量更低，波长更长，达到毫米量级。

2.2.1　基本吸收

图 2-8 表示 GaAs 在近红外区的吸收光谱，可以看到在 1.4eV 附近吸收曲线急剧地变化，形成所谓吸收边。实验发现，对大多数半导体和绝缘体，吸收光谱在可见光区或近红外区都存在类似的吸收边。

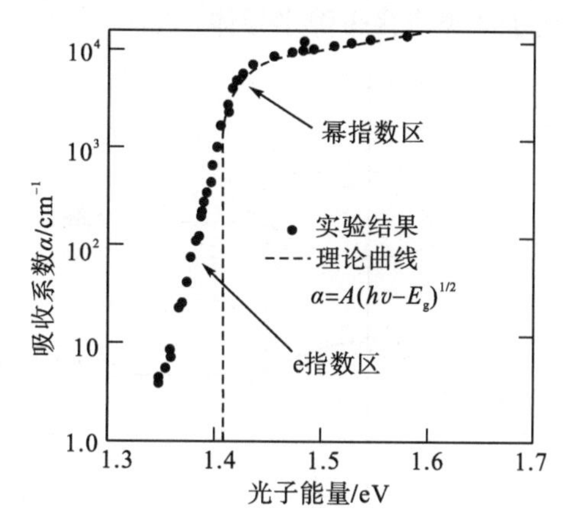

图 2-8　半导体 GaAs 的吸收光谱

仔细研究吸收边的结构，会发现一些规律性。

(1)强吸收区：吸收系数 $\alpha(\omega)$为 $10^4\sim10^6\,cm^{-1}$，$\alpha(\omega)$随光子能量$\hbar\omega$ 的变化为幂指数规则，其指数可能为 1/2、3/2、2 等。

(2)e 指数吸收区：吸收系数为 $10^2\,cm^{-1}$左右，$\alpha(\omega)$随$\hbar\omega$ 为 e 指数变化规律。

(3)弱吸收区：吸收系数 $\alpha(\omega)$一般在 $10^2\,cm^{-1}$以下。

因此，一个吸收边包括丰富的信息。下面主要通过光谱学的方法研究幂指数吸收区的光学过程、规则及机制。

电子吸收光子后由价带跃迁到导带，显然只有当光子能量 $h\nu$ 大于禁带宽度 E_g，即 $h\nu \geqslant E_g$ 时，才有可能产生基本吸收现象。因此存在一个长波极限，即 $\lambda = hc/E_g$。波长大于此值，不能引起基本吸收。除了能量要求，电子从价带跃迁到导带还要满足一定的动量选择定则——动量守恒定律。

图 2-9 表示几种重要半导体材料的 E_g 和 λ_0的关系。

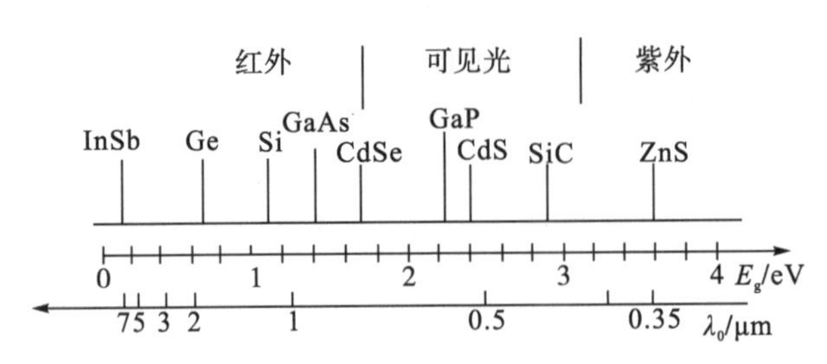

图 2-9 几种重要半导体材料的 E_g 和 λ_0 的对应关系

2.2.2 允许和禁戒的直接跃迁

基本吸收分为两类：一种是直接跃迁；另一种是间接跃迁。

假定半导体是纯净半导体材料，0K 时其价带满而导带空。电子吸收光子能量产生跃迁，保持波数(准动量)不变，称为直接吸收，这一过程无需声子的辅助，如图 2-10 所示。常见半导体 GaAs 就属于此类直接带隙半导体。

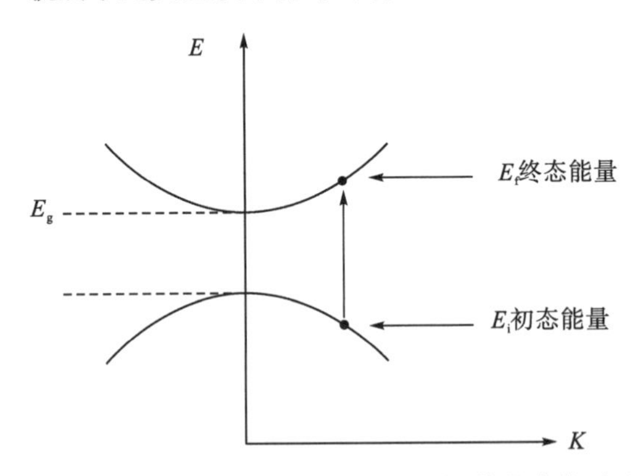

图 2-10 电子吸收光子能量从价带到导带的直接跃迁

1. 允许的直接跃迁

如果所有跃迁都是许可的，跃迁概率 P_{if} 是一个常数。在这种情况下，吸收系数 α 可近似表示为

$$\alpha = AP_{if}\sum_{i,f} N_i(E_i)N_f(E_f) = AP_{if}N \tag{2-30}$$

式中，$N_i(E_i)$、$N_f(E_f)$ 和 N 分别表示电子跃迁的初态态密度、终态态密度和联合态密度。

对于抛物线型简单能带结构，设价带顶为坐标原点(并对直接带隙)，有

$$\begin{cases} E_i = -\dfrac{\hbar^2 k^2}{2m_h} \\ E_f = E_g + \dfrac{\hbar^2 k'^2}{2m_e} = E_g + \dfrac{\hbar^2 k^2}{2m_e} \end{cases} \tag{2-31}$$

式中，m_e 和 m_h 分别为导带电子和价带空穴的有效质量。根据能量守恒，有

$$h\nu = E_f(k') - E_i(k) = E_g + \frac{\hbar^2 k^2}{2}\left(\frac{1}{m_e} + \frac{1}{m_h}\right) = E_g + \frac{\hbar^2 k^2}{2m_r} \tag{2-32}$$

式中，$1/m_r = 1/m_e + 1/m_h$，m_r为约化有效质量。结合式(2-32)在单位能量间隔内，$\boldsymbol{k}$ 空间从$\boldsymbol{k}$ 到$\boldsymbol{k}+\mathrm{d}\boldsymbol{k}$ 范围内的状态数(或态密度)为

$$N(h\nu)\mathrm{d}(h\nu) = \frac{8\pi k^2 \mathrm{d}k}{(2\pi)^3} = \frac{(2m_r)^{3/2}}{2\pi^2\hbar^3}(h\nu - E_g)^{1/2}\mathrm{d}(h\nu) \tag{2-33}$$

吸收系数$\alpha(h\nu)$当然与$N(h\nu)$成正比：

$$\alpha(h\nu) = AP_{if}N(h\nu) = B(h\nu - E_g)^{1/2} \tag{2-34a}$$

理论上可以求得

$$B \approx \left[e^2\left(2\frac{m_e m_h}{m_e + m_h}\right)^{3/2}\right]/nch^2 m_e \tag{2-34b}$$

式中，B 与ν 无关；n 为纯净半导体材料的折射率。

以上讨论是在假定电子的直接跃迁对于任何 k 值跃迁都是许可的情况下得出的，假设跃迁是选择定则允许的，即

$$P_{if}(k = 0) \neq 0$$

2. 禁戒的直接跃迁

在某些材料中，由于对称性的不同，在某些情况下，即使是直接带隙的材料中，在$k=0$ 处，由于量子力学的选择定则的限制，电子的直接跃迁是禁止的，而 $k\neq 0$ 的跃迁是允许的，在这种情况下，有

$$\begin{cases} P_{if}(k = 0) = 0 \\ P_{if}(k \neq 0) \neq 0 \end{cases}$$

这样的跃迁称为 $k=0$ 被禁戒的跃迁。这里出现禁戒的原因与原子物理中电子能级跃迁的选择定则类似。导带和价带中电子轨道的组成不同，就会出现有 $k=0$ 的禁戒跃迁，而存在 $k\neq 0$ 的跃迁。此时，跃迁概率 P_{if}不再是一个常数，它正比于 k^2，即正比于 $h\nu - E_g$，那么

$$\alpha(h\nu) = A'P_{if}N(h\nu) = B'(h\nu - E_g)^{3/2} \tag{2-35a}$$

$$B' \approx \frac{2}{3}B\left(\frac{m_r}{m_h}\right)\frac{1}{h\nu} \tag{2-35b}$$

式中，B'与ν 有关

因此，有

$$\alpha(h\nu) = C(h\nu - E_g)^{3/2}/h\nu$$

可见，并不是所有的吸收都可以用 1/2 次方规律来描述，近似 3/2 次方的规律也在实验中常被发现。

2.2.3　间接跃迁

实验中还常常发现在纯的半导体材料(如锗、硅和重掺杂的半导体)中出现平方吸收边，即 $[\alpha(h\nu)]^{1/2} \propto h\nu$ 。这种吸收来自间接跃迁。有两种情况可以导致这种吸收：一种

是声子参与下的跃迁，电子不仅吸收光子，同时还和晶格交换一定的振动能量，即放出或吸收一个声子。这种吸收与直接跃迁光吸收不同，其吸收系数与温度密切相关。其原因是不同的温度下晶格振动是不同的，声子的数密度随温度有一个分布，且光吸收系数$(1\sim10^3\,cm^{-1})$比直接跃迁$(10^4\sim10^6\,cm^{-1})$小得多。另一种是杂质散射参与的吸收。

由于某些半导体材料其导带底k值和价带顶k'值不同(间接带隙材料)，电子从价带到导带的跃迁由声子参与来完成，如图2-11所示。E_p表示声子的能量，当光子能量在E_g-E_p时，电子要吸收一个声子才能跃迁到导带；若光子能量在E_g+E_p时，电子要发射一个声子才能跃迁到导带。

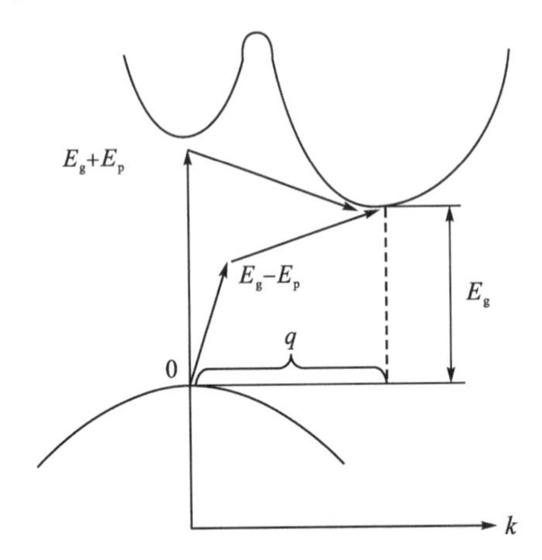

图2-11 电子吸收光子能量从价带到导带的间接跃迁

在满足能量守恒律时，动量也必须守恒。光子动量很小，不足以改变电子的动量，因此必须有声子的参与。

$$\hbar\boldsymbol{k}'-\hbar\boldsymbol{k}\pm\hbar\boldsymbol{q}=\text{光子动量} \tag{2-36}$$

式中，$\boldsymbol{q}$为声子波矢；$\mp$表示电子在跃迁时发射(−)或吸收(+)一个声子。式(2-36)可简化为

$$\hbar\boldsymbol{k}'-\hbar\boldsymbol{k}=\mp\hbar\boldsymbol{q} \tag{2-37}$$

假定声子具有能量E_p，能量守恒律表示为

$$E_f-E_i\pm E_p=h\nu \tag{2-38}$$

对具有抛物线型简单能带结构的材料而言，能量处于E_i的初态态密度为

$$N(E_i)=\frac{1}{2\pi^2\hbar^3}(2m_h)^{3/2}\,|E_i|^{1/2} \tag{2-39}$$

式中，m_h为价带空穴有效质量。能量处于E_f的终态态密度为

$$N(E_f)=\frac{1}{2\pi^2\hbar^3}(2m_e)^{3/2}\,(E_f-E_g)^{1/2} \tag{2-40}$$

将式(2-38)代入式(2-40)，则有

$$N(E_f)=\frac{1}{2\pi^2\hbar^3}(2m_e)^{3/2}\,(h\nu-E_g\mp E_p+E_i)^{1/2} \tag{2-41}$$

参照2.2.1小节，显然吸收系数正比于初态和终态态密度之积，并对所有两态之间相隔为$h\nu\pm E_p$的可能组合进行积分；而对态密度的卷积化为对初态E_i(价带)的积分。

同时考虑吸收系数正比于电子和声子相互作用概率 $f(N_p)$，N_p表示能量为 E_p的声子的数密度，于是吸收系数为

$$\alpha(h\nu) = Af(N_p)\int_0^{-E_i^m} |E_i|^{1/2}(h\nu - E_g \mp E_p + E_i)^{1/2}\mathrm{d}E_i \tag{2-42}$$

式中，积分上限 $E_i^m = h\nu - E_g \mp E_p$，$-E_i^m$ 表示对某一光子频率为 ν 可以产生间接跃迁的最低的初态能量值。注意到声子分布遵从玻色分布，且电子和声子相互作用概率 $f(N_p)$ 与声子数密度 N_p成正比，即

$$f(N_p) \propto N_p = \frac{1}{\exp(E_p/k_B T) - 1} \tag{2-43}$$

对式(2-43)积分，并考虑如下两种吸收方式，得

(1)对于 $h\nu > E_g - E_p$，伴随声子的吸收过程(因为只有吸收声子的能量，才能保证 $h\nu + E_p > E_g$)，吸收系数为

$$\alpha_a(h\nu) = \frac{A_a(h\nu - E_g + E_p)^2}{\exp(E_p/k_B T) - 1} \tag{2-44a}$$

(2)对于 $h\nu > E_g + E_p$，既可以伴随声子的发射也可伴随声子的吸收(此时光子的能量足够大，保证了 $h\nu - E_p > E_g$)。当伴随声子发射的吸收系数为

$$\alpha_e(h\nu) = \frac{A_e(h\nu - E_g - E_p)^2}{1 - \exp(-E_p/k_B T)} \tag{2-44b}$$

所以，如果光子能量 $h\nu > E_g + E_p$，两种吸收均有，总吸收系数为

$$\alpha(h\nu) = \alpha_a(h\nu) + \alpha_e(h\nu) \tag{2-45}$$

根据上述公式，便可对实际测量数据进行分析。作$\sqrt{\alpha}$-$h\nu$ 图，如果符合上述吸收机制，就可知两者呈直线关系，如图 2-12 所示。通过分析式(2-44a)和式(2-44b)，可以获得如下重要信息。

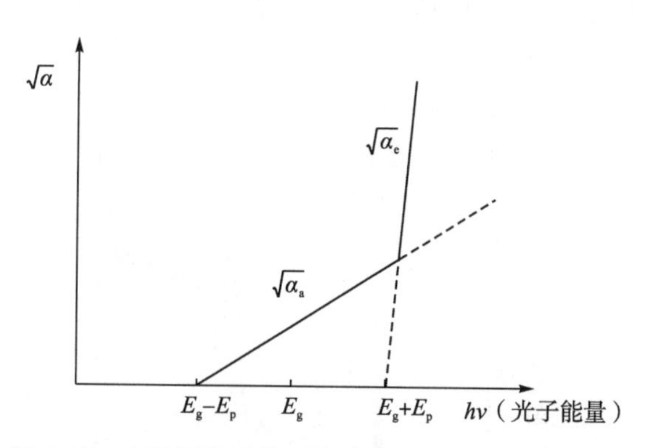

图 2-12　电子间接吸收系数同温度、光子能量的关系

(1)当 $E_g + E_p > h\nu > E_g - E_p$ 时，以 α_a 为主。当 $h\nu = E_g - E_p$ 时，$\alpha_a = 0$。由 $[\alpha(h\nu)]^{1/2}$-$h\nu$ 线段得到吸收边斜率为$\left\{\frac{A_a}{\exp(E_p/k_B T) - 1}\right\}^{1/2}$。

在这种情况下，伴随声子吸收过程，并对应吸收系数较低的线段。将此线段延伸到与 $h\nu$ 相交，得到 $h\nu = E_g - E_p$。温度降低，线段的斜率随之降低。

(2)当 $h\nu > E_g + E_p$ 时，$[\alpha(h\nu)]^{1/2}$-$h\nu$ 对应于吸收系数较高的线段，它既包括声子的

发射也包括声子的吸收过程。当 $h\nu=E_g+E_p$ 时，$\alpha_e=0$。然而比较式(2-44a)和式(2-44b)可以得出，在低温下发射一个声子的概率远大于吸收一个声子的概率，因此这段直线的斜率，基本上由发射声子的概率决定，即 $\left\{\frac{A_e}{1-\exp(-E_p/k_BT)}\right\}^{1/2}$。

同样温度降低，此直线段的斜率也随之降低，将此线段延伸至与能量轴相交，得 $h\nu=E_g+E_p$。

(3)由以上两点，通过测量 $[\alpha(h\nu)]^{1/2}$-$h\nu$ 关系，可以获得两个重要的参数 E_p 和 E_g。

(4)不同温度下，E_g 可能不同，随着温度的降低，一般 E_g 增大，在这种情况下，会发现随着测量温度的降低，吸收边"蓝移"；也可能随着温度降低，E_g 减小，将出现吸收边"红移"，究竟是"红移"还是"蓝移"要视具体情况而定。

(注意：当 $h\nu>E_g+E_p$ 时，以 α_e 为主。当 $h\nu\leqslant E_g-E_p$ 时，$\alpha_a=0$；当 $h\nu\leqslant E_g+E_p$ 时，$\alpha_e=0$。)

2.2.4 激子

激子(exciton)一词来自激发(excitation)，意思是固体中的元激发态或激发态的量子，也可以将激子简单地理解为束缚的电子-空穴对。从价带激发到导带的电子，通常是自由的，在价带自由运动的空穴和在导带自由运动的电子，有可能重新束缚在一起，形成束缚的电子-空穴对，也就是激子。那么，自由电子和空穴为什么会束缚在一起成为激子呢？这主要是库仑相互作用的结果。由于束缚，激子的能量低于自由电子的能量。激子的吸收和发光光谱与带到带之间跃迁的光谱不同，具有特征的结构。半导体中激子的束缚能(或激子结合能)一般很低，约几个或十几个毫电子伏。因此，在室温下，一般观测不到激子的吸收现象。

实验发现，在带间跃迁吸收边的低能方向，往往会出现一系列分立的吸收峰，并且谱峰分布有一定的规律性。图 2-13 表示高纯 GaAs 带边附近的吸收谱。

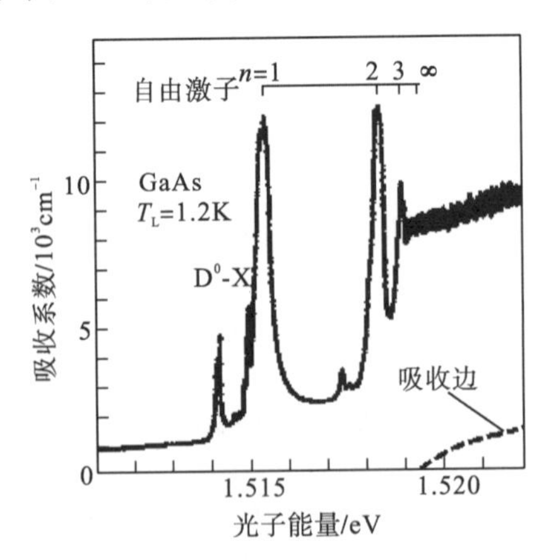

图 2-13 低温下高纯 GaAs 近带边吸收光谱

与图中右下角虚线表示的 GaAs 带间跃迁吸收边对比，其主要特征是在吸收边低能方向出现一系列吸收峰，而且吸收强度比带间跃迁吸收高得多。图中标号为 $n=1$，2，3，…，∞的吸收谱被归结为自由激子吸收，而标号为 D^0-X 的吸收峰为中性施主杂质上束缚激子的吸收。实验是在低温下进行的。

图 2-14 表示 Cu_2O 在 1.8K 低温下的带边吸收光谱。与图 2-13 比较，两者共同点是在吸收边低能方向出现一系列吸收峰，不同点是 Cu_2O 中吸收峰的标号不是从 $n=1$ 开始，而是 $n=2$，3，4，…，这是由选择定则决定的。另外，由于带边背景吸收的影响，吸收峰呈现不对称性。

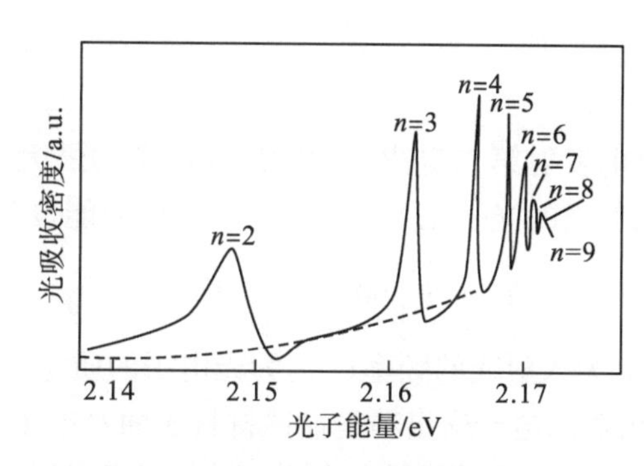

图 2-14　Cu_2O “黄激子” 的吸收光谱

与带间跃迁的吸收光谱不同，上述分立吸收峰出现的同时并不伴随光电导，说明这些分立的吸收峰不是由价带电子到导带的跃迁引起的，很可能是由价带电子被激发到导带底部以下某些分立能级引起的，因此提出激子跃迁的假设。为什么激子的运动不伴随光电导的变化？其原因是激子本身是电中性的，空穴-电子对的运动朝一个方向。

由于激子的能量低于自由电子的能量，所以可以理解激子吸收的能量低于带隙 E_g，以及激子吸收峰分布在带-带间跃迁吸收边的低能方向。

2.3　光电效应

光照射到物体上使物体发射电子，或使电导率发生变化，或产生光电动势等，这种因光照而引起物体电学特性的改变统称为光电效应。光电效应可归纳为两大类。

(1)物质受到光照后向外发射电子的现象称为外光电效应。这种效应多发生于金属和金属氧化物。

(2)物质受到光照后所产生的光电子只在物质的内部运动而不会逸出物质外部的现象称为内光电效应。这种效应包括光电导效应和光生伏特效应。

2.3.1　外光电效应

如果被激发的电子能逸出光敏物质的表面而在外电场作用下形成光电流，这就是光电发射效应或称外光电效应。光电管、光电倍增管等一些特种光电器件，都是建立在外光电效应的基础上。光电子发射效应的主要定律和性质如下。

1. 斯托列托夫定律

斯托列托夫定律也称光电发射第一定律。当入射光线的频率成分不变时(同一波长的单色光或者相同频率成分的光线)，光电阴极的饱和光电发射电流 I_k 与被阴极所吸收的光通量 Φ_k 成正比，即

$$I_k = S_k \Phi_k \tag{2-46}$$

式中，S_k 为表征光电发射灵敏度的系数。这个关系看上去十分简单，但却非常重要，因为它是用光电探测器进行光度测量、光电转换的一个重要依据。

2. 爱因斯坦定律

爱因斯坦定律也称光电发射第二定律。发射出光电子的最大动能随入射光频率的增高而线性地增大，而与入射光的光强无关，即光电子发射的能量关系符合爱因斯坦公式：

$$h\nu = \left(\frac{1}{2}m_e v^2\right)_{\max} + \Phi_0 \tag{2-47}$$

式中，h 为普朗克常量；ν 为入射光的频率；m_e 为光电子的质量；v 表示出射光电子的速度；Φ_0 为光电阴极的逸出功。电子逸出功是描述材料表面对电子束缚强弱的物理量，在数量上等于电子逸出表面所需的最低能量，也可以说是光电发射的能量阈值。

1905 年爱因斯坦提出的光的量子理论可以很容易地解释式(2-46)和式(2-47)。实际上，光敏物体在光线作用下，物体中的电子吸取了光子的能量，就有足够的动能克服光敏物体边界势垒的作用而逸出表面。根据爱因斯坦提出的假说，每个电子的逸出都是吸收了一个光量子的结果，而且一个光子的全部能量都由辐射能转变为光电子的能量。因此光线越强，也就是作用于阴极表面的量子数越多，这样就会有越多的电子从阴极表面逸出。同时，入射光线的频率越高，也就是说每个光子的能量越大，阴极材料中处于最高能级的电子在取得这个能量并克服势垒作用逸出界面之后，所具有的动能就越大。

3. 光电发射的红限

在入射光线频率范围内，光电阴极存在着临界波长。当光波波长等于临界波长时，光电子刚刚能从阴极逸出。这个波长通常称为光电发射的“红限”，或称为光电发射的阈值波长(光电阴极波长阈 λ_0)。显然，在红限处光电子的初速度(即动能)应该为零。因此 $h\nu_0 = \Phi_0$，临界频率 $\nu_0 = \frac{\Phi_0}{h}$，所以临界波长为

$$\lambda_0 = \frac{c}{\nu_0} = \frac{ch}{\Phi_0} = \frac{1.24}{\Phi_0} \tag{2-48}$$

式中，λ_0 的单位为μm。最短波长的可见光(380nm)在表面逸出功(也称功函数)不超过 3.2eV 的阴极材料中产生光电发射，而最长波长的可见光(780nm)只有在功函数低于 1.6eV 的阴极材料中才会产生光电发射。

4. 光电发射的瞬时性

光电发射的瞬时性是光电发射的一个重要特性。实验证明，光电发射的延迟时间不超过 3×10^{-13}s 的量级。因此，实际上可以认为光电发射是无惯性的，这就决定了外光电效应器件具有很高的频率响应。光电发射的瞬时性是由于它不牵涉电子在原子内迁移到亚稳态能级的物理过程。

以上的结论严格地说是在温度为 0K 时才是正确的。因为随着温度的增加，阴极材料内电子的能量也将提高，而有可能在原来的红限以下逸出表面。但是，在实际上由于温度提高时，这种具有很大能量的电子数目很少。在高温场合实际测量光电发射时，因受仪器灵敏度的限制，爱因斯坦定律和红限的结论对大多数金属来说仍是正确的。

最早的时候，认为光电发射效应只发生在阴极材料的表面，即阴极表面的单原子层或者离表面数十纳米的距离内。但在发现了灵敏度很高的阴极材料后，认为光电发射不仅发生在物体的表面层，而且还深入到阴极材料的深层，通常称为光电发射的体积效应，而前者则称为光电发射的表面效应。

光发射过程包括三个基本阶段。

(1)电子吸收光子后产生激发，即得到能量。

(2)得到光子能量的电子(受激电子)从发射体内向真空界面运动(电子传输)。

(3)这种受激电子越过表面势垒向真空逸出。

电子激发阶段的情况取决于材料的光学性质。凡是光发射材料，都应具有光吸收能力。光学吸收系数应当尽量大，使得受激电子产生在离表面较近的地方，也就是说，激发深度较浅。在固体中，受激电子向表面运动时，由于各种相互作用，将损失一部分能量。受激电子的传输能力可用有效逸出深度表示。它是指到达真空界面的受激电子所经过的平均距离。逸出深度与受激深度之比越大，发射体的效率就越高。为了完成光电发射，即电子最终逸入真空，到达表面的电子的能量应当大于材料的逸出功。逸出功越小，电子从物体向真空发射的概率就越大。电子从物体发射出去以后，就由外部电源的电子流来补偿，这样才能满足光阴极材料的电导率的要求。

5. 金属的光电发射

金属反射掉大部分入射的可见光(反射系数达 90%以上)吸收效率很低。光电子与金属中大量的自由电子碰撞，在运动中丧失很多能量。只有很靠近表面的光电子，才有可能到达表面并克服势垒逸出，即金属中光电子逸出深度很浅，只有几纳米，而且金属逸出功大多为 3eV 以上，对能量小于 3eV($\lambda>410$nm)的可见光来说，很难产生光电发射，只有铯(2eV 逸出功) 对可见光最灵敏，故可用于光阴极。但因在光电发射前两个阶段能量损耗太大，纯金属铯量子效率很低，小于 0.1%。金属有大量的自由电子，没有禁带，费米能级以下基本上为电子所填满，费米能级以上基本上是空的，表面能带受内外电场影响很小，E_F取决于材料。所以金属的电子逸出功定义为 $T=0$K 时真空能级与 E_F之差，它是材料的参量，可以用来作为光电发射的能量阈值。

6. 半导体的光电发射

半导体光电逸出参量有电子亲和势。该电子亲和势反映了导带底上的电子向真空逸出时所需的最低能量，数值上等于真空能级(真空中静止电子能量)与导带底能级 E_c之差。它有表面电子亲和势能χ_a与体内电子亲和势能χ_{ac}之分。χ_a是材料的参量，与掺杂、表面能带弯曲等因素无关；而χ_{ac}不是材料参量，可随表面能带弯曲变化。

半导体自由电子较少，且有禁带，费米能级 E_F一般都在禁带中，且随掺杂和内外电场变化，所以真空能级与费米能级之差不是材料参量。半导体电子逸出功定义为 $T=0\text{K}$ 时真空能级与电子发射中心的能级之差，而电子发射中心的能级有的是价带顶，有的是杂质能级，有的是导带底，情况复杂，因此对于半导体很少用电子逸出功的概念。由于电子逸出功不管从哪里算起，其中都包含有亲和势(真空能级与导带底能级之差)，为了表示光电发射的难易，使用电子亲和势的概念比使用逸出功的概念更有实际意义。所以，对于半导体一般不用逸出功的概念，而用电子亲和势的概念。为了表示光电发射的能量阈值，许多资料都是按真空能级与价带顶之差(电子亲和势加上禁带宽度)来计算的。

表面能带弯曲。半导体无界时，能带结构是平直的；半导体有界时，表面处破坏了晶格排列周期性(势场)，而且表面易氧化及被杂质污染，因而在禁带中引入附加能级(表面能级)。由于表面能级的存在，在表面处引起能带弯曲。表面能带弯曲，对于体内的光电子发射是有影响的。因为表面电子亲和势 χ_a 是材料的参量，它不随表面能带弯曲而变化；而体内电子亲和势 χ_{ac} 则要随着表面能带弯曲而增减。

对于 N 型半导体，施主能级上的电子跃迁到表面能级时，半导体表面将产生一个负的空间电荷区，而距离表面稍远一点的体内则分布有等量正的体电荷，因此表面能带向上弯。向上弯的程度，可用表面势垒 eU_s 表示。e 为电子电荷，U_s 为表面势，在数值上等于体内与表面的电势差。对于 N 型半导体来说，因表面能带向上弯，体内的电子亲和势 E_{ea} 要比表面能带不发生弯曲时增加一个势垒高度 eU_s，使得体内光电子发射变得更困难。

对于 P 型半导体，情况正好相反。表面能级中能量高于受主能级的电子有的要跃迁到受主能级上，于是半导体表面产生一个正的空间电荷区，距离表面稍远一点的体内则分布有等量的负电荷，因此表面能带向下弯。特别是 P 型半导体表面吸附有带正电性的原子(如铯原子)或 N 型材料的时候，表面上偶电层正电性在外，能带弯曲就更厉害。能带弯曲的程度也用表面势垒 eU_s 表示。表面能带向下弯，使得体内电子亲和势比能带不发生弯曲时减少一个势垒高度 eU_s，这样，这种表面能带弯曲对于体内的光电子发射十分有利。

因此，现在各种实用光电阴极几乎全是以 P 型半导体材料为衬底，然后在它的表面上再涂上带正电性的金属或 N 型材料而制成的。这样，就能得到向下弯曲的表面能带，减小逸出功。如果再使能带弯曲足够小(带曲区宽度为 z)，以至于比材料吸收系数的倒数还小得多($z\leqslant 1/\alpha$)时，则可以使光电子发射的主要部位来自体内。这时，量子效率要比单纯能带弯曲大得多。另外，强注入 P 型半导体的费米能级十分靠近于价带，这可使热电子发射(暗电流)较小。

2.3.2 光电导效应

物体受光照射后，若其内部的原子释放出电子并不逸出物体表面，而仍留在内部，使物体的电阻率发生变化或产生光电动势的现象(内光电效应)，前者称为光电导效应，后者称为光生伏特效应。半导体材料在光线作用下电导率增加的现象就是光电导效应。光电导的来源主要有带间载流子跃迁和杂质激发，因此有本征光电导和杂质光电导之分。

根据第 1 章的介绍，光电导可表达为

$$\sigma = e(n_0 + \Delta n)\mu_e + e(p_0 + \Delta p)\mu_h \tag{2-49}$$

式中，n_0和 p_0分别为热平衡载流子浓度。热平衡时的电导率为

$$\sigma_0 = n_0 e\mu_e + p_0 e\mu_h \tag{2-50}$$

令 $\Delta\sigma=\sigma-\sigma_0$，称为附加光电导。定义 $\Delta\sigma/\sigma_0$ 为光电导灵敏度，则有

$$\frac{\Delta\sigma}{\sigma_0} \equiv \frac{\sigma-\sigma_0}{\sigma_0} = \frac{\Delta n\mu_e + \Delta p\mu_h}{n_0\mu_e + p_0\mu_h} = \frac{(1+b)\Delta n}{bn_0 + p_0} \tag{2-51}$$

式中，令 $b=\mu_e/\mu_h$。在本征态下有 $\Delta n=\Delta p$。因为本征载流子浓度 n_0、p_0与温度呈指数增加关系。因此，温度越低，n_0与 p_0越小，而 $\Delta\sigma/\sigma_0$ 就会越大，也就是说，温度低，则灵敏度高。在实验中，常观测到光电导与材料内部杂质有如下密切关系。

1. 恒定光照下光电导同光强的关系

这里主要有线性和非线性光电导。

(1)线性光电导：在光强较低时，光电导与光强呈线性关系。电子－空穴对产率：定义 I 为单位时间内通过单位面积的光子数，α 为吸收系数，β 为每个光子产生的电子－空穴对量子产额。因此电子－空穴对产生率为 $I\alpha\beta$；同时电子－空穴对又在不停地复合，复合速率为 $\Delta n/\tau$，τ 为电子寿命。在稳态下，产生率和复合率达到平衡。

$$I\alpha\beta = \Delta n/\tau \tag{2-52}$$

$$\Delta n = \tau I\alpha\beta \tag{2-53}$$

典型的代表体系有硅(Si)、氧化亚铜(Cu_2O)。

(2)抛物线型光电导：光电导同光强平方根成正比。

$$(\Delta n)^2 = \tau I\alpha\beta/\gamma \tag{2-54}$$

式中，γ 为一比例常数。符合这种关系的代表体系有硫化铊(Tl_2S_3)。

2. 光电导的弛豫时间

光电导的弛豫时间反映半导体对光反应的快慢程度。在光照非恒定时，即从光照开始或从取消光照开始讨论。

(1)对于线性光电导，$t=0$ 时开始光照，则

$$\frac{d\Delta n}{\Delta t} = I\alpha\beta - \Delta n/\tau \tag{2-55}$$

它表示单位时间内净剩余载流子数目。若 $t=0$，$\Delta n=0$，则

$$\Delta n = \tau(I\alpha\beta)[1-\exp(-t/\tau)] \tag{2-56}$$

式(2-56)代表上升曲线。

当光照取消后，

$$\frac{d\Delta n}{\Delta t} = -\Delta n/\tau \tag{2-57}$$

$$\Delta n = \tau(I\alpha\beta)\exp(-t/\tau) \tag{2-58}$$

式(2-58)代表下降曲线。上升曲线和下降曲线如图 2-15 所示。弛豫时间定义为 $t\equiv\tau\ln 2$，物理意义是，在 t 这段时间内，Δn 上升或下降到定态值 $\tau(I\alpha\beta)$的 1/2。

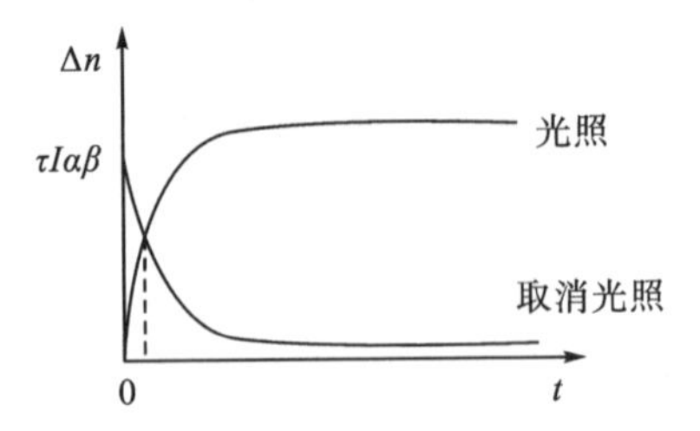

图 2-15 线性光电导的上升和下降曲线

(2)对于抛物线性光电导，开始光照时，

$$\frac{\mathrm{d}(\Delta n)}{\mathrm{d}t} = I\alpha\beta - \gamma\,(\Delta n)^2 \tag{2-59}$$

解之得

$$\frac{1}{(I\alpha\beta)^{1/2}}\tanh^{-1}\left(\frac{\Delta n}{\sqrt{I\alpha\beta/\gamma}}\right) = t \tag{2-60}$$

式(2-60)代表上升曲线。

当光照停止时，

$$\mathrm{d}(\Delta n)/\mathrm{d}t = -\gamma\,(\Delta n)^2 \tag{2-61}$$

解之得

$$\Delta n = \left(\frac{I\alpha\beta}{\gamma}\right)^{1/2}\frac{1}{1+(I\alpha\beta\gamma)^{1/2}t} \tag{2-62}$$

式(2-62)代表下降曲线。

弛豫时间 $t=(I\alpha\beta\gamma)^{-1/2}$，在这个时间值内，光电导增加到定态值得 0.76，而光照停止后，电导下降到原来的 1/2。

3. 光敏电阻

光敏电阻是一种用光电导材料制成的没有极性的光电元件，也称光导管，它基于半导体光电导效应工作。由于光敏电阻没有极性，工作时可加直流偏压或交流电压。当无光照时，光敏电阻的阻值(暗电阻)很大，电路中电流很小；当它受到一定波长范围的光照射时，其阻值(亮电阻)急剧减小，电路中电流迅速增加，用电流表可以测量出电流，如图 2-16 所示。根据电流值的变化，即可推算出照射光强的大小。

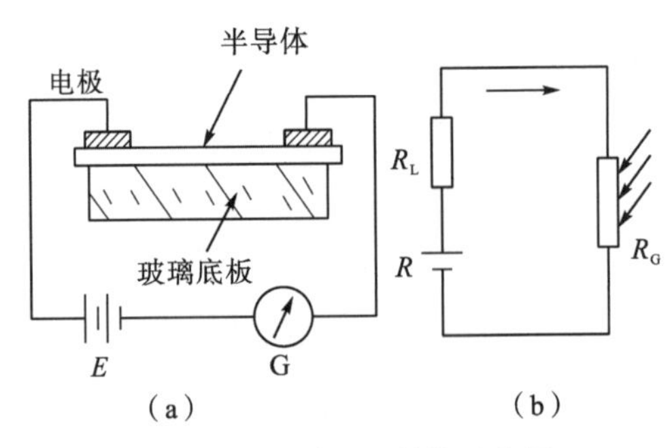

图 2-16 光敏电阻结构示意图

(1)暗电阻、亮电阻：光敏电阻未受光照时的阻值称为暗电阻，受强光照射时的阻值称为亮电阻。若暗电阻越大而亮电阻越小，则灵敏度越高。

(2)光敏电阻的伏安特性：如图 2-17 所示，在一定光照下，所加的电压越高，电流越大；在一定的电压作用下，入射光的照度越强，电流越大，但并不一定是线性关系。

(3)光敏电阻的光谱特性：如图 2-18 所示，对于不同波长的光，光敏电阻的灵敏度是不同的。在选用光电器件时必须充分考虑这种特性。

(4)光敏电阻的响应时间和(调制)频率特性：光电器件的响应时间反映它的动态特性。响应时间越短，表示动态特性越好。对于采用调制光的光电器件，调制频率的上限受响应时间的限制。光敏电阻的响应时间一般为 10^{-3}～10^{-1}s，光敏二极管的响应时间约 2×10^{-5}s，如图 2-19 所示。

(5)光敏电阻的温度特性：随着温度的升高，光敏电阻的暗电阻和灵敏度都要下降，温度的变化也会影响光谱特性曲线。硫化铅光敏电阻等光电器件随着温度的升高，光谱响应的峰值将向短波方向移动，所以红外探测器往往采取制冷措施，如图 2-20 所示。

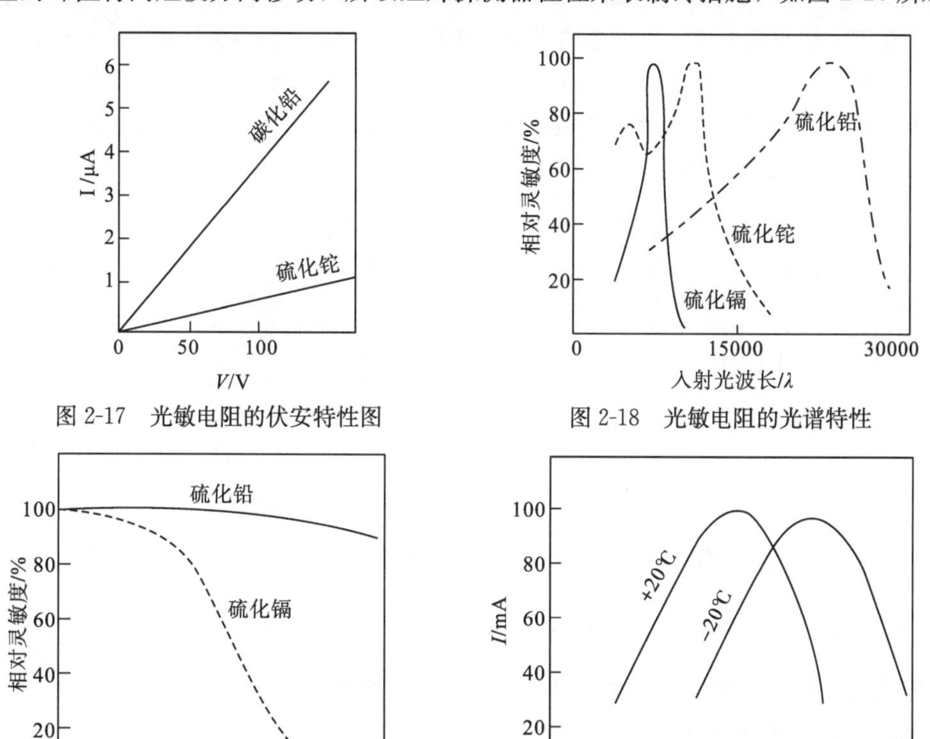

图 2-17　光敏电阻的伏安特性图

图 2-18　光敏电阻的光谱特性

图 2-19　光敏电阻的频率特性

图 2-20　硫化铅光敏电阻的光谱温度特性

2.3.3　光生伏特

对于半导体 PN 结而言，光照后产生电势差的现象，将太阳能转变为电能，这是太阳能电池工作原理。下面介绍 PN 结的光生伏特原理。

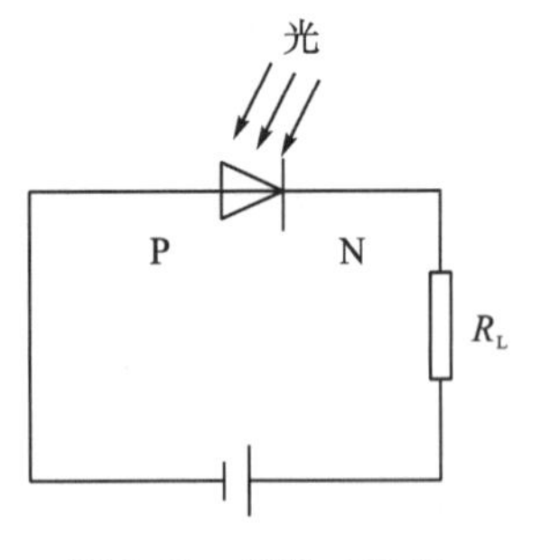

图 2-21 光敏二极管接线方法

半导体光敏二极管与普通二极管相比，有许多共同之处，它们都有一个 PN 结，均属于单向导电性的非线性元件。光敏二极管一般在负偏压情况下使用，它的光照特性是线性的，所以适合检测等方面的应用，如图 2-21 所示。光敏二极管在没有光照射时，反向电阻很大，反向电流(暗电流)很小(处于截止状态)。

当入射光的能量大于半导体能隙，即 $h\nu > E_g$ 时，照射在 PN 结上，由于本征吸收，在结区产生电子−空穴对。在光激发下，多数载流子的浓度一般改变很小，而少数载流子的浓度变化很大。因此这里主要讨论光生少数载流子的运动。

由于 PN 结中存在内建电场，结两边的光生少数载流子受该内建场的作用，各自向相反的方向运动。所以 P 区的电子穿过 PN 结进入 N 区，而 N 区的空穴进入 P 区，从而在 P 型和 N 型区有电荷积累，如图 2-22(a)所示；使得 P 端的电势升高，N 端的电势降低，从而在 PN 结两端形成一个光生电动势，如图 2-22(b)所示，这就是 PN 结的光生伏特效应。如果 PN 结两端接上负载，在适当的光照下将有电流流过负载，光敏二极管的光电流 I 与照度之间呈线性关系。但是在没有光照时，尽管 PN 结有内建电场，没有可迁移的载流子，不能形成电流。

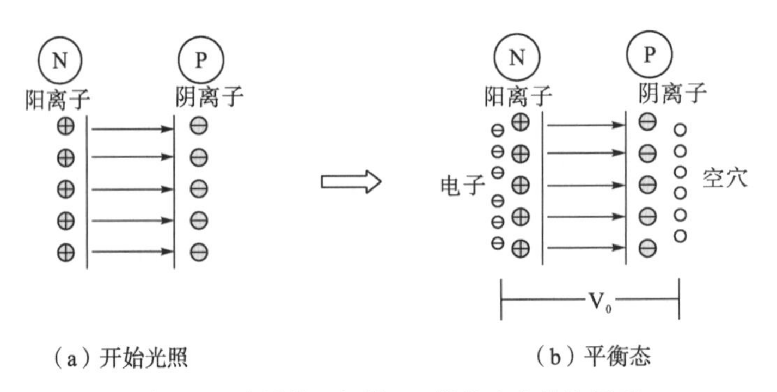

图 2-22 半导体二极管 PN 结的光生伏特原理

1. 开路电压和短路电流

关于光敏二极管的两个重要概念是光电池的开路电压和短路电流。下面来讨论开路电压和短路电流的变化行为。

(1)开路电压：有光照，但外电路断开，在 PN 结两端形成的电势差 V_0，即光电池的开路电压(V_0)；后面将给出开路电压的表达式。

(2)短路电流：有光照，外电路短路，在 PN 结两端不能形成光生电压，但流过外电路的电流最大，为光电池的短路电流 I_0。开路电压和短路电流为光电池的两个重要参数。下面来讨论光电流的主要来源。

2. 光电流 I_1的组成

由于光照产生的载流子各自向相反的方向运动，从而在 PN 结内部形成自 N 区向 P

区的光生电流 I_1(即 N 区的空穴向 P 区迁移，而 P 区的电子向 N 区迁移)。因此，光电流 I_1由两个组成部分，即 I_{ge}和 I_{gh}，这里 I_{ge}代表由 P 区产生能扩散到势垒区的电子部分，I_{gh}代表由 N 区产生能扩散到势垒区的空穴部分，即单位时间内载流子(电量)的变化量。

$$I_1 = I_{ge} + I_{gh} = eA(L_n + L_p)G \tag{2-63}$$

式中，G 为单位体积内载流子的产生率；A 为 PN 结的结面积；L_n和 L_p分别为电子和空穴载流子的扩散长度；e 为电子的电荷。它与 PN 结的特征参数和光照等密切相关。可见，结面积 A 越大，则 I_1越大。

3. 有负载时的光生伏特等效电路

由于光照在 PN 结两端产生光生电动势，相当于在 PN 结两端加正向电压 V(注意在开路时与开路电压 V_0相等)，所以在有负载而形成回路后，PN 结中有正向电流 I_f流过。必须指出的是，只有在有负载时才有 I_f，否则此时的电路相当于开路，尽管由于光照产生了光生电动势，但没有载流子流动。有负载时，由于光电压输出电压为 V，这样流过负载的电流 I 则是光电流 I_1减去 PN 结中的正向电流 I_f，即

$$I = I_1 - I_f \tag{2-64}$$

图 2-23 是有负载时的光生伏特等效电路。

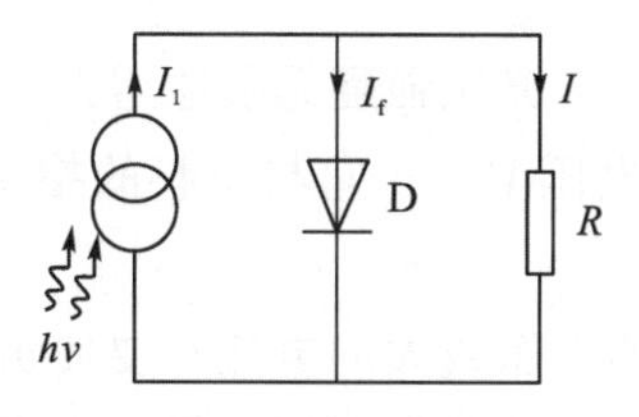

图 2-23 有负载 R 时半导体光电二极管 D 的等效电路图

从上述讨论中，可以看到，光电池在工作时共有三股电流：光生电流 I_1，在光生电压 V 作用下 PN 结的正向电流 I_f，流经外电路的电流 I。I_1和 I_f都流经 PN 结，但方向相反。

从半导体物理学(刘恩科等，2003)可以得到，PN 结在有 V 正向电压偏置时的正向电流 I_f表示为

$$I_f = I_s[\exp(eV/k_B T) - 1] \tag{2-65}$$

式中，I_s为 PN 结的反向饱和电流(在一定的温度条件下，由本征激发决定的少子浓度是一定的，故少子形成的漂移电流是恒定的，基本上与所加反向电压的大小无关，这个电流也称为反向饱和电流 I_s)；k_B为玻尔兹曼常量；T 为 PN 结的温度。从式(2-64)和式(2-65)可以推出 V 的大小。

$$V = \frac{k_B T}{e}\ln\left[\frac{I_1 - I}{I_s} + 1\right] \tag{2-66}$$

这样，就可以求出开路时 PN 结开路电压 V_0的大小和短路时 PN 结短路电流 I_0，实际上也就是 PN 结的开路电压和短路电流与 PN 结本身特征参数和光照的关系。在开路时，令 $I=0$，由式(2-66)即可求出 V_0。

$$V_0 = \frac{k_B T}{e}\ln\left(\frac{I_1}{I_s}+1\right) \tag{2-67}$$

而在短路时，令 $V=0$，从式(2-53)可知，$I_f=0$，于是从式(2-52)可求出 I_0。

$$I_0 = I_1 \tag{2-68}$$

即完全为光电流，这是显而易见的。I_1与 PN 结本身特征参数有关，也与光照密切相关。一般 I_1与光强成正比，由此从式(2-66)可知，开路电压 V_0与光强呈对数关系。图 2-24(a)给出了一种典型的半导体 GaAs 材料形成的 PN 结光电二极管的 I-V 关系；图 2-24(b)给出的则是开路电压和短路电流同光强的关系。

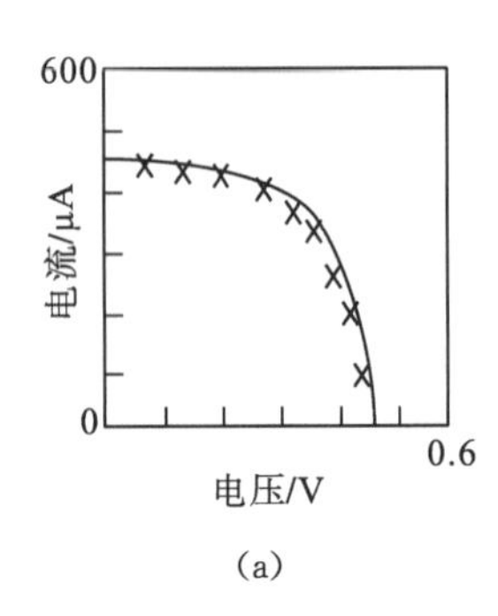

(a)

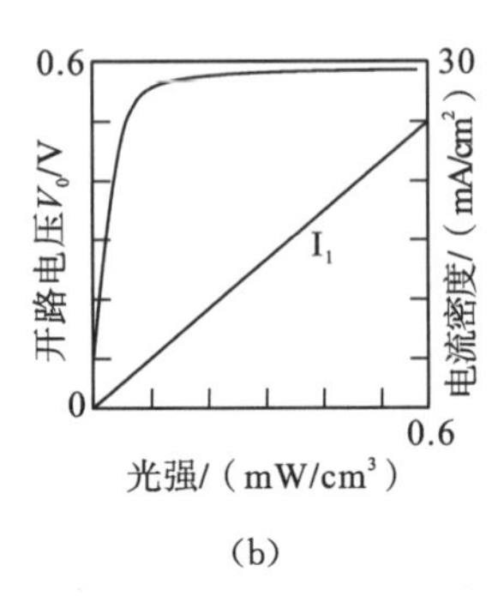

(b)

图 2-24 (a)GaAs 光电二极管 I-V 关系；(b)光电二极管的 I_1和 V_0与光强的关系

必须指出的是，V_0并不是随着光照强度无限地增大。当光生电压 V_0增大到 PN 结势垒消失时，即得到最大的光生电压 V_{max}，它与材料的掺杂程度有关。实际情况下，V_{max}与禁带宽度 E_g相当。

如何使负载获得尽可能高的电压或大的电流？要使负载获得尽可能高的电压和大的电流，一方面将多个光电二极管串、并联使用；另一方面提高太阳能电池的光电转换效率。引入表征太阳能电池的电池效率参数 η，定义为

$$\eta = \frac{\text{负载中消耗的功率}}{\text{入射到结面积上的光功率}} \tag{2-69}$$

理论计算表明半导体材料的禁带宽度为 1.1～1.5eV，对太阳光的利用效率最高。单晶硅的禁带宽度为 1.1～1.5eV，人们试图用单晶硅通过掺杂制成光电池，但其价格昂贵，同时单晶硅是间接带隙半导体材料，光电转换效率低。而用通过掺杂的非晶态硅替代单晶硅，不仅降低了成本，还提高了光电转换效率。

光生伏特效应最重要的应用之一，是将太阳能直接转化成电能。太阳能电池是典型的光电池，一般由一个大面积硅 PN 结组成。实际上光电池种类繁多，早期出现的有氧化亚铜光电池，因转换效率低已很少使用。目前应用较多的是硒光电池和硅光电池。硒光电池因光谱特性与人眼视觉很相近，频谱较宽，故多用于曝光表、照度计等分析、测量仪器。硅光电池与其他半导体光电池相比，不仅性能稳定，还是目前转换效率最高(达到 17%)的几乎接近理论极限的一种光电池。此外，还有薄膜光电池、紫光电池、异质结光电池等。薄膜光电池是把硫化镉等材料制成薄膜结构，以减轻重量、简化阵列结构、提高抗辐射能力和降低成本。紫光电池是把硅光电池的 PN 结减薄至结深为 0.2～0.3μm，光谱响应峰值移到 600nm 左右，来提高短波响应，以适应外层空间使用。

异质结光电池利用不同禁带宽度的半导体材料做成异质 PN 结，入射光几乎全透过宽禁带材料一侧，而在结区窄禁带材料中被吸收，产生电子−空穴对。利用这种“窗口”效应提高入射光的收集效率，以获得高于同质结硅光电池的转换效率，理论上最大可达 30%，但目前工艺尚未成熟，转换效率仍低于硅光电池。

光电池核心部分是一个 PN 结，一般做成面积较大的薄片状，来接收更多的入射光。图 2-25 是硒光电池的结构示意图。制造工艺如下：先在铝片上覆盖一层 P 型硒，然后蒸发一层镉，加热后生成 N 型硒化镉，与原来 P 型硒形成一个大面积 PN 结，最后涂上半透明保护层，焊上电极，铝片为正极，硒化镉为负极。

硅光电池是用单晶硅组成的(目前也有非晶硅的产品)，如图 2-26 所示。在一块 N 型硅片上扩散 P 型杂质(如硼)，形成一个扩散 PN(P+N)结；或在 P 型硅片扩散 N 型杂质(如磷)，形成 N+P 的 PN 结，然后焊上两个电极。P 端为光电池正极，N 端为负极，一般在地面上用作光电探测器的多为 P+N 型，如国产 2CR 型。N+P 型硅光电池具有较强的抗辐射能力，适合空间应用，可作为航天的太阳能电池，如国产 2DR 型。

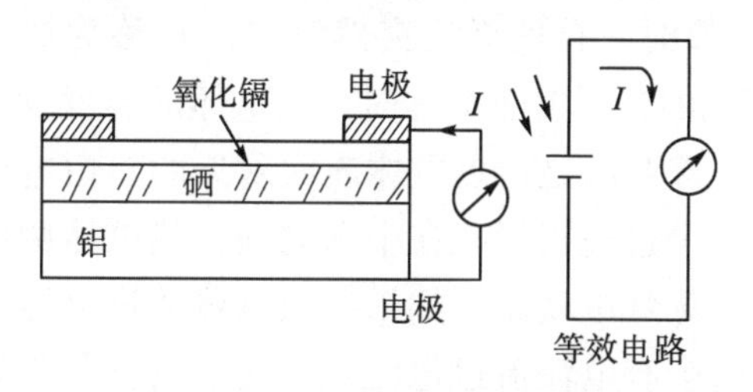

图 2-25　硒光电池结构示意图

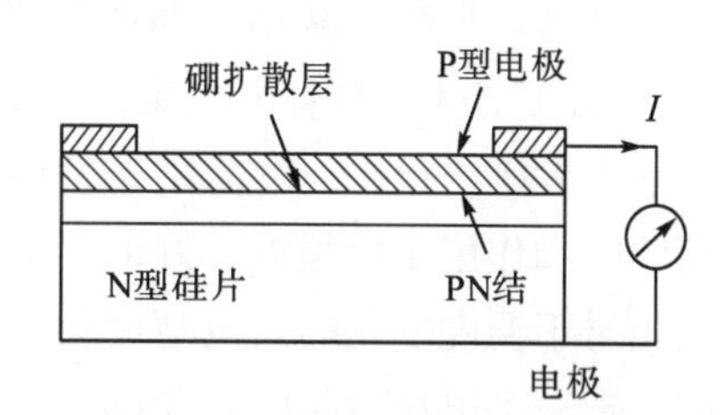

图 2-26　硅光电池结构示意图

半导体光生伏特效应还广泛应用于辐射探测器，包括光辐射及其他辐射。其优点是不需要外接电源，而是通过辐射或高能粒子激发产生非平衡载流子，并通过测量光生电压来探测辐射或粒子流强度。

2.3.4　温差电效应

当两种不同的配对材料(可以是金属或半导体)两端并联熔接时，如果两个接头的温度不同，并联回路中就产生电动势，该电势称为温差电动势。有电动势，则回路中就有电流流通，如图 2-27 所示。如果把冷端分开并与一个电表相连，那么光照熔接端(称为电偶接头)时，吸收光能使电偶接头温度升高，电表就有相应的电流读数，电流的数值间接反映了光照能量的大小。这就是用热电偶来探测光能的原理。实际中，为了提高测量灵敏度，常常将若干个热电偶串联起来使用，称为热电堆，它被用在激光能量计中。

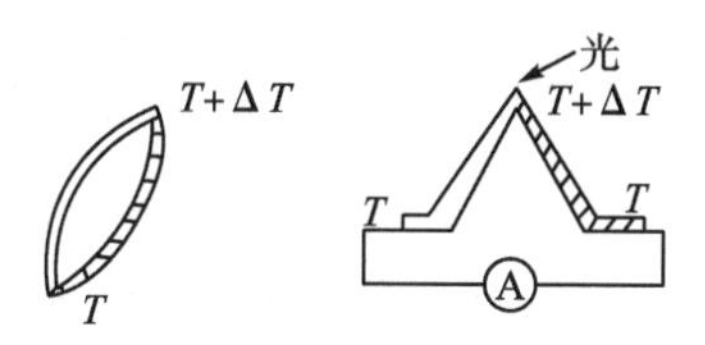

图 2-27　温差电效应

2.3.5 热释电效应

热释电效应指的是某些晶体的电极化强度随温度变化而释放表面吸附的部分电荷，它是通过热释电材料实现的。热释电材料是一种结晶对称性很差的压电晶体，因而在常态下具有自发电极化(即固有电偶极矩)。由电磁理论可知，在垂直于电极化矢量$\boldsymbol{P}_s$的材料表面上出现面束缚电荷，而面电荷密度$\sigma_s=|\boldsymbol{P}_s|$。由于晶体内部自发电极化矢量排列混乱，因而总的$\boldsymbol{P}_s$并不大。再加上材料表面附近分布的外部自由电荷的中和作用，通常觉察不出有面电荷存在。如果对热电体施加直流电场，自发极化矢量将趋向一致排列(形成单畴极化)，总的$\boldsymbol{P}_s$加大。电场去掉后，总的$\boldsymbol{P}_s$仍能保持，这种热电体有时常称为热电-铁电体。它是实现热电现象的理想材料。

热电体的$|\boldsymbol{P}_s|$决定了面电荷密度σ_s的大小，当$|\boldsymbol{P}_s|$发射变化时，σ_s也跟着变化。经过单畴化的热电体，保持着较大的$|\boldsymbol{P}_s|$。$|\boldsymbol{P}_s|$值是温度的函数，如图 2-28(b)所示。温度升高，$|\boldsymbol{P}_s|$减小。温度升高到T_c值时，自然极化突然消失，T_c称为居里温度。在T_c以下，才有热释电现象。当强度变化的光照射热电体时，热电体的温度发生变化，尺寸也发生变化，面电荷跟着发生变化。重要的是，热电体表面附近的自由电荷对面电荷的中和作用比较缓慢。好的热电体，这个过程很慢。在中和之前，热电体侧面就呈现出相对于温度变化的面电荷变化，这就是热释电现象。如果把热电体放进电容器极板之间，把一个电流表与电容器两端相接，就会有电流流过电流表，这个电流称为短路热释电流，如图 2-28 所示。如果极板面积为A，则电流为

$$i=A\frac{\mathrm{d}P_s}{\mathrm{d}t}=A\frac{\mathrm{d}P_s}{\mathrm{d}T}=A\beta\frac{\mathrm{d}T}{\mathrm{d}t} \tag{2-70}$$

式中，$\beta=\mathrm{d}P_s/\mathrm{d}T$ 称为热释电系数。显然，如果照射的光是恒定的，那么T为恒定值，P_s也为恒定值，电流为零。所以热释电探测器是一种交流或瞬时响应的器件。

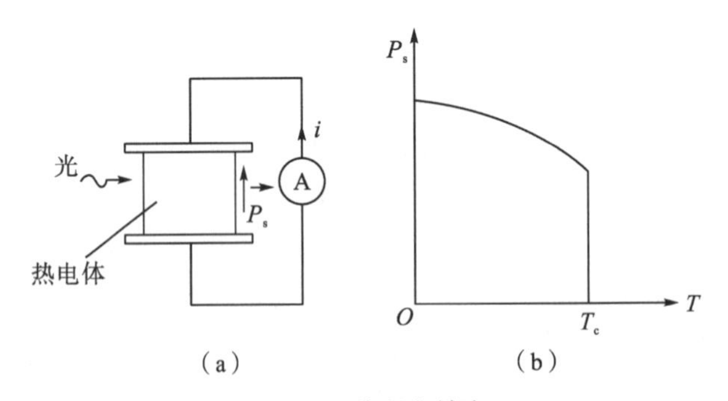

图 2-28 热释电效应

2.3.6 光子牵引效应

当一束光子能量还不足以引起电子-空穴对产生的激光照射在一块样品上时，可以在光束方向上与样品的两端建立起电位差，电位差的大小与光功率成正比。这称为光子

牵引效应。对它的研究始于 20 世纪 60 年代，真正用激光作为光源来研究是在 1970 年。

光子具有动量，当光子与材料中的载流子相互碰撞时，可以将动量传递给载流子，因而在光束方向引起载流子的定向移动，在端面形成电荷积累，产生附加电场。当附加电场对载流子的电场力同光子产生的冲力平衡时，便建立起稳定的电位差。

由于电子和空穴产生的光子牵引电位差符号相反，所以对本征半导体，这种效应极微弱。要观察光子牵引效应，必须选用 N 型半导体或 P 型半导体。

在前面所述的与载流子产生有关的光电效应中，都是光子能量传递给电子，而光子牵引效应却不顾及载流子的产生，将光子的动量传递给电子。这种转移发生很快，用光子牵引效应制成的探测器有快速的响应(响应时间约 10^{-9}s)。

目前在 1～10000μm 波段内，能找到可用的光子牵引探测器，其灵敏度可达 0.1～40μV/W。

参考文献

程檀生，2013. 现代量子力学基础. 第 2 版. 北京：北京大学出版社.
樊美公，姚建年，2013. 光功能材料科学. 北京：科学出版社.
黄昆，谢希德，2012. 半导体物理学. 北京：科学出版社.
刘恩科，朱秉升，罗晋生，2003. 半导体物理. 上海：上海科学技术出版社.
谢希德，陆栋，2007. 固体能带理论. 第 2 版. 上海：复旦大学出版社.
杨永才，何国兴，马军山，2009. 光电信息技术. 上海：东华大学出版社.
曾谨言，2003. 量子力学教程. 北京：科学出版社.
Chaikin P M，Lubensky T C，2001. Principles of Condensed Matter Physics. Cambridge：Cambridge University Press.

第3章　微纳光电材料及器件

光电子器件的功能及性能受到材料的极大限制，这种限制来源于材料本身的物理及化学性质，人类所期望的很多特定功能及性能因此无法实现。不过，通过在材料中引入微纳结构，或者将材料的尺寸降低至微米、纳米量级，材料的物理及化学性质会发生极大变化，因而可以用于新材料、新器件的开发及制备。近年来，微纳材料的快速发展便得益于此，尤其是微纳光电材料发展较为迅速。包括纳米颗粒、纳米线及纳米薄膜在内的纳米光电材料，通过介电常数的周期性分布而具有特殊光学性质的光子晶体，具有负折射或者电磁隐身性能的超材料等，都是极其新颖并且具有极大应用前景的领域。由于微纳光电材料的迅速发展，微纳光电器件的研究也颇为活跃。一方面，是用新的光电材料制备传统的光电器件，以期器件表现更佳、性能更为优越；另一方面，是基于新材料开发新型光电器件，实现传统光电材料无法实现的功能。本章将对纳米光电材料、光子晶体、超材料、等离子体激元这些领域内材料及器件的发展作简要概述。因为其中任何一个领域都具有广泛的内涵和应用，并随着人们的深入研究快速变化着，限于本教材篇幅及编者的能力，这里的描述会显得较为简略，感兴趣的读者可参阅国内外最新的文献专著进一步深入了解。

3.1　纳米光电材料及器件

3.1.1　纳米光电材料

随着人们对物质的基本结构和规律研究的日益深入，人类已经可以在原子及分子的尺度上对物质进行操作。依赖人类所掌握的这种能力，近年来发展起来一种新兴学科，即纳米科学与技术，它在纳米尺度上研究物质的基本结构、性质及工程应用。三维空间内至少有一维尺度在 0.1～100nm 的材料，称为纳米材料。材料的尺度降低至纳米量级后，会表现出很多奇异的特性，这正是纳米材料研究的动力所在。按照维度，纳米材料有纳米颗粒、纳米线及纳米薄膜之分。

纳米尺度的光电材料，即具有特殊光电性能的纳米材料，称为纳米光电材料。纳米光电材料主要在光学及电学性质上表现出异于宏观光电材料的特征。这主要来源于以下三个方面。

(1)小尺寸效应。由于纳米颗粒尺寸与光波波长、电子德布罗意波长等物理特征尺寸接近，材料的声、光、电、磁、热学、力学性质均发生改变。

(2)表面效应。纳米颗粒尺寸变小，表面面积大，增加了表面态密度，不但引起材料表面原子输运和构型的变化，同时也改变了表面电子自旋分布和电子能谱。

(3)量子尺寸效应。由于电子在三维方向上均受到限制，电子能级表现出类似于原子的离散能级结构，这使得材料的吸收特性和光发射特性均不同于宏观材料。

纳米光电材料具有极为广泛的应用价值。纳米光电材料基本性质的研究，纳米光电材料的制备，以及基于纳米光电材料的器件开发、设计与制作是目前国际上的研究热点。纳米光电材料种类很多，主要有纳米发光材料、纳米光电转换材料及纳米光催化材料等。

1. 纳米发光材料

1994 年，Bharagava 等首次报道了过渡金属离子掺杂纳米半导体微粒 ZnS:Mn 后，它的发光寿命缩短了 5 个数量级，但外量子效率仍高达 18%。尽管实验结果存在一定争议，但引起了人们对纳米发光材料的极大兴趣。

纳米发光材料主要采用尺寸在 1～100nm 的纳米颗粒作为发光基质，包括纯的及掺杂的纳米半导体发光材料，稀土离子及过渡金属离子掺杂的纳米氧化物、硫化物、复合氧化物及各种纳米无机盐发光材料等。纳米发光材料主要用于发光器件的设计及制备，它可以实现宏观块状材料所不具备的发光性能。

2. 纳米光电转换材料

纳米光电转换材料是一种可以直接将光能转化为电能的纳米材料。纳米光电转换材料主要用于太阳能电池，可提高太阳能电池的转换效率，实现对绿色能源太阳能的高效利用。

3. 纳米光催化材料

纳米光催化材料是一种将光能转化为化学能的纳米材料。纳米颗粒具有较高的比表面积和较高的表面缺陷密度等特点，因此，相对而言比宏观材料具有更高的反应活性，可以作为高效的催化材料。纳米催化材料作为一种高活性、高选择性的催化剂已引起人们的普遍关注。其中纳米光催化材料也是研究的重点，它利用纳米材料在光照条件下加速化学反应过程。纳米 TiO_2 是一种非常典型的纳米光催化剂，由于可以高效处理很多有毒化合物，在空气净化及水处理方面有重要应用。

对纳米光电材料的研究，人们给予了高度的重视。目前已有很多方法用于制备纳米光电材料，如化学沉淀法、溶胶－凝胶法、水热合成法、激光诱导气相沉积法等。随着研究的深入，人们也在纳米光电材料的基础上研究纳米光电器件，如量子点发光二极管、量子点激光器、量子点单光子探测器、纳米线发光二极管、纳米线光波导、纳米线激光器、纳米线光电传感器等。事实上，已经成功商业化的量子阱半导体激光，也属于纳米光电器件的范畴。

3.1.2　纳米光电器件

在纳米光电材料基础上发展起来的纳米光电器件多种多样，包括纳米发光器件，如量子点激光器、量子点发光二极管、纳米线激光器、纳米线发光二极管、量子阱激光器、量子阱发光二极管、量子级联激光器等；纳米探测及传感器件，如量子点光探测器、量子点单光子探测器、纳米线传感器等；纳米光存储器件，如量子点光存储器；纳米光传输器件，如纳米光纤；纳米光电转换器件，如量子点太阳能电池；另外还有纳米光开关、光调制器等。这些器件涵盖了光电子器件的方方面面，随着研究的进展无疑会极大地改变光电子学的面貌。本书无法面面俱到地对纳米光电器件研究成果进行介绍，只简单介绍一些典型的纳米光电器件。

1. 量子点光电器件

量子点是由少量原子组成的在三维方向上对电子运动进行约束的纳米材料。量子点具有很多与孤立原子相似的特征，因此也称为“人造原子”。利用量子点可以设计制备很多性能优良的光电器件，如量子点太阳能电池、量子点发光二极管、量子点激光器等。

1)量子点太阳能电池

太阳能电池是一种直接把光能转化为电能的光电转换器件，对人类社会具有重要应用价值。但是由于在半导体中只有大于半导体能隙的光能才能被吸收，以及一个光子只能激发一个电子-空穴对的因素，普通太阳能电池转换效率较低。量子点太阳能电池理论上可以实现最高 65%的转换效率，高于普通太阳能电池最高转换效率的 2 倍。量子点太阳能电池主要有 3 种不同的类型：PIN 结构量子点太阳能电池、量子点敏化太阳能电池及基于多激子产生效应的量子点太阳能电池。目前量子点太阳能电池尚处于研究阶段，一旦高转换效率的量子点太阳能电池研制成功并投入使用，必然对人类使用能源的方式产生深远影响。

2)量子点发光二极管

量子点发光二极管的结构与 OLED 类似，由量子点材料构成的发光层夹于有机材料构成的电子输运层和空穴输运层之间，在外加电场作用下，电子和空穴注入量子点层，被量子点捕获并发生复合产生光辐射。由于半导体能带结构的限制，普通发光二极管通常只能发出一定波长的单色光。通过改变量子点的尺寸及组分，量子点发光二极管发出的光可以覆盖近红外及可见光。量子点发光二极管在显示技术中有重要的应用前景。另外，还可以作为荧光探针，用于生物分子及细胞成像。

3)量子点激光器

量子点激光器与普通半导体激光器的结构并无差别，只是在有源区使用了量子点材料。由于量子点具有类似孤立原子的电子能级结构，量子点激光器的激光特性接近于气体激光器，并能克服普通半导体激光器及量子阱激光器的一些缺点。量子点激光器，相比于普通半导体激光器及量子阱激光器可以具有更低的阈值电流密度、更高的发光效率和微分增益、更窄的光谱线宽及更好的温度稳定性。

2. 纳米线光电器件

纳米线是一种准一维的纳米材料，同样可以设计制备各种纳米光电器件，如纳米光纤、纳米线发光二极管、纳米线激光器、纳米线光电池、纳米线光电二极管等。与量子点光电器件相比，各种纳米线光电器件表现出其自己特有的特征，并有其独特应用。这里简单介绍纳米光纤。纳米光纤是直径在几十到几百纳米来之间的光导纤维，见图 3-1。由于光纤直径小于波长，所以也称为亚波长光纤。

目前有多种不同的方法可以用于制备纳米光纤。最典型的制备方法是将普通光纤在火焰上加热并拉长。浙江大学童利民于 2003 年成功使用该方法制备了直径为 50nm 的纳米光纤。这种光纤具有结构简单、均匀度高、传输损耗低和机械强度高等特点，并且可以方便地与现有光纤系统耦合和集成。

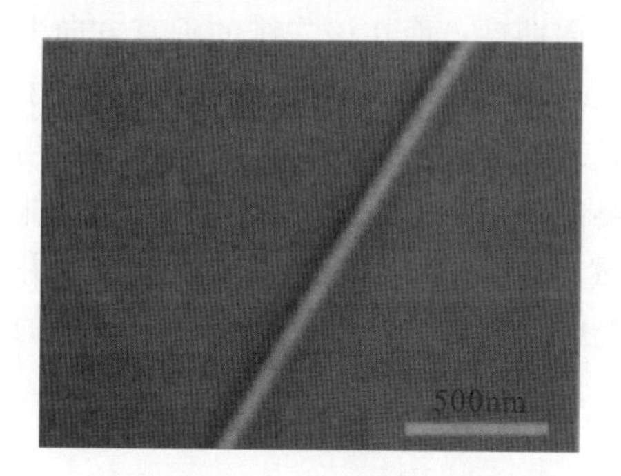

(a)直径约为 50nm 的二氧化硅纳米光纤

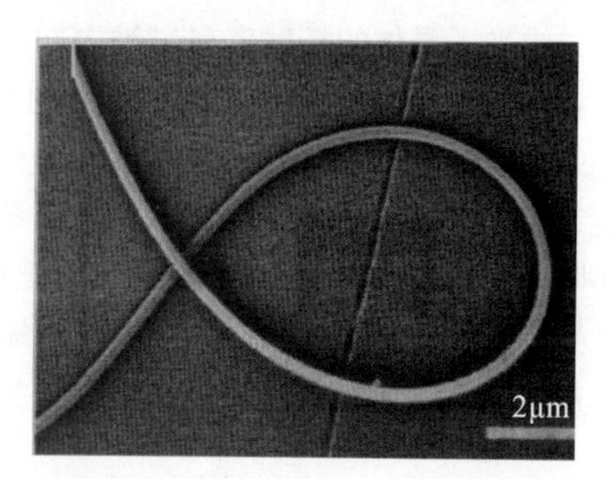

(b)弯曲直径 280nm 的纳米光纤，弯曲半径约为 2.7μm

图 3-1　纳米光纤

纳米光纤具有特殊的光学性质，并具有特殊的研究及应用价值。例如，由于在纳米光纤中光波电磁场被限定在极小的范围内，具有很高的功率密度，利用纳米光纤可以产生超连续谱；纳米光纤具有很高的机械强度，可以弯曲到微米量级，因此使用纳米光纤可以制作各种非常微小的环形谐振腔，用于各种微型滤波器和激光器的制作；由于在光纤外围存在有较强的隐失波场，纳米光纤可以用于制作化学及生物传感器。

3.2　光子晶体及光子晶体器件

光子晶体(photonic crystal)是一种折射率在空间中呈周期性分布的物质结构，通常由两种或者两种以上具有不同折射率的材料构成。这种周期性结构会对沿特定方向传播的电磁波产生布拉格散射(Bragg scattering)，如果构成光子晶体的材料高、低折射率相差足够大，部分频段的电磁波沿任意方向都不能传播，光子晶体相当于光的“绝缘体”，如此便形成了光子禁带(photonic band gap，PBG)。在光子禁带以外，电磁波以布洛赫波(Bloch wave)的形式在光子晶体中传播。尽管光子晶体的微观结构对电磁波具有强烈的散射作用，这种布洛赫波却有确定的方向性。

光子晶体可以灵活、有效地控制光的辐射与传播，因此具有广泛而重要的应用价值。自 1987 年 Yablonovitch 和 John 分别独立提出光子晶体的概念以来，光子晶体受到各国研究者的强烈关注，成为电磁学和光子学领域的一大研究热点，在理论、实验及应用方面均有重要突破，部分研究成果已成功商业化。

3.2.1 光子晶体的结构

按照维数，光子晶体有一维、二维和三维之分，如图 3-2 所示。一维光子晶体仅在一个方向表现出周期性，而在其他两个正交方向具有平移不变性。例如，布拉格反射镜(Bragg mirror)就可以视为一维光子晶体。对一维光子晶体的研究可以追溯到光子晶体概念提出之前的 1887 年，当时，Rayleigh 首先研究了这种周期性层状介质结构的电磁性质。二维光子晶体的折射率在二维方向上均表现出周期性，而在该二维的垂直方向上满足平移不变性。利用半导体材料加工制造技术，Krauss 于 1996 年第一次成功制作了近红外二维光子晶体。三维光子晶体在 3 个方向均呈现出周期性。这种光子晶体可以用自组装、激光全息、电子束曝光等方法制备，不过要制备复杂的三维光子晶体结构并能够在实际中应用，就目前的技术水平而言还困难重重。事实上，自然界早于人类发明并利用了光子晶体，如天然蛋白质(opal)及蝴蝶、甲壳虫等生物体通常都会呈现出绚丽的颜色，这些都与其内部的光子晶体结构有关。

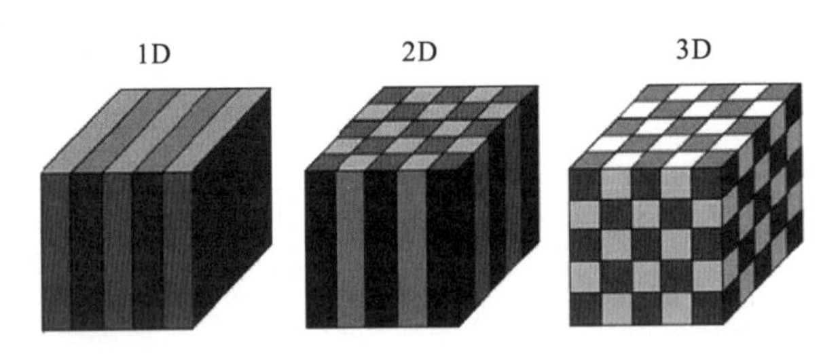

图 3-2 一维、二维及三维光子晶体结构示意图

3.2.2 光子晶体的基本特性

1. 光子晶体禁带

在光子晶体中，折射率(或者介电常数)呈周期性分布，如图 3-3 所示。当这种周期性与光波长相比拟，并且折射率变化足够大时，光子晶体中出现禁带。禁带频率对应的光，不存在任何电磁波传播模式，因此光被严格禁止传播。例如，一束频率在光子晶体禁带范围内的光，入射至光子晶体表面，那么这束光将因无法在光子晶体中传播而被完全反射。通过打破光子晶体内局部区域的周期性，在光子晶体中引入点缺陷或者线缺陷，可以将光约束在该点缺陷或者线缺陷内，从而形成光子晶体微腔或者光子晶体波导型器件。利用光子晶体禁带实现的光子晶体波导对其中传输的光频电磁场具有非常良好的约束作用，并且可以在非常小的尺度内实现光波的直角甚至更大角度拐弯传输，因此非常有利于减小集成光电器件的尺寸。

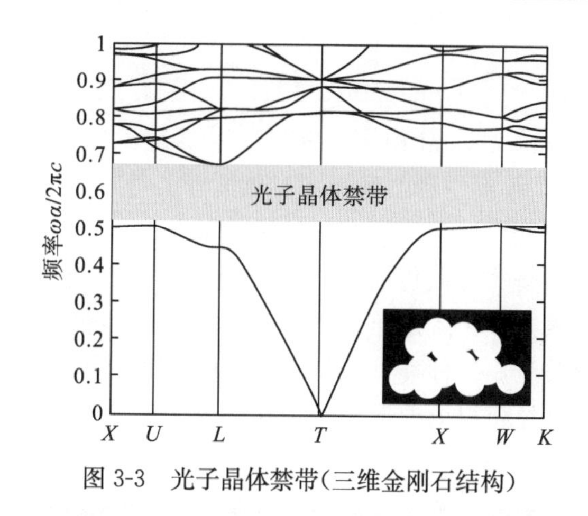

图 3-3　光子晶体禁带(三维金刚石结构)

2. 异常色散

由于折射率的周期性分布，当光在光子晶体中传播(禁带频率)时，频率 ω 与传播矢量 $\boldsymbol{\kappa}$ 之间满足特殊的色散关系，即 $\omega=\omega(\boldsymbol{\kappa})$，该关系可以通过计算光子晶体能带结构得到。由于光子晶体特殊的色散特性，光子晶体表现出一些新的效应及现象，如超棱镜、负折射、自准直等。根据光子晶体的能带结构，还可以进一步得到群速 $\nu_g=\mathrm{d}\omega/\mathrm{d}\boldsymbol{\kappa}$。群速受到光子晶体的强烈影响，可以远远低于真空光速甚至等于零。由于群速代表了光能量的传播速度，所以光子晶体可以用来控制光的传播速度，实现慢光。

3. 自发辐射抑制及增强

光子晶体可以实现对自发辐射的控制。原子的自发辐射概率为

$$W=\frac{2\pi}{\hbar}|V|^2\rho(E) \tag{3-1}$$

式中，$|V|$ 为零点矩阵元；$\rho(E)$为光场态密度。显然，自发辐射概率与光场态密度成正比。通过控制光场态密度可以实现对自发辐射的控制。在光子晶体中，光场态密度受到光子晶体的调制。在光子晶体禁带频率范围内，光场态密度为零。假定原子位于光子晶体内，如果其自发辐射频率落在禁带内，则自发辐射概率为零，自发辐射被完全抑制。如果光子晶体内存在缺陷，缺陷在光子晶体禁带内引入高品质因子的缺陷态，该缺陷态具有很高的光场态密度，则对应频率的自发辐射得到增强。

3.2.3　光子晶体器件

利用光子晶体的特殊性质，可以制作多种光子晶体器件。例如，通过在光子晶体中引入点缺陷，形成光子晶体微谐振腔，并用于光子晶体激光器。在光子晶体中引入线缺陷形成光子晶体光纤及光子晶体波导。利用光子晶体的禁带效应还可以制备高效率的光子晶体发光二极管。利用光子晶体在非禁带区域表现出奇异的色散特性，可以设计制备开放式谐振腔、偏振分束器、紧凑型波分复用器等。由于可以以光子晶体为平台制备并集成各种光电子器件，光子晶体为光集成、光子芯片及光计算开辟了广阔的应用前景。

1. 光子晶体光纤

光子晶体光纤(photonic crystal fiber，PCF)，也称微结构光纤(microstructure fiber)或多孔光纤(holey fiber)，是另一种二维光子晶体波导，与平面二维光子晶体波导不同的是，在光子晶体光纤中用于约束和传导光波的线缺陷与介质柱(或空气孔)同方向，光沿着垂直于光子晶体周期平面的方向传播。自 1996 年英国南安普顿大学的 Knight 及其合作者制作出世界上第一根光子晶体光纤(图 3-4)以来，由于性能独特、设计灵活，光子晶体光纤的研究受到广泛关注，各种类型和特殊功能的光子晶体光纤被相继提出并制作出来，有一部分研究成果已经获得商业应用。现在，光子晶体光纤已成为光子晶体研究中较成熟的一个领域。

图 3-4 世界上第一根光子晶体光纤，该光纤具备无截止单模特性

按照导波机理的不同，光子晶体光纤可以分为两类，一类是折射率引导型光子晶体光纤(index-guiding PCF)，另一类是光子带隙光纤(PBG-guiding PCF)。前者利用全内反射效应，由于包层中引入了空气微孔，其平均折射率降低，如果纤芯为实芯，则包层平均折射率低于纤芯折射率，所以光波以类似于传统光纤的方式被约束在纤芯中传播；而后者则利用了光子禁带效应，二维光子晶体可以产生光子带隙，这种带隙阻止光在二维光子晶体平面内任何方向的传播，如果在二维光子晶件中沿垂直于光子晶体平面的方向引入一个缺陷，则光可以被约束在缺陷中沿着缺陷传播。由于光子带隙的约束效应，纤芯折射率可以低于包层平均折射率，甚至可以为空气，形成空心光于晶体光纤。

相比于传统光纤，光子晶体光纤在很多性能上有明显提升，并且具备某些传统光纤所不具备的优越性质，如无截止单模、大模场面积、高双折射等。另外，光子晶体光纤的色散在一定程度上可通过结构设计得到控制，因此可以设计各种色散补偿光纤，以及色散平坦的光子晶体光纤。光子晶体光纤还可以增强光学非线性，用于提高各种非线性光学效应的效率。其中，利用光子晶体光纤产生超连续谱是目前的一大研究亮点。

总之，光子晶体光纤设计灵活，可以具备传统光纤所不具备的各种卓越性能，在通信、传感、激光及非线性光学等领域有广泛的应用价值，其研究已经对这些领域产生重大影响。可以说，光子晶体光纤技术是近年来光纤领域的一次重要进展。

2. 光子晶体发光二极管

人们使用的发光二极管虽然具有极高的内量子效率，可以达到 90%以上，但外量子效率通常只有 3%～20%，其大部分能量被限制在材料内部被再吸收或转化为热能，大部分能量浪费。利用光子晶体制备的光子晶体发光二极管可以极大地提高出光率，有望在发光效率上比传统发光二极管有极大提高，并可对发光方向进行控制。

光子晶体发光二极管是在薄片发光二极管上制作出二维光子晶体微腔结构，由于发光区域被二维光子晶体包围，发光区域发出的光受到光子晶体禁带的约束作用不能在薄片内传播，最终只能耦合到垂直方向并向外部空间发射，因此极大地提高了出光率。2009 年，飞利浦照明(Philips Lumileds)公司的科学家设计制备的 InGaN 光子晶体发光二极管实现了高达 73%的出光率。日本松下公司也在积极研究光子晶体发光二极管，他们以蓝宝石晶体为基板，制作出的光子晶体发光二极管发光效率比普通发光二极管提高了 50%，而理论值应为普通发光二极管的 3 倍。

通过工艺及器件结构的改进，光子晶体发光二极管的特性仍有很大的提升空间，并会极大地改进发光二极管(包括发光效率在内)的基本特性。

3. 光子晶体激光器

光子晶体用于激光技术，可以有效突破传统激光技术面临的技术瓶颈，实现传统方法所无法实现的激光性能。利用光子晶体可以形成高品质因数(Q 值)的微谐振腔，降低激光阈值，实现低阈值激光器。用光子晶体设计微谐振腔，由于极大降低了腔模式数，所以可显著改善激光的噪声特性。另外，利用光子晶体能带结构对态密度的剪裁作用，以及光子晶体能带一些特殊位置的低群速特性，可以设计实现无几何边界的光子晶体激光器。通过调节光子晶体结构及折射率参数，还可实现对激光器波长的精细调谐。就结构而言，光子晶体激光器主要有光子晶体缺陷微腔激光器及光子晶体环形波导激光器两种。本书介绍前一种。

1999 年，美国加州理工学院和美国南加州大学的研究人员首次成功制备了一种点缺陷二维光子晶体激光器，实现了室温脉冲激光辐射。通过复杂的刻蚀技术在 InGaAsP 平板上制作出光子晶体微腔结构，其中光子晶体中心位置去掉了一个空气孔。光子晶体微腔通过垂直方向的全内反射及平板平面内的光子晶体带隙两种机制实现光的三维约束。激光器的有源层为 InGaAsP/InP 应变量子阱结构，设计输出波长为 1.55μm。光子晶体晶格周期 $a=515\text{nm}$，空气孔半径 $r=180\text{nm}$，缺陷左右两个大空气孔半径 $r'=240\text{nm}$。仿真表明，该谐振腔品质因数可以达到 250。使用 830nm 半导体激光器泵浦，实现了室温下中心波长为 1504nm 的脉冲式激光输出，如图 3-5 所示。

在近红外波段，人们主要以 InGaAsP 及 InGaAs 量子阱为有源区进行光子晶体激光器的研究。2003 年，Monat 等在硅晶片上成功制作了 InP 基光子晶体微腔激光器，微腔宽度为 5μm，品质因数为 1000，发射波长为 1465nm，激光阈值为 10mW。之后有不同工艺的光子晶体微腔激光器相继被研制出来。在短波长波段，蓝紫光激光器的发射则采用宽带隙的 GaN 和 ZnO 材料。Noda 研究小组使用 GaN/InGaN 量子阱实现了 406.5nm

的表面发射型光子晶体激光器。Scharrer 等制备了 ZnO 三维光子晶体并实现了 330～383nm 紫外波长激光。另外，还有硅基混合光子晶体微腔激光器。

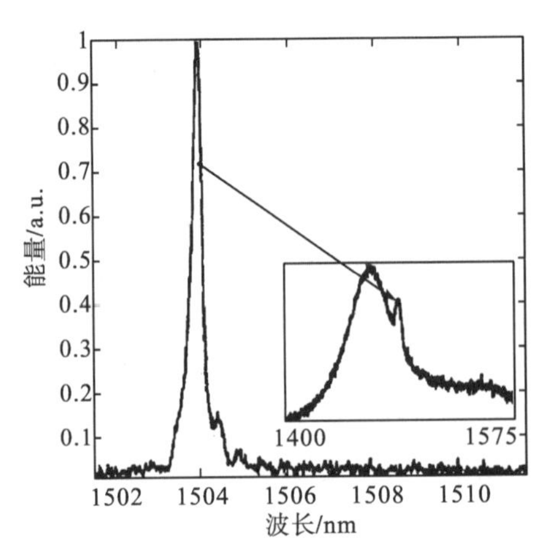

图 3-5 脉冲激光输出(中心波长 1504nm)(插图为阈值以下的自发辐射谱)

3.3 超材料及相关器件

3.3.1 超材料

超材料(metamaterial)或称特异材料，是一种人工电磁材料，它具备天然材料所不具备的超常电磁(光学)性质。这些性质来源于人工设计的特殊微观结构。目前，对超材料的研究主要集中在负折射率材料(negtive index materials)和隐身斗篷(invisibility cloak)两个方面，它们都是近年来的研究热点。

3.3.2 负折射率材料及器件

负折射率材料，是指介电常数 ε 和磁导率 μ 同时为负的介质。苏联科学家 Veselago 最早于 1967 年提出了负折射率的概念，但人类在自然界中一直未能找到这种材料，因此负折射率的概念一直未能引起人们的重视。1996～1999 年，Pendry 等提出了利用金属线和金属开口谐振环(split-ring resonator，SRR)可以在微波波段实现介电常数 ε 和磁导率 μ 同时为负。2001 年，Shelby 等首次在试验上证实了负折射率材料的负折射性质。至此，负折射率材料才重新得到人们的重视。

1. 负折射率材料的物理性质

电磁波在均匀、各向同性、无损耗的介质中传播，满足麦克斯韦方程组：

$$\begin{cases} \nabla \times \boldsymbol{E} = -\dfrac{\partial \boldsymbol{B}}{\partial t} \\ \nabla \times \boldsymbol{H} = -\dfrac{\partial \boldsymbol{D}}{\partial t} \\ \nabla \cdot \boldsymbol{B} = 0 \\ \nabla \cdot \boldsymbol{D} = 0 \end{cases} \tag{3-2}$$

式中，$\boldsymbol{D} = \varepsilon \boldsymbol{E} = \varepsilon_0 \varepsilon_r \boldsymbol{E}$，$\boldsymbol{B} = \mu \boldsymbol{H} = \mu_0 \mu_r \boldsymbol{H}$ 。电磁波的传播性质由介质的介电常数ε 和磁导率 μ 决定。

假定电磁波为单色均匀平面波，有电场矢量 $\boldsymbol{E}$、磁场矢量 $\boldsymbol{H}$ 及波矢 $\boldsymbol{\kappa}$ 满足关系，即

$$\begin{cases} \boldsymbol{\kappa} \times \boldsymbol{E} = \omega \mu_r \mu_0 \boldsymbol{H} \\ \boldsymbol{\kappa} \times \boldsymbol{H} = -\omega \varepsilon_r \varepsilon_0 \boldsymbol{E} \end{cases} \tag{3-3}$$

对于介电常数ε 和磁导率μ 为正的普通介质材料而言，电场矢量、磁场矢量及波矢满足右手关系。对于介电常数ε 和磁导率μ 同时为负的介质材料，则有

$$\begin{cases} \boldsymbol{\kappa} \times \boldsymbol{E} = -\omega \mid \mu_r \mid \mu_0 \boldsymbol{H} \\ \boldsymbol{\kappa} \times \boldsymbol{H} = \omega \mid \varepsilon_r \mid \varepsilon_0 \boldsymbol{E} \end{cases} \tag{3-4}$$

电场矢量 $\boldsymbol{E}$、磁场矢量 $\boldsymbol{H}$ 及波矢 $\boldsymbol{\kappa}$ 满足左手关系。因此负折射率材料也称为左手材料(left-handed materials)。坡印廷矢量 $\boldsymbol{s}=\boldsymbol{E}\times\boldsymbol{H}$，波矢 $\boldsymbol{\kappa}$ 代表电磁波的传播方向(向速方向)，坡印廷矢量 $\boldsymbol{s}$ 则代表了能流方向。显然，在负折射率材料中，电磁波传播与能流的传播方向相反。可以得到 $\kappa = -\sqrt{\varepsilon_r \mu_r}\,\omega / c$ ，因此有折射率 $n = -\sqrt{\varepsilon_r \mu_r}$ ，折射率取负值，这也是负折射率材料名称的来源。

光在负折射率材料中传播，会表现出很多奇异的现象，典型的现象如下。

(1)负折射。当光从普通正折射率材料入射到负折射率材料中，或者反之，光线位于界面法线的同侧，如图 3-6 所示。

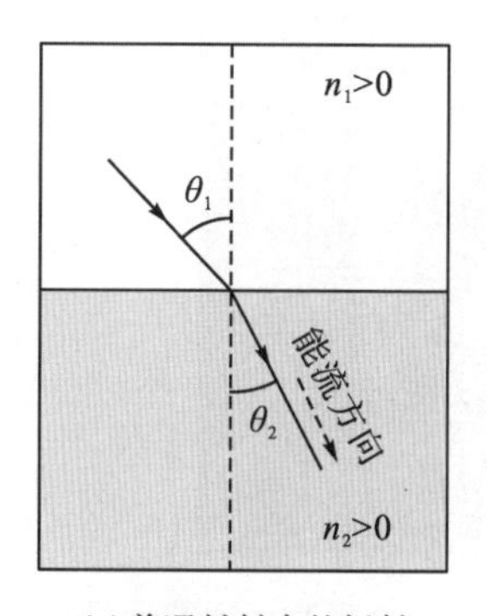

(a)普通材料中的折射

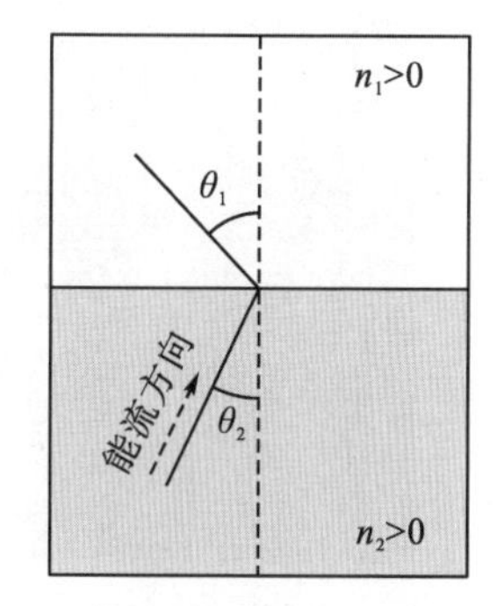

(b)负折射率材料中的折射

图 3-6　材料中的折射率

(2)逆多普勒效应。假定有一对光源和探测器在负折射率材料中相对运动，当探测器相对靠近光源时，测得光波频率降低，发生红移，当探测器相对远离光源时，测得光波频率升高，发生蓝移。这与通常的多普勒效应正好相反。

(3)反常切伦科夫辐射。研究发现，当带电粒子以超过光速的速度在介质中运动时就会产生电磁辐射，这种电磁辐射即切伦科夫(Cherenkov)辐射。在真空中不可能出现超光

速现象。不过在介质中，由于光速为 $v=c/n$，则带电粒子速度可以超越光速。切伦科夫辐射的光波等相位面为锥面，辐射光能流与带电粒子运动方向的夹角 θ 满足 $\cos\theta=c/nv$，对于正折射材料，夹角 θ 为锐角，光波辐射为向前的正向辐射；而在负折射率材料中，夹角 θ 为钝角，辐射光波的能流背向带电粒子运动方向。

(4)反常光压。任何光波都可以视为一组以离散能量形式传播的光子组成的光子流。波矢为 $\boldsymbol{\kappa}$ 的光子携带动量为 $\boldsymbol{p}=\hbar\boldsymbol{\kappa}$。如图 3-7 所示，一束光在正折射率材料中垂直入射到某物体表面被反射，则传递给该物体 $2\hbar\boldsymbol{\kappa}$ 的冲量。容易推得，光强为 I 的光垂直入射到物体表面，对物体产生压强为 $2I/c$ 的排斥力。如果是在负折射率材料中，由于波矢 $\boldsymbol{\kappa}$ 与能流方向相反，光子从入射到反射，会传递 $-2\hbar\boldsymbol{\kappa}$，光压由排斥力变为吸引力。

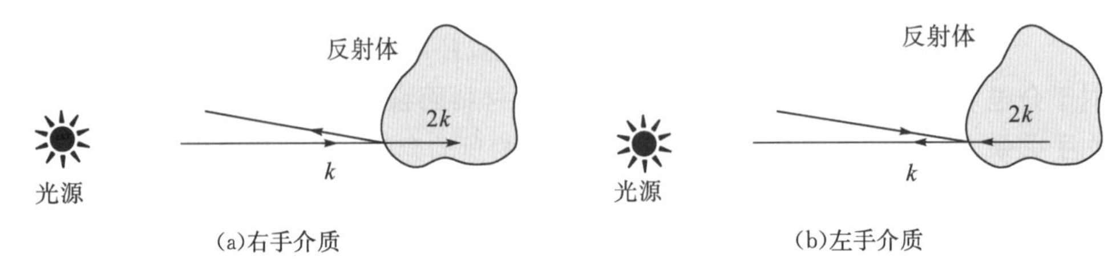

图 3-7 左手及右手材料中的光压

2. 负折射率材料的典型结构

自然界中尚未发现负折射率材料，所有的负折射率材料都是在实验室中人工制备而成的。周期性排列的金属导线可以模拟等离子体对电磁波的响应特性，在一定频段内产生负的介电常数，金属开环谐振腔组成的周期阵列则可以产生负的磁导率。结合两种人工物质结构，可制备得到负折射率材料，如图 3-8 所示。这种材料主要用于微波及太赫兹波段。

图 3-8 负折射率材料的典型结构(由金属导线及金属隙环周期性排布构成)

要实现光频段的负折射率则会面临一定的困难。2008 年，Valetine 等在某基片上交替沉积银及氟化镁层，后刻蚀出纳米尺度的渔网结构，该材料在近红外波段具有负折射率，见图 3-9。另外，光子晶体虽然没有负的介电常数和磁导率，但也可在一定频段内表现出类似于负折射率材料的性质，产生负折射现象。

图 3-9　渔网结构的负折射率材料

3. 负折射率器件——超透镜

由于衍射极限的限制，透镜及传统光学成像器件的分辨率被限定在光的波长量级。负折射率材料具有放大隐失波的能力，这使得负折射率材料有可能打破衍射极限，实现亚波长量级的超高分辨率。这种用负折射率材料制备的可以打破衍射极限的器件，称为超透镜，或者称为完美透镜。

光或者电磁波在普通正折射率材料与负折射率材料表面发生负折射，即入射光线与折射光线位于界面法线的同一侧，这使得利用负折射率材料平行平板，而不必借助曲面就可以实现光的聚焦，如图 3-10 所示，因此负折射率材料的平行平板可以发挥普通透镜的功能。2000 年，Pendry 在理论上证明了负折射率构成的平行平板结构具有突破衍射极限的能力，并用于实现亚波长成像。2004 年，Grbic 及 Elefttheriades 最早在微波波段实现了达到衍射极限 1/3 的超透镜。由于光频段的负折射率材料尚不成熟，制作基于负折射率材料的光频段的超透镜还存在一定困难，但随着材料加工技术的成熟，相信该领域会有突破性进展。

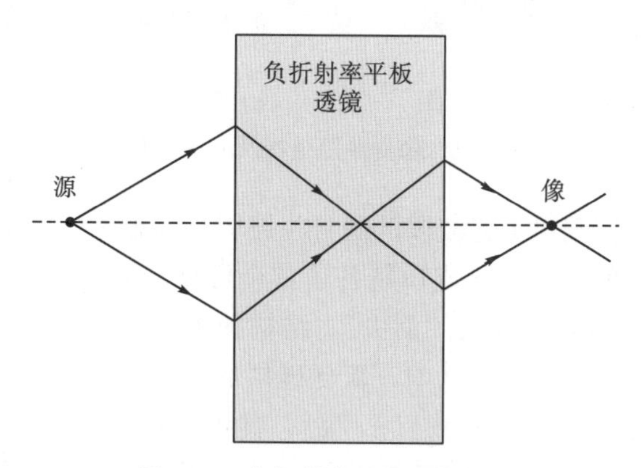

图 3-10　负折射率平板透镜原理

3.3.3　隐身斗篷

隐身遁形常常出现在各种神话、传说、科幻小说及电影中，是人类长久以来的梦想。所谓隐身，从光学的角度意味着光照射在物体上不发生反射、折射及吸收，从而不改变光的传播状态，使得物体变得不可见。隐身斗篷，借助变换光学原理，合理设计超材料的光学或者电磁参数，可以使光或者电磁波像流体一样绕过物体而不改变传播状态，从而达到使物体“隐身”的目的。

2006 年，Schurig 等首次用超材料成功制备了一个微波频段的二维电磁隐身斗篷，其结构如图 3-11 所示，它使用了 10 层周期性的 SRR 结构，通过仔细设计每一层上 SRR 单元的结构尺寸，使得材料的有效介电常数及磁导率满足

$$\varepsilon_z = \left(\frac{b}{b-a}\right)^2, \mu_r = \left(\frac{r-a}{r}\right)^2, \mu_\theta = 1 \tag{3-5}$$

式中，a 和 b 为内径和外径。

在几何光学极限条件下，光线按照变换光学原理所给出的电磁参数相同的路径传播。图 3-11(b)和图 3-11(c)分别给出了理论和实验中实际测量得到的以 12GHz 电磁波入射得到的瞬态电场分布，它表明该结构成功保持了电磁波的传播状态，从而可以隐藏结构内部物体的功能，实现电磁隐身。虽然该结构的反射率并不为零，但它成功地验证了变换光学理论，证实了电磁隐身的可行性。

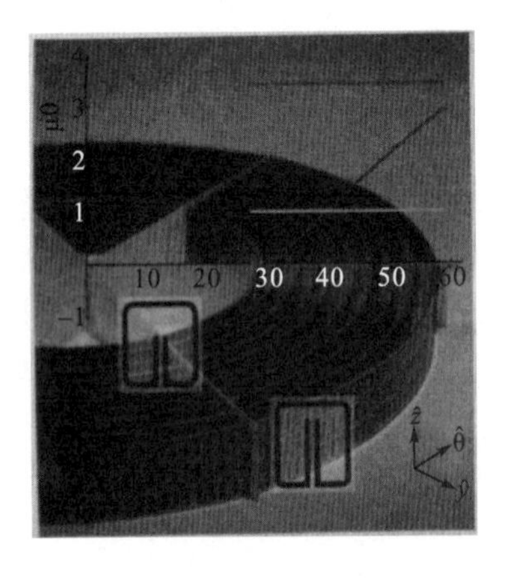

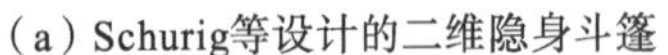
(a) Schurig等设计的二维隐身斗篷

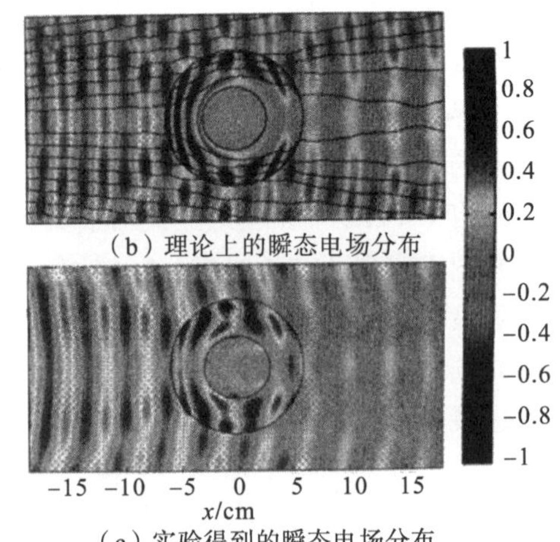

(b) 理论上的瞬态电场分布

(c) 实验得到的瞬态电场分布

图 3-11 隐身斗篷结构及电场分布

由于材料的限制，实现可见光波段的隐身斗篷相对困难一些。不过 2011 年 6 月，美国加州大学伯克利分校的研究人员成功制备了首个可见光波段的隐身斗篷，使得隐身斗篷下 300nm 高、6μm 宽的物体成功“消失”。结构如图 3-12 所示，它是通过在纳米多孔 SiO_2 上制备的氮化硅波导实现的。其中，氮化硅层的厚度为 300nm。在 SiO_2 表面有一个小的凸起，其形状满足函数 $y=h\cos^2(\pi x/\omega)$，其中 $h=300$nm，$\omega=6\mu$m。按照拟共形映射(quasi conformal mapping，QCM)的设计方法使得凸起部分的折射率按照特定规律变化，中心的折射率最低，底部折射率最高。在氮化硅上制备六角晶格周期为 130nm 的周期性空气孔阵列，通过调整空气孔的尺寸，实现所需的折射率分布。

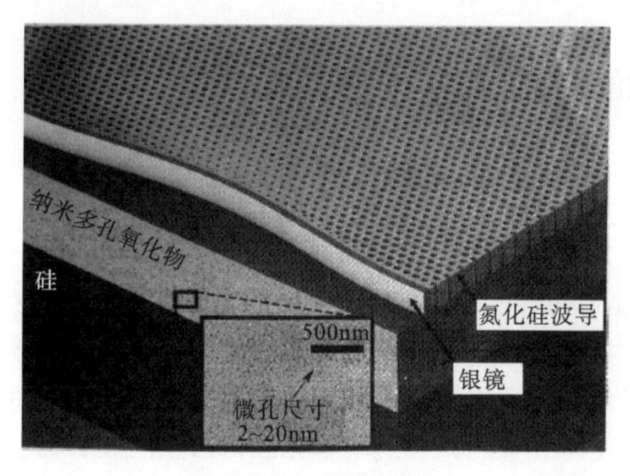

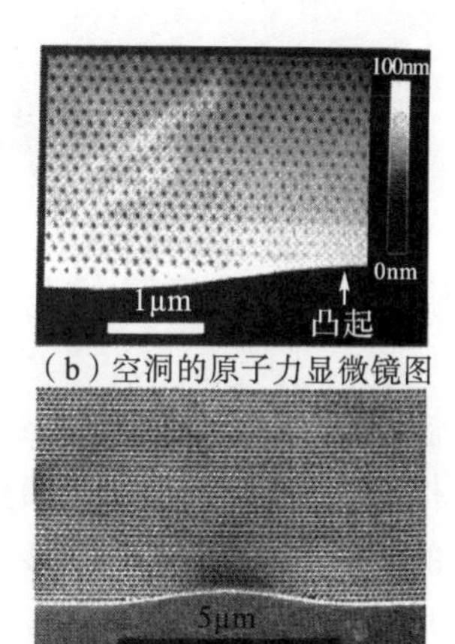

（a）隐身斗篷的截面图

（b）空洞的原子力显微镜图

（c）器件扫描电镜图

图 3-12　可见光频段的隐身斗篷

图 3-13(a)和(b)分别给出了在有和没有隐身斗篷的条件下光频电磁场瞬时分布的仿真结果，图 3-13(a)表明表面凸起对入射光有强烈的散射作用，而图 2-13(b)表明在隐身斗篷存在的条件下，入射光波按照与没有凸起的条件下光的传播方式传播，因此达到了隐身的目的。图 3-13(c)给出了 480nm、530nm 及 700nm 光照射平面结构、凸起结构及附有隐身斗篷的凸起结构下得到的光强分布。凸起结构显著地改变了光强分布，而在附有隐身斗篷的条件下，光腔分布与没有凸起的条件下得到的结果相同或者非常接近，因此实验结果表明了该隐身斗篷的有效性。

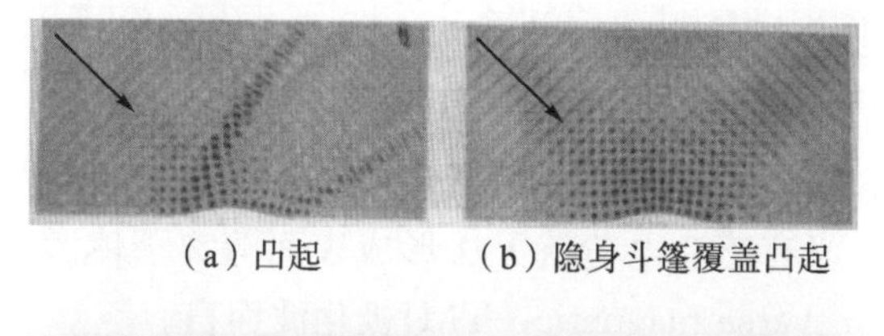

（a）凸起　　（b）隐身斗篷覆盖凸起

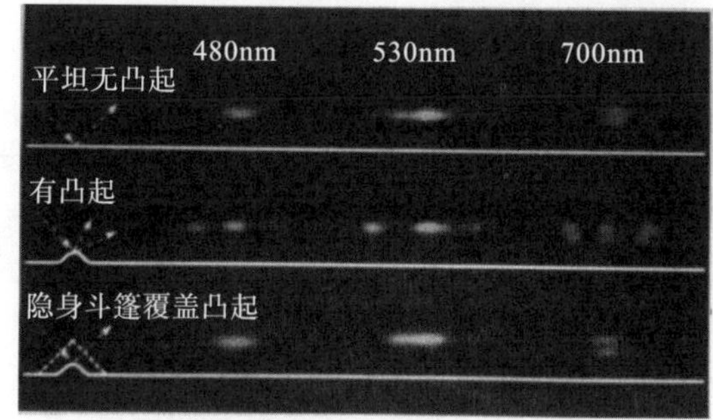

（c）不同表面结构下得到的光强分布图

图 3-13　理论仿真得到的电磁隐身斗篷光频电磁场瞬时分布结果及光强分布

尽管隐身斗篷的研究仍处于实验阶段，可以实际应用的隐身斗篷仍然距离人们非常遥远。但是，对隐身斗篷的研究并没有间断，随着研究人员的努力，或者在某一天，人类幻想中的隐身斗篷可以进入人们的生活。

3.4 表面等离子体激元及器件

3.4.1 基本原理及性质

表面等离子体激元(surface plasmon polariton，SPPs)是光和金属表面附近的自由电子相互作用引起的一种电磁波的传播模式，是局域在金属表面的一种光子和电子相互作用形成的混合激发态。表面等离子体激元可以沿着金属及介质界面传播，而在垂直于界面方向则迅速以指数形式衰减，这使得光被约束在远小于光波自由空间波长的空间尺寸内(图 3-14)，因此利用表面等离子体激元，可在亚波长尺度上控制光的行为，从而满足一些特定的应用需求。

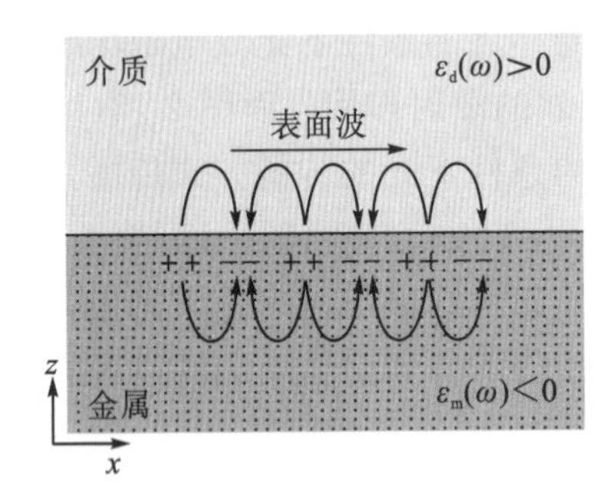

(a)表面等离子体激元电磁场与电子的耦合

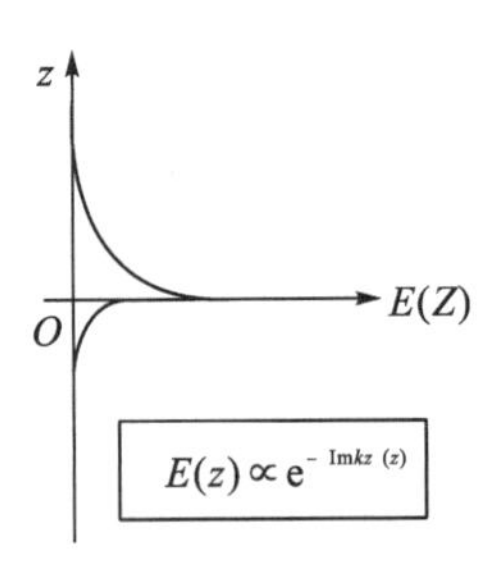

(b)垂直于界面方向的电场幅值分布

图 3-14 表面等离子体激元结构及电场分布

对于极化波而言，根据边界条件，电场必须在金属及介质界面连续，因此无法在表面附近形成感应电荷，没有感应电荷就无法形成表面等离子体激元。表面等离子体激元均是对于横向磁场(transverse magnetic，TM)极化波而言。

在 xz 平面内传输的电磁波可以表示为

$$E = E_0 e^{i(k_x x + k_z z - \omega t)} \tag{3-6}$$

介质介电常数设为 d，在忽略损耗的条件下，金属介电常数设为 m，根据 Drude 模型有 $\varepsilon_m = 1 - \frac{\omega_p^2}{\omega^2}$，根据电磁场的边界条件，求解麦克斯方程，对于在金属及介质界面上传输的等离子体激元有

$$\frac{k_{dz}}{\varepsilon_d} + \frac{k_{mz}}{\varepsilon_m} = 0 \tag{3-7}$$

$$k_x^2 + k_{dz}^2 = \varepsilon_d \left(\frac{\omega}{c}\right)^2 \tag{3-8}$$

$$k_x^2 + k_{mz}^2 = \varepsilon_m \left(\frac{\omega}{c}\right)^2 \tag{3-9}$$

可以得到表面等离子体激元电磁场在介质及金属中波矢量各分量的表达式，即

$$k_x = \frac{\omega}{c}\left(\frac{\varepsilon_m\varepsilon_d}{\varepsilon_m+\varepsilon_d}\right)^{\frac{1}{2}} = \frac{\omega}{c}\left[\frac{\left(1-\frac{\omega_p^2}{\omega^2}\right)\varepsilon_d}{1+\varepsilon_d-\frac{\omega_p^2}{\omega^2}}\right]^{\frac{1}{2}} \tag{3-10}$$

$$k_{dz} = \frac{\omega}{c}\left(\frac{\varepsilon_d^2}{1+\varepsilon_d-\frac{\omega_p^2}{\omega^2}}\right)^{\frac{1}{2}} \tag{3-11}$$

$$k_{mz} = \frac{\omega}{c}\left[\frac{\left(1-\frac{\omega_p^2}{\omega^2}\right)^2}{1+\varepsilon_d-\frac{\omega_p^2}{\omega^2}}\right]^{\frac{1}{2}} \tag{3-12}$$

在要求k_x为实数的前提条件下，从式(3-11)及式(3-12)可以看出表面等离子体激元可分为辐射性和非辐射性表面等离子体激元两种类型。当激发的表面等离子体激元频率小于$\frac{\omega_p}{\sqrt{2}}$(如果介质为空气，则该频率为$\frac{\omega_p}{\sqrt{1+\omega_d}}$)时，$k_{dz}$、$k_{mz}$均为虚数，这样产生的表面等离子体激元的电磁场沿界面传播，而在垂直于界面的方向呈指数衰减，此时等离子体激元是非辐射性的。当表面等离子体激元的电磁波频率大于ω_p时，k_{dz}、k_{mz}也为实数，此时电磁波会辐射到介质界面之外的空间中，因此是辐射性的。本书主要考虑非辐射性的表面等离子体激元。表面等离子体激元的色散关系曲线如图3-15所示。

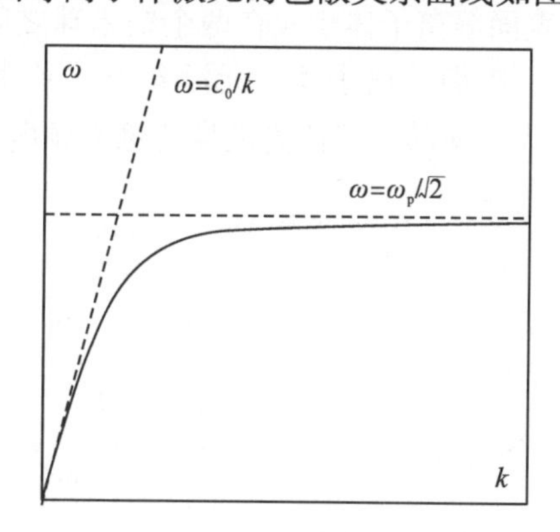

图3-15　表面等离子体激元的色散关系曲线

表面等离子体激元在很多领域内有着重要的应用前景，如光集成、光存储、光传感、超分辨率成像等。

3.4.2　表面等离子体光波导

鉴于表面等离子体激元的电磁场被约束在金属及介质界面附近并沿着界面传输的性质，这种金属介质界面结构可以作为光波导，即表面等离子体光波导。由于表面等离子体激元只是被约束在二维平面内，而在金属介质界面内任意方向均可自由传播，所以表面等离子体光波导只相当于二维的波导结构。需要附加一定的限制条件，才能使表面等离子体激元的光频电磁场沿特定方向传输，实现对表面等离子体激元传播行为的进一步控制。

为了在平面内限定电磁波沿特定方向传播，需要引入另外一维的限定。例如，介质加载型表面等离子体光波导，其结构如图 3-16(a)所示。在金属空气平面结构内引入一个介质条，这样由于介质条的折射率高于空气，表面等离子体激元被约束在介质中传输。还可以在金属表面刻蚀出一定形状的沟槽，也可实现对表面等离子体激元传播的约束，图 3-16(b)和图 3-16(c)分别给出了金属矩形槽表面等离子体光波导和金属 V 形槽表面等离子体光波导界面结构。

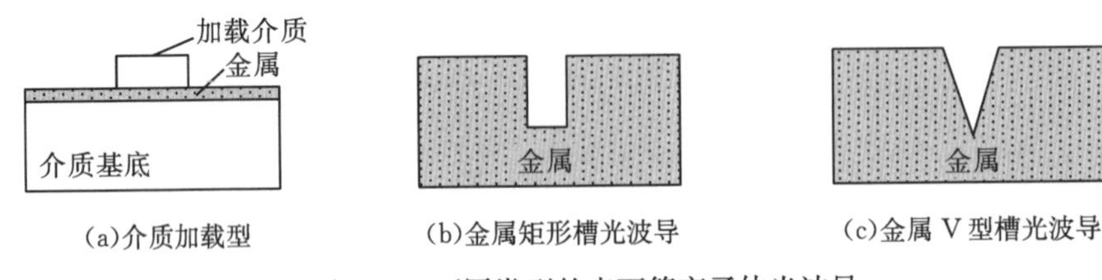

图 3-16 不同类型的表面等离子体光波导

用金属纳米球排成线阵列(链)，也可以形成表面等离子体光波导，如图 3-17 所示。在外部光的照射下，金属纳米球中的电子发生群体移动，电子密度重新排布，光频电磁场与金属纳米球中的电子相互作用，形成表面等离子体激元，并且相邻纳米球之间的表面等离子体激元会相互耦合，因此可以实现光频电磁波沿着金属纳米球链的传播。1998 年，Quinten 等首次报道了表面等离子体激元在两个纳米球之间的耦合。2003 年，Maier 等首次在实验中直接观测到了表面等离子体激元沿着银纳米球链传输的现象。这些结果表明了使用金属纳米球链作为表面等离子体光波导传输光频电磁场的可行性。

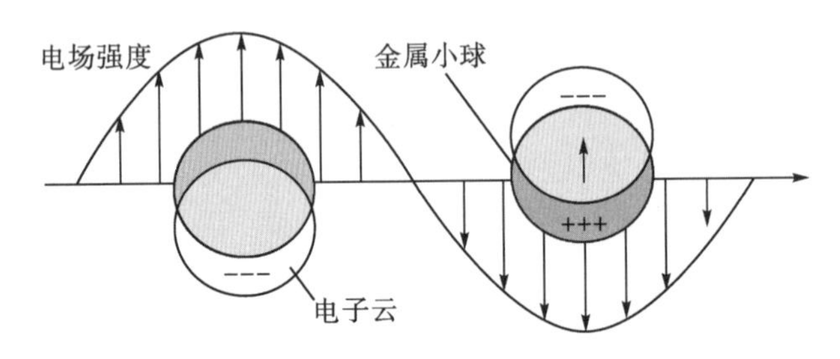

图 3-17 纳米球链中表面等离子体激元的传播

表面等离子体激元光波导是构成很多表面等离子体光集成器件的最为基本的无源器件。

3.4.3 表面等离子体共振传感器

表面等离子体激元由于其局域电场增强效应，可用于实现高灵敏度的传感检测，尤其在生物及化学传感中具有极大的优势。其中最典型的是表面等离子体共振(surface plasmon resonance，SPR)传感技术。表面等离子体共振传感器已经发展成熟，并在很多科学领域内得到应用。自 1982 年 Nylander 等首次将 SPR 技术用于免疫传感器领域以来，表面等离子体生物传感器得到了深入的研究和广泛的应用，已成为研究生物分子相互作用的主要手段。

光在玻璃等介质材料内表面发生全内反射产生的隐失波，用于在金属薄膜表面激发等离子体激元，电磁波局域在金属薄膜表面并沿金属薄膜表面传播。在入射角及波长满足一定条件的情况下，表面等离子体激元与隐失波频率及波数相等，从而发生共振。入射光被强烈吸收，使反射光能量急剧下降，在反射光谱上出现共振峰即反射光强度最低的位置，如图 3-18(a)所示。共振峰的位置是入射波长及入射角的函数，共振峰对应的角度称为共振角，共振峰对应的波长称为共振波长。共振峰的位置还会受到金属薄膜表面介质折射率的影响，并对表面附近折射率的变化异常敏感，如图 3-18(b)所示。因此可以利用该效应实现生物及化学传感探测，构成异常灵敏的表面等离子体共振传感器。

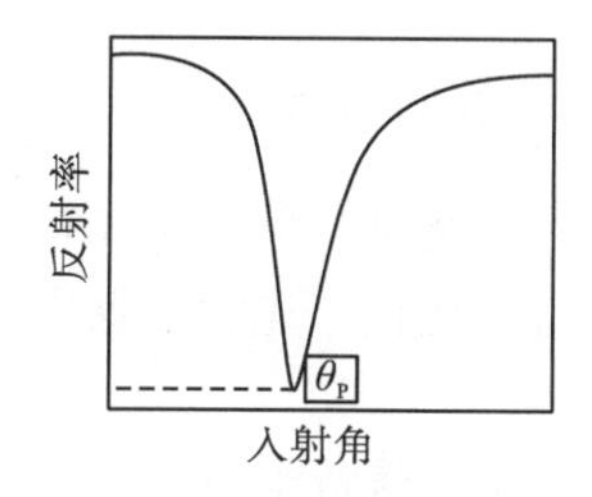

(a)入射角与反射率的关系曲线（在共振位置，反射率最低）

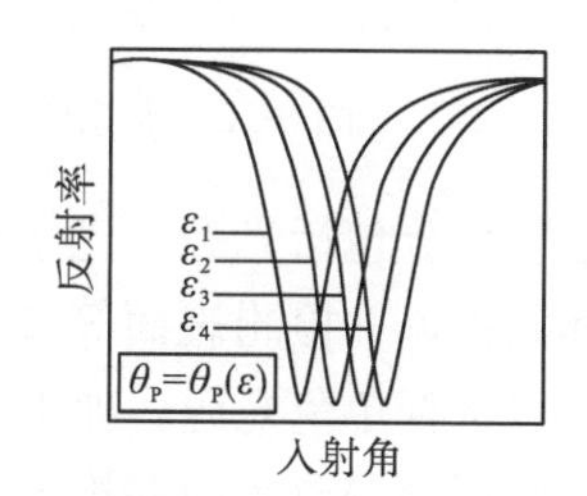

(b)不同样品介电常数下入射角与反射率的关系曲线

图 3-18　表面等离子体共振传感器

激发产生表面等离子体激元(surface plasmon polariton，SPP)，形成表面等离子体共振是表面等离子体传感技术的关键。20 世纪 60 年代末期，Kretschman 和 Otto 采用棱镜耦合的方法，实现了光波的表面等离子体共振，为 SPR 技术的广泛应用奠定了基础。他们的方法简单巧妙，并且仍然是目前 SPR 传感中应用最为广泛的方法。图 3-19(a)和图 3-19(b)分别给出了 Kretschman 棱镜耦合法及 Otto 棱镜耦合法的基本结构。对于前者，金属薄膜蒸镀于棱镜底部，光照射在棱镜上，在棱镜底部由全内反射产生的隐失波穿透金属薄膜，在金属薄膜外层形成表面等离子体激元。对于后者，金属薄膜位于非常靠近棱镜底部的位置，全内反射产生的隐失波与金属薄膜上表面的等离子体相互作用，在金属薄膜上表面形成表面等离子体激元。

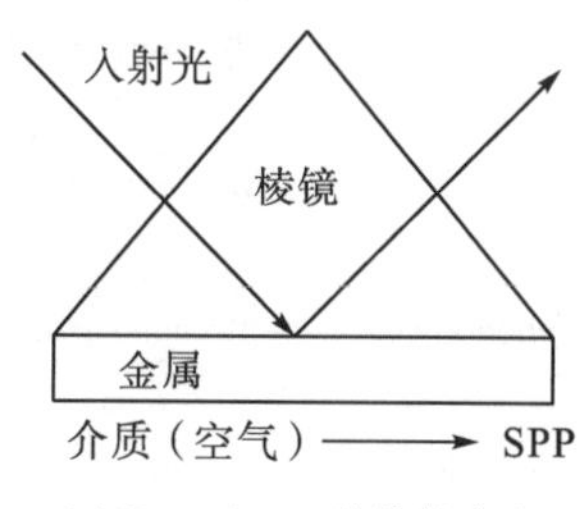

(a)Kretschman 棱镜耦合法

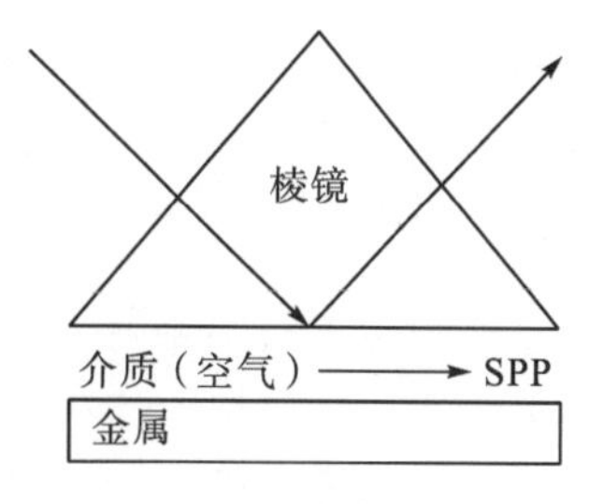

(b)Otto 棱镜耦合法

图 3-19　棱镜耦合实现共振原理

图 3-20 给出了一套典型的表面等离子体共振传感器的结构简图，一套表面等离子体共振传感器一般包括光学系统、敏感元件、数据采集和处理单元 4 个部分。

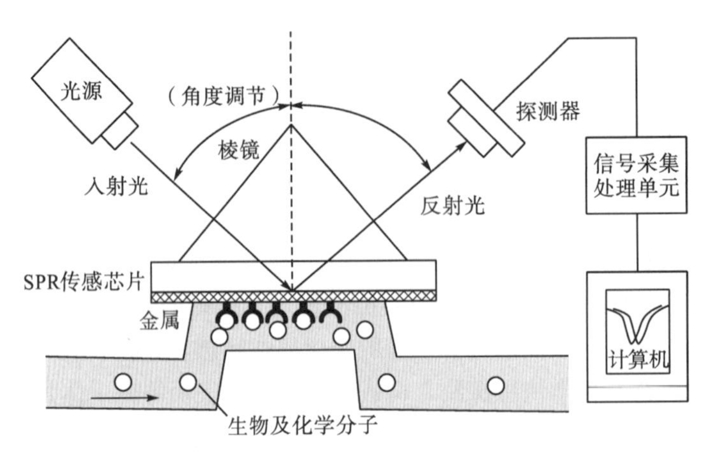

图 3-20 典型的表面等离子体共振传感器原理

其中光学系统部分包括光源、光学耦合器件、角度调节部件及光检测器件，用于产生表面等离子体共振，并检测表面等离子体共振谱的变化。光源根据实际需要可以选择复色光源，也可以选择单色光源，如 He-Ne 激光器。

敏感元件为金属薄膜及表面修饰的敏感物质，用于将待测对象的化学及生物信息转化为折射率的变化。表面等离子体共振传感器主要依赖样品的折射率的变化引起的 SPR 光谱的变化对样品的特定性质进行测量。在未经表面修饰的条件下，SPR 传感器只能进行一些简单的测定。通过特定的表面修饰，SPR 传感器可以获得对被测对象的选择性识别，从而满足特定的需要。

数据采集及处理单元用于对光学系统中光检测器件得到的信息进行采集和后处理。

参考文献

郭培元，梁丽，2005. 光电子技术基础. 北京：北京航空航天大学出版社.

Gharghi M，Gladden C，Zentgraf T，et al，2011. A carpet cloak for visible light. Nano Letter，11(7)：2825-2828.

Grbic A，Eleftheriades G V，2004. Overcoming the diffraction limit with a planar left-handed transmission-line tens. Phys. Rev. Lett.，92(11)：117403.

Joannopoulos D，Meade R D，Winn J N，1995. Photonic Crystals. Princeton：Princeton Univ. Press.

John S，1987. Strong localization of photons in certain disordered dielectricsuperlattices. Phys. Rev. Lett.，58(23)：2486-2489.

Knight J，Birks T，Russell P，et al，1996. All-silica single-code optical fiber with photonic crystal cladding. Opt. Lett.，21(19)：1547-1549.

Kosaka H，Kawashima T，Tomita A，et al，1999. Self-collimating phenomena in photonic crystals. Appl. Phys. Lett.，74：1212-1214.

Kosaka H，Kawashima T，Tomita A，et al，1999. Superprism phenomena in photonic crystals：Toward microscale lightwave circuits. J. Lightwave Technol.，17(11)：2032-2038.

Krauss T，De La Rue R，Brand S，1996. Two-dimensional photonic-bandgap structures operating at near-infrared-warelengths. Nature，383(6602)：699-702.

Luo C，Johnson S，Joannopoulos J，et al，2002. All-angle negative refraction without negative effective index. Phys. Rev. B，65(20)：201104.

Maier A，Kik P G，Atwater H A，et al，2003. Local detection of electromagnetic energy transport below the diffraction limit in metal nano particle plasmon waveguides. Nat. Mater.，2(4)：229-232.

Matsubara H, Yoshimoto S, Saito H, et al, 2008. GaN photonic-crystal surface-emitting laser at blue-violet wavelengths. Science, 319(5862): 445-447.

Monat C Seassal C, Letartre X, et al, 2003. InP based photonic crystal microlasers on silicon wafer. Physica E, 17: 475-476.

Notomi M, 2000. Theory of light propagation in strongly modulated photonic crystals: refractionlike behavior in the vicinity of the photonic band gap. Phys. Rev. B, 62(621): 10696-10705.

Painter O, Lee R K, Scherer A, et al, 1999. Two-dimensional photonic band-gap defect mode laser. Science, 284 (5421): 1819-1821.

Pendry J B, 2000. Negative refraction makes a perfect lens. Phys. Rev. Lett., 85(18): 3966-3969.

Quinten K, Leituer A, Krenn J R, et al, 1998. Electromagnetic energy transport via linear chains of silver nanoparticles. Opt. Lett., 23(17): 1331-1333.

Scharrer M, Yamilov, Wu X, et al, 2006. Ultraviolet lasing in high-order bands of three-dimensional ZnO photonic crystals. Appl. Phys. Lett., 88(20): 201103-201105.

Schurig D, Mock J J, justice B J, et al, 2006. Metamaterial electromagnetic cloak at microwave frequencies. Science, 314(5801): 977-980.

Shelby R A, Smith D R, Shultz S, 2001. Experimental verification of a negative index of refraction. Science, 292 (5514): 77-79.

Tong L M, Gattass R R, Ashcom J B, et al, 2003. Subwavelength-diameter silica wires for low-loss optical wave guiding. Nature, 426(6968): 816-819.

Valentine J, Zhang S, Zentgraf T, et al, 2008. Three-dimensional opticalmetamaterial with a negative refractive index. Nature, 455(7211): 376-379.

Veselago G, 1968. The electrodynamics of substances with simultaneously negative values of ε and μ. Sov. Phys. Usp., 10 (4): 509-514.

Wierer J J, David A, Megens M M, 2009. III-nitride photonic-crystal light-emitting diodes with high extraction efficiency. Nat. Photonics, 3(3): 163-169.

Yablonovitch E, 1987. Inhibited spontaneous emission in solid-state physics and electronics. Phys. Rev. Lett., 58: 2059-2062.

第 4 章　半导体发光材料与器件

发光是物体内部以某种方式吸收能量后转化为光辐射的过程。光辐射按其能量的转化过程可分为平衡辐射和非平衡辐射，发光是指光辐射中的非平衡辐射部分。非平衡辐射是在某种外界能量的激发下，物体偏离原来的平衡状态，如果该物体在向平衡状态回复的过程中，其多余的能量以光辐射的方式进行发射，则称为发光。发光材料如砷化镓、磷化镓及磷砷化镓等材料，是发光器件的基础，器件性能的提高也很大程度上取决于材料的进展。半导体发光材料中主要是Ⅲ-Ⅴ族化合物半导体及由它们组成的三元、四元固溶体，如 GaAs、GaP、GaN，或者三元晶体 $GaAs_{1-x}P_x$、$Ga_{1-x}Al_xAs$ 及四元晶体 $In_xGa_{1-x}As_yP_{1-y}$、$A1_xGa_{1-x}As_ySb_{1-y}$等。无机发光材料主要由作为基质的晶体材料及掺杂在其中的稀土或过渡金属元素组成，为了更好地解释无机发光材料的发光现象，了解无机材料的晶体结构、能带理论及相关方面的知识是十分重要的。

4.1　半导体发光材料晶体导论

4.1.1　晶体结构

自然界物质存在的形态大致可以分为固体、液体、气体三大类。固体又可分为晶体和非晶体，晶体是由原子(离子或分子)在空间周期性重复地排列所构成的固体物质。常把这种周期性的结构称为晶格。其中周期性重复的单元称为结构基元。基元的选取有一定的任意性，有实际意义的方法有两种：一种是选取最小的重复单元，即使晶胞中包含的原子最少，这种最小的重复单元称为原胞(primitive cell)；另一种是选取能够最大限度反映晶格对称性质的最小重复单元，称为晶体学晶胞（unit cell)，晶体学晶胞各个边的实际长度称为晶格常数。晶体又可分成单晶体和多晶体。单晶是指其内部的原子都是有规则排列的晶体。多晶则不然，从局部看，其原子、离子或分子是有规则排列的，但从总体来看，它又是不规则的。因此可以说，多晶是由单晶组成的。单晶具有比较明显对称的外形，如作为 GaAsP 外延片材底的宜拉 GaAs 单晶，〈111〉方向生长的具有三根相互间隔 120°的对称分布的棱，而〈100〉方向生长的则是四根相互间隔 90°的对称分布的棱，这也是单晶内部原子结构呈有规则排列的反映。

1. 空间点阵

经过长期的研究，在 19 世纪提出了布拉维的空间点阵学说，认为晶体的内部结构可以概括为一些相同的点子在空间有规则地作周期性的无限分布，这些点子代表原子、离子、分子或某基团的重心，这些点子总称为点阵，其结构称为空间点阵。这些点子的位置称为结点，所以点阵中每个结点是与一个结构的一定的基元相对应的。

空间点阵即晶体的重复单元(结构基元) 在三维空间作周期性排列，这些周期性排列的重复单元可抽象成一些在空间以同样周期性排列的相同的点子，这些点子构成的阵列称为点阵(lattice)，或空间格子。整个晶体可用一个三维点阵来表示。在晶体的空间点阵中，每个阵点都具有完全相同的周围环境；在平移的对称操作(连接点阵中任意两点的矢量，按此矢量平移)下，所有点都能复原；每个点代表结构中相同的位置；它所对应的具体内容，包括原子或分子的种类和数量及其在空间按一定方式排列的结构，称为晶体的结构基元，简称基元(basis)。基元是指重复周期中的具体内容；点阵点是代表结构基元在空间重复排列方式的抽象的点。如果在晶体点阵中各阵点位置上，按同一种方式安置结构基元，就得到整个晶体的结构。

通过点阵中的结点，可以作许多平行的直线族和平行的晶面族，这样点阵就组成晶格。由于晶格的周期性，可取一个以结点为顶点、边长等于该方向上的周期的平行六面体作为重复单元，称为晶胞，用以表征晶格的特征。这平行六面体的三个棱线称为晶轴，用 x，y，z 轴表示，设这些轴方向上的单位原胞矢量用 $\boldsymbol{a}$、$\boldsymbol{b}$、$\boldsymbol{c}$ 表示，三个轴之间的夹角分别以 α、β、γ 表示。a、b、c 为单位原胞矢量 $\boldsymbol{a}$、$\boldsymbol{b}$、$\boldsymbol{c}$ 的长度，称为点阵常数。a、b、c、α、β、γ 为原胞的六个参数，如图 4-1 所示。

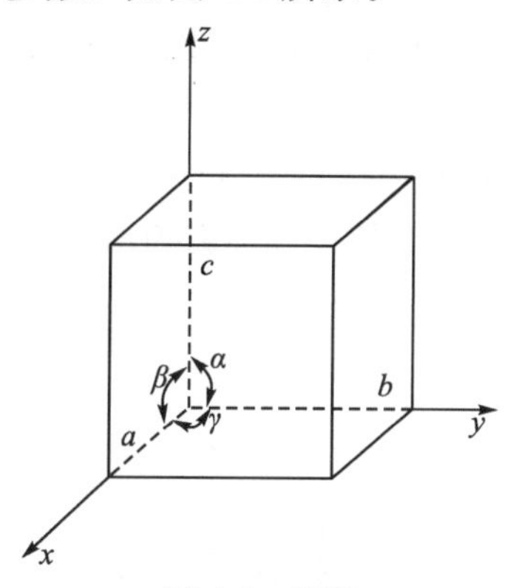

图 4-1　晶胞

对晶体的分析研究表明，晶胞的六个参数，可以将晶体分为七个晶系，七大晶系包括三斜、单斜、正交、四方、三角、六角、立方晶系，如表 4-1 所示。立方晶系的三种晶胞见图 4-2。半导体材料 Ge、Si、GaAs、GaP、GaAsP 等的点阵结构属于立方晶系的面心立方结构。

表 4-1　七个晶系点阵

晶系	边长	夹角	晶体实例
立方晶系	$a=b=c$	$\alpha=\beta=\gamma=90°$	NaCl
三方晶系	$a=b=c$	$\alpha=\beta=\gamma\neq 90°$	Al_2O_3
四方晶系	$a=b\neq c$	$\alpha=\beta=\gamma=90°$	SnO_2
六方晶系	$a=b\neq c$	$\alpha=\beta=90°$，$\gamma=120°$	AgI

续表

晶系	边长	夹角	晶体实例
正交晶系	$a\neq b\neq c$	$\alpha=\beta=\gamma=90°$	$HgCl_2$
单斜晶系	$a\neq b\neq c$	$\alpha=\beta=90°$，$\gamma\neq 90°$	$KClO_3$
三斜晶系	$a\neq b\neq c$	$\alpha\neq\beta\neq\gamma\neq 90°$	$CuSO_4\cdot 5H_2O$

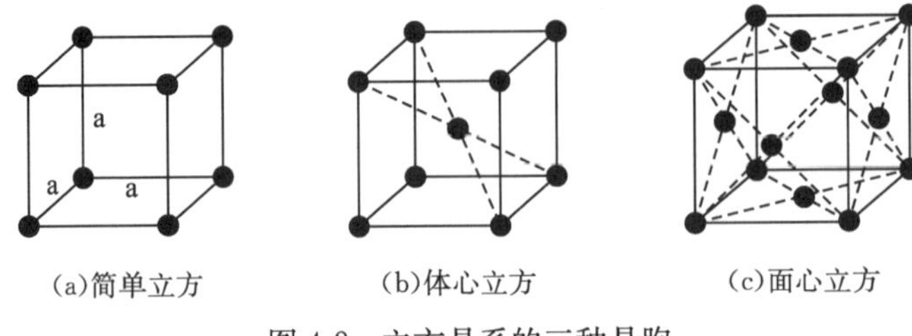

(a)简单立方　　(b)体心立方　　(c)面心立方

图 4-2　立方晶系的三种晶胞

2. 晶面与晶向

通过点阵中若干结点组成的一个平面，称为点阵平面，在晶体中称为晶面。一个晶面通常可以用一种晶面指数来表示，又称密勒指数，决定方法如下。

(1)对晶胞作晶轴 X、Y、Z，以晶胞的边长作为晶轴上的单位长度。

(2)求出待定晶面在三个晶轴上的截距(如果该晶面与某轴平行，则截距为∞)，如 1、1、∞，1、1、1，1、1、1/2 等。

(3)取这些截距数的倒数，如 110，111，112 等。

(4)将上述倒数化为最小的简单整数，并加上圆括号，即表示该晶面的指数，一般记为(hkl)，如(110)，(111)，(112)等。

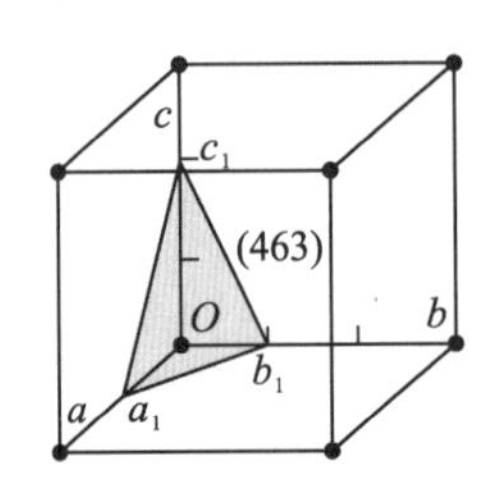

图 4-3　晶面指数的表示方法

图 4-3 中所标出的晶面 $a_1b_1c_1$，相应的截距为 1/2、1/3、2/3，其倒数为 2、3、3/2，化为简单整数为 4、6、3，所以晶面 $a_1b_1c_1$ 的晶面指数为(463)。图 4-4 表示了晶体中一些晶面的晶面指数。

对晶面指数需作如下说明：h、k、l 分别与 X、Y、Z 轴相对应，不能随意更换其次序。若某一数为 0，则表示晶面与该数所对应的坐标轴是平行的。例如，(h0l)表明该晶面与 Y 轴平行。若截某一轴为负方向截距，则在其相应指数上冠以“－”号，如($hk\bar{l}$)、($\bar{h}kl$)等。在晶体中任何一个晶面总是按一定周期重复出现的，它的数目可以无限多，且互相平行，故均可用同一晶面指数(hkl)表示。所以(hkl)并非只表示一个晶面，而是代表相互平行的一组晶面。h、k、l 分别表示沿三个坐标轴单位长度范围内所包含的该晶面的个数，即晶面的线密度。

晶体点阵中任何一个穿过许多结点的直线方向称为晶向。其指数按以下方法确定。

(1)以晶胞的某一阵点为原点，三个基矢为坐标轴，并以点阵基矢的长度作为三个坐标的单位长度。

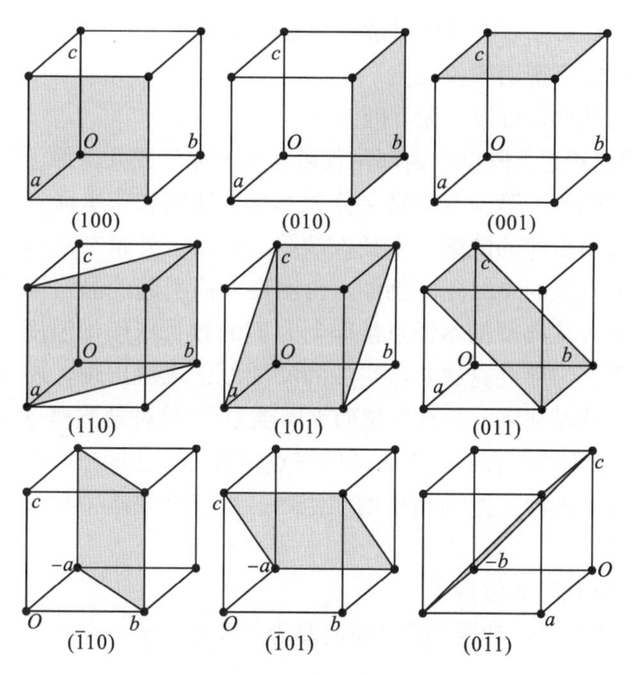

图 4-4　几个晶面的晶面指数

(2)过原点作一直线 OP，使其平行于待标定的晶向 AB(图 4-5)，这一直线必定会通过某些阵点。

(3)在直线 OP 上选取距原点 O 最近的一个阵点 P，确定 P 点的坐标值。

(4)将此值乘以最小公倍数化为最小整数 u、v、w，加上方括号，$[uvw]$即 AB 晶向的晶向指数。如果 u、v、w 中某一数为负值，则将负号标注在该数的上方。图 4-6 给出了正交点阵中一些晶向的晶向指数。

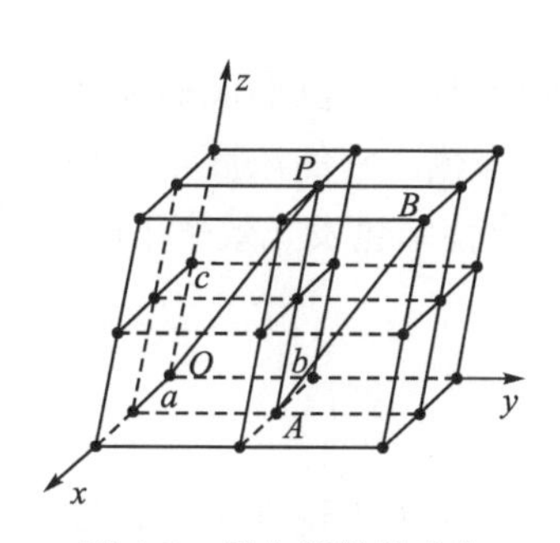

图 4-5　晶向指数的确定

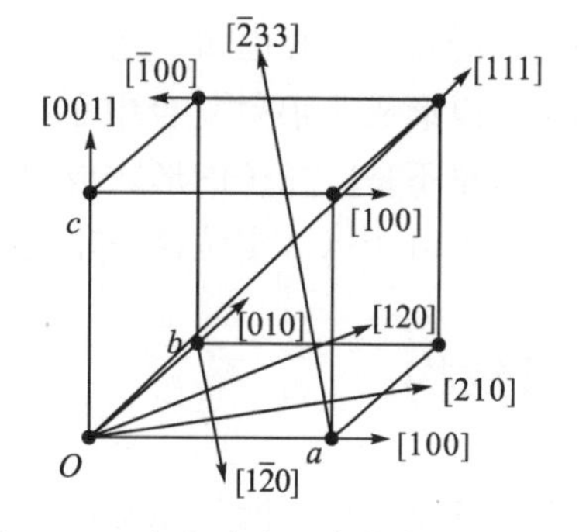

图 4-6　正交点阵中几个晶向的晶向指数

显然，晶向指数表示的是一组互相平行、方向一致的晶向。若晶体中两直线相互平行但方向相反，则它们的晶向指数的数字相同，而符号相反。

4.1.2 缺陷及其对发光的影响

理想的晶体具有严格的周期性结构，而实际晶体又总是不完整的，这种不完整性就称为缺陷。缺陷的存在可以影响晶体对杂质的溶解度、杂质扩散速度和杂质分布。因此，缺陷和材料的发光性能有密切的关系。

按照缺陷的几何结构，可以分为下列四种。

(1)点缺陷。偏离理想点阵结构的部位仅限在一个原子或几个原子的范围内，如晶格空位、杂质原子、填隙原子等。点缺陷又分为本征点缺陷和非本征点缺陷。非本征缺陷指由杂质原子的引入而引起的缺陷。本征点缺陷，即没有外来杂质时，由组成晶体的基体原子的排列错误而形成的点缺陷。例如，由温度升高引起的晶格原子的热振动起伏产生的空位和间隙原子等是典型的本征点缺陷，它们的数目依赖于温度，也称热缺陷。本征点缺陷的分类如下：①弗兰克缺陷，空位和间隙原子成对出现，还有可能间隙原子返回空位而复合；②肖特基缺陷，只有空位而无间隙原子(这种缺陷概率最大，形成空位的能量最低)，间隙原子排列在表面正常原子的格点位置上；③第三种缺陷，只有间隙而无空位，表面正常格点上的原子跑到晶格的空隙中。这三种缺陷中只有两种是独立的，故第三种缺陷无命名。

(2)线缺陷，一维缺陷如位错。

(3)面缺陷。二维缺陷，如固-固界面的晶界、孪晶间界、相界、堆垛层错等，以及晶体的外表面部位。

(4)体缺陷，如空洞、第二相夹杂物等。

缺陷形成的定域能级可以成为辐射复合中心，即发光中心。结构缺陷型发光中心是由于晶格本身的结构缺陷，如空位、填隙原子等形成的。例如，ZnS 中产生自激活蓝色发射带的自激活发光中心就是 Zn^{2+} 空位，阴极射线发光粉材的 ZnO，不加激活剂就能有绿色发光，其发光中心是过剩的 Zn。另一类发光中心称为杂质缺陷型发光中心，这种发光中心是激活剂离子或者激活剂离子和其他缺陷组成的缔合缺陷。例如，在 ZnS：Mn 发光体中，发光中心是处在 Zn 离子位置上的替位离子 Mn^{2+}，产生橙黄色发射光。稀土离子在发光体中形成的发光中心也属于这一类。

结构缺陷也可以形成非辐射复合中心，如在 P-GaAs 中镓空位形成的非辐射复合中心俘获电子后，能量不是以光子的形式放出，而是转化为热，它的浓度增大时，光致发光强度减弱。在 N-GaP 中 Ga 空位这一非辐射复合中心也使绿色发光效率下降。

4.1.3 能带结构

本书第 2 章已详细介绍了能带理论，这里着重讨论其相关理论在半导体发光材料上的应用。各种固体发光都是固体内不同能量状态的电子跃迁的结果，因此研究固体中电子的能量状态是了解固体发光现象的基础之一。能级(energy level)理论是解释原子核外电子运动轨道的一种理论。它认为电子只能在特定的、分立的轨道上运动，各个轨道上的电子具有分立的能量，这些能量值即能级。电子可以在不同的轨道间发生跃迁，电子吸收能量可以从低能级跃迁到高能级或者从高能级跃迁到低能级从而辐射出光子，氢原子能级如图 4-7 所示。

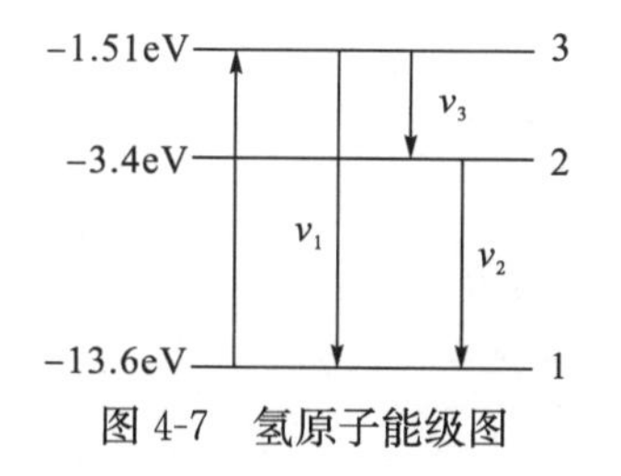

图 4-7　氢原子能级图

晶体中的许多原子接近时，内外各层电子轨道发生不同程度的重叠。当然，晶体中两个相邻原子的最外层电子的轨道重叠最多，这时电子不再局限于一定的原子，而是可以转移到相邻原子上去，从而电子可以在整个晶体中运动，这就是晶体中电子的共有化。这一过程可以定性地以图 4-8 来表示。虚线表示电子共有化运动。其表示仍可采用相似于自由电子的 $E(\boldsymbol{\kappa})$关系。人们把这种描述电子能量和电子在半导体晶体中作共有化运动的波矢 $\boldsymbol{\kappa}$ 间的关系 $E(\boldsymbol{\kappa})$称为能带结构。当然晶体中复杂的相互作用，使 $E(\boldsymbol{\kappa})$关系极为复杂。于是采用绝热近似、静态近似和单电子近似等近似处理后就简化为单电子问题了。再以现代运算方法和高速电子计算机，采用适当的势函数，求解薛定谔方程。确定本征波函数和本征能量值 $E(\boldsymbol{\kappa})$，其问题的实质是只需要考虑一个电子在固定的原子核势场及其他电子的平均势场中的运动，此时电子的能量状态成为能带。因此，用单电子近似研究晶体中电子能量状态的理论又称为能带论。

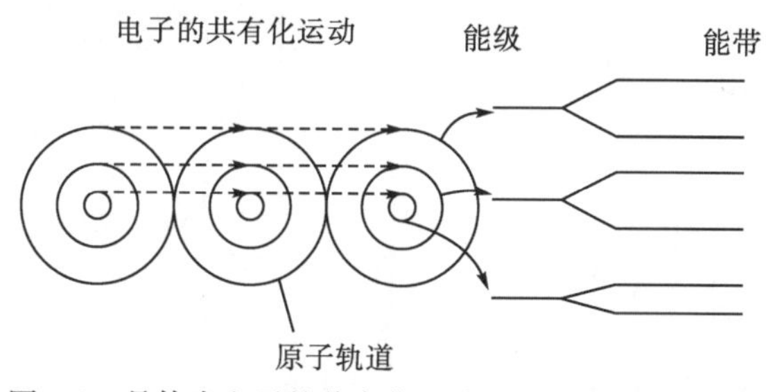

图 4-8　晶体中电子的共有化运动，电子能级变为能带

能带理论(energy band theory)是讨论晶体(包括金属、绝缘体和半导体的晶体)中电子的状态及其运动的一种重要的近似理论。其中，完全空着的最低能带称导带，完全被电子占满的最高能带称价带，两者间的能量禁区称禁带，如图 4-8 所示。能带理论把晶体中每个电子的运动看作独立地在一个等效势场中的运动，即单电子近似的理论；对于晶体中的价电子而言，等效势场包括原子实的势场、其他价电子的平均势场和考虑电子波函数反对称而带来的交换作用，是一种晶体周期性的势场。晶体的电学、光学和磁学等性质都与电子的运动有关，在研究这些问题时，都要用到能带理论。能带理论成功地解释了金属、半导体和绝缘体之间的差别，解释了霍尔效应现象。半导体物理学就是建立在能带理论基础上的。

半导体的能带：在结晶基板上连续生长半导体 N 型及 P 型层后。即形成 PN 结，当

P 型及 N 型层结合时，即形成不加电压和加正向电压的能带图及费米能级，如图 4-9 所示。图 4-9 中，竖直方向表示能量，对电子而言，越往上表示能量越高，对空穴而言，越往下表示能量越高。因此，电子要从 N 型领域进入 P 型领域(或空穴要从 P 型领域进入 N 型领域时)，必须先超过障碍。而与此障碍"高度"相当的，就是二极管的起始电压 V_b(built in voltage)——正向压降。

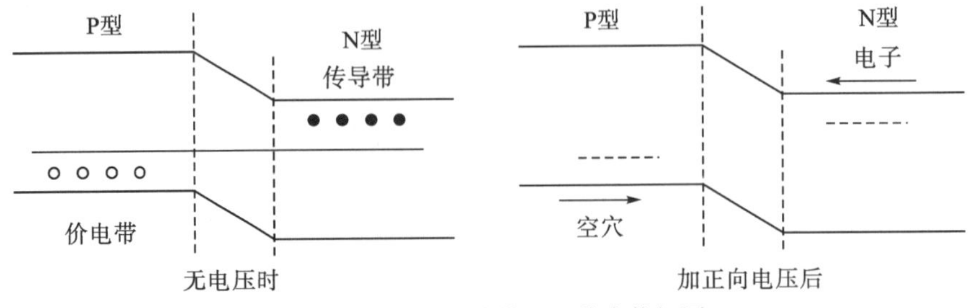

图 4-9 二极管的能带图和费米能级图

如图 4-10 所示是 GaAs 和 GaP 的能带结构。能带结构图中下部的顶点向上，具有峰值的那些类似抛物线的曲线是描述晶体中外层价电子的能带，称价带，由于通常被电子填满，所以又称满带；而上部那些顶点向下具有谷值的那些类似抛物线的曲线是描述受到激发后参与导电的电子的能态的，称为导带。价带顶与导带底之间就是电子所不能具有其能量值的禁带，其宽度称带隙宽度或禁带宽度，以 E_g 表示，单位为 eV。在实际应用中，常采用简化的能带结构，如图 4-11 所示。

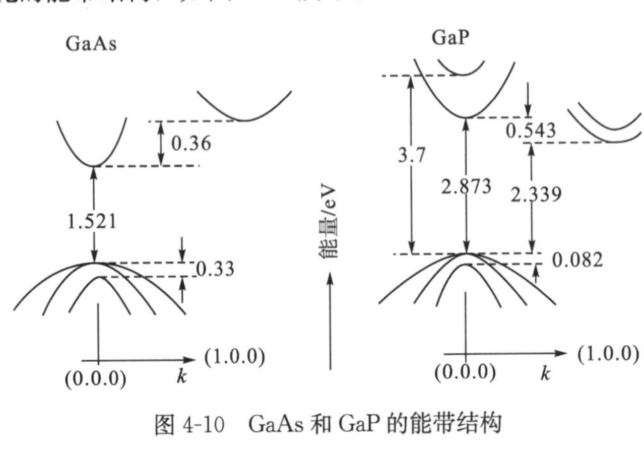

图 4-10 GaAs 和 GaP 的能带结构

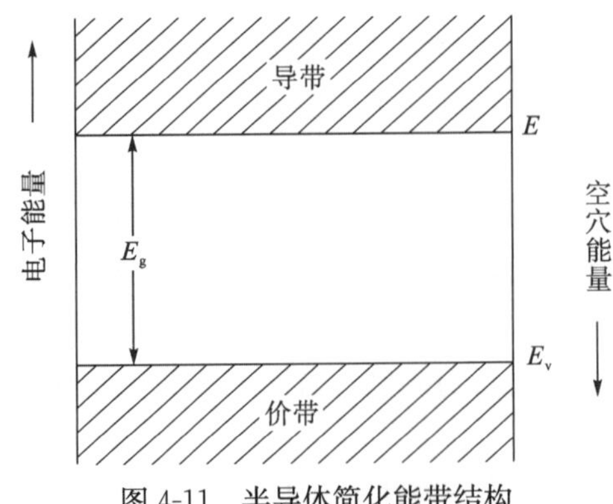

图 4-11 半导体简化能带结构

导带底和价带顶是否在布里渊区中的同一个位置上对晶体的光学性质有很大的影响。具有相同 k 值的称为直接带隙半导体，具有不同 k 值则称间接带隙半导体。前者又称直接跃迁半导体，跃迁复合发光概率大，后者又称间接跃迁半导体，其跃迁复合发光时必须有晶格参与动量交换，即有声子参与，这是一个二级过程，概率较小，发光效率较低。GaAs 能带结构是直接跃迁型，导带底、价带顶具有相同的 k 值，都在 Γ 点。GaP 的能带结构的导带底和价带顶具有不同 k 值，分别 X 和 Γ 点。表 4-2 给出了半导体晶体的能带结构和带隙宽度的实验值和计算值。

表 4-2　半导体晶体的能带结构和带隙宽度的实验值和计算值

晶体	带隙类型	带隙宽度实验值/eV		带隙宽度计算值/eV	熔点/℃
		0K	300K		
C（金刚石）	间接	5.48	5.47	5.48	1420
Si	间接	1.166	1.120	1.04	1420
Ge	间接	0.744	0.663	0.61	958
a-Sn	直接	0.082	*	0.13	(150)
Sic（6H）	间接	3.033	2.996	4.64	
BN	间接	—	57	9.57	
BP	间接	—	2.0	1.31	2000～5000
BA_9	间接	—	—	0.85	
AlN	间接	—	5.9	8.85	>2400
AlP	间接	2.52	2.45	2.63	>1500
AlAs	间接	2.288	2.16	1.87	~1700
AlSb	间接	1.6	1.5	2.15	>1050
GaN	直接	2.52	2.45	2.63	>1500
GaP	间接	2.333	2.261	2.75	1465
GaAa	直接	1.521	1.435	1.53	1237
GaSb	直接	0.813	0.72	1.00	712
InN	直接	—	2.4	2.33	
InP	直接	1.421	1.351	1.45	1062
InAs	直接	0.42	0.35	0.84	942
InSb	直接	0.228	0.180	0.39	625

* 室温不稳定

作为发光材料的半导体晶体都不是无杂质、无缺陷的本征半导体。杂质有的是特意掺进的，有的是因沾污带进的。杂质在带隙中产生杂质能级。通常的杂质能级有浅施主能级和浅受主能级，当杂质原子取代半导体晶体中的原子时会把多余的价电子施出的称施主杂质或 N 型杂质，价电子少于取代掉原子的杂质原子会接受电子称受主杂质或 P 型杂质。在Ⅲ-Ⅴ族化合物半导体中，Ⅱ族原子如 Zn 替代Ⅳ族原子时形成受主，用Ⅵ族原子如 S 替代Ⅴ族原子时形成施主，而Ⅳ原子如 Si 则是两性杂质，它替代Ⅲ族原子时形成施主，替代Ⅴ族原子时形成受主。实际上，Ⅳ族原子形成施主还是受主，是由晶体生长和热处理等条件决定的。位于靠近带隙中央的称深能级，靠近导带底的称浅施主能级，靠近价带顶的称浅受主能级。

具有与晶体组成原子相同的外层电子排列的杂质，例如，GaP 晶体中的杂质原子 N，由它的电荷不能形成杂质能级。但是，这种杂质原子周围的势场与晶体本身的势场有很大差异，则借助于短程势场的作用往往形成俘获电子或空穴的能级。这种能级称等电子陷阱。元素周期表上同一列的轻原子电负性大，当它替代重原子时可形成电子陷阱，如果以重原子替代轻原子则可形成空穴陷阱。等电子陷阱俘获载流子后有了多余的电荷，就能进一步俘获具有相反电荷的载流子，这就形成了被等电子陷阱所束缚的束缚激子。这种束缚激子中的电子和空穴可以直接跃迁复合，产生高效率发光。这对于间接跃迁型半导体发光材料甚为重要，例如，GaP 原来发光效率极低，当加进等电子陷阱杂质 N 和 Zn-O 对后，制成了目前大量应用的绿色和红色发光器件。

4.1.4 半导体发光材料的条件

不是所有的半导体材料都能发光，半导体材料分为直接带隙材料和间接带隙材料，只有直接带隙材料才能发光。直接带隙材料，即电子可从导带带底垂直跃迁到价带带顶，它在导带和价带中具有相同的动量，发光效率高。间接带隙材料，指电子不能从导带带底垂直跃迁到价带带顶，它在导带和价带中的动量不相等，因此必须有另一粒子参与后使动量相等，这个粒子的能量为 E_p，动量为 K_p。这种间接带隙材料很难发光，因此发光效率很低，如半导体材料硅(Si)和锗(Ge)。图 4-12 是半导体直接带隙材料和间接带隙材料图，它说明了半导体电阻率的产生方式。其中，位于导带的载流子称为电子，位于价带的载流子称为空穴，导带与价带之间的部分称为禁带宽度(E_g)。掺杂半导体的电阻率与掺杂浓度及温度有关，说明电子及空穴(电洞)是杂质浓度和温度的函数。电子和空穴是有关电导的两个重要载流子，电子具有负电荷，空穴具有正电荷。图 4-13 是半导体中的电子及空穴在加入电压后所产生的电流流动方向及电子、空穴移动方向的示意图。由图可知，电流流动方向即空穴流动方向，而电子则朝相反的方向流动。事实上，电子和空穴同时存在于半导体中，其密度会因温度上升而急剧增加，只要不改变温度，密度

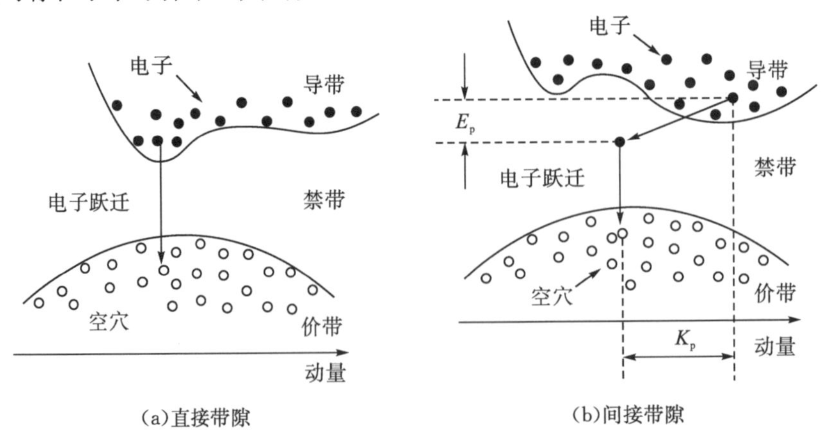

图 4-12 半导体直接和间接带隙材料图

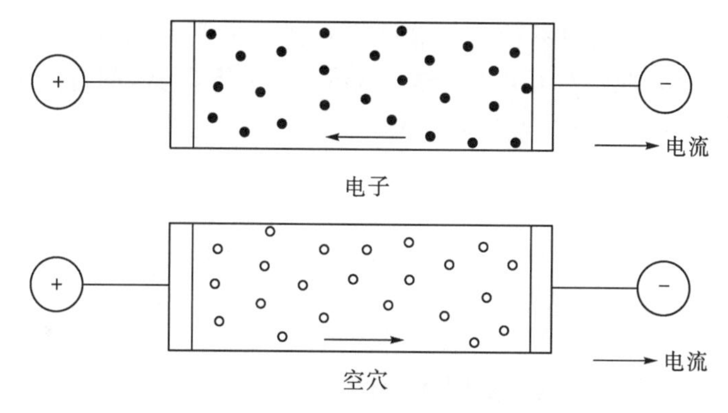

图 4-13　空穴和电子导电示意图

大致保持一致。电子越多，空穴就越少；而空穴越多，电子就会越少。因此，电子数多的半导体便称 N 型半导体，空穴数多者为 P 型半导体。N 型半导体的电子数越多(或 P 型半导体的空穴越多)，电阻就会越低。

因此，形成半导体发光材料需要满足以下条件。

(1)带隙宽度合适。PN 结注入的少数载流子与多数载流子复合发光时释放的光子能量小于带隙宽度。因此，晶体的带隙宽度必须大于所发光波长的光子能量。因为可见光的长波限约为 700nm，所以对可见光发光二极管而言 E_g 必须大于 1.78eV。因为视觉灵敏度的峰值在 550nm 处，所以要得到可见光发光效率高的发光二极管，应采用 $E_g \geqslant 2.3$eV 的晶体。如果要得到短波长的蓝色(460nm)发光二极管，就得满足 $E_g \geqslant 2.7$eV 的条件。发光二极管与光探测器组合可用来传递光信号，硅光探测器适合达到这一目的。硅光探测器的灵敏度随波长的分布在 900nm 处出现峰值，长波限由硅的 $E_g=1.12$eV 确定，短波长方面，灵敏度缓慢减小。由此看来，采用带隙宽度稍大于硅的 GaAs 作为红外发光二极管的晶体最为恰当。

(2)电导率高的 P 型和 N 型晶体。为了制备优良的 PN 结，要有 P 型和 N 型两种晶体，而且这两种晶体的电导率应该很高。尽管Ⅱ-Ⅵ族化合物晶体的带隙宽度适当，但是只呈现出 N 型(或 P 型)导电性，所以不宜作为发光二极管的晶体。

(3)完整性好的优质晶体。晶体的不完整性对发光现象有很大影响。此处所说的不完整性是指能缩短少数载流子寿命并降低发光效率的杂质和晶格缺陷。因此，获得完整性好的优质晶体是制作高效率发光二极管的必要条件，晶体的性质和晶体的生长方法均与晶体的完整性有关。SiC 能满足(1)和(2)两个条件，但晶体生长温度很高，不能得到完整性好的晶体，这就成为研制 SiC 发光二极管的障碍。GaN 制作蓝色发光器件量产化方面的困难，主要也是晶体质量仍有问题。

(4)发光复合概率大。发光复合概率大对提高发光效率是必要的，多用直接跃迁晶体制作发光二极管的原因就在于此。但是采用直接跃迁晶体时，光向外部发射有很大损耗。另外，即使是间接跃迁晶体，只要能采用优质晶体并掺入适当的杂质，以形成发光复合概率大的高浓度的发光中心，就可获得高效率发光，而且光向外部发射的损耗也小。

如果按上述条件寻找可见光或近红外线发光二极管的晶体，直接跃迁晶体除了 GaAs，还有 GaN、InN、InP 等，间接跃迁晶体有 AlP、AlAs、AlSb、GaP 等，但是

AlP、AlAs、AlSb在空气中不稳定。晶体生长比较容易且可获得优质晶体的材料有GaAs和GaP，GaP是能发射可见光的唯一晶体。为了将GaAs的直接跃迁带隙扩展到可见光波段，可采用GaAs-GaP混晶和GaAs-AlAs混晶，这两个混晶系在全部组分范围内都是完全的固溶体。

4.2 半导体对光的吸收

4.2.1 半导体对光的吸收机制分类

就物质对光吸收的一般规律而言，光波入射到物质表面上，在不考虑热激发和杂质的作用下，半导体中的电子基本上处于价带中，导带中的电子很少。当光入射到半导体表面时，原子外层价电子吸收足够的光子能量，越过禁带，进入导带，成为可以自由运动的自由电子。同时，在价带中留下一个自由空穴，产生电子－空穴对。半导体对光的吸收机构大致可分为以下五种。

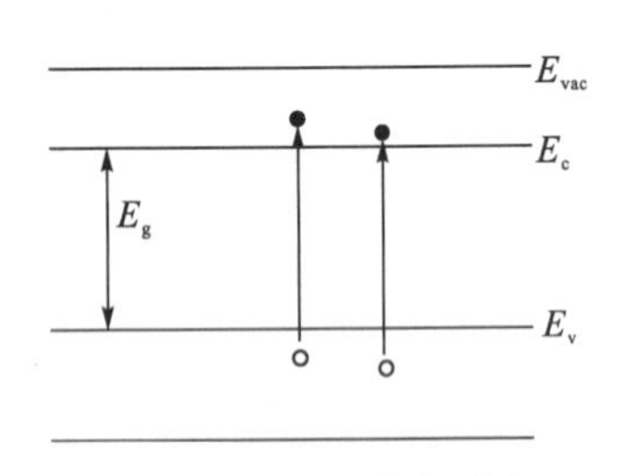

图 4-14 本征吸收

(1)本征吸收。具有足够能量的光子作用到半导体上时，价带电子吸收能量被激发到导带并形成电子－空穴对，这种吸收就称为本征吸收。如图4-14所示，半导体价带电子吸收光子能量跃迁入导带，产生电子－空穴对的现象称为本征吸收。显然，发生本征吸收的条件是光子能量必须大于半导体的禁带宽度E_g，才能使价带E_v上的电子吸收足够的能量跃入导带底能级E_c上，即

$$h\nu \geqslant E_g \tag{4-1}$$

由此，可以得到发生本征吸收的光波长波限为

$$\lambda_L \leqslant \frac{hc}{E_g} = \frac{1.24}{E_g} \tag{4-2}$$

也就是说，只有波长短于入射辐射才能使器件产生本征吸收，改变本征半导体的导电特性。本征吸收具有如下特点：它可使半导体有很高的吸收系数；直接带隙比间接带隙半导体材料的吸收系数高；吸收系数渗透深度与波长λ有关。

(2)激子吸收。由于库仑作用，实际激发到导带的电子与留在价带上的空穴处于束缚状态，这种束缚态就称为激子。激子吸收的物理本质就是，价带电子吸收光子后跃迁到直接导带下面的激子能级所引起的光吸收。当入射到本征半导体上的光子能量$h\nu$小于E_g，或入射到杂质半导体上的光子能量$h\nu$小于杂质电离能(ΔE_D或ΔE_A)时，电子不产生能带间的跃迁成为自由载流子，仍受原来束缚电荷的约束而处于受激状态。这种处于受激状态的电子称为激子。吸收光子能量产生激子的现象称为激子吸收。显然，激子吸收不会改变半导体的导电特性。

(3)晶格振动吸收。晶格原子对远红外谱区的光子能量的吸收直接转变为晶格振动动能的增加，在宏观上表现为物体温度升高，引起物质的热敏效应。

(4)杂质吸收。N型半导体中未电离的杂质原子(施主原子)吸收光子能量$h\nu$。若$h\nu$

大于等于施主电离能 ΔE_D，杂质原子的外层电子将从杂质能级(施主能级)跃入导带，成为自由电子。同样，P 型半导体中，价带上的电子吸收了能量 $h\nu$ 大于 ΔE_A(受主电离能)的光子后，价电子跃入受主能级，价带上留下空穴。相当于受主能级上的空穴吸收光子能量跃入价带。这两种杂质半导体吸收足够能量的光子，产生电离的过程称为杂质吸收。显然，杂质吸收的长波限为

$$\lambda_L \leqslant \frac{1.24}{\Delta E_D} \tag{4-3}$$

$$\lambda_L \leqslant \frac{1.24}{\Delta E_A} \tag{4-4}$$

由于 $E_g > \Delta E_D$或 ΔE_A，所以杂质吸收的长波长总要长于本征吸收的长波长。杂质吸收会改变半导体的导电特性，也会引起光电效应。

(5)自由载流子吸收。自由载流子，即能够在能带内自由运动的载流子，在半导体中即导带中的电子和价带的空穴。对于一般半导体材料，当入射光子的频率不够高时，不足以引起电子产生能带间的跃迁或形成激子时，仍然存在着吸收，而且其强度随波长增大而增强。这是由自由载流子在同一能带内的能级间的跃迁所引起的，称为自由载流子吸收。自由载流子吸收不会改变半导体的导电特性。

总的来说，以上五种吸收中，只有本征吸收和杂质吸收能够直接产生非平衡载流子，引起光电效应。其他吸收都不同程度地把辐射能转换为热能，使器件温度升高，使热激发载流子运动的速度加快，而不会改变半导体的导电特性。

参与半导体材料光吸收跃迁的电子种类如下。

(1)价电子。指原子核外电子中能与其他原子相互作用形成化学键的电子。主族元素的价电子就是主族元素原子的最外层电子；过渡元素的价电子不仅是最外层电子，次外层电子及某些元素的倒数第三层电子也可成为价电子。在主族元素中，价电子数就是最外层电子数。过渡族元素原子的价电子，除了最外层电子，还可包括次外层电子。

(2)内壳层电子。指除了最外层之外的电子，内层电子数等于总电子数减去最外层电子数。

(3)自由电子。离域电子，指不被约束在某一个原子内部的电子。这种电子在受到外电场或外磁场的作用时，能够在物质中或真空中运动。在通常情况下，某些价电子可以脱离原子，而自由地在晶体点阵中运动。这种电子就称为自由电子。

(4)杂质或缺陷中的束缚电子。

4.2.2　半导体光吸收理论

1. 光吸收系数

半导体吸收光的机理主要有带间跃迁吸收(本征吸收)、载流子吸收、晶格振动吸收等。吸收光的强弱常常采用描述光在半导体中衰减快慢的参量吸收系数来表示，单位是 cm^{-1}。若入射光强为 I，光进入半导体中的距离为 x，则定义

$$\alpha = -\frac{1}{I}\frac{dI}{dx} \tag{4-5}$$

2. 带间吸收谱曲线的特点

以 Si 和 GaAs 的带间跃迁的光吸收为例，测得其吸收系数 α 与光子能量 $h\upsilon$ 的关系如图 4-15 所示。

(1)吸收系数随光子能量而上升。

(2)各种半导体都存在一个吸收光子能量的下限(或者光吸收长波限——截止波长)，并且该能量下限随着温度的升高而减小(即截止波长增长)。

(3)GaAs 的光吸收谱曲线比 Si 的陡峭。

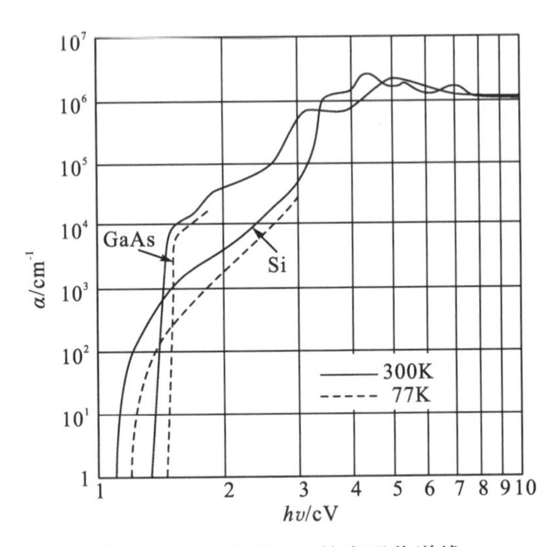

图 4-15 Si 和 GaAs 的光吸收谱线

3. 对带间光吸收谱曲线的简单说明

因为半导体的带间光吸收是由价带电子跃迁到导带所引起的，所以光吸收系数与价带和导带的能态密度有关。在价带和导带中的能态密度分布较复杂，在自由电子、球形等能面近似下，能态密度与能量是亚抛物线关系，在价带顶和导带底附近的能态密度一般都很小，因此，发生在价带顶和导带底附近之间跃迁的吸收系数也就都很小；随着能量的升高，能态密度增大，故吸收系数就相应地增大，从而使得吸收谱曲线随光子能量的升高而上升。但是由于实际半导体能带中能态密度分布函数的复杂性，而且电子吸收光的跃迁还必须符合量子力学的跃迁规则——k 选择定则，所以就导致半导体光吸收谱曲线变得很复杂，可能会出现如图 4-15 所示的台阶和多个峰值或谷值。

因为价电子要能够从价带跃迁到导带，至少应该吸收禁带宽度 E_g 大小的能量，这样才能符合能量守恒规律，所以就存在一个最小的光吸收能量——光子能量的下限，该能量下限也就对应于光吸收的长波限——截止波长：

$$\lambda_g = \frac{1.24}{E_g} \tag{4-6}$$

由于半导体禁带宽度会随着温度的升高而减小，所以 λ_g 也将随着温度的升高而增长。

4.3　半导体的激发与发光

电能变光能有多种方法，如白炽灯是钨丝通以电流，高温的钨丝辐射出光；电视机的显像管，是电子枪里射出电子，打到荧光屏上，荧光粉受激发发出光，电子运动的能量转变为光。

在半导体发光二极管中由电能直接转变为光能。就是电能造成比热平衡时产生更多的电子和空穴，与此同时，由于复合而减少电子和空穴，造成新的热平衡。在复合进程中，能量以光的形式放出。

4.3.1　PN 结及其特性

在本征半导体中掺入某些微量元素作为杂质，可使半导体的导电性发生显著变化。掺入的杂质主要是三价或五价元素。掺入杂质的本征半导体称为杂质半导体。制备杂质半导体时一般按百万分之一数量级的比例在本征半导体中掺杂，也称掺杂半导体。半导体中的杂质对电导率的影响非常大，一般可分为 N 型半导体和 P 型半导体。N 型半导体掺入少量杂质磷元素(或锑元素)的硅晶体(或锗晶体)，由于半导体原子(如硅原子)被杂质原子取代，磷原子最外层的五个外层电子的其中四个与周围的半导体原子形成共价键，多出的一个电子几乎不受束缚，较为容易地成为自由电子。于是，N 型半导体就成为含电子浓度较高的半导体，其导电性主要是因为自由电子导电。P 型半导体为掺入少量杂质硼元素(或铟元素)的硅晶体(或锗晶体)，由于半导体原子(如硅原子)被杂质原子取代，硼原子最外层的三个外层电子与周围的半导体原子形成共价键的时候，会产生一个“空穴”，这个空穴可能吸引束缚电子来“填充”，使得硼原子成为带负电的离子。这样，这类半导体由于含有较高浓度的“空穴”(相当于“正电荷”)，成为能够导电的物质。在 P 型半导体中，“空穴”多，自由电子少，空穴是多子，自由电子是少子；在 N 型半导体中相反，自由电子是多子，空穴是少子。

发光二极管的实质性结构是半导体 PN 结。在 PN 结上加正向电压时注入少数载流子，少数载流子的发光复合就是发光二极管的工作机理。PN 结就是指在单晶中，具有相邻的 P 区和 N 区结构，它通常是在一种导电类型的晶体上以合金、扩散、离子注入或生长的方法产生另一种导电类型的薄层来制得的。对于其他方法，如利用光照、雪崩过程等均因效率低而不予考虑。发光二极管的工作机理如图 4-16 所示。

用 PN 结不仅可以高效地造成过剩的电子和空穴，并且，为了造成过剩电子和空穴所必要的电压(一般在 2V 以下的直流电压)，与半导体集成电路及其他半导体管的匹配是极为有利的。在这里首先将简单的突变结(作为 PN 结的界面，即一定杂质浓度的 N 型区和 P 型区交界区称为 PN 结的突变结)置于理想条件下。P 区的空穴由于扩散而移动到 N 区；N 区的电子扩散到 P 区，在 P 区和 N 区界面附近如图 4-17 所示形成空间电荷区，即耗尽层。

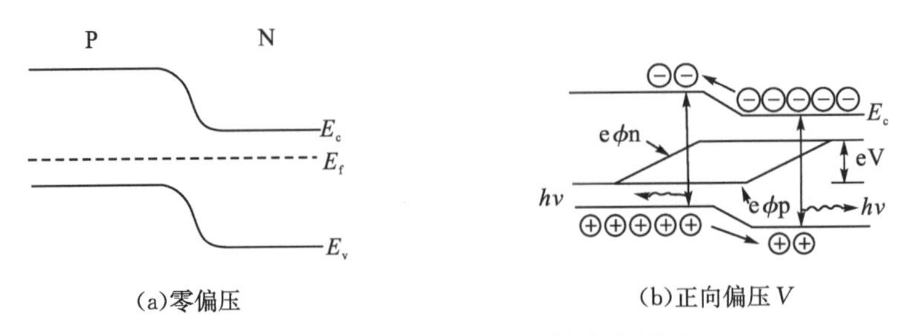

图 4-16 发光二极管的 PN 结发光原理

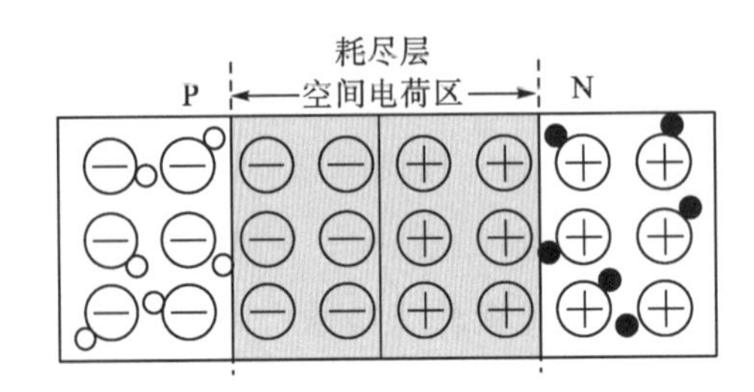

图 4-17 突变形 PN 结模型图

形成空间电荷的耗尽层夹在 P 区和 N 区之间，产生接触电位差，从而抑制空穴和电子的继续扩散。扩散和接触电位差均衡时，就是热平衡状态。耗尽层的电荷，负的在 P 区，正的在 N 区。因为原来呈电中性，空穴和电子移动到对方后也呈电中性。另外，耗尽层中的电荷被固定在晶格上不能运动，因此 P 区耗尽层中的负电荷的总量和 N 区耗尽层中的正电荷总量是相等的。

另外，P 区和 N 区的界面就是所谓 PN 结，从图 4-18 可以十分清楚地看到，横切 PN 结电力线密度最大的在耗尽层，而且，PN 结的电场最大。对于电子的势能，可以预想到在耗尽层中，N 区连续升高，从热力学可以看出，当 P 区和 N 区的费米能级相等时，形成耗尽层的过程就停止。图 4-18 就是热平衡状态时 PN 结附近的能带图的模型。

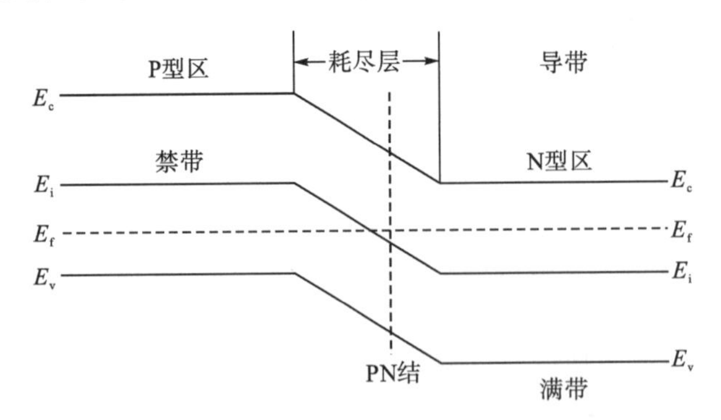

图 4-18 热平衡状态时 PN 结附近的能带图

从 PN 结的形成原理可以看出，要想让 PN 结导通形成电流，必须消除其空间电荷区的内部电场的阻力。很显然，给它加一个反方向的更大的电场，即 P 区接外加电源的正极，N 区接负极，就可以抵消其内部自建电场，使载流子可以继续运动，从而形成线性的正向电流。外加反向电压则相当于内建电场的阻力更大，PN 结不能导通，仅有极微弱的反向电流(由少数载流子的漂移运动形成，因少子数量有限，电流饱和)。当反向电压增大至某一数值时，因少数载流子的数量和能量都增大，会碰撞破坏内部的共价键，使原来被束缚的电子和空穴被释放出来，不断增大电流，最终 PN 结将被击穿(变为导体)损坏，反向电流急剧增大。

1. 反向击穿性

PN 结加反向电压时，空间电荷区变宽，区中电场增强。反向电压增大到一定程度时，反向电流将突然增大。如果外电路不能限制电流，则电流会大到将 PN 结烧毁。反向电流突然增大时的电压称击穿电压。基本的击穿机构有两种，即隧道击穿(也称齐纳击穿)和雪崩击穿，前者击穿电压小于 6V，有负的温度系数，后者击穿电压大于 6V，有正的温度系数。

雪崩击穿为阻挡层中的载流子漂移速度随内部电场的增强而相应加快到一定程度时，其动能足以把束缚在共价键中的价电子碰撞出来，产生自由电子－空穴对，新产生的载流子在强电场作用下，再去碰撞其他中性原子，又产生新的自由电子－空穴对，如此连锁反应，使阻挡层中的载流子数量急剧增加，像雪崩一样。雪崩击穿发生在掺杂浓度较低的 PN 结中，阻挡层宽，碰撞电离的机会较多，雪崩击穿的击穿电压高。

齐纳击穿通常发生在掺杂浓度很高的 PN 结内。由于掺杂浓度很高，PN 结很窄，这样即使施加较小的反向电压(5V 以下)，结层中的电场却很强(可达 2.5×10^5 V/m 左右)。在强电场作用下，会强行促使 PN 结内原子的价电子从共价键中拉出，形成“电子－空穴对”，从而产生大量的载流子。它们在反向电压的作用下，形成很大的反向电流，出现了击穿。显然，齐纳击穿的物理本质是场致电离。采取适当的掺杂工艺，将硅 PN 结的雪崩击穿电压可控制在 8～1000V。而齐纳击穿电压低于 5V。在 5～8V 下，两种击穿可能同时发生。

热电击穿为当 PN 结施加反向电压时，流过 PN 结的反向电流要引起热损耗。反向电压逐渐增大时，对于一定的反向电流所损耗的功率也增大，这将产生大量热量。如果没有良好的散热条件使这些热能及时传递出去，则将引起结温上升。这种由热不稳定性引起的击穿，称为热电击穿。击穿电压的温度特性为温度升高后，晶格振动加剧，致使载流子运动的平均自由路程缩短，碰撞前动能减小，必须加大反向电压才能发生雪崩击穿，具有正的温度系数，但温度升高，共价键中的价电子能量状态高，从而齐纳击穿电压随温度升高而降低，具有负的温度系数。

2. 单向导电性

PN 结加正向电压时导通。如果电源的正极接 P 区，负极接 N 区，外加的正向电压有一部分降落在 PN 结区，PN 结处于正向偏置，如图 4-19 所示。电流便从 P 型流向 N 型，空穴和电子都向界面运动，使空间电荷区变窄，电流可以顺利通过，方向与 PN 结内电场方向相反，削弱了内电场。于是，内电场对多子扩散运动的阻碍减弱，扩散电流加大。扩散电流远大于漂移电流，可忽略漂移电流的影响，PN 结呈现低阻性。

PN 结加反向电压时截止。如果电源的正极接 N 区，负极接 P 区，外加的反向电压有一部分降落在PN结区，PN结处于反向偏置，如图4-20所示。空穴和电子都向远离界面的方向运动，使空间电荷区变宽，电流不能流过，方向与PN结内电场方向相同，加强了内电场。内电场对多子扩散运动的阻碍增强，扩散电流减小。此时PN结区的少子在内电场作用下形成的漂移电流大于扩散电流，可忽略扩散电流，PN结呈现高阻性。在一定的温度条件下，由本征激发决定的少子浓度是一定的，故少子形成的漂移电流是恒定的，基本上与所加反向电压大小无关，这个电流也称为反向饱和电流。

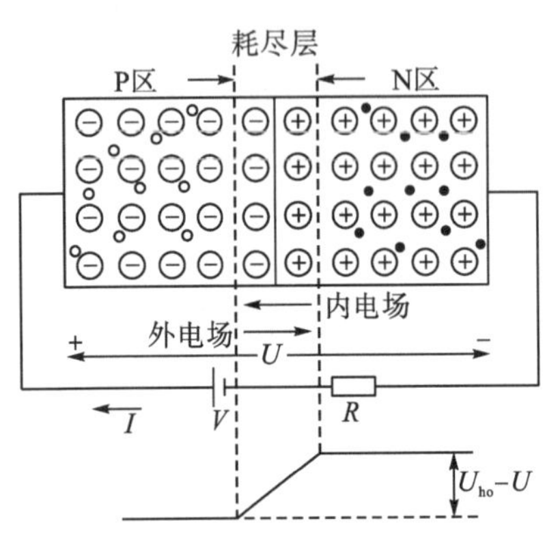

图4-19 正向电压，PN结导通

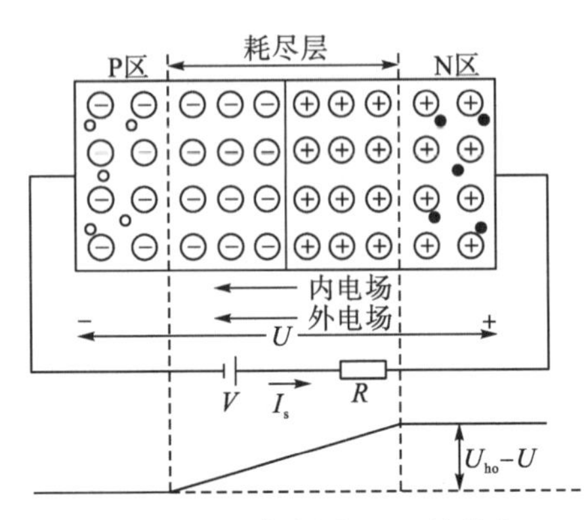

图4-20 反向电压，PN结截止

PN结加正向电压时，呈现低电阻，具有较大的正向扩散电流；PN结加反向电压时，呈现高电阻，具有很小的反向漂移电流。由此可以得出结论，PN结具有单向导电性。

3. 伏安特性

PN结的伏安特性(外特性)曲线如图4-21所示，它直观形象地表示了PN结的单向导电性。

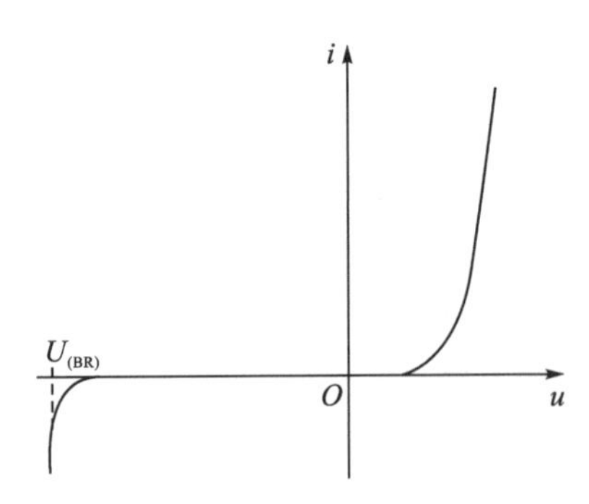

图4-21 PN结的伏安特性曲线

伏安特性的表达式为

$$i_D = I_S\left(e^{\frac{V_D}{V_T}} - 1\right) \tag{4-7}$$

式中，i_D为通过PN结的电流；V_D为PN结两端的外加电压；V_T为温度的电压当量。

$$V_T = \frac{kT}{q} = \frac{T}{11600} = 0.026\text{V} \tag{4-8}$$

其中，k 为玻尔兹曼常量(1.38×10^{-23}J/K)；T 为热力学温度，即 300K；q 为电子电荷(1.6×10^{-19}C)。在常温下，$V_T\approx26$mV。I_s 为反向饱和电流，对于分立器件，其典型值为 $10^{-14}\sim10^{-8}$A。集成电路中二极管 PN 结，其 I_s 值则更小。

当 $V_D\gg0$，且 $V_D>V_T$ 时，$i_D\approx I_S e^{\frac{V_D}{V_T}}$；

当 $V_D<0$，且 $|V_D|\geqslant V_T$ 时，$i_D\approx-I_S\approx0$。

4. 电容特性

PN 结加反向电压时，空间电荷区中的正负电荷构成一个电容性的器件。它的电容量随外加电压改变，主要有势垒电容(C_B)和扩散电容(C_D)。势垒电容和扩散电容均是非线性电容。

势垒电容是由空间电荷区的离子薄层形成的。当外加电压使 PN 结上压降发生变化时，离子薄层的厚度也相应地随之改变，这相当于 PN 结中存储的电荷量也随之变化。势垒区类似平板电容器，其交界两侧存储着数值相等、极性相反的离子电荷，电荷量随外加电压而变化，称为势垒电容，用 C_B 表示，其值为

$$C_B=\frac{dQ}{dT} \tag{4-9}$$

在 PN 结反偏时结电阻很大，C_B的作用不能忽视，特别是在高频时，它对电路有较大的影响。C_B不是恒值，而随 V 而变化，利用该特性可制作变容二极管。

PN 结有突变结和缓变结，现考虑突变结情况，PN 结相当于平板电容器，虽然外加电场会使势垒区变宽或变窄，但这个变化比较小，可以忽略，则

$$C_B=\frac{\varepsilon_s}{L} \tag{4-10}$$

已知动态平衡下阻挡层的宽度 L_0，代入式(4-10)可得

$$C_T=\frac{\varepsilon_s}{L_0} \tag{4-11}$$

扩散电容，指 PN 结正向导电时，多子扩散到对方区域后，在 PN 结边界上积累，并有一定的浓度分布。积累的电荷量随外加电压的变化而变化，当 PN 结正向电压加大时，正向电流随之加大，这就要求有更多的载流子积累起来以满足电流加大的要求；而当正向电压减小时，正向电流减小，积累在 P 区的电子或 N 区的空穴就要相对减小，这样，当外加电压变化时，有载流子向 PN 结“充入”和“放出”。PN 结的扩散电容 C_D 描述了积累在 P 区的电子或 N 区的空穴随外加电压的变化而变化的电容效应。

因 PN 结正偏时，由 N 区扩散到 P 区的电子，与外电源提供的空穴相复合，形成正向电流。刚扩散过来的电子就堆积在 P 区内紧靠 PN 结的附近，形成一定的多子浓度梯度分布曲线。反之，由 P 区扩散到 N 区的空穴，在 N 区内也形成类似的浓度梯度分布曲线。

C_D是非线性电容，PN 结正偏时，C_D较大，反偏时载流子数目很少，因此反偏时扩散电容数值很小，一般可以忽略。

PN 结电容，指 PN 结的总电容 C_j，为 C_T和 C_D两者之和，$C_j=C_T+C_D$，外加正向电

压 C_D很大时，C_j以扩散电容为主(几十到几千皮法)；外加反向电压 C_D趋于零时，C_j 以势垒电容为主(几到几十皮法)。

4.3.2 注入载流子的复合

复合分为两大类，一类是伴随光的辐射的复合(辐射型复合)；一类是不伴随光辐射的复合(非辐射型复合)。前者是由于空穴和电子的复合以光能的形式辐射能量，即对固体发光来说是重要的复合；不伴随光辐射的复合对固体发光来说是有害的。在这方面提出了很多有关解决发光效率的方法，分以下两类。

辐射型复合。电子和空穴由于碰撞而复合，它分为不通过声子的复合(直接跃迁型)和必须通过声子为媒介的复合(间接跃迁型)两种；也可以分为通过杂质能级的复合，通过相邻能级的复合和激子复合。

非辐射型复合。可分为多声子复合、俄歇复合和器件表面复合。多声子的复合，又分为与晶格缺陷等缺陷能级有关系的情况和无关的情况；俄歇复合，又分为与缺陷能级有关和无关的情况。

1. 辐射型复合

直接跃迁和间接跃迁。在导带底的电子落到满带，与空穴复合时，最初状态和最后状态的能量差以光的形式辐射。这时存在如图 4-22 所示的两种情况，即直接跃迁型和间接跃迁型，下面对于两者分别说明。

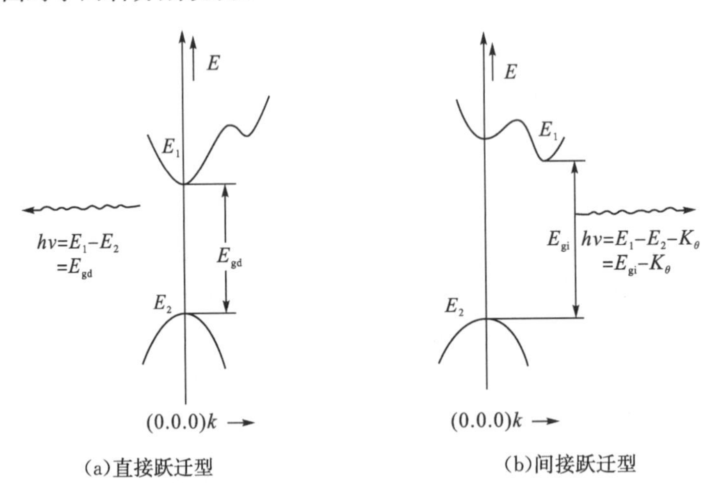

图 4-22　两种能带结构和辐射发光

在常温附近，认为导带中的电子在能量最小处附近集结，即图 4-22(a)和(b)的情况。电子具有能量 E_1，另外上面所说的电子落入满带空穴中后，能量变成 E_2，光就被辐射。电子从 E_1转移到 E_2期间，应该具有能量和动量。

因为光的动量和电的能量相比是可以忽略的，对于光辐射来说，如图 4-22(a)所示的能量与动量的同一能量状态之间，对于垂直跃迁是有利的。

如果考虑碰撞模型，电子和空穴两者碰撞时，辐射光的频率 ν 为

$$h\nu = E_1 - E_2 \tag{4-12}$$

式中，h 是普朗克常量。

GaAs、GaN 是直接跃迁型的典型例子，$CaAs_{1-x}P_x$、$Ga_{1-x}Al_xAs$ 的三元化合物半导体，在 x 小的时候也是直接跃迁型的。在图 4-22(b)中，由于最初和复合的状态的动量差不能引起电子跃迁而得到光辐射，这时由于晶格的振动，则声子保持着动量。假如作为碰撞模型，则形成电子、空穴和声子三者碰撞，发生的概率比在两者的情况下少。另外辐射光的频率为

$$h\nu = Q_1 - Q_2 - K_\theta \tag{4-13}$$

式中，K_θ为声子的能量，也就是晶格振动的热能。

能量 K_θ 由于声子的生成而消耗，正是这一原因，辐射的光能就变小了。GaP 是间接跃迁型的典型例子。表 4-3 列出了直接和间接带隙半导体的理论复合概率。为了提高发光效率，需要寻求新的掺杂剂，形成激子。

表 4-3　直接和间接带隙半导体的理论复合概率(300K)

材料	带隙类型	复合概率/(cm^3/s)
GaAs	直接	7.21×10^{-10}
GaSb	直接	2.39×10^{-10}
InP	直接	1.23×10^{-9}
InAs	直接	3.5×10^{-10}
InSb	直接	4.6×10^{-11}
Si	间接	1.79×10^{-15}
Ge	间接	5.25×10^{-14}
GaP	间接	5.37×10^{-11}

(1)通过杂质能级的复合。考虑含有杂质的半导体在常温附近大部分的杂质被离子化，如图 4-23(a)所示。

那么，如前说那样，在空的杂质能级上导带的电子被俘获，这个过程如图 4-23(b)所示。这时多余的能量变成热消耗了。其次，杂质能级俘获的电子，再落入满带中的空穴而发生复合，必须使杂质能级俘获的电子再吸收热能，在回到导带之前和空穴复合，如图 4-23(c)所示。否则，一时被俘获的电子，也不能自由地运动。

(2)相邻能级的复合。活性杂质及其他杂质，由于缺陷数目多，这样就产生了互相影响，即互相带导电的杂质，且在缺陷团间有库仑引力的作用。换言之，这在波动力学上，电子的波动因数跨越两个能级，引起电子的跃迁，对于这样两个能级间的能量差以光的形式辐射出来，最终电子与空穴复合，连续地引起光辐射，如图 4-24 所示。GaAs 中掺杂硅的红外发光就是这样的发光机构。由于能量比禁带宽度小，即辐射波长更长的光，所以晶体自身吸收少。因此，在晶体外得到了光辐射。

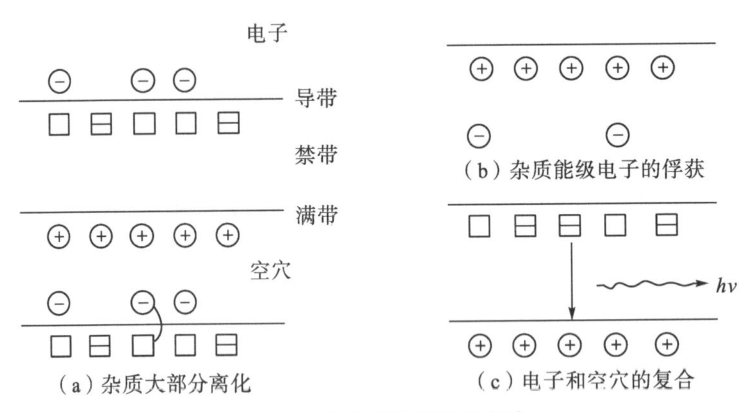

图 4-23 在杂质能级间的复合

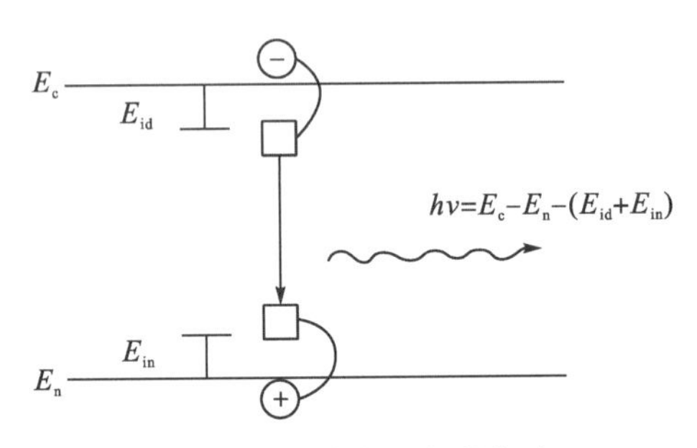

图 4-24 相邻能级间的复合

(3)激子复合。在半导体晶体中，除了固定在晶格原子上的电子(满带的电子)和能自由地在晶体中运动的电子(导带的电子)，还有处于它们中间能量的固定在格点上的电子，如果用波动力学来解释，由波动函数可知，不止达到一个原子，而且存在有达到几个原子的电子。

以气体原子为例，在常态下，其外电子牢牢地固定在原子核上(满带电子)。核外电子如果得到足够大的能量，则成为完全摆脱原子核限制的自由电子(导带电子)，然而在得到比这个少一点的相当大的能量时，核外电子跃迁到另一个外侧轨道上，(激发态电子)，那么与核只有弱的结合力。

这就是处于激发态的电子，具有激发态的原子。随之与空穴产生空穴－电子对，这个激子可因扩散而转移到另一个原子上去。电子－空穴对总体来说是电中性的，这个带有能量的电子－空穴对由于复合释放出能量，以光的形式向外辐射。

由激子的复合而辐射光，如 GaP 的发红光、发绿光是熟知的。在发红光的情况下，在 GaP 晶体中置换 P 原子的氧原子和置换 Ga 原子的 Zn 原子，处在相邻的情况下就形成上述的电子－空穴对。由于氧的电子亲和势是较强的，注入 P 区的电子比注入 N 区的电子首先被氧原子俘获而成为激发态电子。这个电子由于库仑力而被 Zn 的空穴俘获而复合。GaP 尽管是间接跃迁型的晶体，但是这种机理发光的外部量子效率还是很高的。GaP：Zn-O 的效率可达 15%；GaP：N 的效率也可达 0.7%。

由于等电子陷阱的引入，形成束缚激子(它虽不能输运能量，但却可通过复合而传递能量，通过复合发射出光子和声子。两者分别是辐射复合与非辐射复合)，束缚在等电子陷阱上的激子复合是一种高效的辐射复合。

2. 非辐射型复合

(1)阶段地放出声子的复合。作为固体发光的重要的半导体，从发光波长来考虑，禁带宽度必须在 leV 以上。另外，因为声子的能量是 0.06eV 左右，导带的电子落入满带时，电子的能量如果全部生成声子，那么必有 20 个以上的声子生成。

这么多的声子同时生成的概率等于零，从碰撞模型来考虑，这么多数目的声子同时碰撞的概率也是极小的。

在实际的晶体中，多数的声子同时生成是不可能的，由于有害的金属及晶体缺陷，电子会落到禁带中的许多能级上，声子也就阶段性地产生。

(2)俄歇过程。电子能量变换成热能这个重要过程称为俄歇过程，它是非辐射型的复合过程。俄歇过程是在有自由载流子和晶格缺陷的情况下发生的。实际器件的发光效率之所以较低，后者的影响是很大的。如图 4-25(a)所示，导带的一个电子和满带的一个空穴复合时，能量将转移到导带的另外的电子上。得到能量的电子，就上升到导带中高的能级，逐渐地放出声子，并落到导带的下端。这样，由于电子和空穴复合放出的能量不以光的形式辐射而转变为热能。图 4-25(b)表示另外的空穴获得由复合而放出的能量。

除上述外，由于晶体的缺陷的存在，在电子跃迁过程中，多余的能量为其他电子和空穴所获得，结果产生声子而消耗了。实际上发光二极管的发光效率低的重要原因就是通过缺陷能级的俄歇过程。如何减少这样的能级成为制造技术的重要问题。

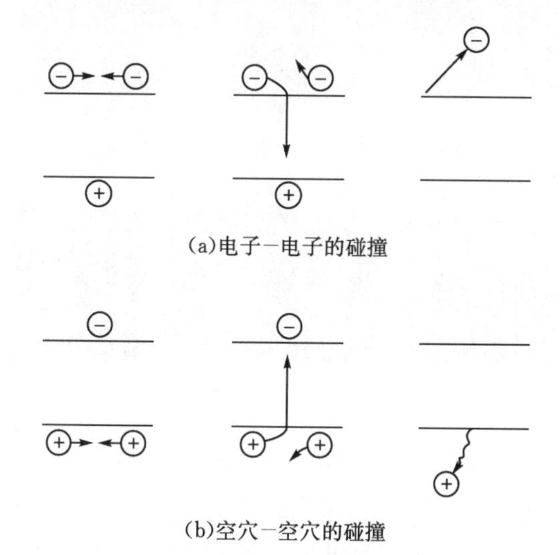

(a)电子—电子的碰撞

(b)空穴—空穴的碰撞

图 4-25　仅是自由载流子的俄歇过程

(3)表面复合。在直观的晶体表面，可以想到存在着比内部还要多的缺陷。因而，在表面引起的各种非辐射性复合的概率比晶体内部还要高。另外，在晶体表面由于内部周期性的破坏，当然，载流子迁移的情况与内部也不相同。

固体发光管和其他半导体管子一样，以发光效率为主的特性及管子的寿命、可靠性都与表面有密切关系。用 GaP 时，管芯表面氧化膜的形成，用 $GaAs_{1-x}P_x$ 时，氮化硅膜的覆盖，都使表面状态得以改善。

4.4 发光二极管照明技术

利用半导体PN结作为光源的二极管问世于20世纪60年代初，1964年首先出现红色LED，之后出现黄色LED。直到1994年蓝色、绿色LED才研制成功。1996年，日本日亚(Nichia)公司成功开发出白色LED。LED有省电、寿命长、耐震动、响应速度快等特点，广泛应用于指示灯、信号灯、显示屏、景观照明等领域。在日常生活中也随处可见。近年来，随着人们对半导体发光材料研究的不断深入、LED制造工艺的不断进步和新材料的开发应用，各种颜色的超高亮度LED取得了突破性进展，高亮度LED也将成为第四代绿色照明光源。

4.4.1 LED基本特性

1. LED基本结构

LED(light emitting diode)，发光二极管，是一种固态的半导体器件，它可以直接把电转化为光。一块电致发光的半导体芯片，封装在环氧树脂中，通过针脚支架作为正负电极并起到支撑作用，如图4-26所示。

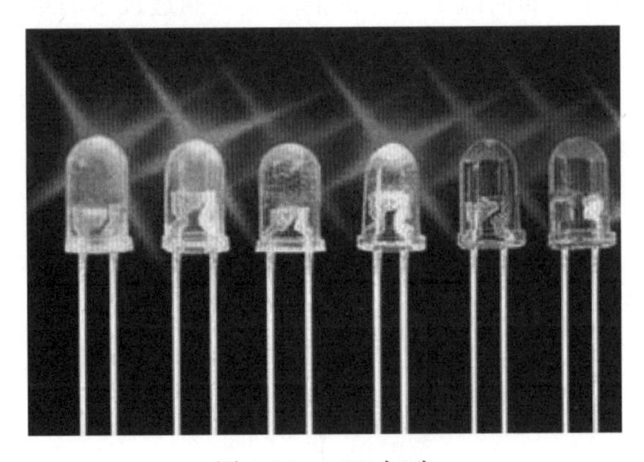

图4-26 LED灯珠

LED的心脏是一个半导体的芯片，芯片的一端附在一个支架上，一端是负极，另一端连接电源的正极，使整个芯片被环氧树脂封装起来。半导体芯片由两部分组成，一部分是P型半导体，在它里面空穴占主导地位，另一部分是N型半导体，在这边主要是电子。当这两种半导体连接起来的时候，它们之间就形成一个PN结。当电流通过导线作用于这个晶片的时候，电子就会被推向P区，在P区里电子与空穴复合，然后就会以光子的形式发出能量，这就是LED发光的原理。光的波长也就是光的颜色，是由形成PN结的材料决定的。

实际上作为一个PN结，如图4-27所示，它是自发辐射的发光器件，可以发射紫外线、可见光及红外线。其发光原理是电激发光。在P型和N型半导体的体接触面，即在

PN 结加正向(顺向)电流后，自由价电子与空穴复合而将电能转变为可见光辐射能。

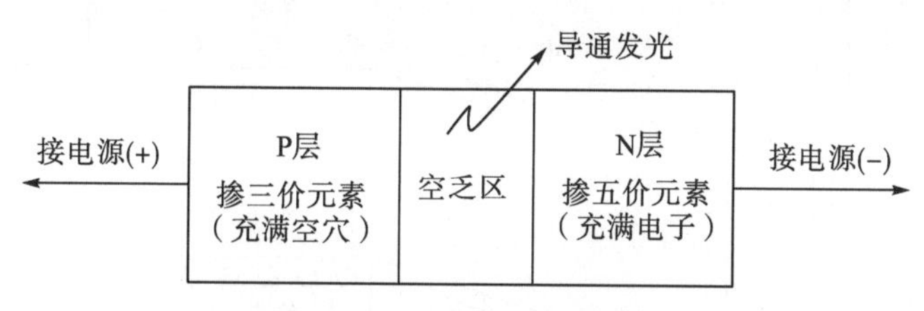

图 4-27　LED 结构示意图

2. LED 在电子线路中的符号

发光二极管在电子线路中的电路符号如图 4-28 所示。在直流供电时，都是正向接到线路中，即 P 极接电源正极，N 极接电源负极；而在交流供电时，因 LED 反向击穿电压低，需要接阻值较大的限流电阻或串接一只硅二极管。

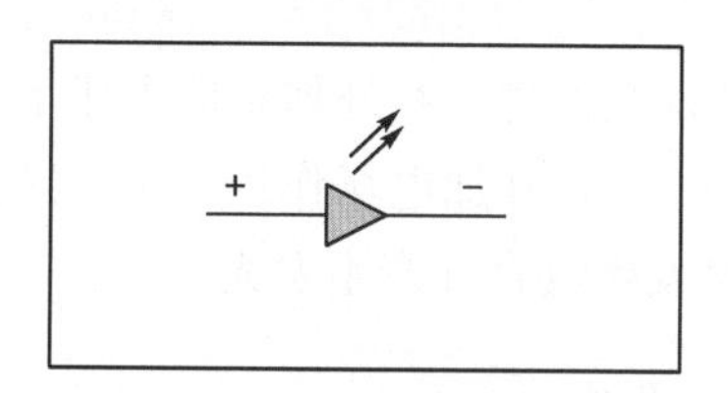

图 4-28　LED 的电路符号图

发光二极管是由Ⅲ-Ⅴ族化合物，如 GaAs(砷化镓)、GaP(磷化镓)、GaAsP(磷砷化镓)、GaN(氮化镓)等半导体制成的，其核心是 PN 结。因此，它具有一般 PN 结 V-I 特性，即正向导通、反向截止和击穿特性。

当给发光二极管加上正向电压后(P 极加正电压，N 极加负电压)，普通硅二极管正向电压大于 0.6V，锗二极管正向工作电压大于 0.3V 时，发光二极管正向工作电压 V_F大于 1.5～3.8V(一般而言，红光和黄光的发光二极管的工作电压是 2V 左右，其他颜色的发光二极管工作电压都是 3V 左右)，则从发光二极管 P 区注入 N 区的空穴和由 N 区注入 P 区的电子，在 PN 结附近数微米区域内分别与 N 区的电子、P 区的空穴复合，产生自发辐射的荧光，如图 4-29 所示(图中 E_g 为禁带宽度)。不同的半导体材料中电子和空穴所处的能量状态不同。当电子和空穴复合时释放出的光子能量大小不同，释放的光子能量越大，则发出的光波长越短。常用的是发红光、绿光、蓝光和黄光的二极管。若在二极管两端加反向电压(P 极加负电压，N 极加正电压)，其电流很小，几乎为零，称为反向漏电流。但所加反向电压超过耐压值时，便有很大的反向电流，此电压称为二极管的反向击穿电压，在无限流措施时便会损坏二极管。一般发光管的反向击穿电压在 5V 左右，依各厂家及各种芯片的制程不同其反向击穿电压值也不同，红、黄、黄绿等四元晶片反向电压可做到 20～40V，蓝、纯绿、紫色等晶片反向电压只能做到 5V 左右。

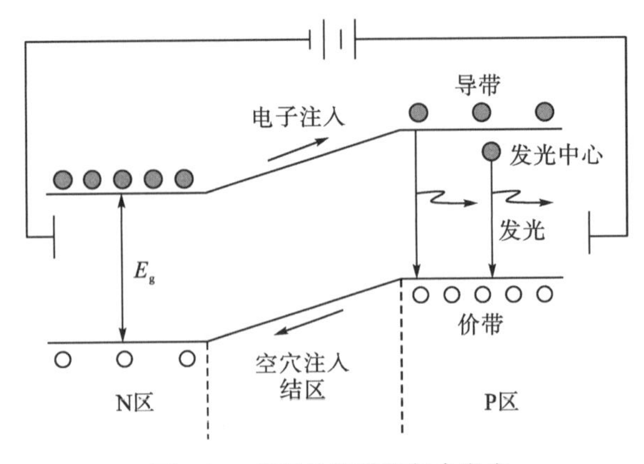

图 4-29 半导体能带和复合发光

4.4.2 LED发光原理

发光二极管是注入型电致发光器件，在外加正向电压下注入大量非平衡载流子(分别向 P 区和 N 区注入空穴和电子)，在外加电场作用下 N 区的电子向 P 区漂移，P 区空穴向 N 区漂移，越过 PN 结势垒发生复合并产生发光。

1. 制造发光二极管的发光条件

(1)化合物半导体晶体的禁带宽度要能够用来获得所希望的发光波长。

(2)发光材料能容易制成 PN 二极管，各个结层的晶格常数 a 要匹配。做成所谓的 DH 层，但两侧 a 必须一致。

(2)以禁带宽度的材料夹在活性层发光区域的两侧，活性层的带隙比覆面层的带隙小，活性层的折射率比覆面层的折射率大，所发光很容易由内部出射。

(4)有稳定的物理及化学结构。结晶的离子性高，禁带带宽 E_g 也较大，熔点也较高，所成的化合物半导体晶体材料能在较高温度环境下工作，如 GaP、AlP、GaN 等化合物的半导体。

(5)有直接迁移带或间接迁移带的晶体。发光区域多为直接迁移带隙材料，其有较高的发光效率，电子(空穴)的移动度也比间接迁移带隙材料要高。

2. 发光二极管实现白光方式

白光 LED 技术方案将在第 6 章详细论述，这里作一简介。

(1)多芯片型。将红色 LED、绿色 LED 和蓝色 LED 芯片组成一个像素实现白光。

(2)单 LED 芯片型+荧光粉。①蓝光 LED+黄色荧光粉，目前应用最多且最成熟，但显色性不足(70～80)；②蓝光 LED+红粉及绿粉，显色性好，但目前研制的红粉的发光效率不够高；③(近)紫外 LED+红、绿、蓝三基色荧光粉，高显色指数，高光效，色温可调。从目前的可行性、实用性和商品化等方面来看，第三种方式中(近)紫外芯片激发三基色荧光粉是未来白光 LED 发展的主要方向。

3. 发光二极管的基本特点

(1)发光效率高。白炽灯、卤钨灯发光效率(简称光效)为 12～24lm/W，荧光灯为 50～70lm/W，钠灯为 90～140lm/W，但大部分的耗电变成热量损耗。LED 光效经改良后将达到 50～200 lm/W，而且其光谱单色性好、光谱窄，无须过滤可直接发出有色可见光。随着各国 LED 光效方面的研究，不久的将来其发光效率将有更大的提高。

(2)耗电量小。小功率 LED 单管功率为 0.03～0.06W，采用直流驱动，单管驱动电压为 1.5～3.5V，电流 15～20mA，反应速度快，可在高频操作。同样的照明效果的前提下，耗电量是白炽灯的 1/8，是荧光灯管的 1/2。以日光灯 45W 为例，同样照明效果下，只需 8W 的白光 LED 灯管。

(3)使用寿命长。LED 体积小、重量轻，环氧树脂封装，可承受高强度机械冲击和震动，不易破碎。理论寿命达 10 万小时，实际也可达到 5～10 年，可以极大降低灯具的维护费用。

(4)安全可靠性强。发热量低，无热辐射，冷光源，可以精确控制光强及发光角度，光色柔和，无眩光，不含汞、铅元素等可能危害健康的物质。

(5)绿色环保。LED 为全固体发光体，耐震，耐冲击，不易破碎；LED 照明灯不含汞、氙、铅等有害元素，废物可回收，没有污染。LED 光线不含紫外线和红外线，无辐射污染。普通节能灯的工作原理是用电流激发汞蒸气发出紫外线，照射荧光粉而发白光存在紫外线泄露。

(6)发光响应速度快(10^{-9}～10^{-7}s)，高频特性好，能显示脉冲信息。而白炽灯的响应时间为毫秒级。

(7)光源体积小，可随意组合，易开发成轻便、薄短的小型照明产品，便于安装和维护。

4.4.3 LED 特性参数

LED 是利用化合物材料制成 PN 结的光电器件。它具备 PN 结结型器件的电学特性(*I*-*V* 特性、*C*-*V* 特性)、光学特性(光谱响应特性、发光光强指向特性、时间特性)及热学特性。

1. LED 电学特性

(1)*I*-*V* 特性。表征 LED 芯片 PN 结制备性能的主要参数如图 4-30 所示。LED 的 *I*-*V*特性具有非线性、整流性质：单向导电性，即外加正偏压表现为低接触电阻，反之为高接触电阻。

正向死区：(图 oa 或oa'段)a 点对于V_0 为开启电压，当$V<V_a$ 时，外加电场尚克服不少因载流子扩散而形成势垒电场，此时 R 很大；开启电压对于不同 LED 其值不同，GaAs 为 1V，红色 GaAsP 为 1.2V，GaP 为 1.8V，GaN 为 2.5V。

工作区：电流 I_F 与外加电压呈指数关系。

$I_F = I_S(e^{qV_F/KT} - 1)$，$I_S$ 为反向饱和电流。$V>0$ 时，$V>V_F$ 的正向工作区 I_F 随 V_F 指数上升，$I_F = I_S\ e^{qV_F/KT}$。

反向死区：$V<0$ 时 PN 结加反偏压，$V=-V_R$ 时，反向漏电流 $I_R(V=-5V)$ 时，GaP 为 0V，GaN 为 10μA。

击穿区：$V<-V_R$ 时，V_R 称为反向击穿电压；V_R 电压对应 I_R 为反向漏电流。当反向偏压一直增加使 $V<-V_R$ 时，则出现 I_R 突然增加，即出现击穿现象。由于所用化合物材料种类不同，各种 LED 的反向击穿电压 V_R 也不同。

(2)C-V 特性。鉴于 LED 的芯片有 9mil×9mil(250μm×250μm)，10mil×10mil(250μm×250μm)，11mil×11mil(280μm×280μm)，12mil×12mil(300μm×300μm)，故 PN 结面积大小不一，使其结电容(零偏压)$C \approx n + \text{pf}$。C-V 特性呈二次函数关系，如图 4-31 所示，由 1MHz 交流信号用 C-V 特性测试仪测得。

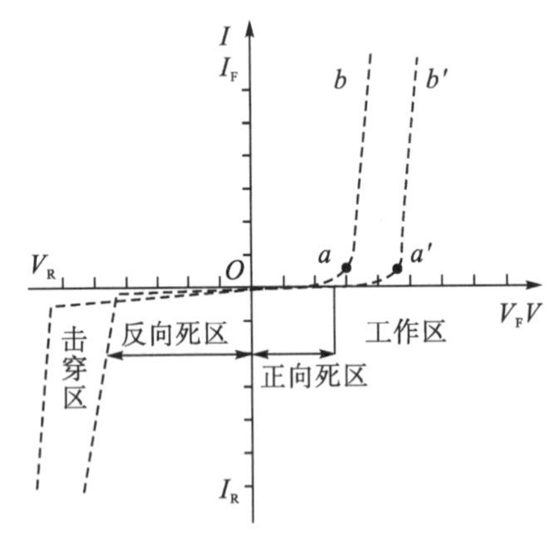

图 4-30 I-V 特性曲线

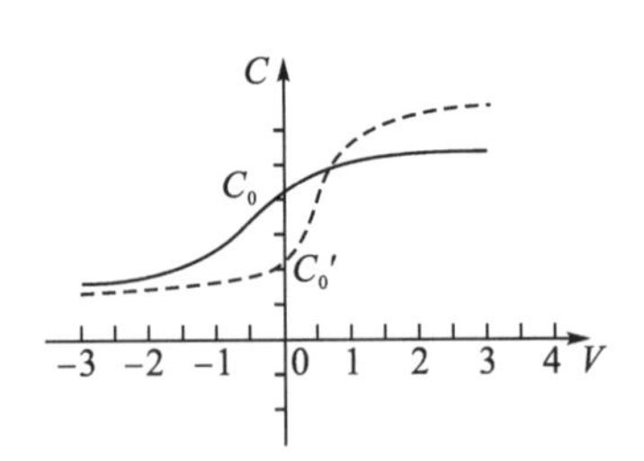

图 4-31 LED C-V 特性曲线

最大允许功耗 P_{Fm}，当流过 LED 的电流为 I_F、管压降为 U_F 时，功率消耗为 $P = U_F I_F$。LED 工作时，外加偏压、偏流一定促使载流子复合发出光，还有一部分变为热，使结温升高。若结温为 T_j、外部环境温度为 T_a，则当 $T_j > T_a$ 时，内部热量借助管座向外传热，散逸热量(功率)可表示为 $P = KT(T_j - T_a)$。

响应时间，表征某一显示器跟踪外部信息变化的快慢。现有的显示 LCD(液晶显示)响应时间为 $10^{-5} \sim 10^{-3}$s，CRT、PDP、LED 都达到 $10^{-7} \sim 10^{-6}$s(μs 级)。

响应时间从使用角度来看，就是 LED 点亮与熄灭所延迟的时间，即图 4-32 中 t_r、t_f。图中 t_0 值很小，可忽略。响应时间主要取决于载流子寿命、器件的结电容及电路阻抗。LED 的点亮时间——上升时间 t_r 是指接通电源使发光亮度达到正常的 10%开始，一直到发光亮度达到正常值的 90%所经历的时间。LED 熄灭时间——下降时间 t_f 是指正常发光减弱至原来的 10%所经历的时间。不同材料制得的 LED 响应时间各不相同，如 GaAs、GaAsP、GaAlAs 的响应时间 $<10^{-9}$ s，GaP 为 10^{-7} s。因此它们可用在 10～100MHz 高频系统。

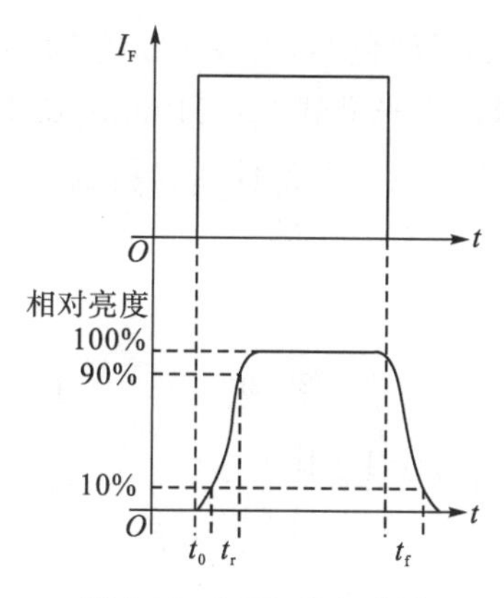

图 4-32　LED 响应时间

2. LED 光学特性

发光二极管有红外(非可见光)与可见光两个系列，前者可用辐射度，后者可用光度来量度其光学特性。

(1)法向光强及其角分布 I_θ。发光强度(法向光强)，表征发光器件发光强弱的重要性能。LED 大量应用要求是圆柱、圆球封装，由于凸透镜的作用，故都具有很强指向性：位于法向方向光强最大，其与水平面交角为 90°。当偏离正法向不同 θ 角度时，光强也随之变化。发光强度的角分布 I_θ，描述 LED 发光在空间各个方向上光强分布。它主要取决于封装的工艺(包括支架、模粒头、环氧树脂中添加散射剂与否)。为获得高指向性的角分布(图 4-33)LED 管芯位置离模粒头远些；使用圆锥状(子弹头)的模粒头；封装的环氧树脂中勿加散射剂。半强度角 $\theta_{1/2}$ 是指发光强度值为轴向强度值一半的方向与发光轴向(法向)的夹角。采取上述措施可使 LED 散射角($2\theta_{1/2}$)=6°左右，极大提高指向性。当前常用封装的圆形 LED 散射角为 5°、10°、30°、45°。

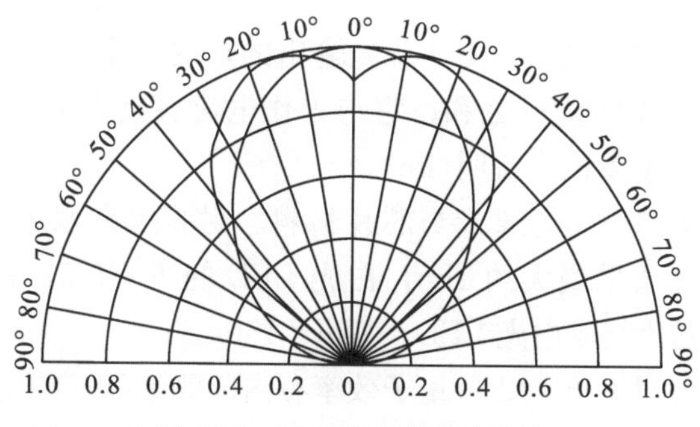

图 4-33　LED 发光强度角分布

(2)峰值波长及其光谱分布。LED 发光强度或光功率输出随着波长变化而不同，绘成一条分布曲线，就是光谱分布曲线。此曲线确定之后，器件的有关主波长、纯度等相关色度学参数也随之而定。LED 的光谱分布与制备所用化合物半导体种类、性质及 PN 结结构(外延层厚度、掺杂杂质)等有关，而与器件的几何形状、封装方式无关。

如图 4-34 所示，绘出由不同化合物半导体及掺杂制得 LED 光谱响应曲线。其中，①是蓝色 InGaN/GaN 发光二极管，发光谱峰 λ_p=460～465nm；②是绿色 GaP：N 的

LED，发光谱峰 λp=550nm；③是红色 GaP：Zn-O 的 LED，发光谱峰 λ_p=680～700nm；④是红外 LED 使用 GaAs 材料，发光谱峰 λ_p=910nm；⑤是 Si 光电二极管，通常作光电接收用；⑥是标准钨丝灯。由图可见，无论什么材料制成的 LED，都有一个相对光强度最强处（光输出最大），与之相对应有一个波长，此波长称为峰值波长，用 λ_p 表示。只有单色光才有 λ_p 波长。

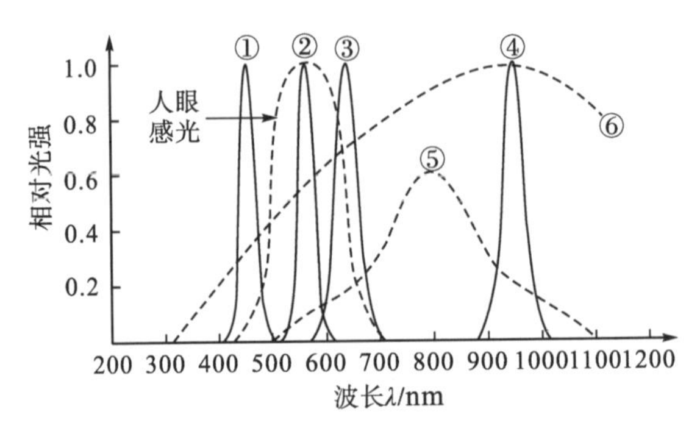

图 4-34 LED 光谱响应曲线

(3)谱线宽度。在 LED 谱线的峰值两侧 $\pm\Delta\lambda$ 处，存在两个光强等于峰值（最大光强度）一半的点，此两点分别对应 $\lambda_p-\Delta\lambda$，$\lambda_p+\Delta\lambda$ 之间宽度称为谱线宽度，也称半功率宽度或半高宽度。半高宽度反映谱线宽窄，即 LED 单色性的参数，LED 半高宽度小于 40nm。

(4)主波长。有的 LED 发光不只是单一色，即不仅有一个峰值波长，甚至有多个峰值，并非单色光。为此描述 LED 色度特性而引入主波长。主波长就是人眼所能观察到的，由 LED 发出主要单色光的波长。单色性越好的 λ_p 就是主波长。例如，GaP 材料可发出多个峰值波长，而主波长只有一个，随着 LED 长期工作，结温升高而主波长偏向长波方向。

(5)光通量。光通量 F 是表征 LED 总光输出的辐射能量，它标志器件的性能优劣。F 为 LED 向各个方向发光的能量之和，它与工作电流直接有关。电流增加，F 随之增大。可见光 LED 的光通量单位为流明(lm)。

LED 向外辐射的功率——光通量与芯片材料、封装工艺水平及外加恒流源大小有关。目前单色 LED 的光通量最大约 1lm，白光 LED 的 F=1.5～1.8lm（小芯片），对于 1mm×1mm 的功率级芯片制成白光 LED，其 F=18lm。

(6)发光效率和视觉灵敏度。LED 量子效率有内部效率（PN 结附近由电能转化成光能的效率）与外部效率（辐射到外部的效率）之分。前者只是用来分析和评价芯片优劣的特性。LED 最重要的光电特性是辐射出光能量（发光量）与输入电能之比，即发光效率。视觉灵敏度是使用照明与光度学中一些参量。人的视觉灵敏度在 λ=555nm 处有一个最大值 680lm/W。

若视觉灵敏度记为 K_λ，则发光能量 P 与可见光通量 F 之间关系为 $P=\int P\lambda \mathrm{d}\lambda$；$F=\int K_\lambda P\lambda \mathrm{d}\lambda$。

发光效率——量子效率 η=发射的光子数/PN 结载流子数=(e/hcI)$\int \lambda P\lambda \mathrm{d}\lambda$。若输入能量为 $W=UI$，则发光能量效率 $\eta_P=P/W$；若光子能量 $hc=ev$，则 $\eta \approx \eta_P$，则总光通 $F=(F/P)P=K\eta_{PW}$，式中，$K=F/P$。

流明效率：LED 的光通量 F/外加耗电功率 $W=K\eta_P$，它用于评价具有外封装 LED 特性，LED 的流明效率高指在同样外加电流下辐射可见光的能量较大，故表称可见光发光效率。

表 4-4　几种常见 LED 流明效率(可见光效年)

LED 发光颜色	λ_p/nm	材料	可见光发光效率/(1m/W)	外量子效率/%	
				最高值	平均值
红光	700	GaP:Zn-O	2.4	12	1~3
	660	GaPALAs	0.27	0.5	0.3
	650	GaAsP	0.38	0.5	0.2
黄光	590	GaP:N-N	0.45	0.1	
绿光	555	GaP:N	4.2	0.7	0.015~1.15
蓝光	465	GaN		10	
白光	谱带	GaN-YAG	小芯片 1.6，大芯片 18		

(7)发光亮度。亮度是 LED 发光性能又一重要参数，具有很强的方向性。其正法线方向的亮度 $B_0=I_0/A$，指定某方向上发光体表面亮度等于发光体表面上单位投射面积在单位立体角内所辐射的光通量，单位为 cd/m^{2}或 Nit(尼特)。

若光源表面是理想漫反射面，亮度 B_0与方向无关，为常数。晴朗的蓝天和荧光灯的表面亮度约为 7000Nit，从地面看太阳表面亮度约为 14×10^8Nit。LED 亮度与外加电流密度有关，一般的 LED，J_0(电流密度)增加，B_0也近似增大。另外，亮度还与环境温度有关，环境温度升高，η_c(复合效率)下降，B_0减小。当环境温度不变时，电流增大足以引起 PN 结结温升高，温升后，亮度呈饱和状态(图 4-35)。

(8)寿命。LED 发光亮度随着长时间工作而出现光强或光亮度衰减现象称为老化。器件老化程度与外加恒流源的大小有关，可描述为 $B_t=B_0\ \mathrm{e}^{-t/\tau}$，$B_t$ 为 t 时间后的亮度，B_0为初始亮度。通常把亮度降到 $B_t=1/2B_0$所经历的时间 t 称为二极管的寿命。测定 t 要花很长的时间，通常以推算求得寿命(图 4-36)。

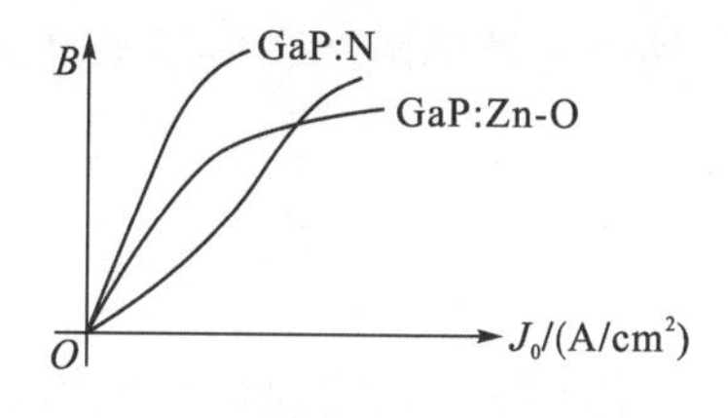

图 4-35　LED 亮度—电流密度曲线

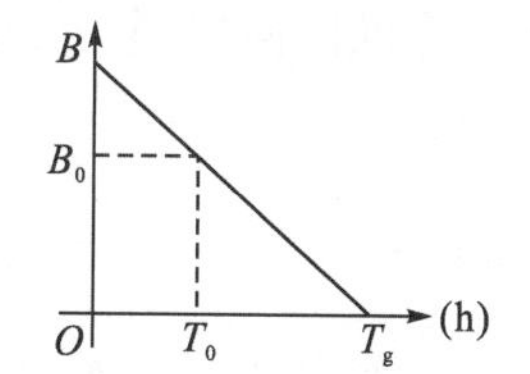

图 4-36　LED 亮度寿命曲线

测量方法：给 LED 通以一定恒流源，点燃 10^3~10^4h 后，先后测得 B_0，B_t=1000~

10000，代入 $B_t=B_0\,e^{-t/\tau}$ 求出 τ；再把 $B_t=1/2B_0$ 代入，可求出寿命 t。长期以来总认为 LED 寿命为 10^6h，这是指单个 LED，在 $I_F=20$mA 下，随着功率型 LED 开发应用，国外学者认为以 LED 的光衰减百分比数值作为寿命的依据。例如，LED 的光衰减为原来的 35%，寿命>6000h。

3. 热学特性

LED 的光学参数与 PN 结结温有很大的关系。一般工作在小电流 $I_F<10$mA，或者 10～20 mA 长时间连续点亮 LED，温升不明显。若环境温度较高，LED 的主波长或 λ_p 就会向长波长漂移，B_0 也会下降，尤其是点阵、大显示屏的温升对 LED 的可靠性、稳定性影响很大，应专门设计散射通风装置。

LED 的主波长随温度关系可表示为

$$\lambda_p(T') = \lambda_0(T_0) + \Delta T_\varepsilon \times 0.1\text{nm/℃} \tag{4-14}$$

由式(4-14)可知，每当结温升高 10℃，则波长向长波漂移 1nm，且发光的均匀性、一致性变差。这对于作为照明用的灯具光源，要求小型化、密集排列以提高单位面积上的光强、光亮度的设计，尤其应注意用散热好的灯具外壳或专门通用设备确保 LED 长期工作。

4.4.4 LED 驱动技术

LED 驱动器要求：无论输入电压如何变化，无论 LED 正向电压(V_F)如何变化，无论环境温度如何变化，都要确保流过 LED 的电流是恒定的值。LED 的驱动方式大致有两种：一种是按驱动电源的特性分类，另一种是按 LED 负载的连接方式进行分类。

1. 常用 LED 驱动方式

(1)降压式 LED 驱动器——输出电压必须低于输入电压，主要用于普通照明。

(2)升压式 LED 驱动器——输出电压必须高于输入电压，主要用于便携式液晶显示器的背光系统。

(3)升压/降压式 LED 驱动器——可根据输入电压与输出电压的关系，工作在降压模式或升压模式。适用于电池供电的各种便携式灯具。

(4)SEPIC 式 LED 驱动器——输出电压既可高于输入电压，又可低于输入电压，输出电压和输入电压的极性相同，并能实现输入、输出电路的隔离。适用于电池供电的汽车照明驱动电源。

2. 负载连接方式

(1)串联 LED 驱动方式。如图 4-37 所示，其主要特点是能保证亮度均匀、效率最高、布线简单(在驱动器与 LED 之间只需两条引线连接)。缺点是只要有一只 LED 损坏，其他所有 LED 就会熄灭；电源输出电压必须足够高，输出电容器的容量较大。

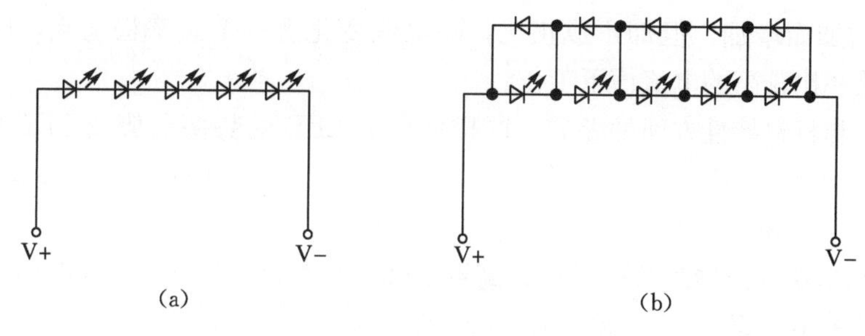

图 4-37　LED 串联方式连接

(2)并联 LED 驱动方式。如图 4-38 所示，主要优点是适配低压、小电流的 LED，并能驱动共阳极或共阴极 LED 模块。缺点是各支路电流必须稳定，才能保证亮度均匀。

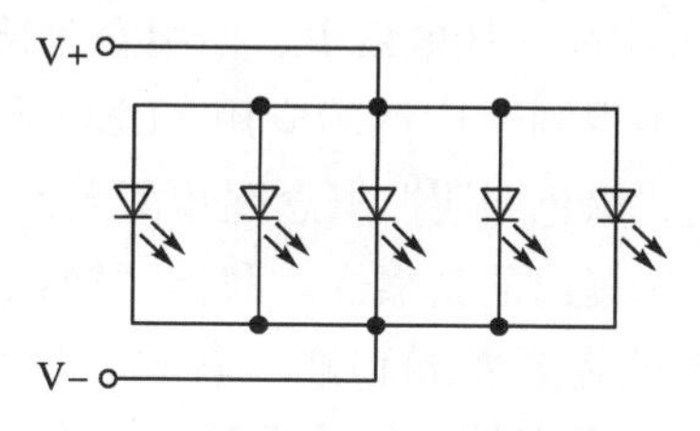

图 4-38　LED 并联方式连接

(3)混联 LED 驱动方式。如图 4-39 所示，优点是设计灵活，并能驱动共阳极或共阴极 LED 模块。

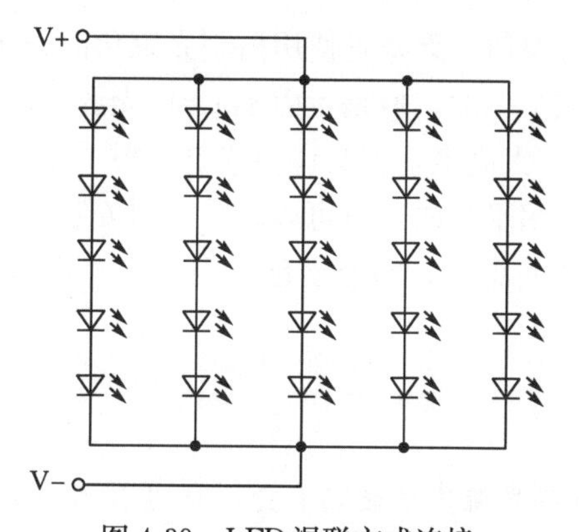

图 4-39　LED 混联方式连接

3. LED 驱动技术的特点

单向导电器件，由于这个特点，就要用直流电流或者单向脉冲电流给 LED 供电。

势垒电势决定其导通门限电压，加在 LED 上的电压值超过这个门限电压时 LED 才会充分导通。门限电压一般在 2.5V 以上，正常工作时的管压降为 3～4V。

PN 结的温度系数为负，温度升高时 LED 的势垒电势降低。所以 LED 不能直接用电压源供电，必须采取限流措施，否则随着 LED 工作时温度的升高，电流会越来越大，以致损坏。

流过 LED 的电流和 LED 的光通量的比值也是非线性的。LED 的光通量随着流过

LED的电流增加而增加，但却不成正比，随电流变化有一个效率极值点，应该使LED在一个发光效率比较高的电流值下工作。

生产工艺和材料特性方面的差异，同样型号的LED的势垒电势及LED的内阻也不完全一样，这就导致LED工作时的管压降不一致，再加上LED势垒电势具有负的温度系数，因此，LED不能直接并联使用。

LED驱动电源的发展趋势可概括为高可靠性、长寿命、高效率、高功率常数、智能化、可调光及短小轻薄。

4.4.5 LED应用

由于LED光源具有发光效率高、耗电量少、使用寿命长、安全可靠性强、绿色环保等特性，近几年来在照明领域中得到了广泛的应用。LED光源在照明领域的应用，是半导体发光材料技术高速发展及“绿色照明”概念逐步深入人心的产物。“绿色照明”是国外照明领域在20世纪80年代末提出的新概念，我国“绿色照明工程”的实施始于1996年。实现这一计划的重要步骤就是要发展和推广高效、节能照明器具，节约照明用电，减少环境及光污染，建立一个优质高效、经济舒适、安全可靠、有益环境的照明系统。LED光源的应用领域主要表现在以下六个方面。

1. 建筑物外观照明

对建筑物某个区域进行投射，无非是使用控制光束角的圆头和方头形状的投光灯具，这与传统的投光灯具概念完全一致。但是，由于LED光源小而薄，线性投射灯具的研发无疑成为LED投射灯具的一大亮点，因为许多建筑物根本没有出挑的地方放置传统的投光灯。它的安装便捷，可以水平方向，也可以垂直方向安装，与建筑物表面更好地结合，为照明设计师带来了新的照明思路，拓展了创作空间。并将对现代建筑和历史建筑的照明方法产生影响。

2. 景观照明

由于LED不像传统灯具光源多是玻璃泡壳，它可以与城市街道很好地有机结合，可以在城市的休闲空间如路径、楼梯、甲板、滨水地带、园艺进行照明。对于花卉或低矮的灌木，可以使用LED作为光源进行照明。LED隐藏式的投光灯具会特别受到青睐。固定端可以设计为插拔式，依据植物生长的高度，方便进行调节。

3. 标识与指示性照明

在需要进行空间限定和引导的场所，如道路路面的分隔显示、楼梯踏步的局部照明、紧急出口的指示照明，可以使用表面亮度适当的LED自发光埋地灯或嵌在垂直墙面的灯具，如影剧院观众厅内的地面引导灯或座椅侧面的指示灯，以及购物中心内楼层的引导灯等。另外，LED与霓虹灯相比，由于是低压，没有易碎的玻璃，不会因为制作中弯曲而增加费用，值得在标识设计中推广使用。

4. 室内空间展示照明

就照明品质来说，由于 LED 光源没有热量、紫外与红外辐射，对展品或商品不会产生损害，与传统光源比较，灯具不需要附加滤光装置，照明系统简单，费用低廉，易于安装。其精确的布光，可作为博物馆光纤照明的替代品。商业照明大多会使用彩色的 LED，室内装饰性的白光 LED 结合室内装修为室内提供辅助性照明，暗藏光带可以使用 LED，对于低矮的空间特别有利。

5. 娱乐场所及舞台照明

由于 LED 的动态、数字化控制色彩、亮度和调光，活泼的饱和色可以创造静态和动态的照明效果。从白光到全光谱中的任意颜色，LED 的使用在这类空间的照明中开启了新的思路。长寿命、高流明的维持值(10000h 后仍然维持 90%的光通)，与 par 灯(parabolic aluminum reflector light)和金卤灯的 50～250h 的寿命相比，降低了维护费用和更换光源的频率。另外，LED 克服了金卤灯使用一段时间后颜色偏移的现象。与 par 灯（筒灯）相比，LED 没有热辐射，可以使空间变得更加舒适。目前 LED 彩色装饰墙面在餐饮建筑中的应用已蔚然成风。

6. 车辆指示灯照明

用于车辆道路交通 LED 导航信息显示。在城市交通、高速公路等领域，LED 作为可变指示灯及照明作用等，替代国外同类产品，得到普遍采用。其中电力调度、车辆动态跟踪、车辆调度管理等，也在逐步采用高密度的 LED 显示屏起到指示灯照明作用。

4.5　有机材料光致发光和电致发光

1. 有机材料光致发光原理

任何物体只要具有一定的温度，则该物体必定具有与此温度下处于热平衡状态的辐射(红光、红外辐射)。光辐射有平衡辐射和非平衡辐射两大类，即热辐射和发光。非平衡辐射是指在外来能量作用的激发下，体系偏离原来的平衡态，如果物体在回复到平衡态的过程中，其多余的能量以光辐射的形式释放出来，则称为发光。发光就是物质在热辐射之外以光的形式发射出多余的能量。光致发光指物体依赖外界光源进行照射，从而获得能量，产生激发，导致发光的现象，也指物质吸收光子(或电磁波)后重新辐射出光子(或电磁波)的过程。所以，当外部光源(如紫外线、可见光甚至激光)照射到光致发光材料时，发光材料就会发射出如可见光、紫外线等，发光过程一般如下：基质晶格或激活剂(或称发光中心)吸收激发能；基质晶格将吸收的激发能传递给激活剂；被激活的激活剂发出荧光而返回基态，同时伴随有部分非发光跃迁，能量以热的形式散发。

有机物的一种最主要的组分是碳氢化合物。那些碳原子间具有双键或三键的有机物，即所谓未饱和碳氢化合物，通常都有较强的光致发光(PL)。这些有机分子都有 π 键，它的激发态和发光关系密切。具有双键的分子，如芳香族碳氢化合物(即苯系化合物，包括各种染料)、多烯类(polyenes)、核酸(nucleic acid)、氨基酸(amino-acid)等及某些高分子，它们的 π 键在发光中占有重要的地位。原子组成分子时，s 电子互相形成 σ 键，p 电子则形成 π 键。分子在基态时，电子都成键。不论是 σ 键或 π 键，都有自旋相反的两个成键电子，其总自旋为零(S=0)。因此成为单态，通常记为 S_0(图 4-40)。当一个电子被激发时，如果其自旋不变，即仍有总自旋 S=0，激发态也为单态，以 S_1，S_2，S_3，…表示不同的单态。如果自旋反转，两个电子的自旋平行，则总自旋为 S = 1，那就成了三重态：T_1，T_2，T_3，…(有人也把 T 态称为三线态。实际上，T 态是简并的，即三个态的能量相等，因而一般表现为一条线。只有在一定条件下，T 态才会分裂，从而在光谱上出现两条线或三条线。所以还是称为三重态比较合适)。根据自旋选择定则，单态和三重态之间的跃迁是禁戒的。通常，三重态能级低于相应的单态，即 S_1 高于 T_1，S_2 高于 T_2，…。当然这不是严格的，有时也可能有 S_1 既高于 T_1 又高于 T_2 的情况。

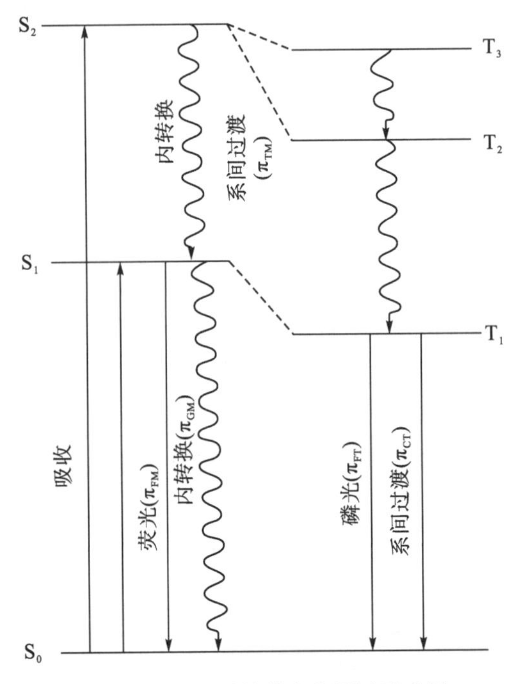

图 4-40　π 电子的激发和跃迁示意图

图 4-40 给出 π 电子的激发和跃迁示意图。发光多半都是从 S_1 跃迁回到基态。S_2 能级的发光少有，因为其能量通过无辐射多声子跃迁而转移到 S_1 的概率极大，约为 $10^{12}S^{-1}$ 的数量级，这一无辐射过程化学家通常称为内转换(internal conversion)。S_1 的寿命为 10^{-9}s 左右，相对于 S_2 的寿命，这就是相当长了。荧光表征的就是 $S_1 \rightarrow S_0$ 的跃迁。与原子光谱一样，S→T 的选择定则并不是严格的。旋轨耦合会造成不同自旋态的混合。因此，$S_1 \rightarrow T_1$ 的跃迁可能发生，而 $T_1 \rightarrow S_0$ 的跃迁自然也是可能的，不过与之相应的发光的衰减时间要比荧光长得多，有的可长到秒的数量级，这就是磷光。从 S_1 无辐射地转移到 T_1，这种过程称为系间过渡（inter-system crossing)。由图可见，磷光光子的能量比荧光的能量小，因此波长更长。当 T_1 和 S_1 的间隙为 kT 的数量级时，分子还能借助热振动的能量，

从 T_1 态反向转移到 S_1 态，然后还从 S_1 发光，这种荧光称为延迟荧光(delayed fluorescence)，又称为 E 型延迟荧光。因为它的持续时间要延缓很多，可以和磷光相比，而前面说过的电子从 S_1 立刻返回 S_0 的荧光也称为瞬时荧光(prompt fluorescence)。当 T_1 态的密度较高以至相近的两个 T_1 态可以发生相互作用时，它们的能量相加可以将电子激发到比 S_1 态更高(如 S_2)的态，结果也会产生延缓的荧光，卢姆(Lumb)称这种荧光为 P 型延迟荧光，以区别于 E 型那种延迟荧光。发生后一种情况时，$T_1 \rightarrow S_0$ 跃迁总的数量减少，磷光强度随之减弱。所以这样的过程，也称为三重态的湮灭(triplet-triplet annihilation)。π 电子的最低激发态(S_1)的能量是比较小的，一般相当于近紫外到可见光的波长。这也是它在发光中特别重要的原因。这里要说明一下，图 4-40 中还应该有分子的振动能级，此处省略。

在有机分子中，可以说只有芳香族分子及其衍生物发光的效率最高。苯是芳香族的基本单元，它的发射光谱覆盖 260～330nm 的波长范围，但其量子效率很低，不到 10%。在苯环上挂上某种基团可以极大提高效率，波长向短波方向稍有移动。但如果挂上直链苯基，如三联苯、四联苯等，或者在苯环的几个中位上同时挂几个苯基，如 m-三联苯、1,3,5,-三苯基苯，就会产生很大的影响，使发射波长向长波方向移动许多，稠环如萘蒽及芘(pyrene)等也是如此。

针对有机材料而言，有机物的发光是分子从激发态回到基态产生的辐射跃迁现象。大多数有机物具有偶数电子，基态时电子成对地存在于各分子轨道。当分子中的一个电子吸收光能量被激发时，从激发态(单重态 S)，经振动能级弛豫到最低激发单重态(S_1)，最后由 S_1 回到基态 S_0，此时产生荧光。

2. 分子结构与发光特性的关系

关于有机分子结构和它的发光特性显然是有关系的，但还没能找出普遍的规律。以下是 Krasovitskii 和 Baltin 从已发表的工作中得到的一些结论。

共轭链长，光谱红移，效率增大。这是对简单的芳香烃化合物而言。但是对较复杂的化合物，链长并不是唯一的决定性因素。

不同系列有不同的“临界”长度。链再长效率反而会下降。这是因为结构复杂的分子转动和振动的模式增多，无辐射跃迁的概率随之增大。对于共轭键较长的化合物，分子的刚性结构是效率高的重要条件，因为这可以使无辐射损失降到最小。在某些情况下，分子内如果形成氢键，就可以增加分子的刚性。

另外，如果分子形成新环，也会使本来不发光的分子转化为发光的分子。这也是因为形成了一个杂环，增大了分子的刚性，即杂环的结构、杂原子的性质和数量都能影响发光的特征。另一个因素是分子的三维结构。分子上芳香环和杂环的取代基更是一个影响发光的重要因素。有的取代基影响电荷的转移，有的会加强分子的极化。硝基一般是发光的毒化剂，但有的含硝基的分子则有较强的发光，并且多为黄、绿色光。卤素有时也有猝灭作用。

3. 发光猝灭现象

发光猝灭是指某一给定的发光谱带(或谱线)强度的减弱或消失。这里可以有两种情况：给定的谱带强度减弱，其他波段没有任何变化，这意味着消失掉的这部分激发能转换为热能；给定的谱带减弱，其他谱带生成或增强，这意味着这部分的激发能部分地转化到另一个能级系统或另一个发光中心。

发光物质在溶液或固体中浓度较大时，常会发生发光强度趋向饱和甚至下降的现象，称为浓度猝灭。最初发现这种现象的是 Förster 和 Kasper。他们在观察芘 $C_{16}H_{10}$(分子结构见图 4-41)的发光性质时，发现芘的蓝色发光随着浓度的增加而减弱，而同时在长波方向出现一个宽的无结构的谱带。但是，在测量吸收光谱时，却未见吸收的变化。由此他们认为，涉及的发光中心是在激发状态下形成的，也就是生成了一种新的化合物。Förster 和 Kasper 把这种化合物称为瞬态二聚物(transient dimcr)，之后正式命名为激态分子或受激准分子(excimer，即 excited dimer 的简化写法)，以区别于正常的两个分子的结合物——二聚体(dimer)。激态分子也是两个分子组成的“二聚体”，但其中之一处于激发态，不论这激发态是单态还是三重态。一旦弛豫回到基态，它就分解成两个原来的分子。因此，只有在发光物浓度较大时，产生的激态分子数量才达到能够被观察到的程度。这时只有发射光谱发生变化，吸收光谱则不变。生成激态分子并非罕见，也非芘分子特有的情况。相反，对芳香族碳氢化合物及其衍生物而言，这差不多是一种规律，是经常会发生的。

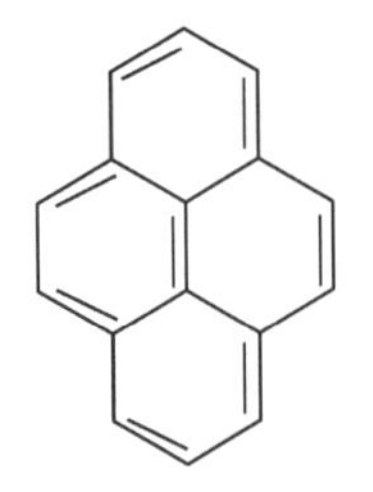

图 4-41 芘的分子

当然，浓度猝灭并不一定是由于形成激态分子。还有可能是浓度增大时，分子间距离缩小，它们彼此间的能量传递就变得更容易些。这也就意味着激发态的寿命延长。既然每个激发的分子中都存在一定的无辐射跃迁概率，在激发态停留的时间越长，发生无辐射跃迁的可能性也就越大。此外，有些分子附近可能存在猝灭的杂质或缺陷，激发分子在晶体中长时间地传递，也增加了和这些猝灭剂接触的机会。这些都是产生浓度猝灭的因素。对于后面这两种情况，没有新的谱带产生。

提到猝灭剂，氧可以说是最常见的猝灭剂，特别是在溶液中。氧的作用相当复杂。它可以促进(或催化)内转换或系间过渡的发生，还可能和有机分子结合成所谓激态复合物(excited complex，这个译法参见《英汉化学化工词汇》第三版，现在许多人则称为激基复合物)。这种复合物和激态分子一样也可能会发光，但其波长发生变化。因此也表现为本来存在的发光带的猝灭。激态复合物也可以发生在固体中，特别是两种材料的界面附近。另一种常见的猝灭剂是卤素。有机分子挂上一个卤素取代基，发光总是减弱。即便不是有了一个取代基而只是和卤化物接触，发光也会猝灭。猝灭的原因是卤素增大了内转换。

4. 有机物光致发光材料的应用

荧光增白剂，这些材料吸收紫外线后，能够发射紫色或蓝色荧光，可与物品上因日久形成的黄色互为补色。添加在各种纤维、塑料、纸张中，可以产生洁白的效果。

荧光染料和荧光颜料，在吸收了短波长的可见光后，既能反射出长波长的可见光，又能发射出可见荧光，所以具有更高的亮度和鲜艳的色彩。荧光染料、有机荧光化合物在激光技术中可作为发射激光的介质，以单色激光光源或闪烁灯作为光泵，可激发荧光化合物分子，发射荧光，用于荧光分析。

荧光分析法灵敏度高，选择性好，分析速度快，重现性好，是一种广泛应用的分析技术。

5. 有机电致发光材料的结构和发光原理

有机电致发光材料的研究始于 20 世纪 60 年代，到了 1987 年美国 kodak 公司选用具有较强电子传输能力的 8-羟基喹啉铝作为发光材料，采用超薄膜技术和新型器件结构制成工作电压低、发光亮度高的有机电致发光器，使有机电致材料研究进入全新研究与突破阶段。1990 年，《自然》杂志上报道了 ppv 的电致发光，开辟了发光器件的新领域，聚合物薄膜电致发光器件的研究，使有机电致发光染料由有机小分子向聚合物发展，成为热点研究项目。随后，出现了以塑料为衬底的柔性高分子发光器件，使有机电致发光的研究在世界范围内广泛展开。

有机电致发光器件最简单的是三层结构，有机发光层被夹在上下两个电极——阴极和阳极之间。随着技术研究的深入和制造工艺的发展，为了改善电极注入空穴和电子的能力，以提高发光效率，一般将器件做成多层结构，在发光层的两侧再加入空穴传输层和电子传输层，投射光线的屏幕使用基板玻璃和驱动电路。其结构包括：负极(金属，阴极)、正极(阳极)、电子传输层、有机发光层和空穴传输层五部分。有机发光层被夹在上下两个电极(阴极和阳极)之间。阳极的主要功能是产生空穴，显示电极材料为铟化锡。阴极的主要功能是产生电子，当器件加上正压时，在电场的作用下，空穴和电子在有机发光层中复合发光，然后通过透明的阳极射出。

OLED 属于载流子双注入型发光器件。在外界电压的驱动下，由电极注入的电子与空穴在有机材料中复合而释放出能量，并将能量传递给有机发光物质的分子，后者受到激发，从基态跃迁到激发态，当受激分子从激发态回到基态时辐射跃迁而产生发光现象。为增强电子和空穴的注入和传输能力，通常又在 ITO 和发光层间增加一层有机空穴传输材料或在发光层与金属电极之间增加一层电子传输层，以提高发光效率。

发光过程通常由以下 5 个阶段完成。①在外加电场的作用下载流子的注入：电子和空穴分别从阴极和阳极向夹在电极之间的有机功能薄膜注入。②载流子的迁移：注入的电子和空穴分别从电子输送层和空穴输送层向发光层迁移。③载流子的复合：电子和空穴复合产生激子。④激子的迁移：激子在电场作用下迁移，能量传递给发光分子，并激发电子从基态跃迁到激发态。⑤电致发光：激发态能量通过辐射跃迁，产生光子，释放出能量。

由于阳极产生的空穴和阴极的电子数量通常是不相等的空穴多一些，这意味着，一部分空穴穿过整个OLED结构层时，不会遇到从相反方向来的电子，能耗投入非常大，效率很低。这样就引入了空穴和电子传输层：当阳极的空穴传输层传输空穴时，阴极侧电子传输层输送电子，相应地会阻隔对方的电子和空穴，这样，效率就明显提高了，而发光层的材料则要掺入一定量的荧光掺杂剂。一般用来增加光效和发光颜色。基板玻璃和驱动电路起透光和支撑固定的作用。为了使图像颜色鲜艳，许多OLED在内侧加装彩色滤光片。驱动电路用来控制阴极和阳极工作的电器线路。

6. 有机电致发光材料的优点

(1)能耗低，有机电致发光材料无须背光照明；

(2)响应速度非常快(数微秒到数十微秒)，这在显示活动图像中非常重要；

(3)环境适应性强，具有良好的温度特性，可在低温环境下显示；

(4)可实现宽视角，能实现高分辨率显示，高对比度；

(5)有机电致发光材料的结构简单，成本也相应较低，不需要背景光源和滤光片，可制造出超薄、质量轻、易于携带的产品。

7. 有机电致发光材料主要存在的问题

(1) 寿命问题。影响寿命的主要原因有：有机物的化学老化；驱动时的发热使有机膜溶解；微缺陷导致的绝缘破坏；电极/有机膜或有机膜/有机膜界面老化；非晶态有机膜的不稳定。如果引入低温多晶硅作为其驱动电路，则材料的寿命将大大延长。

(2)色度问题。大部分的发光材料都存在彩色纯度不够的问题，不容易显示鲜艳的色彩。尤其是红色的色度性能尤为不佳。

(3)大尺寸问题。在器件尺寸变大后会出现较多的问题，如驱动形式问题；扫描方式下材料的寿命问题；显示屏发光均一化问题等。

8. 有机电致发光材料未来发展趋势

目前国际上对OLED的开发相当热门，认为OLED将是目前TFT－LCD的有力竞争对手。将低温多晶硅技术与OLED结合起来的有源矩阵驱动有机电致发光显示技术是未来发展的方向，日本与中国台湾厂家纷纷将非晶硅生产线改造成为多晶硅生产线与OLED配套并已经实现小尺寸显示面板的量产。为了能够在OLED的产业化过程中占据一席之地，在研发OLED新型材料的同时，积极开发低温多晶硅技术是重中之重。

参考文献

陈大华，2009. 绿色照明LED实用技术. 北京：化学化工出版社.

方志烈，1992. 半导体发光材料和器件. 上海：复旦大学出版社.

潘金生，田民波，仝健民，2011. 材料科学基础. 北京：清华大学出版社.

肖志国，2008. 半导体照明发光材料及应用. 北京：化学工业出版社.

张志林，蒋雪茵，许少鸿，1996. 有机薄膜电致发光的稳定性. 发光学报，17(2)：178-182.

张志林，蒋雪茵，张步新，等，2000. 多色有机薄膜电致发光器件及其稳定性. 发光学报，21(4)：308-313.

第 5 章　无机光致发光材料

人类很早就注意到存在于自然界中的发光材料，而从 17 世纪开始，发光现象才逐渐成为实验科学的研究对象。发光材料广泛地存在于人们生活中，是一种能够把从外界吸收的各种形式的能量转换为非平衡光辐射的功能材料。发光材料的发光方式是多种多样的，主要类型有光致发光、阴极射线发光、电致发光、热释发光、光释发光、辐射发光等。下面将对无机光致发光材料进行详细介绍。

5.1　无机光致发光

5.1.1　光致发光过程

光致发光是指用紫外线、可见光或红外线激发发光材料而产生的发光现象。它大致经历吸收、能量传递和光发射三个主要阶段。光的吸收和发射都是发生在能级之间的跃迁，都经过激发态，而能量传递则是由于激发态的运动。激发光辐射的能量可直接被发光中心(激活剂或杂质)吸收，也可被发光材料的基质吸收。在第一种情况下，发光中心吸收能量向较高能级跃迁，随后跃迁回到较低能级或基态能级而发光。对于这些激发态能谱项性质的研究，涉及杂质中心与晶格的相互作用，可以用晶体场理论进行分析。随着晶体场作用的加强，吸收谱及发射谱都由宽变窄，温度效应也由弱变强，使得一部分激发能变为晶格振动。在第二种情况下，基质吸收光能，在基质中形成电子－空穴对，它们可能在晶体中运动，被束缚在各个发光中心上，发光是由电子与空穴的复合而引起的。当发光中心离子处于基质的能带中时，会形成一个局域能级，处在基质导带和价带之间，即位于基质的禁带中。不同的基质结构，发光中心离子在禁带中形成的局域能级的位置不同，从而在光激发下，会产生不同的跃迁，导致不同的发光色。

实际上光致发光材料的发光过程较复杂，一般由以下三个过程构成。

(1)基质晶格或激活剂(或称发光中心)吸收激发能。

(2)基质晶格将吸收的激发能传递给激活剂。

(3)被激活的激活剂发出荧光而返回基态，同时伴随有部分非发光跃迁能量以热的形式散发。

整个发光过程示意图如图 5-1 所示。有时除了掺杂激活剂，还在基质中掺杂另一种离子，称为敏化剂，如图 5-2 所示，这种离子能强烈地吸收激发能，然后将能量传递给激活剂，被敏化的稀土离子发出荧光而返回基态，同时伴随有非发光跃迁，能量以热的形式散发。

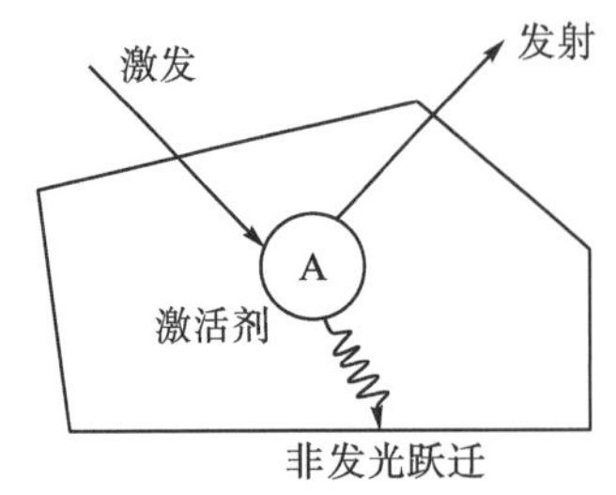

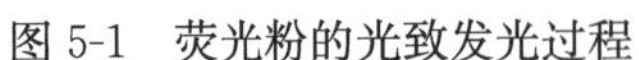
图 5-1　荧光粉的光致发光过程

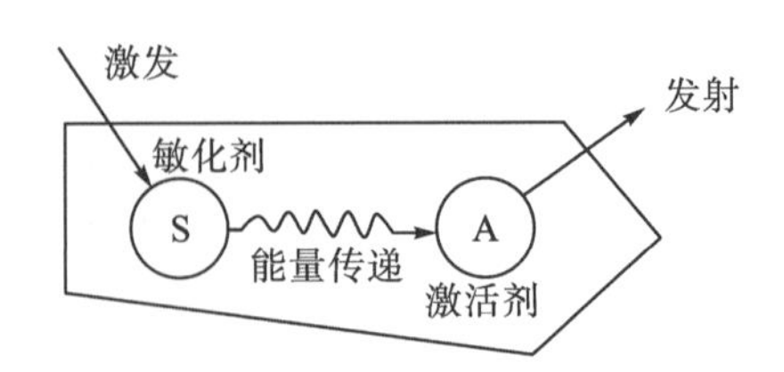

图 5-2　能量从敏化剂向激活剂传递的发光过程

光吸收过程为当光照射到物体上时，一部分被反射和散射，另一部分进入物体内部，除透过的部分外，光被吸收。发光材料只有吸收激发能以后才能发光，所以吸收光谱就是表征发光材料发光性能的一个重要指标。但是被材料吸收的光并不都能引起发光，所以就有激发光谱的概念，激发光谱表示发光强度随激发光波长的变化，它表示某一发射光可以被什么光激发。吸收光谱和激发光谱是相互关联的。

5.1.2　光辐射返回基态：发光

发光，是物质在热辐射之外以光的形式发射出多余能量，而这种多余能量的发射过程具有一定的持续时间。其指一种特殊的光发射现象，它与热辐射有根本的区别，是叠加在热辐射上的一种光发射。它是一种非平衡辐射，反映发光物质的特征。发光有一个比较长的延续时间，这就是在激发即外界作用停止后发光不是马上消失而是逐渐变弱，这个过程也称为余辉。发光包含激发、能量传输、发光三个过程。

1. 激发过程

激发过程：发光体中可激系统(发光中心、基质和激子等)吸收能量以后，从基态跃迁到较高能量状态的过程称为激发过程。

2. 能量传输过程

能量传输过程包括能量传递和能量输运两个方面。

能量传递，是指某一激发中心把激发能的全部或一部分转交给另一个中心的过程。能量输运，是指借助电子、空穴、激子等的运动，把激发能从一个晶体的一处输运到另一处的过程。能量的传递和输运机制大致有四种：再吸收、共振传递、借助载流子的能量输运和激子的能量传输。

特征型发光材料的发光强度衰减速度与激发光强度及温度有关。以硅酸盐、磷酸盐、砷酸盐和锗酸盐为基质的发光材料一般按指数规律衰减，但有时在衰减的开始阶段是按指数衰减，而以后则按双曲线规律衰减。按双曲线规律衰减时，其衰减速度与温度有关。

在复合型发光材料情况下，增长和衰减过程按其他规律进行。在这种情况下，增长过程中，离化中心数与离化中心复合的电子数随之增多。复合型发光材料在去掉激发光时的发光衰减性质很复杂，激发后的电子离开发光中心可能和某一离化中心复合，也可能被陷阱俘获。“余辉”是由于电子可能从陷阱中被热释放，并和离化中心复合直到所有陷阱耗尽。

不同的发光中心，由于其能级构成和跃迁性质不同，其发射光谱也有显著差异，例如，作为发光材料主要组成的稀土离子，也有各种形式的发光特性，从其发射光谱的宽度来看，可以分为线状发射和宽带发射。前者包括 Eu^{3+}、Gd^{3+}、Tb^{3+}、Sm^{3+}、Dy^{3+}、Pr^{3+}等，后者包括 Ce^{3+}、Pr^{3+}、Nd^{3+}、Eu^{2+}、Sm^{2+}、Yb^{2+}等。

对于线状发射的稀土离子，其共同的特征是发光跃迁来自 $4f^N$ 内部的电子，由于 4f 电子被从周围环境很好地屏蔽开，所以，发射跃迁在光谱中产生尖锐的线。在位形坐标图中，这些能级表现为平行的抛物线，由于这种跃迁中宇称不变化，所以激发态的寿命较长。

3. 发光过程

发光过程：受激系统从激发态跃回基态，而把激发时吸收的一部分能量以光辐射的形式发射出来的过程，称为发光过程。

5.1.3 非辐射返回基态

当发光材料吸收光被激发后，体系会从激发态回到基态，然而从激发态向基态的发光跃迁返回不是唯一的过程，另一种可能是非辐射返回，也就是不发光的非辐射返回。非辐射过程总是与辐射过程竞争，由于发光材料重要的要求是更高的光输出，所以要求此种材料中辐射过程必须比非辐射过程有更高的概率。材料吸收的能量中不通过辐射(发光)放出的部分会消散于晶格中(非辐射过程)，所以必须抑制与发光过程竞争的非辐射过程。然而，有的非辐射过程也促进高的光输出，也就是保证更有效地激励发光激活剂和/或促进发光能级的占据。

前面讨论了激发态向基态的辐射性返回跃迁，但是在许多材料中，这种返回过程是非辐射的。这是因为许多发光中心在某些基质中是根本不发光的。在发光材料中，非辐射过程是普遍存在的，很难找到能量发光效率接近 100%的发光材料。对于同一种材料，其发光现象也不是一成不变的，例如，有些材料在低温下发光，但是到室温时就不发光了，有些材料在室温下发光，但是升高到一定温度就不发光了，也就是发生了光的热猝灭。

5.2 荧光粉发光原理

荧光粉是在一定的激发条件下，能发光的无机粉末材料，是一种能将外部能量转变为可见光的发光材料，是照明、显示领域中重要的支撑材料，它是现今生活中极其重要的材料。由基质吸收带吸收能量并将能量传递给发光离子(发光中心)，使其达到激发态；或者由发光离子直接吸收能量达到激发态，处于激发态的离子在回复到基态的过程中发射出光子，即吸收高能辐射，接着就发出光，所发光子的能量比激发辐射的能量低。激发荧光粉的高能辐射可以是电子或具有高速度的离子，也可以是从 γ 射线到可见光范围的光子。

由量子理论可知，孤立的单个原子或离子中具有多个能级，如图 5-3(a) 所示，当原子或离子中的束缚电子由高能级向低能级跃迁时，会形成自身固有的发光。下面以最简单的氢原子为例进行说明。氢原子中含有 1 个电子，并且从原子核向外依次称为 1s，2s，3s，…的电子轨道，各电子轨道对应不同的能级，氢原子的这 1 个电子通常位于最内侧的 1s 轨道上，该电子的状态称为基态。若该电子受到电子碰撞或光等外来能量的刺激(激发)，它就会吸收激发能量而向其外侧的轨道(如 2s 轨道)迁移。2s 轨道的能量高于 1s 轨道的能量，如图 5-3(b) 所示，电子的这种状态称为激发态。原子发光就是电子由激发态返回到基态时产生的，见图 5-3(c)。

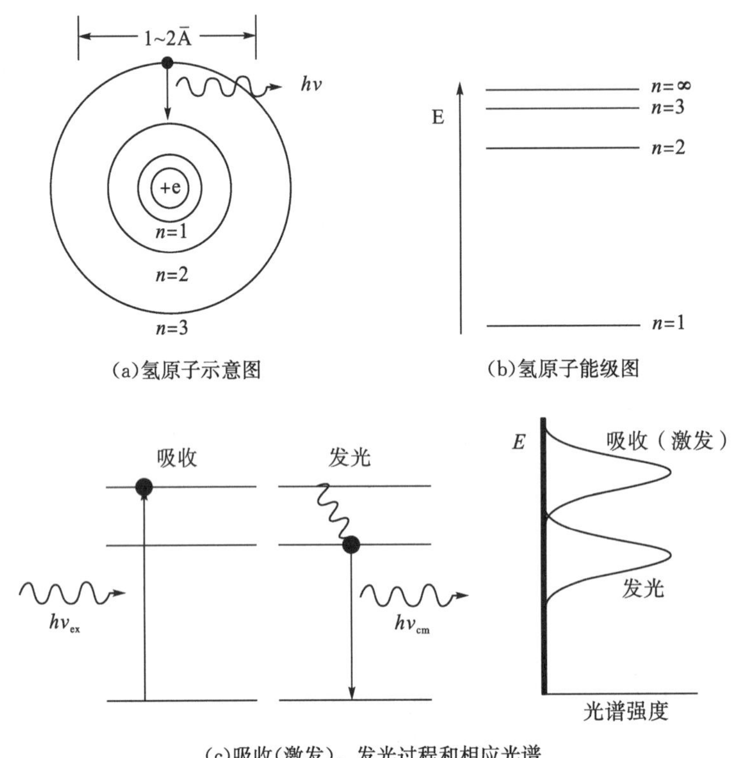

图 5-3 原子的结构和光的转换

5.2.1 基本概念

1. 发光中心

无机固体发光材料由两部分组成，一是材料的主要成分，即基质；二是有意掺入的少量成分，称为激活剂。发光中心，即发光体中被激发的电子跃迁回基态(或与空穴复合)发射出光子的特定中心。它们可以是组成基质的离子、离子团或掺入的杂质。稀土离子、过渡金属(Ti，Cr，Mn 等)离子和一些其他重金属离子(Sb，Tl，Bi 等)及 WO_4^{2-} 之类的离子团，都可以是发光中心。如果被激发的电子没有离开中心而回到基态发光，这类中心称为分立发光中心。如果电子被激发后离化，与空穴通过特定中心复合发光，这类中心称为复合发光中心。

2. 发射光谱

发光能量按波长或频率的分布称为发射(或发光)光谱。发光材料的发射光谱通常有两种。一种是谱带，即在一定波长范围内(几百埃甚至上千埃)发射能量的分布是连续变化的；另一种是线谱，即光谱由许多强弱不同的谱线组成。

3. 激发光谱

激发光谱是反映物质在不同波长光激发下的发光情况的，纵坐标值越高，说明发光越强，能量也越高。用横轴代表激发光的波长，纵轴代表该发光谱线被激发时的效率或强度。

4. 吸收光谱

吸收光谱是吸收系数 $a(\nu)$ 随频率 ν 或波长 λ 的变化情况。$a(\nu)$是下列公式中的主要参数：$I(\nu)=I_0(\nu)\exp[-a(\nu)l]$，这里 $I_0(\nu)$和 $I(\nu)$分别是入射光强和透射光强，l 是样品的厚度。入射光在样品的表面会有一部分被反射掉，在它从样品的另一个表面出射前，又会再一次被反射。发光材料的吸收光谱形状，也和发射光谱相似，有的是带谱，有的是线谱。

5. 发光衰减

发光体在激发停止后会持续发光一段时间，这就是发光的衰减，它是发光现象的最重要特征之一，是区分发光现象和其他光发射现象的一个关键的标志。发光的持续反映物质在激发态的滞留。持续时间对应着激发态的寿命。

6. 发光效率

发光效率是发光材料和器件的另一个重要参量。效率有以下表示方法：功率效率或能量效率、量子效率、光度或流明效率。效率说明激发光能量有多少仍然变成光而发射，又有多少通过别的途径而消耗成热。所以，希望其越高越好。

5.2.2　荧光粉的特性

1. 荧光粉的一次特性(测试性能)

吸收光谱：表示荧光粉吸收能量与辐照光波长的关系。荧光粉的吸收光谱主要取决于基质材料，激活剂也起一定作用。大多数荧光粉的吸收峰位于紫外线区。吸收光谱只能表示材料的吸收特性，但吸收并不意味着一定发光。

激发光谱：表示材料在特定波长的发光强度随激发光波长的变化，反映不同波长的光对发光材料的激发效果。通过发光材料的激发光谱，可以确定对发光有贡献的激发光的波长范围。

发射光谱：表示发光材料的发光能量与波长的关系。

量子效率：荧光粉所发射的光子数与所吸收的激发光子数的比值。

发光效率：荧光粉发光的光通量与激发能量之比。

余辉：荧光粉在激发停止后的发光。

粒度：荧光粉的粒度必须兼顾工艺和获得优良发光性能的要求。粒径过大则涂层不均匀，影响灯的发光寿命；粒径过小则会对紫外线辐射的反射增大，降低对紫外线辐射的吸收，造成灯的光效下降。

温度特性：表示荧光粉的发射特性与温度的关系。通常指粉体加热到120℃并恒温10min时的改变量，包括发光亮度、激发波长、发射主峰及色品坐标等。

色品坐标：在RGB三原色系统中，三原色光亮度并不相同，其光亮度之比为R∶G∶B=1∶4.5907∶0.0601。在三色系统中，任何一种颜色的色刺激可用适当数量的三个原色的色刺激相匹配，每一原色的刺激量与三原色刺激总量的比称为该色的色品坐标，简称色坐标。

2. 荧光粉的二次特性(使用性能)

分散性：荧光粉必须具有良好的分散性，才能得到均匀的涂层。

稳定性：包括热稳定性、化学稳定性和耐紫外线辐照稳定性。

光衰特性：指荧光粉的光输出随点燃时间而衰减的性质。

3. 决定荧光粉转换效率的因素

(1)化学组成，即配方。要分清楚是基质和激活剂，以及主激活剂和助激活剂，基质不发光，只有主激活剂和助激活剂才发光。

(2)晶体结构和形貌。形貌无定型、扁平状、粒状、方形、球形及聚合度大小等晶体的形貌与光转换密切相关。

(3)合成工艺。传统的有固相合成法、液相合成法、固相－液相合成法和喷雾法等，合成温度也有高有低。

(4)颗粒大小及分布规律。不同的合成工艺，颗粒大小不一致，用传统固相法破碎工艺，颗粒度分布不一致，颗粒分布宽，发光特性差，液相法颗粒一致性好，发光特性好。

(5)晶体发射光谱。是单一线光谱，或数条线谱，或窄谱或宽谱或宽带谱线。

(6)晶体发光强度。荧光粉吸光效果高，其发光强度也高，其吸光效果取决于晶体结构和形貌。晶体结构与化学组成及其摩尔数密切相关。发光强度与晶体形貌密切相关。

(7)光衰减指标。如果晶体形貌不规则，颗粒大小不一致，所造成的光散射和漫反射严重，出光效率低，热量大量堆积，散热效果不好，会影响其寿命。用机械破碎法达到某粒级，即使起始光通量维持率较高，光衰大。

(8)光转换效率。在YAG+芯片的工艺中属于典型的下发射，该装置中，量子效率≤1，如何使量子效率接近或者等于1，合成工艺起决定作用，综合显示发光器件的光转换效率的单位是lm/W。

由上可知，化学组成决定了光谱波长和晶体结构，形貌决定了光强、光转换效率及其寿命，合成工艺影响晶体形貌和结构，因此这八大因素是相互关联的，是同等重要的。

5.3 荧光粉的发展历史和现状

5.3.1 荧光灯用荧光粉的发展历史

1. 第一代荧光粉(1938~1948 年)

最早用于荧光灯的荧光粉是钨酸钙($CaWO_4$)蓝粉、锰离子激活的硅酸锌(Zn_2SiO_4:Mn)绿粉和锰离子激活的硼酸镉(CdB_2O_5:Mn)红粉。当时 40W 荧光灯的光效为 40lm/W。

不久，硅酸锌铍($(Zn, Be)_2SiO_4$:Mn)荧光粉研制成功并取代了硅酸锌和硼酸镉荧光粉。这种荧光粉也是由二价锰离子激活的，发光颜色可根据锌和铍的不同比例在绿色和橙色之间变化。另外，钨酸钙荧光粉也被钨酸镁所取代。40W 荧光灯的光通量在 1948 年已上升到 2300lm。由于铍是有毒物质，而后逐渐被卤磷酸钙荧光粉所取代。

2. 第二代荧光粉(1949~)

1942 年，英国麦基格(Mckeag)等发明了单一组分的 $3Ca_3(PO_4)\cdot Ca(F, Cl)_2$:Sb, Mn，简称为卤粉。1948 年开始普及应用。由于这一材料是单一基质、发光效率高、光色可调、原料丰富、价格低廉，从实用化至今，一直是直管荧光灯用的主要荧光粉。卤粉在荧光灯的应用中，还存在两个缺陷。

(1)发光光谱中缺少 450nm 以下蓝光和 600nm 以上红光，使灯的显色指数 CRI Ra 值偏低。加入一定比例的蓝、红粉，CRI Ra 值可提高，但灯的光效又明显下降。

(2)在紫外线 185nm 作用下形成了色心，使灯的光衰较大。

随着直管荧光灯管径的细化和紧凑型荧光灯的问世，这一缺陷使卤粉在细管径荧光灯上的应用受到了限制，已满足不了人们对高质量照明光源的要求，开始对新的荧光粉进行开拓和研究。

3. 稀土荧光粉

20 世纪 70 年代是对稀土荧光粉开发和研究的黄金时代，多种荧光粉成功地开发并得到应用。稀土元素的外层电子结构为 $4f^{0\sim14}5d^{0\sim16}s^2$，其 4f 壳层电子的能量低于 5d 壳层电子而高于 6s 壳层电子的能量，因而出现能级交错现象。稀土离子在化合物中通常失去两个 6s 电子和一个 4f 电子而呈三价状态。由于稀土离子含有特殊的 4f 电子组态能级，当其受到激发时，4f 电子可以在不同能级间产生激发跃迁，当其退激发时，跃迁至不同能级的激发态电子又回到原来的 4f 电子组能态，从而产生发光光谱，即 4f－4f 和 4f－5d 之间的相互跃迁。稀土元素独特的电子结构决定了它具有特殊的发光特性。由此决定稀土荧光粉具有如下优点。

(1)与一般元素相比，稀土元素 4f 电子层构型的特点，使其化合物具有多种荧光特性。除 $3Sc^{3+}$、Y^{3+}无 4f 亚层，La^{3+}和 Lu^{3+}的 4f 亚层为全空或全满，其余稀土元素的 4f 电子可在 7 个 4f 轨道之间任意分布，从而产生丰富的电子能级，可吸收或发射从紫外、可见光到近红外区各种波长的电磁辐射，使稀土发光材料呈现丰富多变的荧光特性。

(2)由于稀土元素 4f 电子处于内层轨道，受外层 s 和 p 轨道的有效屏蔽，很难受到外部环境的干扰，4f 能级差极小，f-f 跃迁呈现尖锐的线状光谱，发光的色纯度高。

(3)荧光寿命跨越从纳秒到毫秒 6 个数量级。长寿命激发态是其重要特性之一，一般原子或离子的激发态平均寿命为 $10^{-10}\sim10^{-8}$ s，而稀土元素电子能级中有些激发态平均寿命长达 $10^{-6}\sim10^{-2}$s，这主要是由 4f 电子能级之间的自发跃迁概率小所造成的。

(4)吸收激发能量的能力强，转换效率高。

(5)物理化学性质稳定，可承受大功率的电子束、高能辐射和强紫外线的作用。

5.3.2 稀土三基色荧光粉

稀土三基色荧光粉由红、绿、蓝三种稀土离子激活的荧光粉组成，主要有铝酸盐、磷酸盐和硼酸盐三大系列。其中铝酸盐技术相当成熟，国内多为铝酸盐系列，产销量最大。1974 年，荷兰科学家 Verstcgen 首次利用蓝色材料 $BaMg_2Al_{16}O_{27}$:Eu，λ_{max}=450nm，绿色材料 $MgAl_{11}O_9$:Ce，Tb，λ_{max}=545nm，已有的红色材料 Y_2O_3:Eu，λ_{max}=611nm，发明了稀土三基色荧光灯，实现了荧光灯高光效和高显色性的统一，解决了荧光灯发明 40 年来用卤粉所不能解决的问题，用以替代白炽灯，使能耗降低 3/4，实现了照明光源革命性的进展。由于这种灯体积小、管径细、紫外辐照能量比普通直管型荧光灯高得多，管壁温度也高，用卤粉制成的紧凑型荧光粉光衰十分严重，而稀土三基色荧光粉则具备紫外辐射稳定性能好、热猝温度高等优点，使紧凑型荧光灯成为可能。

(1)稀土三基色荧光粉的特点如下:发光谱带狭窄，发光能量更为集中，且在短波紫外线激发下稳定性高，高温特性好，更适用于高负载细管荧光灯和各种单端紧凑型荧光灯。

(2)稀土三基色荧光粉缺点如下:稀土原料价格昂贵，造成三基色灯成本较高，限制了三基色灯的发展。缩小管径或采用新的涂覆技术降低三基色粉用量，用廉价的其他彩色粉来部分取代一种或两种稀土三基色粉，同样可制得高光效、高显色的荧光灯，但光衰可能要大一点。

目前稀土三基色荧光粉中，红粉基本过关，主要问题是成本高，在一致性和粒度分布方面还需努力。绿粉初始光通量很高，但是在灯点燃 2000h 后光衰大，导致亮度下降。蓝粉最突出的问题是光衰大，制灯后的光衰达到 5%，导致制灯后出现色漂移。此外，绿粉的光效最高，红粉次之，蓝粉最低，约为绿粉的 1/5。红粉主要是降低色温，绿粉是增加光效提高亮度，蓝粉是为了提高显色指数。

目前，Y_2O_3:Eu^{3+}红粉是唯一达到实用水平的红粉，性能迄今仍无可匹敌，完美的红色灯用发光材料。密度为 5.1g/cm^3，化学性质稳定，不溶于水、弱酸、弱碱。在 254nm 的紫外线激发下，其发射主峰 611nm，色坐标为 x=0.650，y=0.345。Y_2O_3:

Eu^{3+}红粉价格高，原料成本超过蓝粉、绿粉的总和，降低三基色粉价格的关键是降低红粉的成本。研究者试图用 Y_2O_3，$aSiO_2:Eu^{3+}$ 和 Y_2O_3，$bAl_2O_3:Eu^{3+}$ 代替氧化钇(Y_2O_3)红粉，亮度、光谱特征和色度坐标与 $Y_2O_3:Eu^{3+}$ 相似，原料成本可下降大约15%。图5-4和图5-5分别为 $Y_2O_3:Eu^{3+}$ 激发光谱和漫反射光谱及色度图。

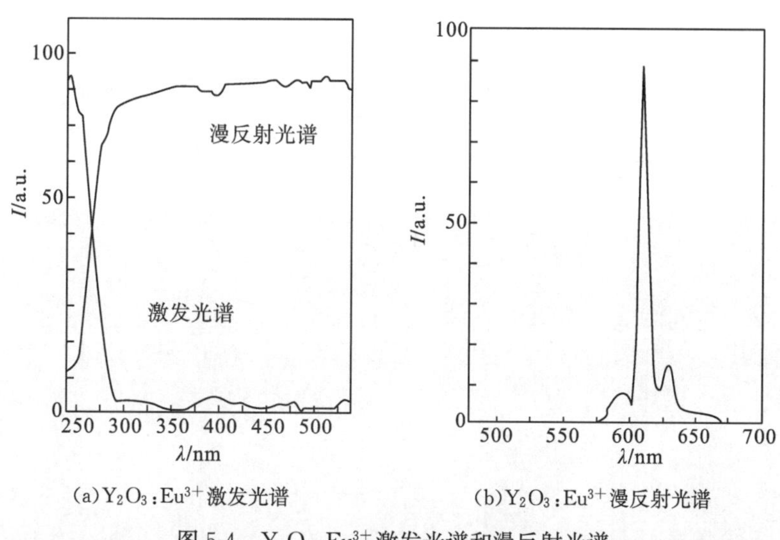

(a) $Y_2O_3:Eu^{3+}$ 激发光谱　　(b) $Y_2O_3:Eu^{3+}$ 漫反射光谱

图5-4　$Y_2O_3:Eu^{3+}$ 激发光谱和漫反射光谱

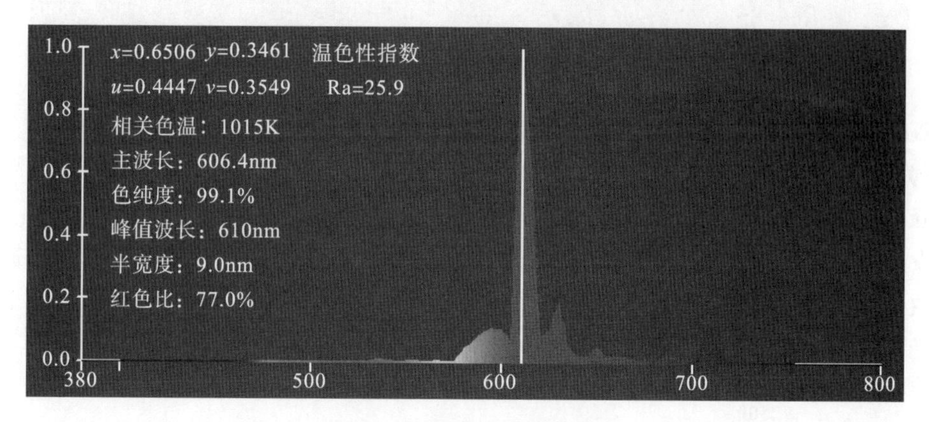

图5-5　$Y_2O_3:Eu^{3+}$ 色度图

蓝粉的作用，主要在于提高光效、改善显色性，蓝粉的发射波长和光谱功率分布对荧光灯的光效、色温、光衰和显色性都有很大影响。现已开拓的三基色蓝色发光材料有 $Sr(PO_4)_6C_{12}:Eu^{2+}$；$Sr_4Al_{14}O_{25}:Eu^{2+}$；$(CaSrBa)_{10}(PO_4)_6C_{12}\cdot nB$；BAM：$BaMgAl_{10}O_{17}:Eu^{2+}$(单峰)，$BaMgAl_{10}O_{17}:Eu$，Mn(双峰)；SCA：$(SrBaMgCa)_5(PO_4)_3Cl:Eu^{2+}$。

其中，BAM属于六方晶系，白色晶体，应用最为成熟，领域最广。Eu^{2+}取代了位于镜面层的Ba，成发光中心，吸收254nm的紫外线，发射450nm蓝光，半高宽50nm，属于宽带发光。量子效率约为95%，化学性质稳定，温度猝灭特性较好。图5-6和图5-7为 $BaMgAl_{10}O_{17}:Eu^{2+}$ 的激发光谱、漫反射光谱及色度图。

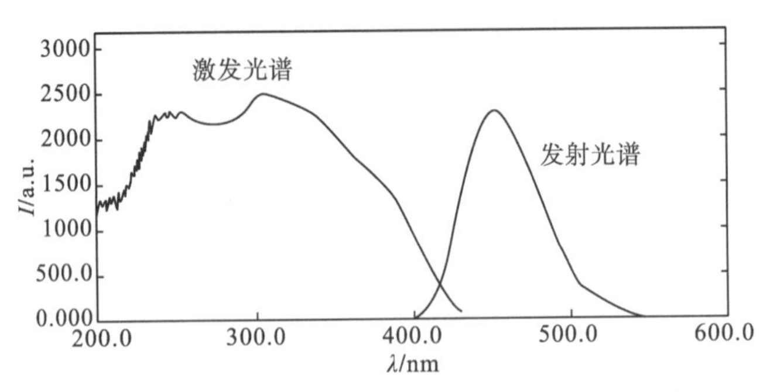

图 5-6 $BaMgAl_{10}O_{17}:Eu^{2+}$ 的激发光谱及发射光谱

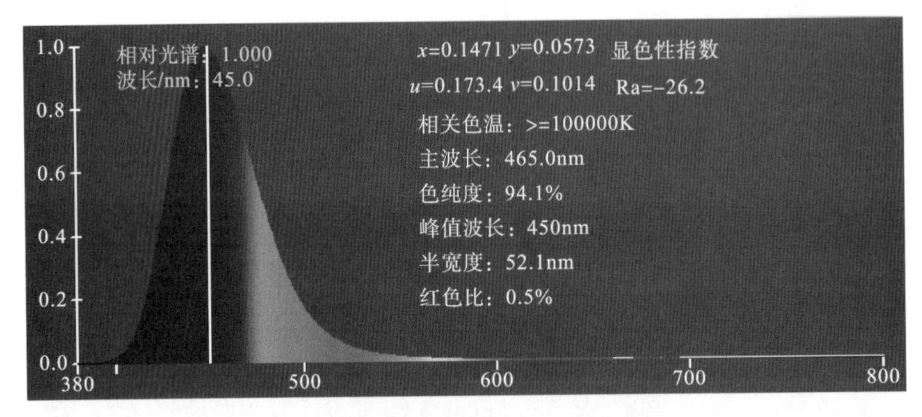

图 5-7 $BaMgAl_{10}O_{17}:Eu^{2+}$ 的色度图

双峰 BAM，在 254nm 的紫外线激发下，发射 450nm 的蓝光和 515nm 的蓝绿。其以 BAM 为基质，Eu^{2+} 既为发光中心，又为敏化剂。Mn^{2+} 也是发光中心，取代 Mg^{2+}，其发射峰位于 515nm。大部分 Eu^{2+} 跃迁产生蓝光，少部分 Eu^{2+} 传递给 Mn^{2+}，然后 Mn^{2+} 跃迁发射蓝绿光。Mn^{2+} 浓度增加则其绿光增强，Eu^{2+} 的蓝光减弱，双峰蓝粉可以提高显色指数，牺牲一定的亮度。图 5-8 和图 5-9 为 $BaMgAl_{10}O_{17}:Eu^{2+}$，$Mn^{2+}$ 的激发光谱，漫反射光谱及色度图。

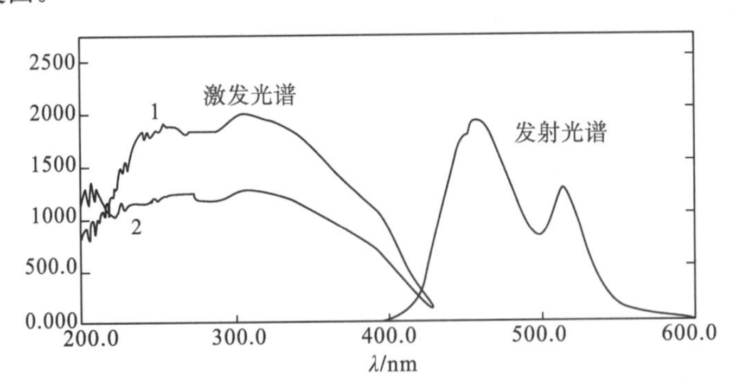

图 5-8 $BaMgAl_{10}O_{17}:Eu$，Mn 的激发光谱及发射光谱

三基色荧光粉中，绿粉对灯的光通量贡献最大。三基色绿粉大都以 Tb^{3+} 作为激活剂，利用 Ce^{3+} 作为敏化剂，Tb^{3+} 的最大发射峰位于 545nm，归属于 Tb^{3+} 的 $^5D_4-^7F_5$ 跃迁。Ce^{3+} 在 254nm 附近具有强吸收，在 330～400nm 的长波紫外区具有强的发射，Ce^{3+}

可以通过无辐射能量传递，有效地将能量转移给 Tb^{3+}。目前常用的三基色绿粉有 $MgAl_{11}O_{19}:Ce^{3+}$，Tb^{3+}(简称 CAT)，发射主峰 543nm，色坐标为 $x=0.335$，$y=0.595$；$LaPO_4:Ce^{3+}$，Tb^{3+}(简称 LAP)，发射主峰 543nm，色坐标为 $x=0.360$，$y=0.574$；$Zn_2SiO_4:Mn$(简称 ZSM)，$GdMgB_5O_{10}:Ce^{3+}$，Tb^{3+}，发射主峰 525nm，色坐标为 $x=0.251$，$y=0.698$。图 5-10 和图 5-11 为 $MgAl_{10}O_{19}:Ce^{3+}$，$T_b{}^{3+}$ 的激发光谱、漫反射光谱和发射光谱及色度图。

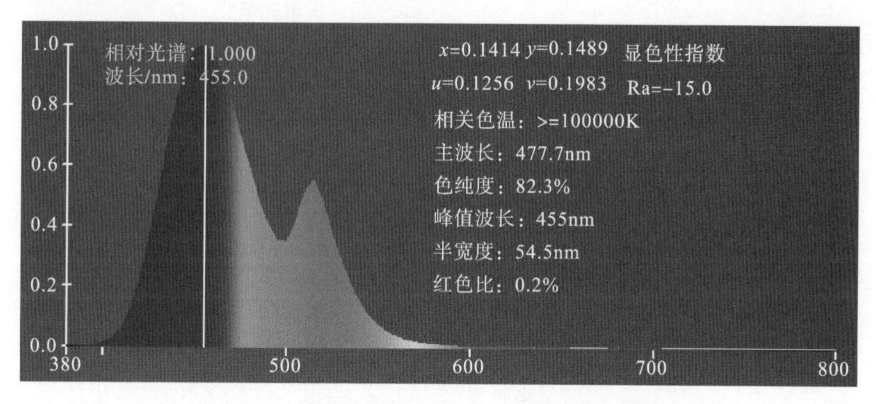

图 5-9　$BaMgAl_{10}O_{17}:Eu^{2+}$，$Mn^{2+}$ 的色度图

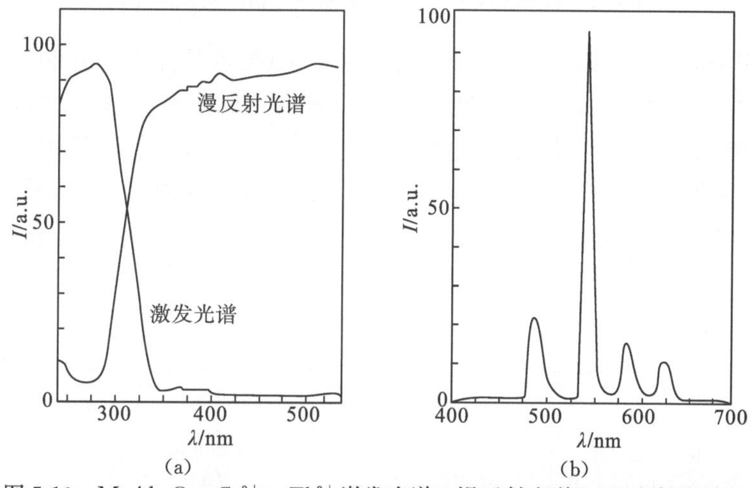

图 5-10　$MgAl_{11}O_{19}:Ce^{3+}$，Tb^{3+} 激发光谱，漫反射光谱(a)和发射光谱(b)

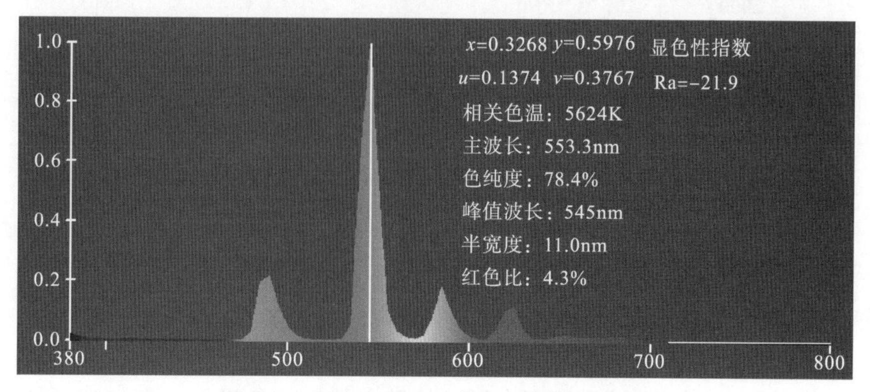

图 5-11　$MgAl_{11}O_{19}:Ce^{3+}$，Tb^{3+} 的色度图

LAP是一类高效绿色发光材料，由日本开发，在日本、美国和苏联等国广泛使用。LAP属于单斜晶系，晶体颗粒比CAT细。LAP发光颜色偏黄，色坐标中x值大，构成三基色粉时有利于节省昂贵的红粉；量子效率，比CAT高3%；LAP的合成温度低；LAP与红粉、蓝粉的相对密度、粒度可以合理匹配，因此制灯后的综合性能优于CAT，有取代CAT的趋势。图5-12为LAP的激发光谱及漫反射光谱。

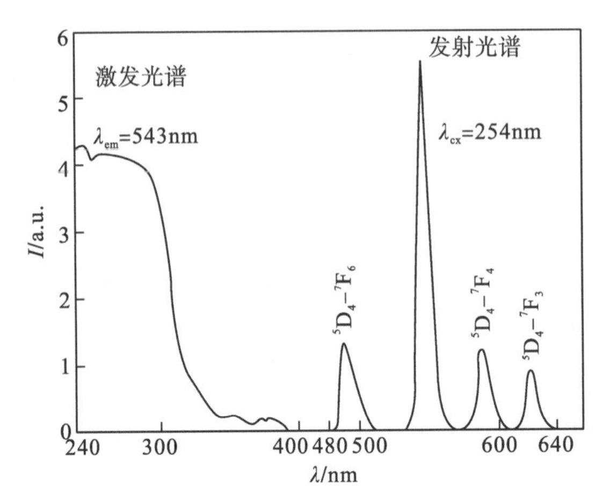

图5-12　$LaPO_4:Ce^{3+}$，Tb^{3+}的激发光谱及漫反射光谱

LAP应用中的最大障碍是温度猝灭特别严重，200℃时的亮度仅为20℃时的1/2。作为灯用粉，灯管由于管径小，管壁温度高，制灯过程烤管温度高达550℃，因此必须克服严重的温度猝灭效应。但因工艺和生产成本的限制，LAP的用量在国内受到限制。

ZSM是一种性能优异的发光材料，Mn占据Zn的位置发绿光，在光致发光、阴极射线致发光方面得到了广泛的应用。发光亮度高，色纯度好，没有近红外发射，化学稳定性良好，环境适应性强，抗湿性好，基质易于制备，价格低廉。图5-13是$Zn_2SiO_4:Mn$的激发光谱和发射光谱。

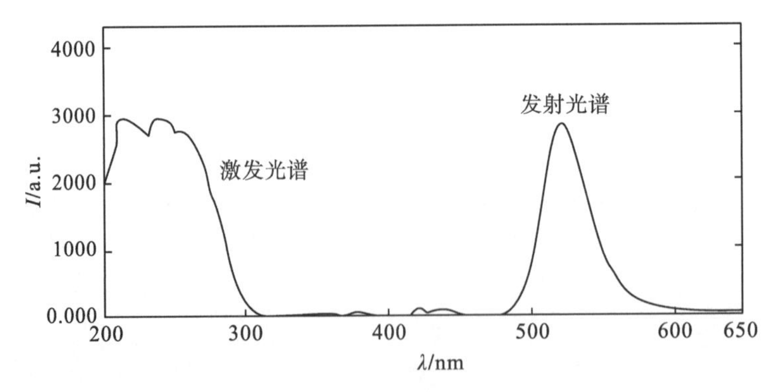

图5-13　$Zn_2SiO_4:Mn$激发光谱和发射光谱

5.3.3　白光LED荧光粉

白光LED被公认为21世纪的新光源，是继白炽灯、荧光灯、高强度气体放电灯之

后的第四代光源。LED 具有节能环保(耐震、耐冲击、不易破、废物可回收)、体积小、全固态、发光效率高、发热量低、能耗低(仅为白炽灯的 1/8)、低电压低电流启动、寿命长、反应速度快和可平面封装、容易开发成轻薄小巧产品等诸多优点，已广泛应用于城市景观照明、液晶显示背光源、室内外普通照明等多种照明领域，是替代白炽灯、荧光灯的新一代绿色照明光源。

早在 1976 年，荷兰科学家 Blasse 就研究了铈激活的钇铝石榴石(YAG)能发黄光，虽然当时发光亮度微弱，但已广泛应用于飞点扫描仪。这是 YAG:Ce^{3+} 的雏形。20 年后的 1996 年，日本科学家中村修二发明了氮化镓(GaN)蓝色晶片，又发现在蓝光芯片上点 YAG 黄色荧光粉可以发出假白光，于是日亚公司申请了氮化镓发明专利和 LED 封装专利，专利号为 US5998925。由于日亚公司封锁专利，不对外授权，禁锢此技术达 8 年之久，世界各国怨声载道。欧美日科学家另辟蹊径，研究新品进军白光，以规避此专利。Osram 公司研发了$(Tb_{1-x-y}Re_xCe_y)_3(Al, Ga)_5O_{12}$，简称 TAG，仍然是钇铝石榴石的晶体结构，只是添加元素 Tb 而得到区别于 YAG 的新的黄色荧光粉，并申请了白光 LED 专利，专利号为 US6669866。

荧光粉作为光的转换物质，所起的作用是至关重要的，它直接影响白光 LED 产品的发光效率、使用寿命、显色指数、色温等主要指标。随着 LED 芯片技术的突破，LED 发光效率将逐步接近其理论发光效率，荧光粉的性能好坏将直接决定 LED 光源的产品性能。目前能够匹配蓝光、近紫外线或其他芯片的荧光粉还不多，需要开发发光效率高、使用寿命长、显色指数高、物理性能和化学性能更加稳定、制备工艺更为简单的荧光粉。

1. LED 荧光粉存在的问题

1)与蓝光激发匹配的荧光粉存在的问题

以现阶段 YAG:Ce^{3+} 为例，YAG:Ce^{3+} 具有较高的物理化学稳定性，并在蓝光激发下具有较高的量子效率已经商业化。但 YAG:Ce^{3+} 主要存在以下问题。

(1)由于没有红光发射，因此显色指数较低。要提高其显色指数需加入红色荧光粉。

(2)温度特性差，随着温度的升高发射量子效率降低。

(3)合成方法为高温固相法，合成温度高(1500～1600℃)。其他软化学方法还不成熟。

高效的红色荧光粉主要是 Ce^{3+} 或 Eu^{3+} 激活的含氮化合物和硫化物。Ce^{3+} 或 Eu^{3+} 激活的含氮化合物虽然具有很高的光发射量子效率，但合成温度高，合成条件苛刻。Ce^{3+} 或 Eu^{3+} 激活的硫化物的简单合成方法，原料一般采用有毒的 H_2S，而且其不稳定性影响 LED 的使用寿命。

2)与紫外、近紫外激发匹配的荧光粉存在的问题

灯用三基色荧光粉中的蓝色和红色荧光粉与紫外激发相匹配可在短波紫外激发下具有很高的量子效率和稳定性，但是在近紫外线的激发下(370～405nm)量子效率很低。

紫外、近紫外有效激发匹配的绿、黄荧光粉较少，而且组装成白光 LED 时有对蓝光的重吸收问题。

2. 白光LED荧光粉的发展趋势和应用要求

白光LED荧光粉的应用要求有从紫外到蓝光区有尽可能宽的激发带，具有较高的量子效率(>90%)并在激发波段具有很强的吸收，在合适的发射波段的峰宽度较小。因此，着重从以下四个方面改进现有的白光LED用荧光粉。

(1)研究用软化学方法和微波法合成荧光粉。使用软化学方法和微波法制备荧光粉能够得到二次特性好的荧光粉，从而提高荧光粉的光效。

(2)在原有灯用荧光粉基础上，通过稀土、碱土金属掺杂改变荧光粉的晶体性质，从而改变荧光粉的激发光谱，达到与当前LED的最好匹配，提高白光LED的光效。

(3)寻找与LED发射谱匹配好，而发射谱为窄带光谱的红、绿、蓝荧光粉，以提高显色指数。

(4)通过粉体的后续处理(如包膜)，提高荧光粉的稳定性。

5.4 荧光粉的主要制备方法

材料的性能主要由材料的化学组分和微观结构决定，因此粉体的化学成分和制备工艺成为决定荧光粉发光效率的重要因素。目前荧光粉的制备方法主要有高温固相法、燃烧合成法、溶胶-凝胶法、溶剂热法、化学共沉淀法、喷雾热解法等。下面将对无机粉末发光材料合成的各种方法逐一进行介绍。

5.4.1 高温固相法

高温固相反应法(也称高温固相法)是发光材料的一种传统的合成方法。固相反应通常取决于材料的晶体结构及缺陷结构，而不仅是成分的固有反应性。在固态材料中发生的每一种传质现象和反应过程均与晶格的各种缺陷有关。通常固相中的各类缺陷越多，则其相应的传质能力就越强，因而与传质能力有关的固相反应速率也就越大。固相反应的充要条件是反应物必须相互接触，即反应是通过颗粒界面进行的。反应物颗粒越细，其比表面积越大，反应物颗粒之间的接触面积也就越大，从而有利于固相反应的进行。因此，将反应物研磨并充分混合均匀，可增大反应物之间的接触面积，使原子或离子的扩散输运比较容易进行，以增大反应速率。另外，一些外部因素，如温度、压力、添加剂、射线的辐照等，也是影响固相反应的重要因素。固相反应通常包括固相界面的扩散，原子尺度的化学反应，新相成核和固相的输运及新相的长大。

决定固相反应的两个重要因素是成核和扩散速度。如果产物与反应物之间存在结构类似性，则成核容易进行。在高温固相反应中，往往还需要控制一定的反应气氛，有些反应物在不同的反应气氛中会生成不同的产物。特别是含有变价离子的反应要想获得预期的某种产物，就一定要控制好反应气氛。

固相反应法制备发光材料主要经过配料和煅烧两个过程。煅烧过程的主要作用是使原料各组分间发生化学反应，形成具有一定晶格结构的基质，并使激活剂进入基质，处于基质晶格的间隙或置换晶格原子。显然，煅烧是形成发光中心的关键步骤。煅烧条件（温度、气氛、时间等）直接影响着发光性能的优劣。

煅烧温度主要依赖于基质特性，取决于组分的熔点、扩散速度和结晶能力。组分间的扩散速度、结晶能力越小则需要的温度越高。一般以基质组分中最高熔点的 2/3 为宜，但助熔剂的选择也有影响，需由实验确定最佳温度，发光材料的煅烧温度一般在 800～1400℃。

助熔剂在煅烧过程中起到了重要作用，是在发光体煅烧形成过程中起到熔媒作用的物质，使激活剂易于进入基质，并促使基质形成微小晶体。常用的助熔剂材料有卤化物、碱金属和碱土金属的盐类及硼的氧化物和盐类，用量为基质的 5%～25% 。助熔剂的种类、含量及其纯度都对发光性能有直接影响。

煅烧时炉料周围的环境气氛对发光性能的影响也很大。通常必须防止炉丝金属蒸汽使发光体中毒，防止空气中的氧气使材料氧化。环境气氛对发光粉的亮度和颜色都有直接影响。例如，Sb、Mn 激活的卤磷酸钙镉灯粉，在氧化气氛中煅烧将得到发绿光的材料，而在氮气气氛中煅烧则得到发橙黄色光的材料。

固相反应法制得的发光粉，通常还需进行后处理，包括粉碎、选粉、洗粉、包覆、筛选等工艺。这些环节常常直接影响荧光粉的二次特性，如涂覆性能、抗老化性能等。洗粉方法有水洗、酸洗和碱洗，目的是洗去助熔剂、过量的激活剂和其他杂质。因为助熔剂大多是碱金属或碱土金属的盐类，这些金属离子抗离子和电子的轰击及抗紫外线作用的能力较差，留在发光体内使荧光粉发黑变质，寿命缩短。例如，用 NaOH 洗去 YVO_4：Eu^{3+} 中多余的 VO_4^{3-} 可提高亮度。

利用固相反应法合成发光材料的主要优点如下：微晶的晶体质量优良，表面缺陷少，发光亮度大，余辉时间长，利于工业化生产。目前，各类发光材料和以发光材料为核心制作的照明显示器件充斥着市场，这些发光材料在生产上仍然沿用传统的高温固相反应法。但固相反应法的缺点在于煅烧温度高，保温时间较长（2h 以上），对设备要求较高；粒径分布不均匀，难以获得球形颗粒，粒子易团聚，需粉碎减小粒径，从而使发光体的晶形遭到破坏，降低荧光粉的结晶性，导致发光性能下降，同时颗粒形貌不完整，尺寸不一致，导致涂层不均匀，致密性差，不利于获得高质量的荧光粉或荧光显示产品。

通过在原料中添加助熔剂，如 B_2O_3、H_3BO_3，或者单质 B 及其他金属如 Sr、Ba、Ca、Al 等卤化物，使煅烧温度得到了明显降低，有的可以降低到 1200℃。但是助熔剂的加入，使荧光粉容易煅烧成为坚硬的块状，必须经过粉碎和过筛，才能得到可用的细粉，在此过程中荧光粉的性能下降，必须经过高温二次煅烧，才能使性能回升。此外，固相反应法劳动强度大，生产周期长，生产过程中昂贵的稀土材料损耗较多，使成本居高不下。因此寻找新的合成途径已成为荧光粉研究的热门课题。经过这些年的努力，已先后开发了溶胶-凝胶法、沉淀法、高分子网络凝胶法、水热法、微波法、燃烧合成法、LH-PG（激光加热基底生长）法等诸多新方法。这些新的合成方法各具特色，与传统的高温固相法相比，煅烧温度相对降低，成品颗粒较细，以其温和的反应条件和灵活多样的操作方式，在制备多功能光学材料方面显示了巨大的潜力。下面将分别介绍各种新兴的制备方法。

5.4.2 燃烧合成法

燃烧合成法(也称烯烧法)是指通过前驱物的燃烧合成材料的一种方法，最早由苏联专家研制，并命名为自蔓延高温合成法。它是制备具有耐高温性能的无机化合物的一种方法，其过程如下：当反应物达到放热反应的点火温度时，以某种方法点燃，依靠原料燃烧放出来的热量，使体系保持高温状态，合成过程持续进行，燃烧产物就是制备的材料。燃烧过程中发生的化学反应包括溶液的燃烧和材料的分解。

用传统方法制得的产品极大地影响制灯后荧光粉的二次特性，而燃烧法是在某些方面不足的基础上发明的又一新方法。用这一方法制得的荧光粉能有效地吸收蓝紫光，制得的产品具有明显的优势。例如，用燃烧法成功地合成了 $4SrO \cdot 7Al_2O_3$：Eu^{2+}发光体，其制备过程主要是把反应物按化学式计量，混合加入水和适量的尿素，加热待试样全部溶解后放入电炉使其燃烧，反应即告完成。此外还成功地合成了 $MgCeAl_{11}O_{18}$发光材料。

燃烧合成的进程，一般有自传播和燃爆两种形式。前者是在反应物的一端首先启动，立即以 0.1～25cm/s 的波速向另一端自动传播，直至反应物耗尽。燃爆则是在控制下均匀加热，接着整个反应物在瞬间发生反应，释放出高温，形成爆炸。荧光粉的燃烧合成属于燃爆型。燃烧合成时用的炉料一般由氧化剂和还原剂两种材料组成。在合成荧光粉时，其所用的氧化剂通常是构成产品的化学组分的阳离子硝酸盐、过氯酸盐等高纯化合物，要求水溶性高，以适应溶液配料。还原剂则多半选用有机化合物，要求结构、组分简单，含碳量少，以免烧后残留碳而污染产物，而且在高温中反应缓和，释出的气体不造成公害，同时易溶于水，在水溶液中对金属阳离子具有较强的络合力，以免在燃烧挥发中途析出某组分的晶体，破坏整体的均匀性。

与传统高温固相法相比，燃烧法具有制备过程简单、升温迅速、产品颗粒小、粒径分布均匀、纯度较高、发光亮度不易受破坏，且节省能源、节约成本等优点。但存在反应过程剧烈难以控制、不易大规模工业生产的缺点。

使用燃烧法合成荧光粉具有许多优点，完全依靠放热反应，自发的高温使反应在瞬间完成；燃烧的气体可保护 Ce^{3+} 和 Eu^{2+} 等稀土离子不被氧化，从而不需要还原性的保护气氛；可使炉温大大降低(500℃左右)，合成时间短（约 10min），工艺简便；产品质量均匀，晶相单一，纯度高，颗粒细，不必另行球磨，省时省工，节能无公害，材料损耗少，成本低。但是燃烧法合成的初制品密度小，比表面积大，因而发光强度受到一定影响，需要在一定温度下进行短时间的后处理，才能达到应有的水平，究其原因，可能是由燃烧时间过短所致。如果开发出新的燃料，能够在目前的温度水平上，延长燃烧时间，使其既有较高的反应温度，又有足够的反应过程，或可解决燃烧法合成发光材料所特有的问题，这将是今后努力的方向。

5.4.3 溶剂(水)热法

溶剂(水)热合成法[也称溶剂(水热法)]是指在一定温度(100～1000℃)和压强(1～

100MPa)下利用水或溶剂中的物质发生化学反应进行的合成。

水热法也是近几年来研究无机发光材料中发明的又一新兴的合成方法，此法主要是在一定温度和压力下，使物质在溶液中进行化学反应的一种无机制备方法。近年来，典型的复合氟化物是研究较多的一种无机功能材料，它具有良好的光、电、磁、热特性，可实现多价离子掺杂，这些特性为探索新材料提供了有利条件，水热法在合成复合氟化物中起了很大的作用。用水热法合成的复合氟化物有 $KMgF_3$、$BaBeF_4$、BaY_2F_8、KYF_4 等多种产品，此外还合成了 $BaMgAl_{10}O_{17}:Eu^{2+}$ 前驱体。水热法主要是将称量的反应混合物溶解后，加热至60～70℃，加入氨水形成胶状沉淀，用蒸馏水洗去酸根离子，将带有沉淀的悬浮物加热浓缩，然后转入高压反应釜中，在240℃恒温箱中恒温数小时，将样品转入蒸发皿内蒸干而得前驱体，再转入坩埚内于一定温度下煅烧即得所需要的荧光材料。水热法的优点在于以下四点：

(1)采用低中温液相控制、能耗较低，适用性广。

(2)原料相对廉价易得，反应在液相快速对流中进行，产率高、物相均匀、纯度高。

(3)工艺简单，无须高温煅烧处理，可直接得到结晶完好、粒度分布窄的粉体，且产物分散性良好。水热过程中的反应温度、压力、处理时间及pH、所用前驱体的种类及浓度等对反应速率、生成物的晶形、颗粒尺寸和形貌等有很大影响，可通过控制上述实验参数达到对产物性能的剪裁。

(4)合成反应始终在密闭条件中进行，可控制气氛而形成合适的氧化还原反应条件，实现其他手段难以获取的某些物相的生成和晶化。

但也存在明显的缺点：不能应用于对水非常敏感的化合物参与的反应、生产成本高、有机溶剂不易去除、对环境有污染。

5.4.4 溶胶-凝胶法

溶胶－凝胶法是一种新兴的湿化学合成方法，利用这种方法制备稀土发光材料在近十几年内取得了巨大进展。用溶胶－凝胶法合成发光材料可以获得较小的粒径，无须研磨，且合成温度比传统的合成方法要低，因此这种方法在发光材料合成中具有相当大的潜力，是合成纳米发光材料的重要方法之一。

1984年，Morlotti以 $Mg(NO_3)_2$、$Sm(NO_3)_2$ 和 $Si(OC_2H_5)_4$ 为原料用溶胶－凝胶法制备了 $Mg_2SiO_4:Sm^{3+}$，但仅仅讨论了 Sm^{3+} 在基质中的溶解性而未讨论其发光性能。正式采用溶胶-凝胶法制备发光材料是在1987年，当时Rabinovich等同样以稀土硝酸盐 $Y(NO_3)_3$ 和 $Si(OC_2H_5)_4$ 为原料，在石英玻璃基底上制成了 $Y_2SiO_5:Tb^{3+}$ 阴极射线发光薄膜。进入20世纪90年代，溶胶－凝胶法开始走向其兴盛阶段，引起科学界的高度重视，得到了广泛应用，在发光材料合成领域，也显示了其引人注目的优越性。此法制备的新型或改良的发光材料已成功地应用于光学设备。溶胶－凝胶法具有许多优点，如合成的产物纯度高，化学组成均匀，合成温度低，可以控制颗粒尺寸，产物的颗粒度比较均匀、细小等。因此开展溶胶－凝胶法制备新型稀土发光材料的研究具有非常重要的理论意义和应用前景。

1. 溶胶—凝胶法基本原理

溶胶是指微小的固体颗粒悬浮分散在液相中，并且不停地进行布朗运动的体系。根据粒子与溶剂间相互作用的强弱，通常将溶胶分为亲液型和憎液型两类。由于界面原子的吉布斯自由能比内部原子高，溶胶是热力学不稳定体系。若无其他条件限制，胶粒倾向于自发凝聚，达到低比表面状态。若上述过程为可逆，则称为絮凝；若不可逆，则称为凝胶化。凝胶是指胶体颗粒或高聚物分子互相交联，形成空间网状结构，在网状结构的孔隙中充满了液体（在干凝胶中的分散介质也可以是气体）的分散体系，并非所有的溶胶都能转变为凝胶，凝胶能否形成的关键在于胶粒间的作用力是否足够强，以致克服胶粒—溶剂间的相互作用力。由溶胶制备凝胶的具体方法有如下四种：

(1)使水、醇等分散介质挥发或冷却溶胶，使之成为过饱和液，而形成凝胶。

(2)加入非溶剂，如在果胶水溶液中加入适量乙醇后，即形成凝胶。

(3)将适量的电解质加入胶粒亲水性较强（尤其是形状不对称）的憎液型溶胶，即可形成凝胶[如 $Fe(OH)_3$在适量电解质作用下可形成凝胶]。

(4)利用化学反应产生不溶物，并控制反应条件可得凝胶。

2. 溶胶—凝胶法基本过程

将无机盐及金属醇盐或其他有机盐溶解在水或有机溶剂中形成均匀溶液，溶质与溶剂产生水解、醇解或螯合反应，反应生成物聚集成 1nm 左右的离子并组成溶胶，后者经蒸发干燥转变为凝胶，凝胶经过干燥、热处理等过程转变成最终所想要得到的产物。根据使用原料的不同，溶胶—凝胶法分为两类：一类是水溶液溶胶—凝胶法；另一类是醇盐溶胶—凝胶法。

3. 溶胶—凝胶法的特点

用溶胶—凝胶法制得产品的测试分析表明，与传统的高温固相反应法相比溶胶—凝胶法具有以下四个方面的优点：

(1)产品的均匀性好，尤其是多组分制品，其均匀度可以达到分子或原子水平，使激活离子能够均匀地分布在基质晶格中，有利于寻找发光体发光最强时激活离子的最低浓度。

(2)煅烧温度比高温固相反应温度低，因此可节约能源，避免由于煅烧温度高而从反应器中引入杂质，同时煅烧前已部分形成凝胶，具有大的表面积，利于产物生成。

(3)产品的纯度高，因反应可以使用高纯原料，且溶剂在处理过程中易被除去。反应过程及凝胶的微观结构都易于控制，大大减少了支反应的进行。

(4)带状发射峰窄化，可提高发光体的相对发光强度和相对量子效率。

(5)可以根据需要，在反应不同阶段制取薄膜、纤维或者块状等功能材料。

溶胶—凝胶法的不足在于生产流程过长，成本高，所制前驱体凝胶洗涤困难，干燥时易形成二次颗粒，在热处理时会引起粉体颗粒的硬团聚，使最终制备的粉体分散性较差，且醇盐有较大毒性，对人体及环境都有危害。

5.4.5　沉淀法

通过溶质从均匀溶液中析出沉淀来制备无机和有机粉体的方法称为沉淀法。同时析出多种沉淀来制备多种混合粉体的方法，称为共沉淀法。其析出过程与溶质在溶剂中的浓度、pH 和温度等因素密切相关，通过调节 pH 和温度等参数可以控制沉淀物的状态，将得到的沉淀物经加热分解后，便可以得到氧化物、硫化物、碳酸盐、草酸盐、磷酸盐等陶瓷粉体或前驱物。沉淀反应的理论基础是难溶电解质的多相离子平衡。沉淀反应包括沉淀的生成、溶解和转化，可以根据溶度积规则来判断新沉淀的生成和溶解，也可根据难溶电解质的溶度积常数来判断沉淀是否可以转化。溶解度较大、溶液较稀、相对过饱和度较小，反应温度较高 ，则沉淀后经过陈化的沉淀物一般为晶形；而溶解度较小、溶液较浓、相对过饱和度较大，反应温度较低，则直接沉淀的沉淀物为非晶形。晶形沉淀的颗粒较大，纯度较高，便于过滤和洗涤，而非晶形沉淀颗粒细小，吸附杂质多，吸附物难以过滤和洗涤，可通过稀电解质溶液洗涤和陈化的方法来分离沉淀物和杂质。

沉淀法也是发光材料制备中的常用方法，在制备金属氧化物、纳米材料等方面具有独特的优点。用沉淀法制得的产品优点在于其反应温度低、样品纯度高、颗粒均匀、粒径小、分散性好。以下是沉淀-共沉淀法应注意的问题：

对于多离子共沉淀过程，对沉淀溶解度差异较大的物质，要特别注意 pH 的控制及沉淀剂的选择，pH 对沉淀过程至关重要，低 pH 可能导致沉淀不完全，高 pH 可能导致某些沉淀物的再溶解。

对于多离子共沉淀过程，由于各金属离子沉淀所需的碱度不同，即 pH 不同，所以很难得到混合均匀的共沉淀混合物，此时可以将混合均匀的原料溶液倒入 NH_4OH 中，以得到均匀的沉淀混合物。

沉淀法合成粉体的粒度与金属离子在溶液中的浓度密切相关，稀溶液得到的粒度较小。而且，沉淀法合成粉体的粒度与温度密切相关。

沉淀法克服了固相法中原料难混合均匀的缺点，实现了原料分子水平上的混合，低温下直接制备粒度可控、高分散、化学均匀性好、纯度高的粉体，但颗粒的形貌难以控制。

5.4.6　喷雾热解法

发光材料通常包括稀土离子和过渡金属离子掺杂的各种金属硫化物、金属氧化物、复合氧化物和无机盐等。这些发光材料已经在许多方面得到了应用，特别是在发光显示如阴极射线管(CRT)、真空荧光显示(VFD)、等离子体平板显示(PDP)、场发射显示(FED)、电致发光显示(EL)、荧光灯照明及一些发光二极管 (LED) 等方面有着广阔的应用前景。要得到性能良好的发光材料以用于高清晰度投影电视和平板显示等未来显示技术中，发光材料的形态和尺寸是一个至关重要的方面。对发光体来说，最理想的颗粒形状就是球形。球形的发光颗粒对于高亮度和高清晰度显示是十分必要的，同时球形的发光材料还可以获得较高的堆积密度，从而减少发光体的光散射。最近的研究表明，球形发光颗粒可以使发光层的不规则形状最小化，进而延长屏幕的使用寿命。此外，发光材料必须具有较小的尺寸和较窄的尺寸分布，并且是非团聚的，这样才能使其具有良好的发光性能，即高分辨率和高发光效率。较小颗粒也可以通过形成紧密堆积的磷光体层而提高其使用寿命。研究表明，最佳性能的发光体尺寸应在1～2μm。所以，制备出颗粒尺寸为1～2μm的非团聚的球形发光材料成为目前发光工作者追求的目标。为了制备球形发光粉颗粒，人们尝试了很多方法，如喷雾热解法、聚合物微凝胶法、络合沉淀法等。在这些方法中，喷雾热解法是制备球形发光粉最有效和普遍的方法。这种方法起源于20世纪60年代初期，近年来在无机物制备、催化剂及陶瓷材料制备等方面都得到了广泛的应用。喷雾热解法的发展主要分为四个阶段：雾化液滴干燥和干燥粒子热分解分别进行的两段法；在高温反应区雾化干燥和热分解同时进行的一段法；喷雾干燥和热分解依次进行的连续法；雾化液滴直接参与气相化学反应合成法。

采用喷雾热解法制备材料的过程如下：先以水、乙醇或其他溶剂将反应原料配成溶液，再通过喷雾装置将反应液雾化并导入反应器中，在那里将前驱体溶液雾流干燥，反应物发生热分解或燃烧等化学反应，从而得到与初始反应物完全不同的具有全新化学组成的超微粒产物。喷雾热解过程一般分为两个阶段：第一个阶段是从液滴表面进行蒸发，类似于直接加热蒸发。随着溶剂的蒸发，溶质出现过饱和状态，从而在液滴底部析出细微的固相，再逐渐扩展到液滴的四周，最后覆盖液滴的整个表面，形成一层固相壳层；液滴干燥的第二个阶段比较复杂，包括形成气孔、断裂、膨胀、皱缩和晶粒“发毛”生长。实际上液体表面析出的初始物的结构和性质既决定了将要形成的固体颗粒的性质，也决定了固相继续析出的条件，粒子干燥的每一步都对下一步有着很大的影响。喷雾热解法所用的装置主要包括雾化器、压力喷嘴、石英管和加热炉等。

喷雾热解法采用液相前驱体的气溶胶过程，可使溶质在短时间内析出，兼具传统液相法和气相法的诸多优点，如产物颗粒之间组成相同、粒子为球形、形态大小可控、过程连续及工业化潜力大等，具体如下：

(1)由于微粉是由悬浮在空中的液滴干燥而来的，所以制备的颗粒一般呈十分规则的球形，且在尺寸和组成上都是均匀的，这对于如沉淀法、热分解法和醇盐水解法等其他制备方法来说是难以实现的，这是因为在一个液滴内形成了微反应器且干燥时间短，整个过程迅速完成。

(2)产物组成可控。因为起始原料是在溶液状态下均匀混合的，故可以精确地控制所合成化合物或功能材料的最终组成。

(3)产物的形态和性能可控。通过控制不同的操作条件，如合理地选择溶剂、反应温度、喷雾速度、载气流速等来制得各种不同形态和性能的微细粉体。由于方法本身利用了物料的热分解，所以材料制备过程中反应温度较低，特别适用于晶状复合氧化物超细粉末的制备。与其他方法制备的材料相比，产物的表观密度小、比表面积大、微粉的煅烧性能好。

(4)制备过程为一个连续过程，无须各种液相法中后续的过滤、洗涤、干燥、粉碎过程，操作简单，因而有利于工业放大。

(5)在整个过程中无须研磨，可避免引入杂质和破坏晶体结构，从而保证产物的高纯度和高活性。

5.4.7　微乳液法

微乳液法是近年来制备纳米颗粒所采用的较为新颖的一种方法，它是以不溶于水的非极性物质为分散介质，以不同反应物的水溶液为分散相，采用适当的表面活性剂作为乳化剂，形成油包水型(W/O)微乳液，使得颗粒的形成空间限定在微乳液滴的内部，从而得到粒径分布窄、形态均匀的纳米颗粒。例如，Lee 等以 NP25/N29 为乳化剂，采用微乳液法制得了尺寸为 20～30nm 的 Y_2O_3:Eu 纳米晶，并将其与沉淀法制得的样品进行了比较，发现以微乳液法制得的纳米颗粒尺寸分布窄、粒径小并且具有较高的晶化程度和阴极射线发光效率。Kao 等在 H_2O/超临界 CO_2微乳液中，制得了 ZnS 纳米荧光粉，X 射线衍射分析结果显示，ZnS 纳米晶的平均尺寸为 2～3nm，发射光谱测试结果表明，其发光强度高于微米尺寸的 ZnS。

5.4.8　高分子网络凝胶法

随着科技的进步，发光材料由单一组分的化合物转向多组分的复合材料，组分越来越复杂，于是产生了一种新的合成方法——高分子网络凝胶法。

高分子网络凝胶法制得的产品，经 X 射线衍射分析其结构，及透射电子显微镜照片分析其颗粒形貌，表明此法合成的多组分材料的分散均匀性很高。同时高分子网络凝胶法对原料要求较为简单，使用无机盐水溶液即可，所得产品粒度小，多组分均匀性也能达到分子水平，合成温度也大大降低，不过此方法需要选择合适的网络剂和引发剂。

以用高分子网络凝胶法合成的 YAG：Ce^{3+}微粉为例，首先在原料液中加入网络剂及引发剂，在 80℃聚合获得凝胶，然后将所得凝胶以 2℃/min 的升温速度升至 700℃，并恒温 2h，再分别经不同温度煅烧，即得产品。经分析表明，在使用高分子网络凝胶法制备 YAG 的过程中，随温度升高，YAG 直接由无定形态转变为 YAG 相，这也是此法不同于其他方法的独特之处。

5.4.9　微波法

发光材料性能指标的提高需要克服传统合成方法所固有的缺陷，如高温固相法反应温度高、粉料颗粒大且易结块，为了进行后序工作，必须对产品进行研磨，研磨过程严重降低了材料的发光性能等指标。微波法是近十年来迅速发展的新兴交叉学科，是新材料合成方法中最具特色的方法之一，利用这一方法合成的产品有其独到之处。该方法克服了高温固相法的种种弊端，具有快速、高效、受热均匀等特点，能显著提高发光材料的多项性能指标，在无机粉末发光材料的制备上作出重大贡献。利用微波法已合成了 $CaWO_4$、(Y,Gd) BO_3:Eu^{3+}等荧光体，此方法是按一定化学配比称取反应物，充分混合放入坩埚置于微波炉中加热一定时间，取出冷却即可。

微波是指频率在 300MHz～300GHz 的电磁波，其对应波长为 0.1～100cm 的电磁波。与可见光不同，微波是连续的并可极化。微波加热与传统加热方式有明显差别，微波加热是材料在电磁场中由介质损耗而引起的体加热，微波进入物质内部，微波场与物质相互作用，使电磁场能量转化为物质的热能，温度梯度是内高外低；而传统的加热是热源通过热辐射、传导、对流的方式，把热量传递到被加热物质的表面，使其表面温度升高，再依靠传导使热量由外至内，温度梯度是外高内低。微波加热显著的特点是物质总是处在微波场中，内部粒子的运动除了遵循热力学规律，还受到电磁场的影响，温度越高，粒子活性越大，受电磁场影响越强烈。

微波合成法的显著优点是快速、省时、耗能少、操作简便，只需家用微波炉即可得产品，产品经分析，各种发光性能和指标都不低于常规方法，产品疏松且粒度小，分布均匀，色泽纯正，发光效率高，有较好的应用价值，微波合成有如下优点。

(1)由选择性加热方式的独特性和微波的快速加热可知，微波加热与介质的介电常数是密切相关的，介电常数大的介质易用微波加热，介电常数小的介质不易加热，整个微波装置只有试样处于高温而其余部分仍处于常温状态，所以既经济又简便，而且整个装置构造简单，成本低廉。微波加热可在不同深度同时加热，这种“体加热作用”使加热快速、受热均匀，副反应减少，产物相对单纯。此外，微波能转换为热能的效率可达 80% ～90%，所以，微波煅烧可以有效节省能源。

(2)微波合成可改进合成材料的结构与性能。由于微波加热速率快，避免了材料合成过程中晶粒的异常长大，能够在短时间、低温下合成纯度高、晶形发育较完整、粒度细、分布均匀的材料，一般不用研磨即可直接应用。另外，试样从内部加热，所以被处理材料的温度梯度与传统加热方法中相反，因此微波加热对大小工件都能加热，并可减小处理过程中引起裂纹的热应力。

(3)微波加热热惯性小，只要在微波管加上灯丝 15h 后，就可以加高压，立即使被加热物体瞬间加热，而关闭电源后，试样即可在周围的低温环境中实现较快速降温。

(4)能够改善劳动环境和劳动条件。微波加热从加热物品自身开始，而不是靠传导回其他介质（如空气）的间接加热，所以设备本身基本上不辐射能量，同时不会有环境高温，可改善劳动环境和劳动条件。

参考文献

张中太，张俊英，2001. 无机光致发光材料及应用. 北京：化学工业出版社.

中国科学院吉林物理所与中国科学技术大学固体发光编写组，1976. 固体发光. 北京：科学出版社.

黄宵滨，马季铭，程虎民，等，1997. 乳状液法制备 ZnS 纳米颗粒[J]. 应用化学，14(1)：117-118.

Kao T W. Tung C Y，Lin C，et al，2004. Supercritical microemulsions as nanoreactors for mamufacturing ZnS nanophosphors[J]. Chem. Letl.，33(7)：802-803.

Cao S X，Han T，Tu M，2011. Eu^{2+}掺杂浓度对 $Ca_2MgSi_2O_7$：Eu^{2+}荧光粉发光特性的影响. 物理学报，60(12)：569-574.

Han T，Cao S X，Ma M X，et al，2012. Effects of sintering route and flux on the luminescence and morphology of YAG：Ce phosphors for white emitting-light diodes(LEDs). Applied Mechanics and Materials，236-237：9-15.

Han T, Cao S X, Peng L L, et al, 2012. Chemical substitution effects of elements on photoluminescence properties of YAG: Ce phosphors using orthogonal experimental design. Optical Materials, 34(34): 1618-1621.

Han T, Cao S X, Zhu D C, et al, 2013. Effects of annealing temperature on YAG: Ce synthesized by spray-drying method. Optik, 124(18): 3539-3541.

Han T, Cheng J, Yu J, et al, 2006. Effect of K^+ ions on the photoluminescence properties of $Ca_{4.75}(PO_4)_3Cl$: $0.05Eu^{2+}$, $0.2Mn^{2+}$ phosphors. Materials Letters, 167: 50-53.

Han T, Lang T, Wang J, et al, 2015. Large micro-sized K TiF: Mn red phosphors synthesised by a simple reduction reaction for high colour-rendering white light-emitting diodes. Rsc Advances, 5 (121): 100054-100059.

Han T, Peng L L, Cao S X, et al, 2014. Preparation and formation mechanism of a core-shell structured Al_2O_3/YAG: Ce phosphor by spray drying method. Raremetal Materials and Engineering, 43(10): 2311-2315.

Wang J, Han T, Lang T C, et al, 2015. Morphology and photoluminescence of tunable green-orange cerium-doped terbium-lutetium aluminum garnet. Int. J. Electrochem., 10: 2554-2563.

第 6 章　LED 封装技术

LED 封装在 LED 产业链中起着承上启下的作用，LED 封装技术是在半导体分立器件封装的基础上发展与演变而来的，封装的功能在于给芯片提供足够的保护，防止芯片在空气中长期暴露或机械损伤而失效，以提高芯片的稳定性。在封装过程中，封装材料和封装方式是主要影响因素。封装材料与工艺占整个 LED 灯具成本的 30%～60%。通过不同的封装结构和封装材料，可以提高 LED 的光提取效率和散热性能，减小光衰，并提高使用寿命。总之，LED 封装关键技术就是在有限的成本范围内尽可能多地提取芯片发出的光，同时降低封装热阻，提高可靠性。

6.1　LED 封装方式

LED 封装方式经历了如下四个阶段：①引脚式 LED(lamp-LED)，适用于直径为 3～5mm 的 LED，电流小于 30mA，功率小于 0.1W，主要应用于信号指示；②表面贴装 LED(Surface Mount Device，SMD-LED)，一种可直接将封装好的器件贴或焊到 PCB 表面指定位置的封装技术，主要有金属支架式 LED 和印刷电路板(PCB)片式 LED 两种结构，具有可靠性高、高频特性好、易于实现自动化和集成化等优点；③功率型 LED (High-Power LED)，由于增加了热沉，其功率可达 1W、3W 甚至 5W，扩大了 LED 的应用领域，对白光 LED 照明的应用具有重大意义；④集成型 LED(Chip On Board，COB 型 LED)，将多颗 LED 芯片直接封装在金属或陶瓷基板上，通过基板直接散热，降低热阻。典型的 LED 封装方式如图 6-1 所示。

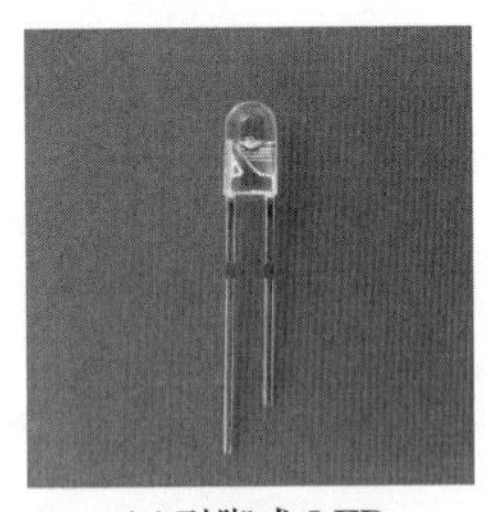

(a)引脚式 LED

(b)SMD-LED

(c)功率型 LED

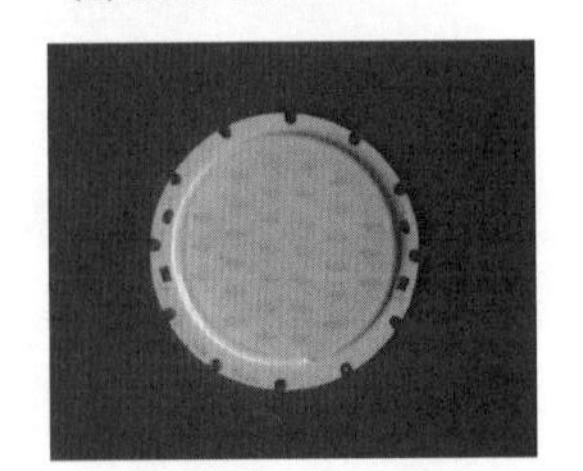

(d)COB 型 LED

图 6-1　典型的 LED 封装方式

6.1.1 引脚式封装

引脚式封装技术，是最先研发成功并投放市场的 LED 产品，技术成熟、品种繁多。引脚式 LED 主要由引线框架、芯片安装放射杯、置于反射杯中的 LED 芯片、环氧封装透镜组成，芯片与引线框架间通过金线绑定建立电器互连，可通过设计特殊的透镜对发光光束角进行控制，图 6-2 为引脚式封装 LED 灯珠的结构示意图。

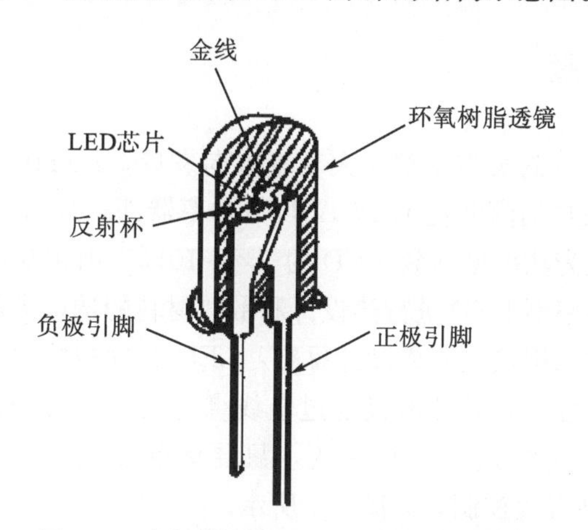

图 6-2　引脚式封装 LED 灯珠的结构示意图

引脚式 LED 封装主要用在 0.1W 以下小功率芯片封装，LED 散发出热量的 90%，由负极引脚架传导到线路板，再散发到外界环境。因此，这一封装结构最大的缺陷在于热阻很大，达到 250K/W 以上，不能用于大功率 LED 的封装。而且，封装用的环氧树脂在紫外光下易老化，会进一步加速光衰。

6.1.2 表面贴装式封装

表面贴装技术(surface mount technology，SMT)是用自动组装设备将片式化、微型化的无引线或短引线表面贴装元器件直接贴焊到 PCB 等布线基板表面特定位置的一种电子组装技术，是将分散的元器件集成为部件、组件的重要技术环节。这种 LED 封装结构利用注塑工艺将金属引线框架包裹在耐高温尼龙(PPA)PPA 塑料中，并形成特定形状的反射杯，金属引线框架从反射杯底部延伸至器件侧面，通过向外平展或向内折弯形成器件引脚。一颗或数颗中小功率 LED 芯片通过导电银浆固晶于反射杯内的金属引线框架上，并通过金线绑定形成电气连接，芯片通过引线框架向外散热，如图 6-3 所示，主要面向功率小于 0.3W 的应用场合，常见的型号有 3528、5050 等。与引脚式封装技术相比，SMD-LED 采用了更轻的封装线路板和反射层材料，缩小了尺寸，减轻了重量，尤其适合户内、半户外全彩显示屏的应用。最大缺点是 PPA 塑料与铜引线框架的结合力较差，两种材料界面处存在缝隙，水汽或腐蚀性气体容易沿着结合缝隙渗入器件内部，造成器件失效。

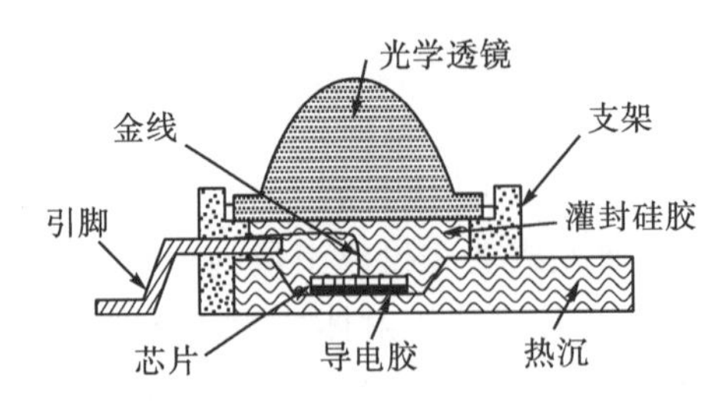

图 6-3 表面贴装式封装 LED 芯片的结构示意图

6.1.3 功率型封装

近年来，LED 芯片与封装技术都向大功率方向发展，LumiLeds 公司在 1998 年推出的 Luxeon 型 LED 是最早的商业化 W 级 LED 大功率器件。ϕ5mm 引脚式封装 LED 在大电流下产生的光通量仅为功率型封装 LED 的 5%～10%。由于功率变大，产生的热量必然也增大，所以必须功率型 LED 进行热设计和散热材料的选取来解决由温升造成的光衰及寿命问题。这种结构采用热电分离设计思路，LED 芯片被放置于专门设计的高导热材料热沉上(通常为紫铜热沉)，芯片电极通过金线绑定在左右两个正负极引脚上，芯片发热通过热沉向下传导，电流通过引脚注入，只要保证热沉与外界散热装置良好接触，LED 芯片结温便能得到有效控制，如图 6-4 所示。

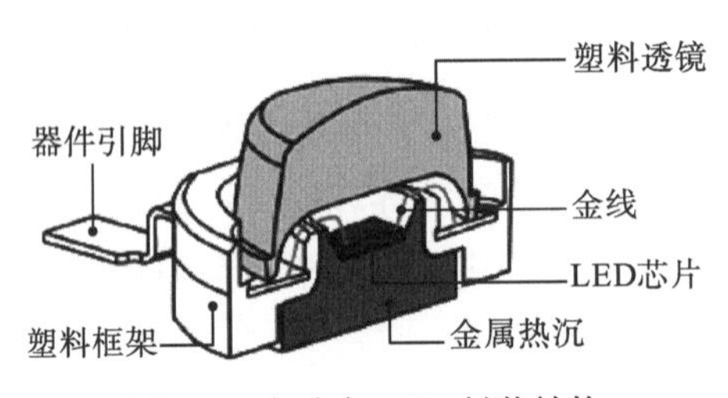

图 6-4 大功率 LED 封装结构

6.1.4 集成式多芯片器件封装

随着 LED 应用的普及，工程师发现基于 LED 器件组装而成的 LED 光源存在如下不足：①LED 器件由于是点光源，无法提供像荧光灯、白炽灯那样的均匀发光效果。点光源的照明除了造成眩光外，当在光源下作业时会出现重影，严重影响照明效果。②LED 灯具通常采用 LED 光源分立器件→金属芯线路板(MCPCB)LED 光源模块→LED 灯具的组装路线，不仅耗费工时，增加额外物耗，而且多次组装引入多级热界面层，模块热阻较大。实际应用中，可将“LED 光源分立器件→金属芯线路板 LED 光源模块”合并，将 LED 芯片直接封装成光源模块，采用“LED 光源模块→LED 灯具”的组装路线，这种光源模块称为集成式多芯片封装或 COB 封装。

COB 封装直接将芯片贴装在基板的表面，采用引线键合的方式实现与基板的电连接。这种封装结构采用在铜板上注塑反射杯，同时固定引线框架电极的工艺路线加工。主要结构如图 6-5 所示，在固定完芯片和焊接金线之后，在基板上灌封荧光胶(有的还在芯片上点涂硅胶)，以保护芯片不受外界环境影响和提高导热散热能力。

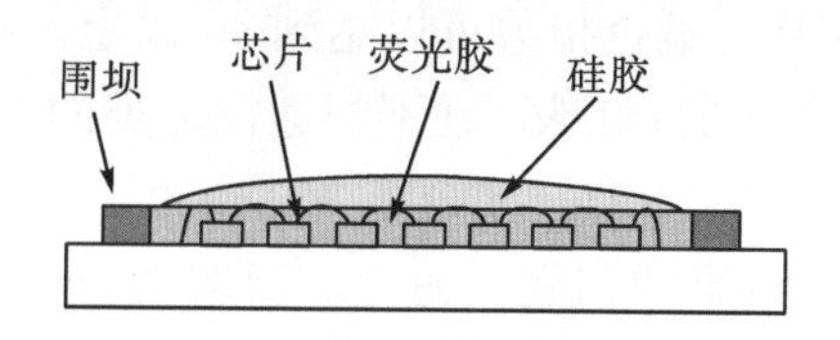

图 6-5　COB 结构示意图

COB 封装结构将多个发光二极管(LED)封装在一个小面积的平面内，具有尺寸小、成本低、利于散热、出光率高的优势使装配的灯具外壳更轻便简洁，易于实现二次配光，实现特定的光学分布。普通的 COB 封装结构表面的硅胶呈平面状或略微凸起状，但该结构下，光线在胶体和空气界面存在严重的全反射问题。

6.1.5　其他封装方式

1. 倒装 LED 封装

LED 芯片通常采用蓝宝石衬底的正装结构，但由于蓝宝石导热性能较差，芯片产生的热量很难传递到热沉上，在功率型 LED 在应用中受到了限制。倒装芯片封装是目前的发展方向之一，与正装结构相比，热量不必经过芯片的蓝宝石衬底，而是直接传到热导率更高的硅或陶瓷衬底，进而通过金属底座散发到外界环境中。

倒装结构的封装首先需要制备具有适合共晶焊接的、大尺寸的 LED 芯片，如图 6-6 所示。同时需要制备相应尺寸大小的硅底板，在硅底板上制作出共晶焊接电极的金导电层，以及引出导电层(超声金丝球焊的焊点)。紧接着，用共晶焊接设备，将硅底板与 LED 芯片焊接在一起。经过此方法，热量不是经过 LED 芯片的蓝宝石衬底，而是直接传导到硅或者陶瓷衬底，此方法降低了内部热沉的热阻，因此倒装结构在散热效果上有了非常大的改善，理论上热阻最低可到 1.34℃/W，在实际测量中可达 6~8℃/W。但是，一般的 GaN 基倒装结构 LED 仍然是横向结构居多，电流拥挤的现象还是普遍存在的。

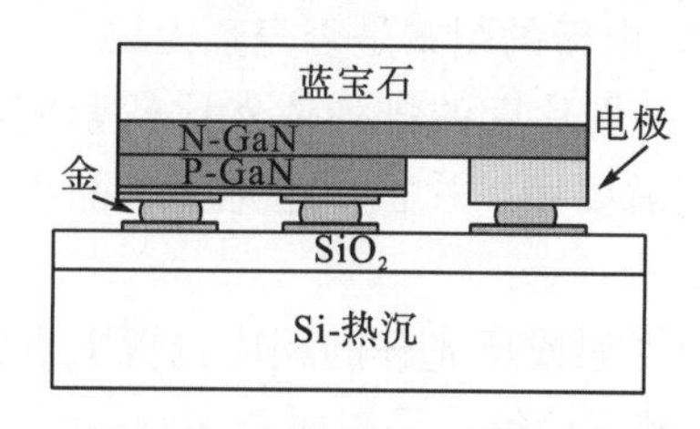

图 6-6　LED 芯片的倒装封装

2. LED 灯丝

2008 年，日本牛尾光源推出以白炽灯为原型配置 LED 的灯泡式灯具“LED 灯丝灯泡”。LED 灯丝工艺通常是将 28 颗 0.02W 的 1016 的 LED 芯片用金线串联焊接在长 38mm、直径 1.5mm 的玻璃基板上，再进行封装荧光胶来实现如图 6-7 所示。LED 灯丝采用10mA电流驱动，电压为84V，功率为0.84W，光通量为100lm，光效可以达到120lm/W，如果搭配红色芯片，显色指数可以达到95以上。以往的LED光源，如引脚式LED、贴片LED、COB等LED灯珠，在不加透镜之类的光学器件情况下，都只能是平面光源，但是LED灯丝突破了此点，实现了360°全角度发光立体光源，避免了因加透镜而影响光效果且造成光损结果的问题。另外，LED灯丝具备的小电流、高电压的特性，有效地降低了LED的发热和驱动器的成本，具有突出的优势。LED灯丝已应用于水晶吊灯、蜡烛灯、球泡灯、壁灯等，前景十分广阔。

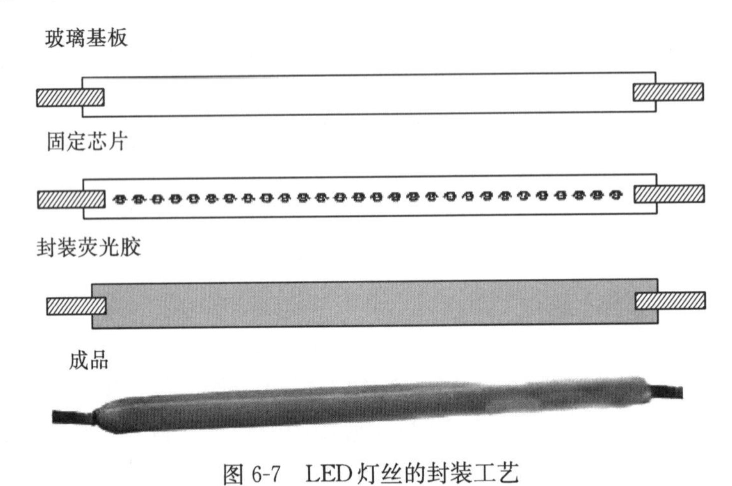

图6-7　LED灯丝的封装工艺

6.2　LED封装工艺

LED封装工艺是封装设计的实施部分，对产品的各项性能都有重要影响，本节主要以引脚式LED封装工艺为例介绍LED封装工艺。图6-8为引脚式白光LED封装工艺流程图，贴片式LED封装应省去一切、二切等工艺，对于大功率LED封装需要加入透镜安放等环节。如果不需白光，省去在胶体涂覆环节混入与芯片相对应的荧光粉环节即可。

(1)芯片检验：镜检材料表面是否有机械损伤、麻点或麻坑，芯片尺寸和电极大小是否符合LED封装的工艺要求，电极的图案是否完整无缺。

(2)扩片：LED芯片产品在划片后的排列依然比较紧密，而且其间距仅约0.1mm，不利于后续的工艺操作。因此需要用扩片机，也称为扩晶机，扩张开芯片的膜，芯片被拉到>0.5mm的间距。

(3)点胶：在LED封装的支架或反光杯的相应位置上点银胶(导电)或绝缘胶。对于衬底有导电性质的，如GaAs和SiC等，采用银胶来对LED芯片进行固定。对于蓝光和绿光的LED芯片，因其为蓝宝石绝缘衬底，用绝缘胶固定。控制点胶量是点胶的工艺难点，与此同时，对于点胶位置和点胶形成胶体的高度也有具体的工艺标准和要求。

(4)备胶：与点胶相反的是，备胶是用备胶机首先把银胶涂在LED产品的背面电极上，然后把背部带银胶的LED产品固定并且安装在LED产品支架上。所以备胶的效率一般远高于点胶，但不是所有的产品都适合用备胶工艺。

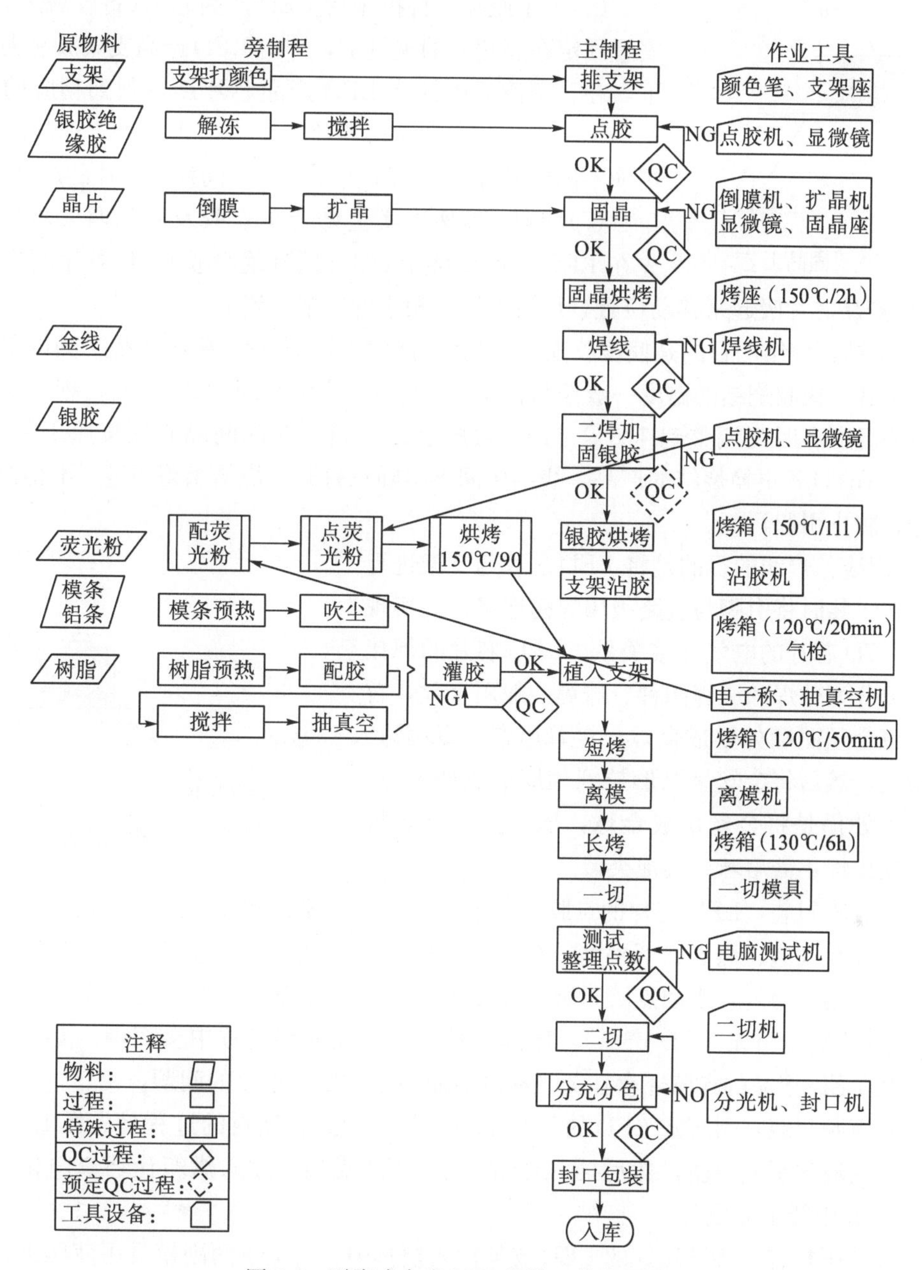

图 6-8　引脚式白光 LED 封装工艺流程图

(5)固晶：是一个尤为重要的工序，它的目的是将芯片通过银胶或绝缘胶粘到支架上的杯中。在点胶工艺完成后，接着将晶片放置好，调节芯片位置，通过界面看到芯片两极沿竖直方向，并通过手柄和键盘调节使界面上十字叉位于边缘，然后分别调节前后勾爪使之刚好抓住支架。再通过调节两侧旋钮调节芯片使之位于杯中心，通过调节内置旋钮使银胶或绝缘胶均匀。固晶的重点有三个：根据晶片进行顶针、吸嘴、吸力参数调整；根据晶片与基座进行银胶参数调整；晶粒位置、偏移角及推力制程调整。图 6-9 为固晶工艺示意图。

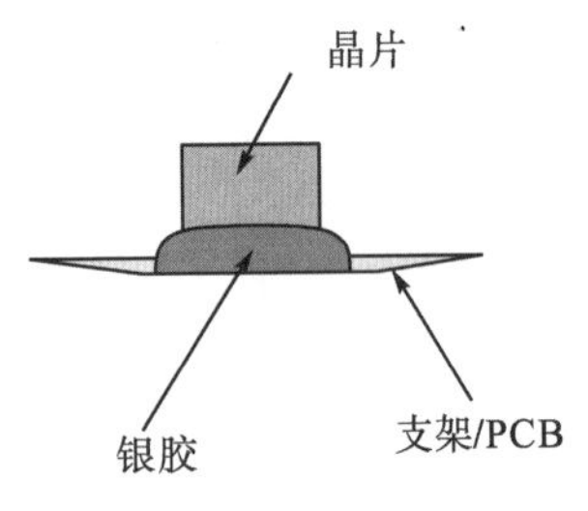

图 6-9 固晶工艺

(6)手工刺片：将扩张后 LED 产品芯片(备胶或未备胶)安置固定在刺片台的夹具上，同时 LED 产品支架放在夹具底下，在显微镜下用针将 LED 产品芯片逐一刺到相应的位置上。手工刺片和自动装架相比之下有一个好处，即随时可以更换不同的芯片，适用于需要安装不同种类芯片的产品。

(7)装架：装架事实上结合了点胶及固晶两大步骤，首先在 LED 产品支架上点上银胶(绝缘胶)，接着用真空吸嘴将 LED 产品芯片吸起来移动位置，最后安置在相应的支架位置上。

(8)烧结：烧结的目的是使银胶固化，烧结需要对温度进行严格的监控，为的是防止批次性不良。银胶烧结的温度一般控制在 150℃左右，烧结时间为 2h 左右。根据实际情况可以将温度和时间调整到 170℃、1h。银胶烧结烘箱的时间间隔必须按照工艺要求，隔 2h(或 1h)打开更换烧结的产品，烧结中间不得随意打开。烧结烘箱用过后不得再作其他用途，防止引起污染。

(9)焊线：焊线的目的是将 LED 芯片与支架进行连接，在组装时将引脚与线路板用焊锡连接，便实现了内部 LED 芯片的电气连接关系。LED 芯片的焊接工艺大致分为球焊和压焊两种。球焊一般用金丝，首先需要将金丝磁嘴处熔成金球，接着压在 LED 芯片的电极上，然后将金丝呈弧形拉到相应的支架上方，在第二点处仍是将金丝熔成金球，压上后将金丝扯断。铝丝压焊不需熔球，其他类似。

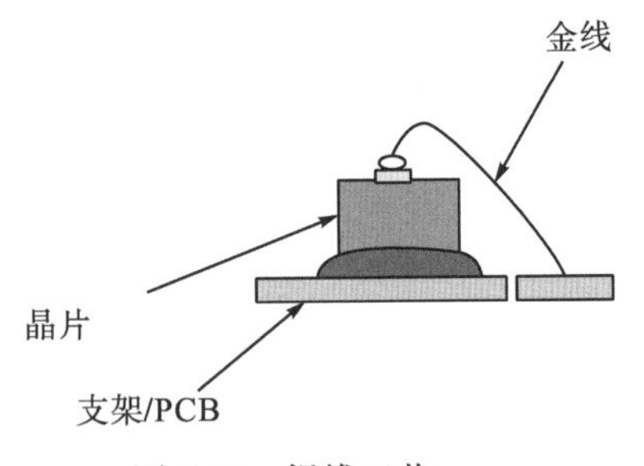

图 6-10 焊线工艺

(10)点胶封装：LED 芯片的点胶封装主要有点胶、灌封和模压三种方式。工艺控制的难点为存在气泡、黑点、不平整。在设计过程中，材料的选型应该选用结合良好的环氧树脂和支架。另外，手动点胶封装主要难点在于对点胶量的控制，对操作水平具有很高的要求(特别是白光 LED 产品)，原因是环氧树脂在使用过程中会变稠。需要指出的是，白光 LED 产品的点胶还存在荧光粉沉淀而导致的出光色差的问题。

(11)灌胶封装：引脚式 LED 的封装采用灌封的形式。灌封的过程是先在 LED 成型模腔内注入液态环氧树脂，然后插入压焊好的 LED 支架，放入烘箱让环氧固化后，将 LED 从模腔中脱出即成型。

(12)模压封装：将压焊好的 LED 支架放入模具中，将上下两副模具用液压机合模并抽真空，将固态环氧树脂放入注胶道的入口加热用液压顶杆压入模具胶道中，环氧树脂顺着胶道进入各个 LED 成型槽中并固化。

(13)固化与后固化：固化是对封装的环氧树脂的烘烤固化，一般环氧树脂的固化的温度和时间条件为 135℃、1h。模压封装一般的温度和时间在 150℃、4min。为了使环氧树脂的固化更加充分就需要进行后固化，同时也是对 LED 产品进行热老化，其一般的温度条件为 120℃。对于提高环氧树脂与支架的黏结强度方面，后固化显得非常重要。

(14)切筋与划片：由于 LED 产品在实际生产中是连在一起的(而不是单个的)，Lamp-LED 产品一般是采用切筋的方法切断 LED 产品支架的连筋。SMD-LED 产品则是在一片 PCB 上，需要划片机来完成分离工作。

(15)测试：划片完成后测试 LED 产品的光电参数及检验外形尺寸，同时根据客户的不同要求对 LED 产品进行分选。

(16)包装：将成品进行计数并且包装。值得注意的是，超高亮 LED 产品需要防静电包装。

6.3　LED 封装材料与设备

6.3.1　LED 封装材料

封装材料对 LED 芯片的功能发挥具有重要的影响，封装材料选择不当，会造成散热不畅或出光率低，均会导致芯片的功能失效。LED 封装材料主要包括支架(基板)、芯片、金线、导电胶、荧光粉、封装胶、灌装胶和光学透镜等。

1. 支架(基板)

支架是大功率 LED 散热通道上的关键路径，且支架兼具电气连接和机械支撑的作用，如何将多余的热量有效地传递到热沉上，支架的材料和结构的选取至关重要。目前应用较多的支架主要有金属基板和陶瓷基板。封装支架要求具有高导热性、高绝缘性、高耐热性、与芯片匹配的热膨胀系数及较高的强度。

金属基印刷电路板(MCPCB)是印刷板的一个种类，主要采用层压的工艺制备，20 世纪 60 年代在美国产生。MCPCB 具备散热性能较好、热膨胀系数较小、尺寸稳定性和屏蔽性较高等优点，广泛用于高频设备、大功率模块电源和电子类产品上。MCPCB 基板包含三层，由上至下分别为电路铜层、绝缘层和金属基层，如图 6-11 所示。电路铜层形成电连接，金属基层通常采用热导率较高的金属铜或铝。绝缘层通常具有较高要求，包括高绝缘性、高稳定性、高导热能力、与芯片匹配的热膨胀系数及良好的表面质量等。

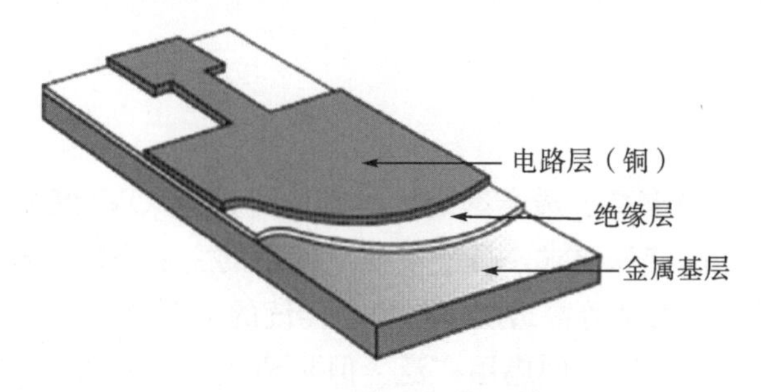

图 6-11　金属基印刷电路板

陶瓷材料由于具有较好的材料特性广泛用于制备散热基板，陶瓷基板主要分为共烧陶瓷基板、陶瓷覆铜板(DBC)、DAB 和 DPC。共烧陶瓷多层基板分为 HTCC 和 LTCC，基本工艺都是将氧化铝粉和有机黏结剂混合均匀成泥状的浆料，利用刮刀把浆料刮成片状。经干燥形成薄片状陶瓷生坯，根据各层互连要求设计加工导通孔，导通孔填充金属后作为各层信号的垂直传导通道，每层电互联运用网版印刷技术印制线路，电极分别使用铜、银、金等金属。将多层完成线路制作和填孔的生瓷片叠层后层压，放置在共烧炉中烧结成型，最后裂片成封装基板。

与金属材料封装基板相比，陶瓷基板省去绝缘层的复杂制作工艺。多层陶瓷金属封装(multilayer ceramic metal package，MLCMP）技术在热处理方面与传统封装方法相比有大幅度的改善。新型的 AlN 陶瓷材料，具有导热系数高、介电常数和介电损耗低的特点，是新一代半导体封装的理想材料。DBC 也是一种导热性能优良的陶瓷基板，所制成的超薄复合基板具有优良电绝缘性能，并具有高导热特性，其热导率可达 24～28W/(m·K)。

表 6-1 常用 LED 封装支架基板性能对比

性能指标	PCB	MCPCB	LTCC	TFC*	DBC*	DPC*
热导率/[W/(m·K)]	0.3～0.4	1.0～3.0	2.0～3.0	20～25	20～25	20～25
CTE/($\times10^{-6}$/℃)	13～17	17～23	5.0～8.0	5.0～8.0	5.0～8.0	5.0～8.0
工艺温度/℃	200	200	850～900	700～800	1 065	200～300
金属层厚/μm	—	<100	—	5～20	100～600	10～100
载流能力	差	较差	优	良	优	良
附着力	低	较低	强	强	强	较强
耐热冲击	极差	差	优	优	良	良
最小线宽/μm	>200	>200	>300	100	150	30～50
最高使用温度/℃	115	150	500	300～500	500～800	500～600
主要应用	低功率	中功率应用广泛	中功率	中功率 COB 封装	高功率 COB 封装	高功率 COB 封装
成本	极低	低	高	较低	高	较高

注：* 采用氧化铝陶瓷基片

2. 封装胶

封装胶必须具备热导率高、透光率高、耐热性好及耐 UV(紫外线)屏蔽佳等特性。封装胶由于其对透光性的特殊要求，目前市面上使用的主要有环氧树脂、有机硅、聚碳酸酯、玻璃、聚甲基丙烯酸酯等高透明度材料。传统的 LED 封装材料为环氧树脂，在单色 LED 和小功率白光 LED 器件中应用广泛。但是环氧树脂耐紫外、热老化性能差，用于大功率白光 LED 封装时，材料透光率会随着器件使用时间的延长而明显降低，器件的寿命也因此极大缩短。而且环氧材料硬度较大且加工不方便，故基本上用于外层透镜材料。有机硅材料是一种具有高耐紫外线和高耐老化能力、低应力的材料，成为 LED 封装材料的理想选择。

根据折射定律，光线从光密介质入射到光疏介质时，当入射角达到一定值，即大于等于临界角时，会发生全反射。以 GaN 蓝色芯片来说，GaN 材料的折射率是 2.3，当光线从晶体内部射向空气时，根据折射定律：

$$\theta_0 = \arcsin(n_1/n_2) \tag{6-1}$$

式中，n_2等于 1，即空气的折射率；n_1是 GaN 的折射率，由此计算得到临界角 θ_0约为 25.8°。能射出的光只有入射角小于 25.8°空间立体角内的光，因此其有源层产生的光只有小部分被提取出，大部分易在内部经多次反射而被吸收，导致过多光损失。为了提高 LED 产品封装的光提取效率，必须提高 n_2的值，即提高封装材料的折射率，以提高产品的临界角，从而提高产品的封装发光效率。同时，要求封装材料对光线的吸收要小。硅树脂的透光率与 LED 器件的发光强度和效率成正比，透光率越高，越有利于增加 LED 器件的发光强度和效率。

由于氮化镓芯片具有高的折射率(约为 2.2)，一般有机硅材料的折射率只有 1.4，在提高有机硅材料的折射率方面，第一种方法是在分子结构中引入苯基基团。由于苯基的含量不能无限增加，通过在分子结构中引入苯基，最高可以将有机硅材料的折射率提高到 1.55 左右。目前市场上所能见到折射率最高的 LED 封装用有机硅材料的折射率约为 1.54。第二种是通过引入无机纳米粒子如纳米二氧化钛、氧化锌，可以将折射率提高到 1.7 以上，但是目前纳米粒子改性还有诸多技术问题难以解决。

对于白光 LED 用封胶，传统选取的是双组分的环氧树脂，这种封装胶存在下面两个问题：封装用光学级的树脂容易受热变黄；短波长辐射也会造成环氧树脂老化。这是因为白光 LED 发光光谱中，也包含了短波长的光线，而环氧树脂却容易被白光 LED 中的短波长光线破坏而降解。低功率的白光 LED 就已经会造成环氧树脂的降解，更何况高功率的白光 LED 所含的短波长的光线更多，会造成老化加速。白光 LED 采用的是硅胶封装。硅胶除了对短波长有较佳的抗热性、较不易老化，它还能够分散蓝色光和近紫外线。所以，与环氧树脂相比，硅树脂可以抑制材料因为短波长光线所带来的劣化现象，此外硅胶的光透率、折射率都很理想。硅树脂封胶材料是一种稳定的柔性胶凝体，在 −40～120℃，不会因为温度的聚变而产生内应力，使金线与引线框架断开，并防止外封装的环氧树脂形成的“透镜”。

3. 导电胶

LED 用导电胶用来散热和固定芯片。银胶成分主要为树脂、银粉、硬化剂，其中银粉含量为 65%～80%，有望成为散热方面新的考虑方向。导电银胶因具有环境友好、导电率高等优点而广泛应用于微电子、LED、LCD、电子元器件、集成电路、汽车电子、射频识别、电子标签等领域的封装与导电线路等。表 6-2 为部分导电银胶的技术参数表。

表 6-2　部分导电银胶的技术参数表

参数 \ 型号	Ablestik 826-1DS	T3007-20	T-11	DAD-87	TK129-L
体积电阻率/(Ω · cm)	5×10^{-4}	4.9×10^{-4}	2×10^{-4}	5×10^{-4}	2.3×10^{-4}
剪切强度/MPa	9.3	30.53	3.5	4.0	20

续表

参数 \ 型号		Ablestik 826-1DS	T3007-20	T-11	DAD-87	TK129-L
热传导率/[W/(m·K)]		2.0	1.2		14.58	2.3
η/(Pa·s)		19	15～25	120	15～25	8.6
工作寿命/h		24	12			
固化条件	T/℃	150	150	150	150	150
	t/min	30	30	60	240	60～90
离子数值/(mg/kg)	Cr^+	175		16	10	
	Na^+	200		16	5	
	K^+	2		7		
固化损失	损失率/%	2.2	0.1	0.019	1	0.65
	T/℃	300	250	250	341	300
热膨胀系数/[μm/(m℃)]	$<T_g$	50	90		22	40
	$>T_g$	1700	500		74	100
储存期限	t/a	1	0.5	1	1	0.5
	T/℃	−40	−50～−40	0	−5～0	−15
价格/(万元/kg)		1.10	1.50	0.50	0.35	0.90
产地		美国	日本	英国	上海	深圳

4. 金线

金线在 LED 封装中主要是连接晶片与支架，为 99.99%纯金。一般常用的金线有 0.9mil(1mil=25.4μm，线径单位)、1.0mil、1.2mil 等。

5. 荧光粉

白光 LED 的生成主要是依据光复合的原理实现的，通过改变 LED 不同颜色光的组成比例，可以得到各种类型的白光。白光封装技术主流有三种工艺：单芯片、双芯片、多芯片等。

单芯片封装：由单颗芯片配合不同的荧光粉生成，可以有多种方法。蓝光芯片+YAG 黄色荧光粉，是目前应用最为广泛，也是最简单的封装方法，由日本日亚公司首先提出。具体工艺选用 400～470nm 蓝光芯片，在其表面涂覆 YAG(钇铝石榴石)荧光粉，芯片发出的蓝光一部分被荧光粉吸收，另一部分与荧光粉发出的黄光复合而成白光。通过不同波段的芯片配合不同量的荧光粉可以调配不同色温的白光 LED。由于荧光粉发射光谱中红色部分缺乏，造成显色性较差，并且蓝光 LED 受温度和电流的影响会发生偏移，造成白光源颜色变化。蓝光芯片+红色荧光粉+绿色荧光粉，这种方法能得到高显色性，但由于目前红色荧光粉和绿色荧光粉的效率不高，造成这种方法封装的白光 LED 流明效率偏低。紫外芯片+红、绿、蓝色荧光粉，这种方法的原理是 LED 芯片产生紫外线激发三基色荧光粉，进而复合成白光，这种方法显色性好。但同样由于红绿色荧光粉效率偏低导致发光效率低下。另外荧光粉温度稳定性也需要考虑。图 6-12 为白光 LED 的实现方式示意图。

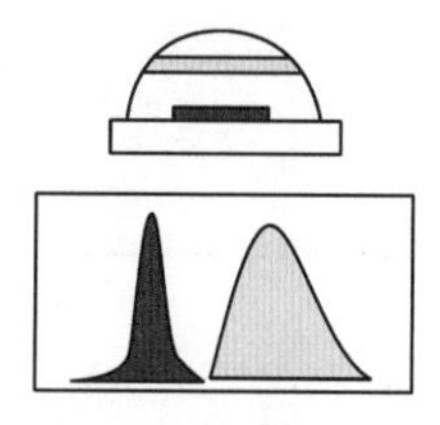

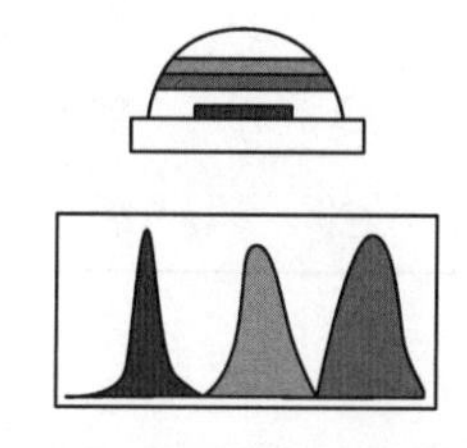

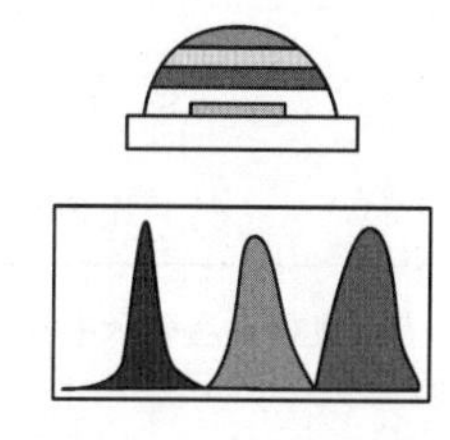

(a)蓝光 LED+黄色荧光粉　(b)蓝光 LED+绿、红色荧光粉　(c)紫外 LED+黄、绿、红色荧光粉

图 6-12　白光 LED 的实现方式

白光 LED 用荧光粉还应满足其他特性要求，如吸收强、宽带激发和发射、高量子效率、热猝灭性小、性能稳定、合适的粒度与形貌等，以满足白光 LED 封装的需求。近年来，大量照明用的荧光粉被研究，但只有石榴石、硅酸盐、硫化物及氮化物等少数基质的荧光粉能被蓝光 InGaN 芯片有效激发，如表 6-3 所示。

表 6-3　白光 LED 用荧光粉

荧光粉	化学组成	发光强度	峰宽	耐用性	热猝灭性或热稳定性
绿色荧光粉	$Y_3(Al, Ga)_5O_{12}$:Ce	△	宽	○	△
	$SrGa_2S_4$:Eu	○	中等	×	×
	$(Ba, Sr)_2SiO_4$:Eu	○	中等	△	△
	$Ca_3Sc_2Si_3O_{12}$:Ce	○	宽	○	○
	$CaSc_2O_4$:Ce	○	宽	○	○
	β-sialon:Eu	○	中等	○	○
	$(Sr, Ba)Si_2O_2N_2$:Eu	○	中等	○	○
	$Ba_3Si_6O_{12}N_2$:Eu	○	中等	○	○
黄色荧光粉	$(Y, Gd)_3Al_5O_{12}$:Ce	○	宽	○	△
	$Tb_3Al_5O_{12}$:Ce	△	宽	○	△
	$CaGa_2S_4$:Eu	○	中等	×	×
	$(Sr, Ca, Ba)_2SiO_4$:Eu	○	宽	○	△
	Ca-R-sialon:Eu	○	中等	○	○

续表

荧光粉	化学组成	发光强度	峰宽	耐用性	热猝灭性或热稳定性
红色荧光粉	(Sr, Ca)S:Eu	○	宽	×	×
	(Ca, Sr)$_2$Si$_5$N$_8$:Eu	○	宽	△	△
	CaAlSiN$_3$:Eu	○	宽	○	○
	(Sr, Ba)$_3$SiO$_5$:Eu	○	宽	×	○
	K$_2$SiF$_6$:Mn	○	窄	○	○

注：○表示良好；△表示中等；×表示差。

6.3.2 LED 封装设备

1. 金相显微镜

用于检测 LED 封装过程中出现的问题，如芯片表面损伤等。如图 6-13 所示。

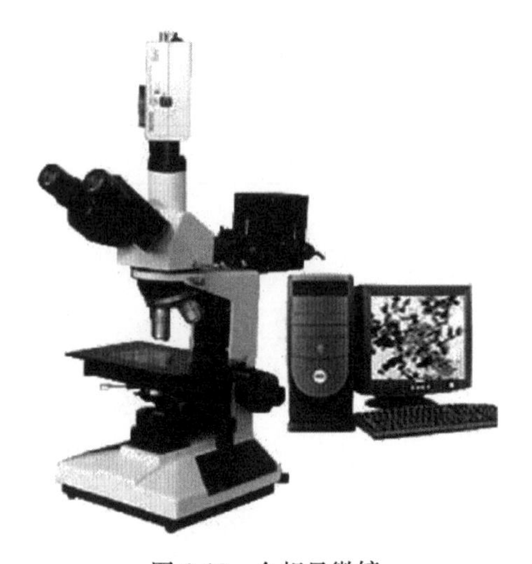

图 6-13 金相显微镜

2. 晶片扩张机

利用 LED 薄膜的加热可塑性，采用双气缸上下控制，将单张 LED 晶片均匀地向四周扩散，达到满意的晶片间隙后自动成型，膜片紧绷不变形，使之更好地植入焊接工件上。如图 6-14 所示。

3. 点胶机

LED 上点银胶、点环氧树脂等。点胶机和固晶机一样，精度要求高，这样才能有效地控制胶量。如果胶量太多，芯片贴上去后就容易挤压出多余的胶，阻挡和吸收芯片周围的发光，而且将反射杯壁发射出的光吸收，影响光亮度；如果胶量太少，特别是进入焊线的工序时，芯片容易从杯底脱落，引起死灯、漏电等进而造成次品。点胶机如图 6-15 所示。

图 6-14　扩晶机

图 6-15　点胶机

4. 背胶机

用于 LED 扩晶后蘸取银胶。背胶机如图 6-16 所示。

5. 固晶机

将 LED 芯片安放到支架上，LED 的晶粒放入封装位置的精确与否影响整件封装器件的发光效能，若晶粒在反射杯内的位置有所偏差，光线未能完全发射出来，影响成品的光亮度。因此，固晶机必须选择高精度的固晶机，最好是拥有先进的预先图像识别系统。固晶机如图 6-17 所示。

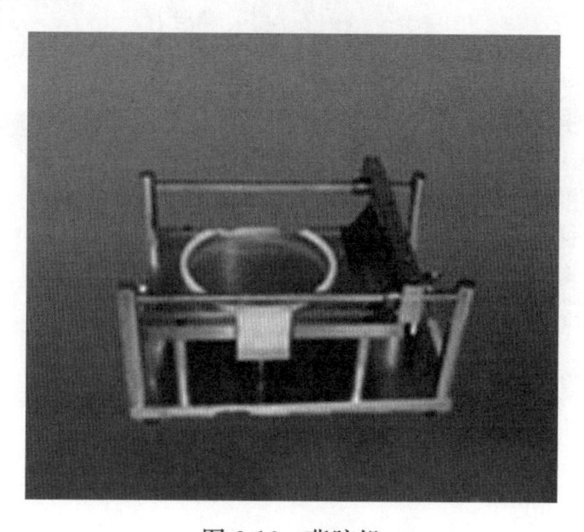

图 6-16　背胶机

图 6-17　固晶机

6. 焊线机

将金线焊到芯片电极上。焊线机在用之前，要调好 1 焊和 2 焊的功率、温度、压力，以及超声波的温度、功率，使这些参数能够让金线承受 5g 的拉力，这样才不会让以后的烘烤工序因为物质的膨胀系数不同而导致金线断裂或者脱焊。焊线机如图 6-18 所示。

图 6-18　焊线机

7. 灌胶机

用环氧树脂对 LED 进行封装。灌胶机的针头必须都保持在同一水平的位置，而且漏胶的通道不能有渣滓，而且密封得很好，针头也必须隔段时间进行清理。由于封装后所形成的是由环氧树脂形成的一层光学“透镜”，如果这层透镜中混有杂质就会使得出光效率不好，而且光斑中也会有黑点。灌胶机如图 6-19 所示。

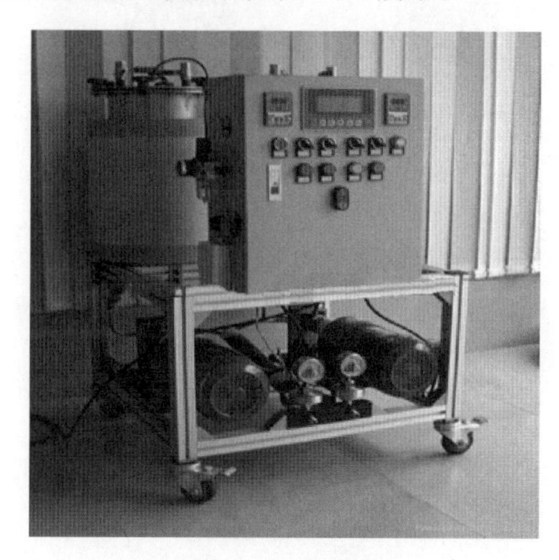

图 6-19　灌胶机

8. 烤箱

固化环氧树脂。烤箱必须是循环风，而且烤箱的隔层的托盘必须是保持水平的。在制作白光 LED 的时候，点好的荧光粉必须要在烤箱内烤干，但是如果不是循环风和隔层的托盘，烤出的荧光粉分布不均匀，造成光斑的不均匀，还有可能造成荧光粉的溢出。烤箱如图 6-20 所示。

图 6-20　烤箱

9. 其他设备

其他 LED 封装设备包括液压机、切脚机、测试机、分光分色机，如图 6-21 所示。

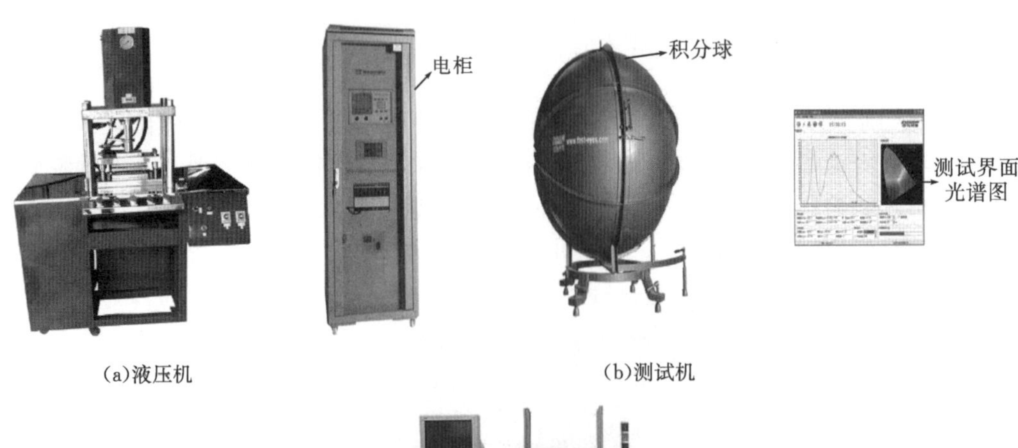

(a)液压机 (b)测试机

(c)分光分色机

图 6-21 其他设备

6.4 荧光粉涂覆技术

在白光 LED 的设计中，最重要的步骤就是点荧光粉，点荧光粉是白光形成的关键。芯片的波长是 460～470nm，选取的荧光粉同样也在这个波段，点荧光粉分为两个很重要的操作——调荧光粉和涂抹荧光粉。

荧光粉转换白光 LED 工艺中一个重要的环节就是荧光粉涂覆工艺，荧光粉硅胶流体从点涂机中流出，在表面张力等作用下在芯片表面铺开，经过固化过程，最终形成荧光粉硅胶层。荧光粉胶涂覆成形过程本质上是一个两相流动过程，荧光粉层最终的几何形貌由这一过程决定，而荧光粉层形貌又决定了 LED 的最终光学性能。LED 封装荧光粉的作用是光色复合，如果形成白光的荧光粉厚度不均匀或形状不规则，将导致出射光局部偏黄或偏蓝，形成的光斑不均匀，从而影响白光 LED 的性能。为此，必须严格控制荧光粉的浓度、厚度及涂覆形状。

目前国内主要采用的是传统的荧光粉涂覆工艺，即点荧光粉混合胶的工艺，直接在芯片表面涂覆荧光粉。将荧光粉粉末与树脂(如环氧树脂、有机硅树脂等)按一定比例混合，在“扩晶”“刺晶”“固晶”之后，在“引线一支架键合”与“封装”工序之间，将预先调配完成的荧光粉树脂混合物涂覆在 LED 芯片表面，其他工艺过程与单色 LED 封装基本相同。LED 荧光粉层具体工艺过程是将 YAG 黄色荧光粉与透明树脂按一定配比制成黄色荧光粉浆，搅拌均匀，在显微镜下，用细针头将荧光粉浆涂抹于芯片表面或者利用自动点胶机将荧光粉涂覆于芯片表面。

6.4.1　调荧光粉

普通用的荧光粉是粉状的，因此不能直接将粉状的物质覆盖在芯片上，只有将荧光粉分散在一种胶液中，然后再将这种混合荧光粉胶液烤干后，才能使其覆盖在蓝色的芯片上。

1. 胶液选择

选择的溶剂必须不能破坏荧光粉自身的组织，而且这个溶剂不能和荧光粉发生化学反应。常用胶液有：环氧树脂，丙烯酸树脂和硅树脂，它们与荧光粉形成混悬液。

2. 配制混悬液

在这里选用的材料有相对应波段的黄色荧光粉和环氧树脂。根据白光的发光原理，荧光粉加入的量太多就会造成发出的白光偏黄，荧光粉的量加入得太少就会使得发出的白光偏蓝。因此需要根据荧光粉的发光效率来合理配制荧光粉。但是用荧光粉+环氧树脂封装出的成品光斑是一片蓝、一片白、一片黄。这种光斑形成的原因是荧光粉被蓝色的光激发得不均匀，也就是说荧光粉的细小颗粒没有被蓝色的光完全激发。要解决激发的问题，就需要引入扩散剂这样的一种物质，扩散剂可以增强蓝光激发荧光粉的效率，从而增强荧光粉的发光效率。实验发现，扩散剂的确改善了光斑，使得发出的光斑不再是一块一块的，但是新的问题又出现了，光斑虽然整体呈现一种颜色，但是外圈却有一层黄色出现。要改善黄圈必须要知道原因，将 LED 成品解剖，可以看到荧光粉的沉淀情况，如图 6-22 所示。

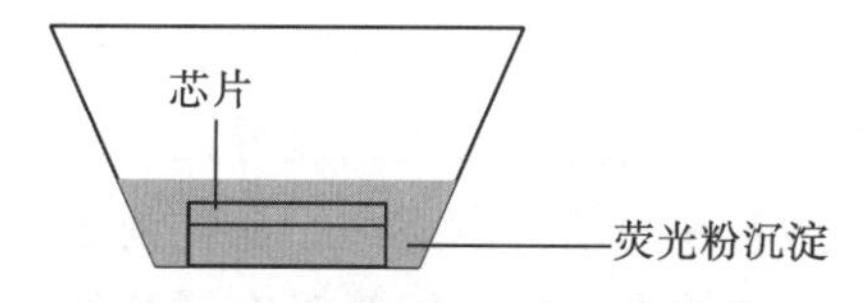

图 6-22　荧光粉溶液烤干后的剖面图

通过理论分析知道，这种现象是由黄光比例偏大所引起的。首先要改变荧光粉胶液的配比，找到合适的配比才能改善黄圈；接着就是荧光粉沉淀的问题，从图 6-22 可以看到荧光粉覆盖在芯片和支架杯之间的空隙中的厚度要比芯片表面的厚度厚很多。这是因为在烘烤的过程中，环氧树脂会挥发一部分。环氧树脂是双组分的：一部分是树脂；另一部分是固化剂，属于酸酐类。固化剂的作用交联小分子，使其固化。固化剂与树脂的反应是放热反应，而环氧树脂的热传导性很差，黏度又很大。所以产生的热量不容易消散，体积变大，密度降低这样很容易使得荧光粉沉淀。另外，芯片的尺寸和支架杯底的尺寸有差异，这样很容易导致芯片四周的荧光粉浓度大。荧光粉的浓度分布不均匀会造成白光 LED 的色温分布不均，使得白光 LED 的亮度和光斑都不能达到预期效果。如何改善荧光粉的因沉淀而引起的分布不均匀，这是进一步研究的问题。理论上可以从两个方面去改善：①生产的工艺，也就是在生产过程中，在时间很短的间隔里均匀搅拌，而点荧光粉的速度加快，与下个环节的衔接时间也变紧，点好荧光粉的半成品很快进入烘烤的步骤中。②加入一种新的物质，使得荧光粉容易在高温下也能保持很好的均匀混合状态。在荧光粉溶液中引入了表面活性剂，其作用一部分可以吸附有机物；另一部分可以吸附无机物的表面活性剂。经过反复的实验，得到的荧光粉、表面活性剂、扩散剂和环氧树脂的最优质量配比为 10∶5∶3∶100。

6.4.2 荧光粉涂覆

引脚式白光 LED 的外封装有成型模具，顶部密封的环氧树脂做成一定形状，有如下作用：一是保护管芯等不受外界侵蚀；二是采用不同的形状和材料性质(掺或不掺散色剂)，起透镜或漫射透镜功能，控制光的发散角。但是，由环氧树脂形成的“透镜”不可以调节。为了达到更好的光效，必须设计由涂抹的荧光粉而形成的“透镜”。荧光粉可以在支架的杯面上形成三种透镜形式：凹透镜，平面透镜，凸透镜。根据两层透镜的光辐射图样，选取的是凸透镜。凸透镜的角度与外封装胶形成的透镜角度是相同的。这样能使芯片发出的光线垂直出射，并且能提高光线的出射率。但是这样荧光粉涂抹方式还是不够完美，芯片周围 4 个面的光强分布也是不同的。虽然对荧光粉胶液的组分和配比作了一些调整，但是荧光粉的沉淀只能得到很好的改善而不能完全解决，这样的涂抹方式影响白光 LED 的色温和色品坐标。如果能将荧光粉完全单薄地覆盖在芯片上，就能解决这个问题。但是对于引脚式白光 LED 的封装工艺上是很难办到的，而要适合工厂的生产和销售，这种涂抹技术是不合适的。这种设想对于大功率这种封装方式是可以做到的。在大功率白光 LED 中，芯片的发光效率要求高，因此使用面积比小型芯片($1mm^2$左右)大 10 倍的大型 LED 芯片。目前，大功率白光 LED 的封装主要采用倒装式，倒装芯片是把 GaN LED 晶粒倒装焊在散热板上，并在 P 电极上方制作反射率较高的反射层，即将原先从元件上方发出的光线从元件其他的发光角度导出，而由蓝宝石基板端沿取光。图 6-23 为正装和倒装两种功率型芯片的结构示意图。这种封装方式降低了在电极侧面的光损耗，可得到正装方式 2 倍左右的光输出。因为没有了金线焊垫的阻碍，对提高亮度有一定的帮助。

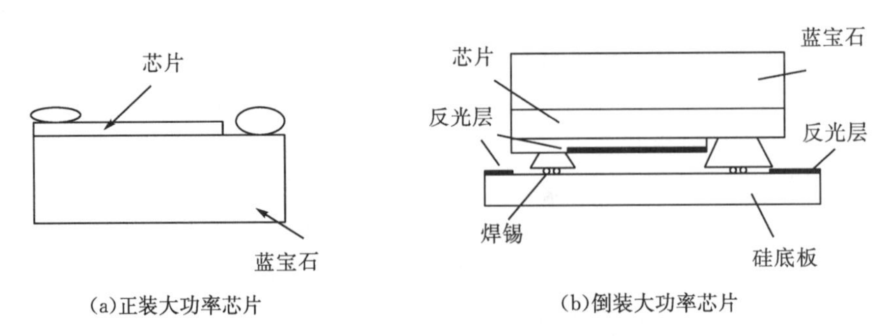

图 6-23 两种功率型芯片的结构示意图

对比两种芯片的优缺点，基于大于功率 LED 需要好的散热环境和发出高光效，在大功率白光 LED 的封装中，采用的是倒装芯片代替传统的正装大功率芯片。大功率白光

LED 的荧光粉涂抹技术则是只用将荧光粉均匀涂抹在表面就可以，而不用涂抹在芯片四周。这种方式是将荧光粉混合溶液直接涂抹在芯片上，因此所用到的胶液不再是环氧树脂，因为环氧树脂的流动性较强。如果用传统的环氧树脂来混合荧光粉，荧光粉溶液就会从芯片表面溢出。可以选择自动成型的 UV 胶，将 UV 胶与普通荧光粉按照一定的重量比进行均匀混合调配。将调配好的原料加入点胶机对大功率发光二极管芯片进行点胶涂布，使涂层厚度控制在 0.5～0.6mm。将涂布完成的芯片用紫外灯照射进行固化，完成固化工艺过程。

6.5　LED 散热技术

早期的 LED 由于功率小，其产生的热量可随封装引线框架或封装材料散发至空气中，无须特别考虑其散热问题。随着 LED 技术的不断发展，尤其是在大功率 LED 的广泛应用，LED 已从以前的微瓦级上升至瓦级甚至百瓦级，其产生的热量已成为严重影响 LED 性能及寿命的最主要因素之一，LED 热控问题也成为 LED 封装到应用需要优先考虑的关键问题。

热控问题首先是由 LED 自身半导体特性决定的。从材料的稳定性考虑，与传统光源相比，LED 芯片及其封装材料耐热性能较差。以白炽灯为例，正常工作状态下，其灯丝可承受超过 2000℃的高温，而一般的 LED 节点温度则不能超过 120 ℃，即便是 Lumileds、Nichia、CREE 等推出的最新器件中，其最高节点温度仍不能超过 150℃。此外，LED 体积比较小，在同样的功率下，具有较高的热流密度，如 CREE DA1000 大功率芯片，芯片面积仅为 1mm×1mm，芯片最大驱动电流下(1000mA)，压降约为 3.5V，除光功率后热功率有 2.5W，对应的热流密度高达 $250W/cm^2$。

一般情况下，LED 的发光波长随温度变化，光谱宽度随之增加，影响颜色鲜艳度。另外，当正向电流流经 PN 结时，发热性损耗使结区产生温升，在室温附近，温度每升高 1℃，LED 的发光强度会相应地减少 1％左右，封装散热时保持色纯度与发光强度非常重要，以往多采用降低其驱动电流的办法，降低结温，多数 LED 的驱动电流限制在 20mA 左右。但是，LED 的光输出会随电流的增大而增加，很多功率型 LED 的驱动电流可以达到 70mA、100mA 甚至 1A 级。因此，需要改进封装结构、全新的 LED 封装设计理念和低热阻封装结构及技术，改善热特性。例如，采用大面积芯片倒装结构，选用导热性能好的银胶，增大金属支架的表面积，焊料凸点的硅载体直接装在热沉上的方法。此外，在应用设计中，PCB 等的热设计、导热性能也十分重要。

6.5.1　热量来源

对于一般照明使用，需要将大量的 LED 元件集成在一块模组中以达到所需的照度。但 LED 的光电转换效率不高，只有 15％～20％电能转为光输出，其余均转换成为热能。热量是 LED 的最大威胁之一，影响 LED 的电气性能，最终导致 LED 失效。如何让 LED 保持长时间的持续可靠工作是目前大功率 LED 器件封装和系统封装的关键技术。

对于由PN结组成的发光二极管，当正向电流从PN结流过时，PN结有发热损耗，这些热量经由黏结胶、灌封材料、热沉等，辐射到空气中。在这个过程中每一部分材料都有阻止热流的热阻抗，也就是热阻，热阻是由器件的尺寸、结构及材料所决定的固定值。设发光二极管的热阻为R_{th}(℃/W)，热耗散功率为P_D(W)，此时由电流的热损耗而引起的PN结温度上升为

$$\Delta T = R_{th} \times P_D \tag{6-2}$$

PN结结温为

$$T_j = T_a + R_{th} \times P_D \tag{6-3}$$

式中，T_a为环境温度。

6.5.2 热量对LED的影响

LED发光过程中产生的热量将会造成LED模组的温度上升，当温度升高时，会造成以下方面的影响：①发光强度降低，随着芯片结温的增加，芯片的发光效率也会减少，LED亮度下降。同时，由于热损耗引起温升增高，发光二极管亮度将不再继续随着电流成比例提高，即显示出热饱和现象。②发光主波长偏移，随着结温的上升，发光的峰值波长也将向长波方向漂移，为0.2～0.3nm/℃，对于通过由蓝光芯片涂覆YAG荧光粉混合得到的白光LED来说，蓝光波长的漂移，会引起与荧光粉激发波长的失配，从而降低白光LED的整体发光效率，并导致白光色温的改变，严重降低LED的使用寿命，加速LED的光衰。

6.5.3 LED的散热机制及解决方案

1. 散热机制

散热的基本途径主要有以下三种：热传导、对流、辐射。与其他固体半导体器件相比，LED器件对温度的敏感性更强。由于受到芯片工作温度的限制，芯片只能在120℃以下工作，所以器件的热辐射效应基本可以忽略不计。传导和对流对LED散热比较重要。从热能分析，假设Q=发散功率（P_d）=$V_f \times I_f$，而且V_f和I_f相对变化比较小。所以在进行散热设计时主要先从热传导方面考虑，热量预先从LED模块中传导到散热器。

(1)热传导。

图6-24为热传导示意图。

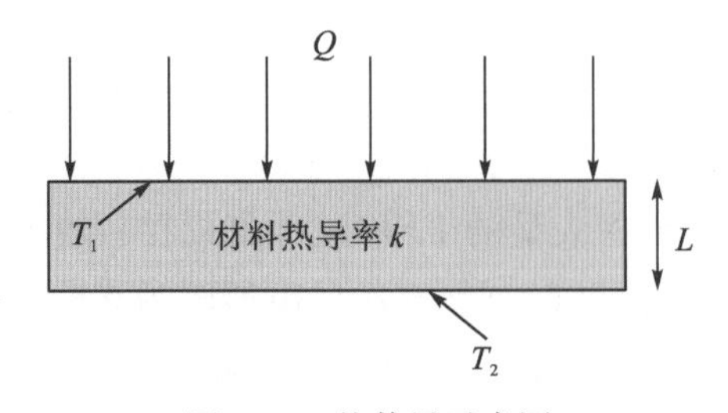

图6-24 热传导示意图

首先考虑热源均匀地加载在导热材料的整个表面的情况，由傅里叶导热定律得知，热流密度与温度梯度成正比：

$$q = \frac{Q}{A} = k\frac{T_1 - T_2}{L} = k\frac{\Delta T}{\Delta x} \tag{6-4}$$

式中，k 为热导率；A 为面积；Δx 为导热材料的厚度；q 为热流密度，表示单位面积的耗散的功率。对于多层复合材料，总热阻可以简化为

$$\frac{\Delta T}{Q} \sim \sum_i \frac{\Delta x_i}{k_i} \tag{6-5}$$

以图 6-25 两层材料的热传导为例：

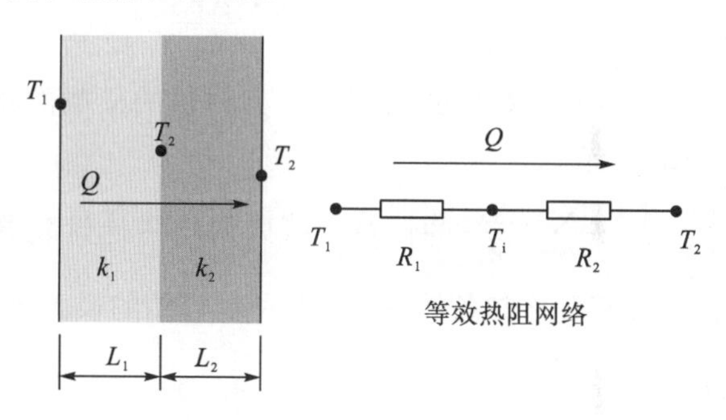

图 6-25　两层材料的热传导

$$R = R_1 + R_2 = \frac{L_1}{k_1 A} + \frac{L_2}{k_2 A} \tag{6-6}$$

从式(6-5)和式(6-6)大致可以得到解决散热的基本方法：减少材料的厚度并选用高热导率的材料。但是高热导率材料，如铜等材料，同时也会引入比较大的残余应力，并且黏片时，需要比较厚的黏结层。这样势必会增加多余的接触热阻。封装的热阻公式大多用式(6-7)来描述：

$$R_{ja} = (T_j - T_a)/Q \tag{6-7}$$

式中，T_j 为芯片的结区温度；T_a 为环境温度；Q 为芯片发热功率。同一加热功率与环境温度下，热阻越大，即代表有越多的热量不能从封装中散出，而积聚在芯片的内部，使芯片的结区温度 T 升高越快，可靠性也越差。

(2)对流。

图 6-26 为热对流分析。

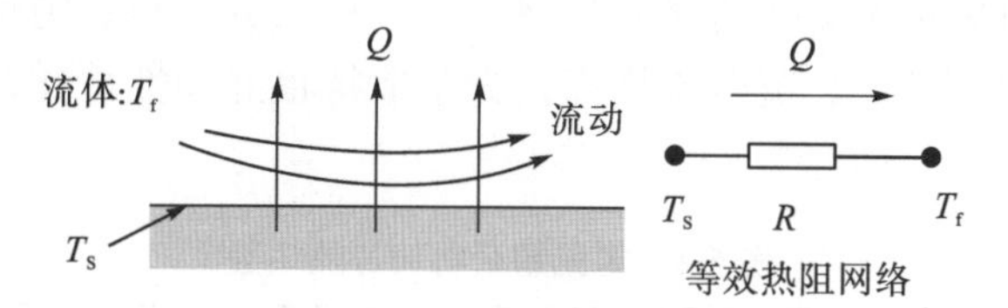

图 6-26　热对流分析

热交换发生在固体和流体之间的界面，由流体的流动而带走表面的热量，由牛顿冷却定律得到对流的热交换公式：

$$q = \frac{A^*}{A}h(T_1 - T_2) \tag{6-8}$$

式中，A 为材料的横截面积。

由式(6-8)得到对流热交换的热阻公式：

$$R=\frac{\Delta T}{Q}=\frac{\Delta T}{qA}=\frac{1}{hA^*} \tag{6-9}$$

式中，h 为热传导系数；A^* 为参与热对流面积。由于对流交换的热量跟对流的表面积成正比，因此需要优化微流通道的结构，从而提高散热面积 A^*；另外要提高传热系数 h。

将式(6-5)和式(6-9)合并在一起，可以得到热传导和热对流共同起作用的传热机制，总热阻公式为

$$\frac{\Delta T}{q}=\frac{1}{f}\cdot\frac{1}{h}+\sum\frac{\Delta x_i}{k_i} \tag{6-10}$$

式中，f 为 A^*/A；A^* 为参与热对流的面积；A 为材料的横截面积，作为表面增强因子，与微流通道的内部结构有关。

通过对 $\frac{\Delta T}{q}=\frac{1}{f}\cdot\frac{1}{h}+\sum\frac{\Delta x_i}{k_i}$ 的计算，可以初步估计封装器件最大的温度差别 ΔT，即(T_1-T_2)，或者在某种冷却条件下，封装所能容纳的最大热对流密度。

2. 散热问题解决方案

对于功率 LED 来说，驱动电流一般都为几百毫安以上，PN 结的电流密度非常大，所以 PN 结的温升非常明显。对于封装和应用来说，如何降低产品的热阻，使 PN 结产生的热量能尽快地散发出去，不仅可提高产品的饱和电流，提高产品的发光效率，同时也提高了产品的可靠性和寿命。为了降低产品的热阻，首先封装材料的选择显得尤为重要，包括支架、基板和填充材料等，各材料的热阻要低，即要求导热性能良好；其次结构设计要合理，各材料间的导热性能连续匹配，材料之间的导热连接良好，避免在导热通道中产生散热瓶颈，确保热量从内到外层层散发。

(1)从芯片到基板的连接材料的选取。通常用来连接芯片和基板采用的是银胶。但是银胶的热阻很高，而且银胶固化后的内部结构是环氧树脂骨架和银粉填充式导热导电结构，这样的结构热阻极高，对器件的散热与物理特性稳定极为不利，因此选择锡膏作为黏接物质较合理。

(2)支架(基板)材料的选取。

表 6-4 是常见的基板和支架的材料导热系数，由表知，银、纯铜、黄金的导热系数相对其他较高，但银、纯铜、黄金价格高，为了取得很好的性价比，因此基板采用的是铜或铝质地。

表 6-4　常见基板材料导热系数

材质	铂	银	锡	锌	纯铜	黄金	纯铝	铝合金(60Cu-40Ni)	铝合金(87Al-13Si)
导热系数/[W/(m·K)]	71.4	427	67	121	398	315	236	22.2	162

(3)基板外部冷却装置的选取和基板与外部冷却设备连接材料的选取。大功率 LED 器件在工作时大部分的损耗变成热量，若不采取散热措施，则芯片的温度可达到或超过

允许的节温，器件将受到损坏，因此必须加散热装置。最常用的是将功率器件安装在散热器上，利用散热器将热量散到周围空间，它的主要热流方向是由芯片传到器件的底下，经散热器将热量散到周围空间。散热器由铝合金板料经冲压工艺和表面处理制成，表面处理有电泳涂漆或黑色氧化处理，目的是提高散热效率和绝缘性能。散热器本身的热阻越小对流的速度越快。就界面热阻而言，间隙空气是最大的障碍。尽管基板与散热器之间肉眼能观察到的间隙很小，但是由于材料表面不平整，实际还是存在着细微的空隙。由于空气的界面热阻很大，不利于扩散，故大大增加了整体界面的热阻。降低界面热阻的方法为增加材料表面的平整度，减小空气的容量，施加接触压力。因此在基板和外散热器的填充物质上，选择导热的硅树脂。

3. 制冷器件

传统制冷方法有空气制冷、水冷、热管制冷、帕尔贴效应元件制冷(半导体制冷)等。现在有些新方法也陆续提出来，如超声制冷、超导制冷，以及将多种制冷方法有效集成在一个器件中。下面简单介绍几种制冷方法。

(1)空气制冷。

热沉的热传导率的系数可以通过几种方法来改变，最流行的方法是加快通过热沉的气流速度。但将气流速度增加到 10m/s 时会引入噪声。另一种方法是改变热沉的形状，来扩大有效的散热面积，如图 6-27 所示。散热器形状可设计成多种阵列形状，如圆柱阵列、条形阵列或者金字塔的形状等。

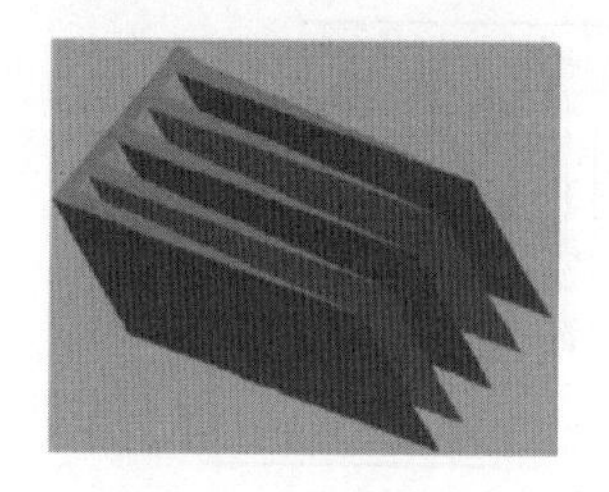
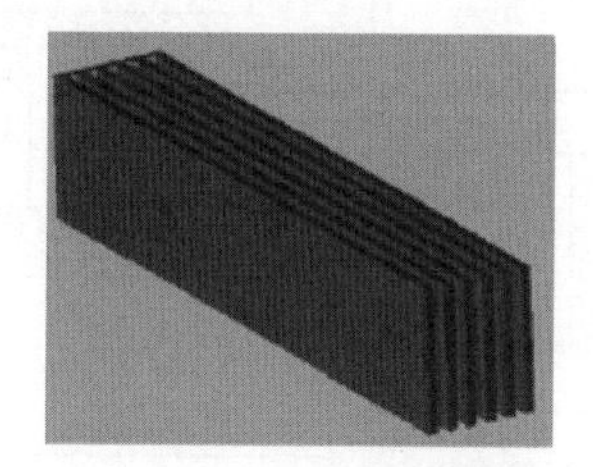
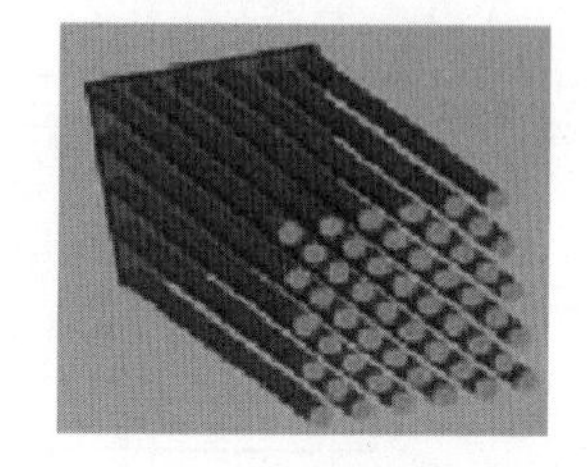

图 6-27　几种热沉形状

通常同时使用散热器和风扇结合的方式，散热器通过和芯片表面的紧密接触使芯片的热量传导到散热器。散热器通常是一块带有很多叶片的热的良导体，它的充分扩展的表面使热对流极大增加，同时流通的空气也能带走更大的热能。风扇的设计要达到让冷却功能更有效，噪声更小。

(2)水冷。

水冷系统由泵、热沉、导水管等部件组成，泵负责驱动水循环，芯片上的热量传给水，采用液体流动来带走热量，导水管把热水传送到热沉。热沉和芯片不在一块，可以有效提高散热能力，热沉起散热作用。如图 6-28 所示，一块中空的金属盘与芯片相接，液体在其内部的凹槽流过，芯片将热量传导到底盘，底盘再将热量传给液体，然后这些液体流过热沉，在那里它将热量释放到空气中。冷却后，

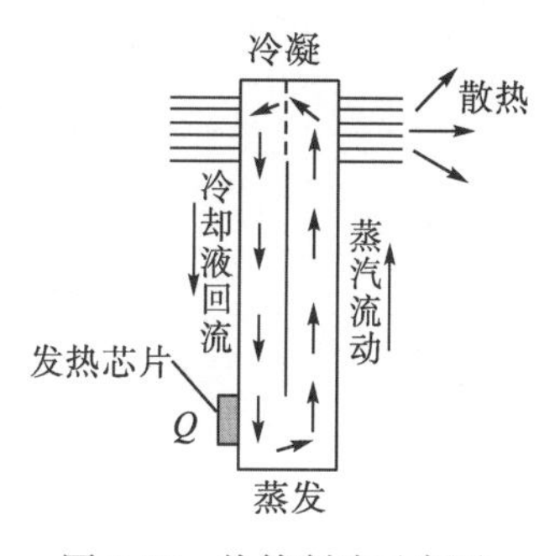

图 6-28　热管制冷示意图

这些液体就再次进入底盘中。另外采用微流通道的微结构可以增大液体与热沉的接触面积，从而大幅度增加温降，延长器件的使用寿命。

有些冷却装置中使用热管来散热，由热管来带走中央处理器(CPU)或电子芯片表面的热量，热管里的冷却剂加热后变为气体，在热管中上升，到达上部时，被流动的空气冷却，空气带走热量，冷却剂降温又变为液体，往下流动，如此周而复始。

(3)热电制冷。

热电制冷又称为温差电制冷，或半导体制冷，它是利用热电效应(即帕尔帖效应)的一种制冷方法。半导体制冷器的优势在于制冷密度大、与IC工艺兼容、无运动部件、没有磨损，并且结构紧凑，可以提高集成度。

如图6-29所示，把一只P型半导体元件和一只N型半导体元件连接成热电偶，接上直流电源后，在结合处就会产生温差和热量的转移。在上面的一个结合处，电流方向是N→P，温度下降并且吸热，这就是冷端；而在下面的一个结合处，电流方向是P→N，温度上升并且放热，因此是热端。

金属热电偶的帕尔帖效应，可以用接触电位差现象定性地说明。由于接触电位差的存在，通过结合处的电子经历电位突变，当接触电位差与外电场同向时，电场力做功使电子能量增加。同时，电子与晶体点阵碰撞将此能量变为晶体内能的增量。结果使结合的位置的温度升高，并释放出热量。当接触电位差与外电场反向时，电子反抗电场力做功，其能量来自结合处的晶体点阵。结果使得结合处的温度下降，并从周围环境吸收热量。

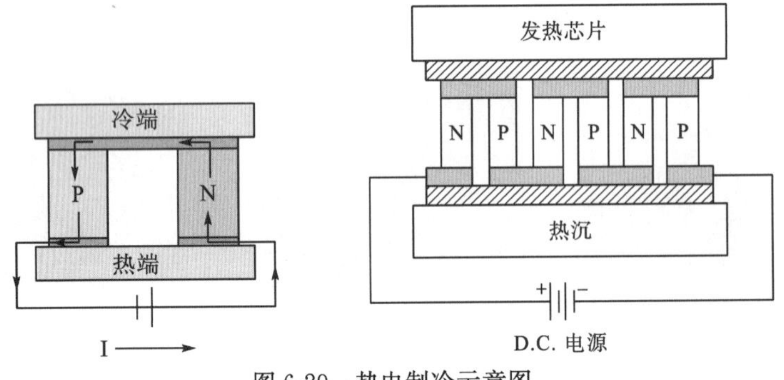

图6-29 热电制冷示意图

为了更进一步提高热电制冷效率，提出采用多级热电制冷(图6-30)，使集成热沉增加与外界环境的热交换。

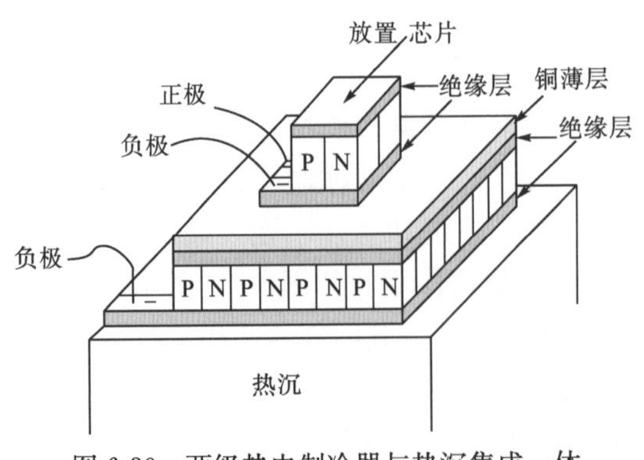

图6-30 两级热电制冷器与热沉集成一体

6.6　LED 光学结构

LED 光学结构(光功能结构)主要包括光提取结构、光转化结构及配光结构，涉及产业链从外延到终端应用的全部过程，其主要作用是提高光源发光效率，改善光源色品性能，提高光能在目标照射面的利用效率等。LED 器件从电流注入至产生光子，理论上其效率可达 85%，而实际 LED 器件测试电光转化效率只有 30%～55%，大量的光线被限制在器件封装体内部，最后转化为热能。对 LED 芯片、封装结构进行优化，提高光线从封装体中逸出概率的课题统称为出光强化问题。

LED 芯片材料主要为 GaN 或 AlGaInP(折射率 n=2.5～3.5)，相对于封装剂(环氧树脂或硅胶折射率 n=1.4～1.6)，折射率落差较大，当芯片出射光线相对界面法向夹角大于临界角(24°～40°)时，光线将发生内全反射。研究发现，通过图形化蓝宝石衬底(PSS)、优化芯片形状、对芯片进行表面修饰、在芯片表面制造出光子晶体等手段能有效减少芯片内光线全反射的概率，提高芯片的外量子效率。如图 6-31 所示，制成 InGaN/GaN 多量子阱 LED 器件。与传统平面衬底器件相比，图形化衬底结构有利于减少外延层中的位错密度，提高晶体生长质量，同时释放芯片内部导光现象，可在不改变正向压降的前提下，改善器件的反向偏压特性，提高出光效率。

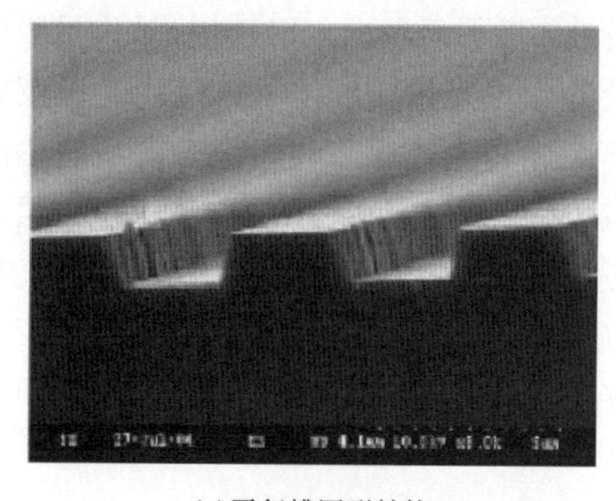

(a)平行槽图形结构

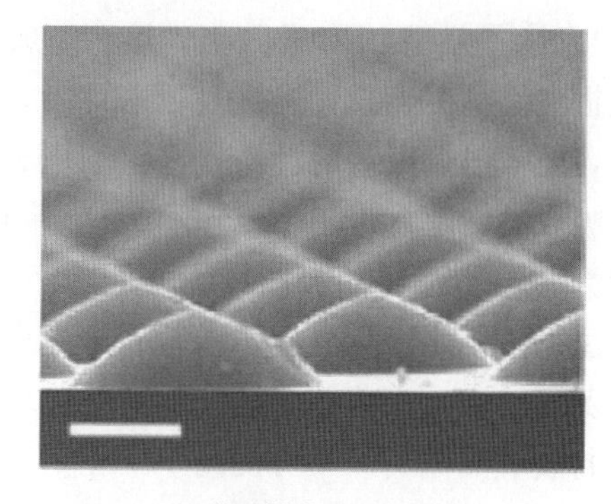

(b)微透镜阵列图形结构

图 6-31　InGaN/GaN 多量子阱 LED 器件

详细研究了锥台阵列图形化蓝宝石衬底几何参数对 GaN 基 LED 输出光强的影响，发现锥台斜面在 25°～60°均能有效提高 LED 芯片发光强度，并且在 33°附近的时候光强达到最大值，同时这种出光增强作用随锥台阵列密度的增大而变得显著。

设计出了特殊形状的芯片，将芯片侧面加工成正梯形或倒梯形，或在芯片表面加工出 V 形结构的强化结构，实验结果表明经特殊处理后的芯片，其亮度与传统形状的 LED 芯片相比，提升十分明显，最高达到 200%以上。

表面修饰也是减少芯片内光线内全反射的重要手段，将 Mg 掺杂 P 型 GaN 的生长工艺降低至 800℃，得到了具有随机粗糙效果的表面，测试结果发现 LED 的亮度提高了 80%。利用湿法蚀刻，在 P 型 GaN 表面加工出随机分布的凹坑或突起，与未粗化的芯片对比，这种工艺可提高 29.4%～40%的出光量。提高 LED 芯片光提取效率的另一类有效手段是在芯片表面加工出由不同折射率介质周期性排列的具有光子带隙的光子晶体结构。

光子晶体对 LED 芯片光提取效率的贡献不仅仅来自光子带隙的作用，光子晶体还相当于一个“稀释”了的半导体，具有与封装胶体更接近的有效折射率，扩大了芯片表面的逸出锥，同时光子晶体对于横向传播光线具有较强的颜色和散射作用。

对于 LED 封装器件而言，封装胶体(折射率 $n=1.4\sim1.6$)与空气(折射率 $n=1$)同样存在出光难的问题。分析了大功率 LED 封装中“whispering-gallery”现象指出，当封装支架反射杯表面光滑时，部分光线会沿着反射杯圆周方向反射。这种光线传播模式将光能限制于反射杯内部，若干反射后将被反射杯壁面吸收。利用喷砂将 LED 反射杯的壁面制成具有漫反射特性的表面后，光线每次在壁面发生反射作用时都有一部分光线被散射并逃逸。

6.6.1 LED 光转化结构

光转化结构，即荧光粉涂层结构，该结构主要面向 LED 白光照明技术，目的是将 LED 芯片发出的波长较短的光线转化为与之互补(颜色互补形成白光)的波长较长的光线。其实现途径则有蓝光 LED 激发荧光粉(如 YAG 黄绿光荧光粉、橙光氮化物荧光粉等，也可分为双基色、三基色及多基色)或近紫外 LED 激发全彩荧光粉两种。

荧光粉涂层工艺及组配方式是影响 LED 光效的重要因素。荧光粉背散射特性会使 50%～60%的正向入射光向后散射。传统的涂覆工艺通常将荧光粉涂层材料(粉体与硅胶混合物)直接覆盖于 LED 芯片上，这会造成经粉体散射后射向 LED 光线被大量吸收，造成光能损失。将荧光粉直接覆盖于芯片上，会导致荧光粉温度上升，进而降低荧光粉量子效率，严重影响封装的转换效率。利用远离荧光粉涂覆工艺可以减少向后散热的光线被芯片吸收的概率，可将 LED 的发光效率提高 7%～16%。采用远离荧光粉涂层可降低荧光粉涂层温度约 16.8℃，显著提高了荧光粉的转换效率。在研究荧光粉涂层优化的基础上提出了采用多层荧光粉结构，将红色荧光粉层与黄色荧光粉层分离，黄色荧光粉置于红色荧光粉上，实验结果显示，这样的荧光粉涂覆结构可以减少荧光粉涂层间的相互吸收，封装成品流明效率可提高 18%。

6.6.2 LED 配光结构

配光结构，虽然 LED 的应用不需要像传统几何光学设计那样，将光源清晰地成像在目标照射面上，但是作为光源的使用者，希望光能的利用率越高越好。这种不以成像为目的而从能力分配及利用出发的光学设计理论称为“非成像光学理论”。这种理论诞生于 20 世纪 60 年代中期，用于高能物理实验中对 λ 粒子衰减过程中电子的侦测。为了在实验中避免使用多个大型光电管，需要将衰减过程中的辐射会聚到尽可能小的区域。在数学工程师的帮助下，设计出了首个非成像光学聚光器——CPC(compound parabolic concentrator)反射器。CPC 反射器的成功应用标志着非成像光学的诞生。

LED 的应用中常常遇到需要通过非成像光学设计理论，对 LED 光路作出调整的场合，如投影机光源系统，需要将光源会聚并均匀地照射到 LCD、LCOS 或 DMD 芯片上；道路路灯照明系统中，需要考虑将光源扩散形成矩形光斑，对灯杆间的暗区形成有效覆盖；汽车前大灯照明设计中，不仅需要达到规定区域内的照度要求，同时需要兼顾车的安全问题。

6.6.3　LED 封装仿真与设计

LED 封装的光学模拟中，芯片、支架碗杯、透镜(或填充胶体)为三大要素。在封装设计，芯片特性不变，可以通过仿真设计改变杯结构、透镜结构和属性。以下取雷曼大功率 LED 为样本，通过改变碗杯结构、透镜形状来模拟寻求最佳的出光效率，并设计发光角度为 60°的封装产品。

支架碗杯内壁的形状，碗杯模具的形状如图 6-32 所示，为了更直观地模拟效果，碗杯底侧设有 100%反射的效果，而不是作为胶体填充。图 6-33 模拟光强分布，根据光强分布图可得半角为 65°，发光角度为 130°，效率为 87.95%。

把圆锥形碗杯的侧面改变为圆弧向里的结构如图 6-34 所示，其底部和侧面都设置为 100%的反光效果。图 6-35 模拟光强分布，根据光强分布图可得半角为 20°，发光角度为 40°，效率为 100%。

把圆锥形碗杯的侧面改变为圆弧向外的结构如图 6-36 所示，其底部和侧面都设置为 100%的反光效果。图 6-37 模拟光强分布，根据光强分布图可得半角为 65°，发光角度为 130°，效率为 88.35%。

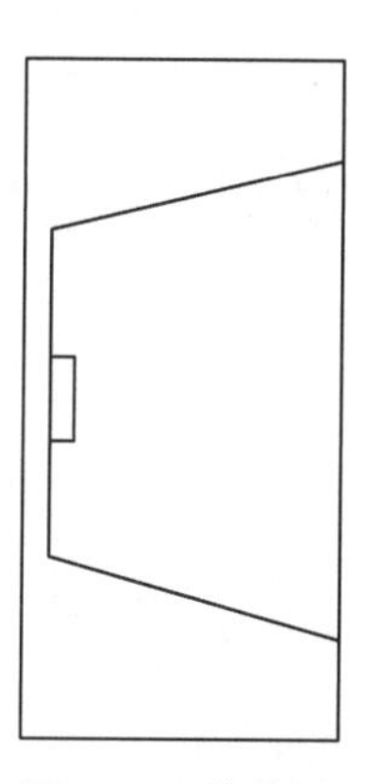

图 6-32　结构图

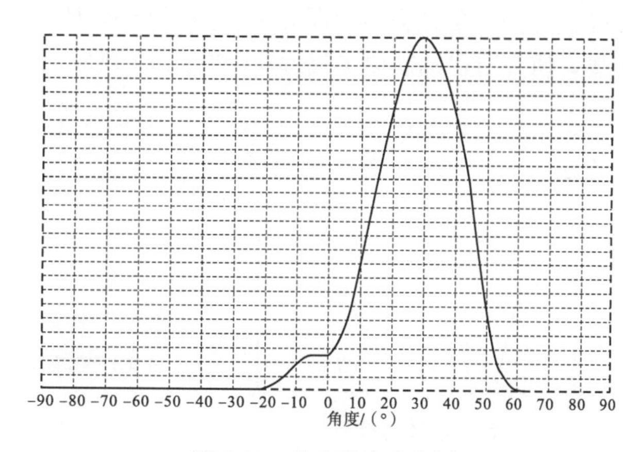

图 6-33　发光强度分布图

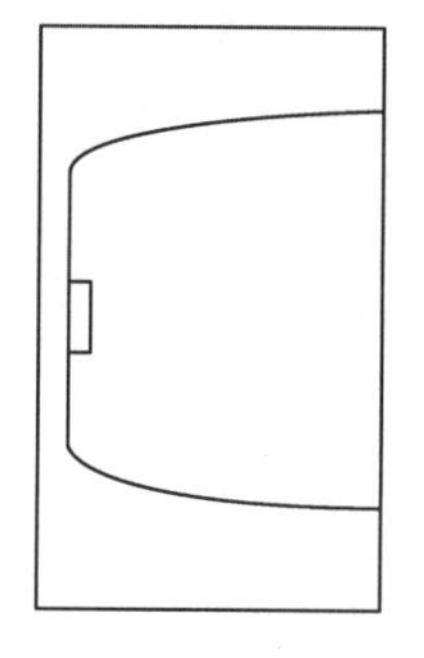

图 6-34　结构图

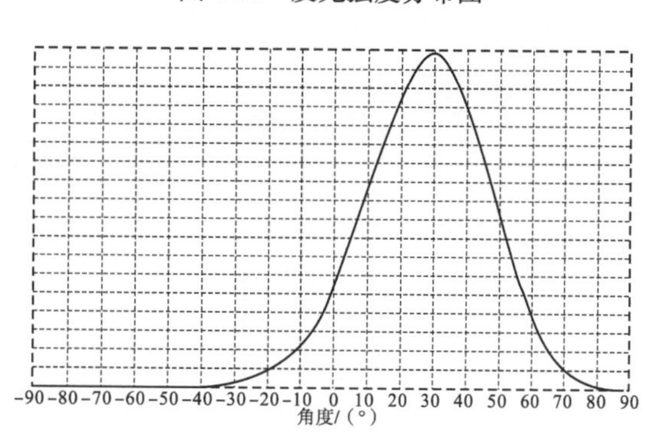

图 6-35　发光强度分布图

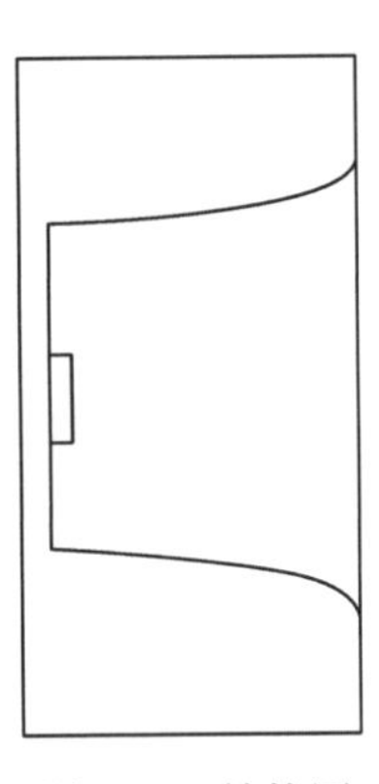

图 6-36 结构图

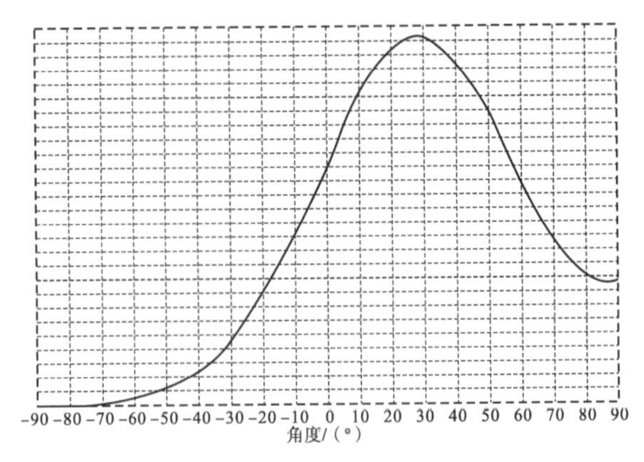

图 6-37 发光强度分布图

如图 6-38 所示，改变胶体结构量与碗杯口齐平，使胶体表面与碗杯口齐平，模拟可得发光角度及出光效率分别为 116°、36.15%（图 6-39）；设定凹入深度为 0.15mm 的球缺（图 6-40），模拟可得发光角度为 110°，出光效率为 36.28%、（图 6-41）；设定凸起高度为 0.1mm 的球缺（图 6-42），模拟可得发光角度为 122°，出光效率为 39.53%（图 6-43）；根据发光强度分布图可得半值角为 30°（图 6-44），其发光角度为 60°，效率为 81.51%（图 6-45）。

应用专业光学仿真设计软件 Lighttools 系统地研究了硅胶折射率($n_{silicon}$)、荧光粉颗粒粒径($D_{phosphor}$)、反光杯表面反光类型及反光率($R_{specular}$、$R_{diffuser}$)对白光 LED 光通量的影响规律，研究所得的规律更接近实际白光 LED 应用产品。

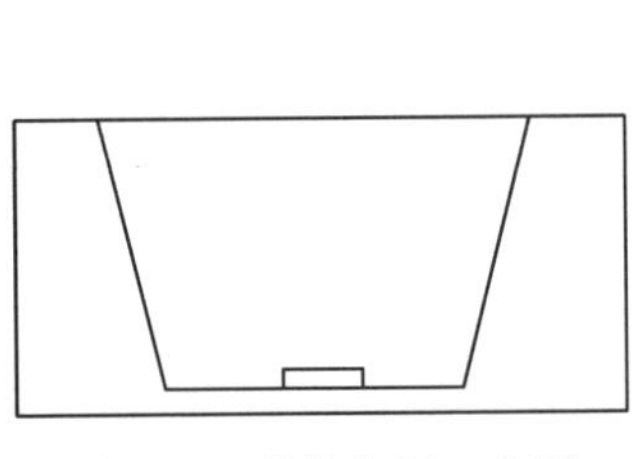
图 6-38 胶体与杯口齐平

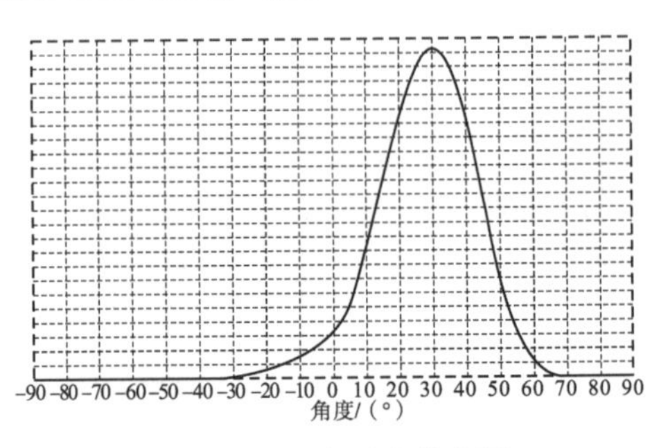

图 6-39 发光强度分布图

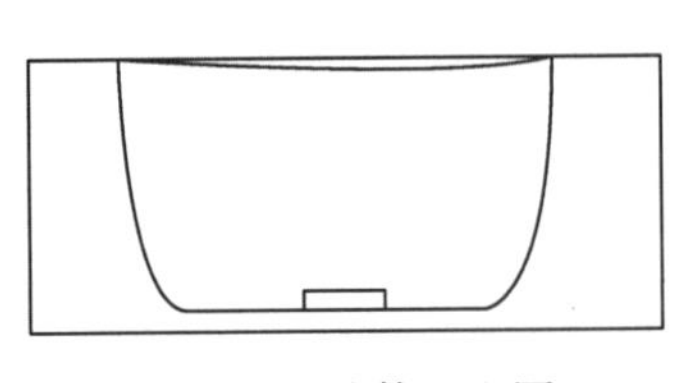
图 6-40 胶体凹入图

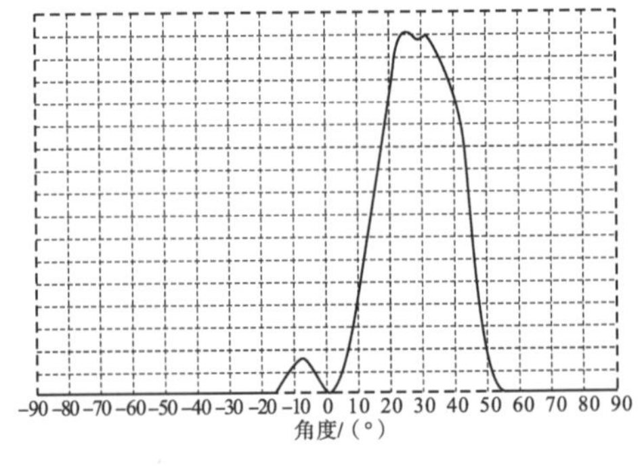

图 6-41 发光强度分布图

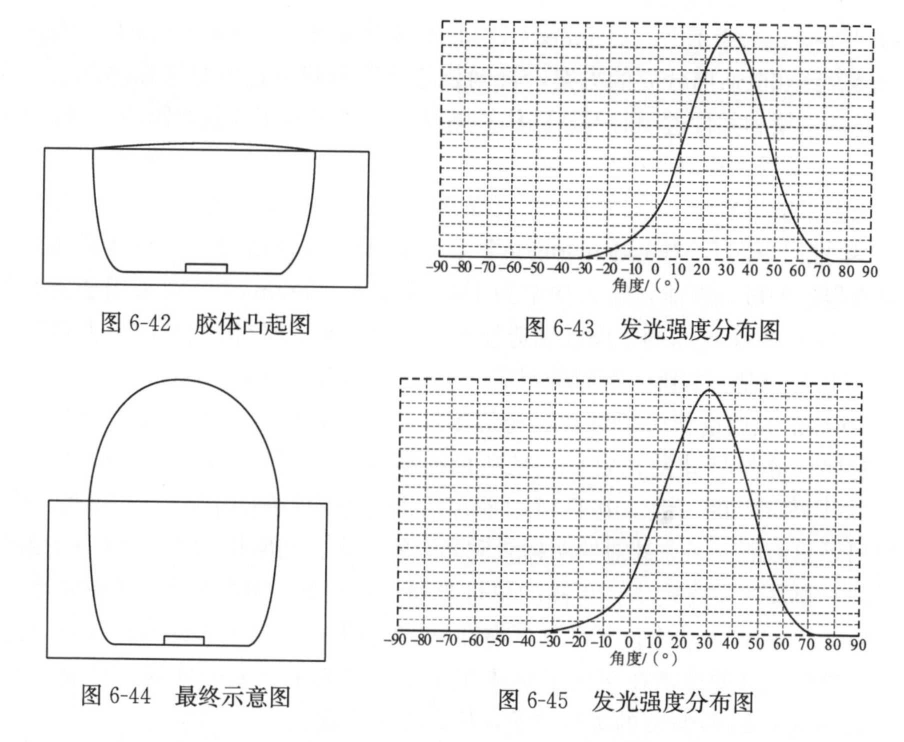

图 6-42 胶体凸起图

图 6-43 发光强度分布图

图 6-44 最终示意图

图 6-45 发光强度分布图

Lighttools 是 ORA 公司研发的一款基于蒙特卡罗非序列光线追迹的光学仿真软件，广泛地应用于照明系统的设计与仿真。将其应用于白光 LED 光学仿真主要有三个阶段：第一阶段，在 LED 芯片内部，蓝光光子在各层材料内部及界面处由于折射率、透射率等光学特性不同产生反射、透射、吸收等光学现象；第二阶段，蓝光光子通过芯片－荧光粉胶界面进入荧光粉胶内部后，当蓝光光子传递至荧光粉表面时，会发生散射和吸收现象，其中吸收的蓝光光子根据荧光粉的量子转换效率转换为黄光光子出射，黄光光子在荧光粉－硅胶界面处根据全反射理论，小于临界角的光线会存在于荧光粉颗粒内部，大于临界角的光线则会透射进入荧光粉胶内部；第三阶段，由于荧光粉为微纳米级尺寸的颗粒，荧光粉胶可视为一个体散射材料，内部的蓝光光子和黄光光子由于粒子的散射作用发生传递，当光线传递至荧光粉胶－空气界面处时，同样会存在一个全反射角，小于该角度的光线返回至荧光粉胶内部，大于该角度的光线出射至外界，最后通过统计出射光子数目，即可得出 LED 的光通量。

6.7 功率型 LED 封装关键技术

目前 1W 的功率型 LED 已规模生产，3W、5W 甚至 10W 的大功率 LED 芯片也已相继面世，并走向市场。随着 LED 芯片的输入功率不断提高，大的耗散功率带来大的发热量及要求高的出光效率给 LED 的封装工艺、封装设备和封装材料提出了更新、更高的要求，我国已将封装技术作为重点项目研究开发。

最早的功率型 LED 由 HP 公司于 1993 年推出“食人鱼”封装结构(Superflux LED)，1994 年改进为“SnapLED”。后来 Osram 公司设计推出采用金属框架的 PLCC 封装结构的“PowerTOPLED”。Lumileds 公司 1998 年推出 Luxeon 型 LED，该封装结构最先采用热通路和电通路分离的方案，将倒装芯片用硅载体直接焊接在热沉上，并采用反射杯、光学透镜和柔性透明胶等新结构和新材料，取光效率高且热阻小。美国 UOE 公司 2001 年推出采用六角形铝板作为衬底的多芯片组合封装的 Norlux 系列 LED，这种结构中央发光区部分可装配 40 只芯片，其取光效率为 20lm/W，光通量为 100lm。Osram 公司 2003 年推出单芯片“GoldenDragon”系列 LED，这种结构热沉与金属线路板直接接触，具有很好的散热性能，输入功率为 1W。Lanina Ceramics 公司采用金属基板低温烧结陶瓷(LTCC)的多层印刷电路板制造技术封装出功率 LED 阵列。由于 LTCC 技术将 LED 芯片直接连接到密封阵列配置的封装盒上，工作温度可达 250℃。

传统 LED 的光通量与白炽灯和荧光灯等通用光源相比，距离甚远。LED 要进入照明领域，首要任务是将其发光效率、光通量提高至现有照明光源的等级，功率型白光 LED 是解决上述问题的关键。由于 LED 芯片输入功率的不断提高，对功率型 LED 的封装技术提出了更高的要求。针对照明领域对光源的要求，照明用功率型 LED 的封装面临着以下挑战：更高的发光效率；更高的单灯光通量；更好的光学特性(光指向性、色温、显色性等)；更大的输入功率；更高的可靠性(更低的失效率、更长的寿命等)；更低的光通量成本。这些挑战的要求在美国半导体照明发展蓝图中已充分体现，见表 6-5。事实上，可以通过改善 LED 封装的关键技术，使之逐步实现。

表 6-5 美国半导体照明发展蓝图

技术指标	照明用 LED 2002	照明用 LED 2007	照明用 LED 2012	照明用 LED 2020	白炽灯	荧光灯
发光效率/(lm/W)	25	75	150	200	16	85
寿命/kh	20	>20	>100	>100	1	10
光通量/lm	25	200	1000	1500	1200	3400
输入功率/W	1	2.7	6.7	7.5	75	40
每千流明成本/$	200	20	<5	<2	0.4	1.5
单灯成本/$	5	4	<5	<3	0.5	5
显色指数(CRI)	75	80	>80	>80	95	75
可渗透的照明市场	低光通量要求领域	白炽灯市场	荧光灯市场	所有照明领域		

1. 提高发光效率的途径

LED 的发光效率是由芯片的发光效率和封装结构的出光效率共同决定的。提高 LED 发光效率的主要途径有提高芯片的发光效率；将芯片发出的光有效地萃取出来；将萃取出来的光高效地导出 LED 管体外；提高荧光粉的激发效率(对白光而言)；降低 LED 的热阻。

(1)芯片的选择。

LED 的发光效率主要决定于芯片的发光效率。随着芯片制造技术的不断进步，芯片的发光效率在迅速提高。目前发光效率高的芯片主要有 HP 公司的 TS 类芯片、CREE 公司的

XB 类芯片、WB(wafer bonding)类芯片、ITO 类芯片、表面粗化芯片、倒装焊类芯片等。可以根据不同的应用需求和 LED 封装结构特点，选择合适的高发光效率的芯片进行封装。

(2)出光通道的设计与材料选择。

芯片选定之后，要提高 LED 的发光效率，能否将芯片发出的光高效地萃取和导出，就显得非常关键了。

光的提取是由于芯片发光层的折射率较高(GaN $n=2.4$，GaP $n=3.3$)，如果出光通道与芯片表面接合的物质的折射率与芯片相差较大(如环氧树脂为 $n=1.5$)，则会导致芯片表面的全反射临界角较小，芯片发出的光只有一部分能通过界面逸出被有效利用，相当一部分的光因全反射而困在芯片内部，如图 6-46 所示，造成萃光效率偏低，直接影响 LED 的发光效率。为了提高萃光效率，在选择与芯片表面接合的物质时，必须考虑其折射率要与芯片表面材料的折射率尽可能相匹配。采用高折射率的柔性硅胶作为与芯片表面接合的材料，既可以提高萃光效率，又可以使芯片和键合引线得到良好的应力保护。GaN 类倒装芯片封装的 LED 的出光通道折射率变化如下：有源层($n=2.4$)→蓝宝石($n=1.8$)→环氧树脂($n=1.5$)→空气($n=1$)；GaN 类正装芯片封装的 LED 的出光通道折射率变化为：有源层($n=2.4$)→环氧树脂($n=1.5$)→空气($n=1$)采用倒装芯片封装的 LED 的出光通道折射率匹配比正装芯片要好，出光效率更高。出光通道材料的选择如下：①高的透光率；②匹配良好的折射率；③抗 UV、防黄变特性；④高的温度耐受能力和良好的应力特性。

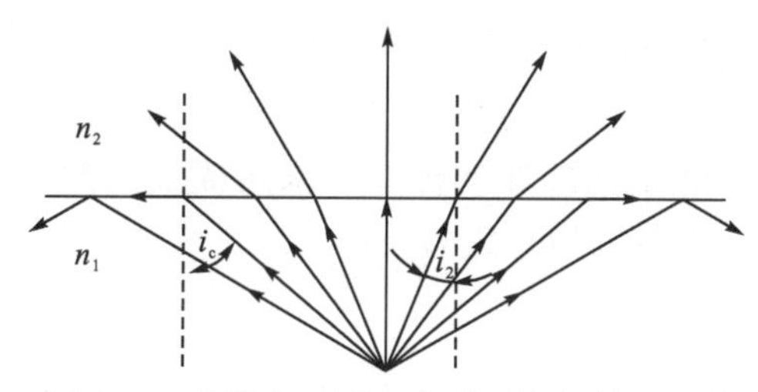

图 6-46　光线在不同介质界面的折射和反射

设计良好的出光通道，使光能够高效地导出到 LED 管体外，其中包括：①反射腔体的设计；②透镜的设计；③出光通道中各种不同材料的接合界面设计和折射率的匹配；④尽可能减少出光通道中不必要的光吸收和泄漏现象。

(3)荧光粉涂层工艺选择。

就白光 LED 而言，荧光粉的使用是否合理，对其发光效率影响较大。首先要选用与芯片波长相匹配的高受激转换效率的荧光粉；其次选用合适的载体胶调配荧光粉，并使其以良好的涂覆方式均匀而有效地覆盖在芯片上，传统的将荧光胶全部注满反射杯的做法如图 6-47 所示。

传统涂覆方式的缺点如下：不但涂覆均匀性得不到保障，涂覆在芯片上的荧光粉是拱形的，中心粉层厚，四个棱角处粉层薄，产生的白光不均匀，而且会在反射腔体中形成荧光粉的分布不均，造成不必要的光泄漏损失，既影响光色的品质，又使 LED 光效降低。

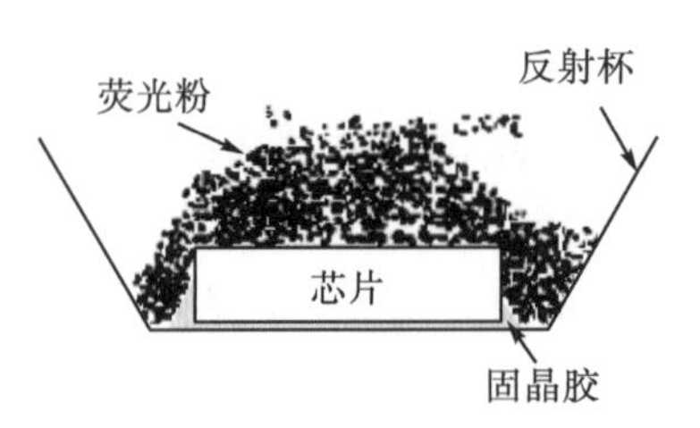

图 6-47 荧光粉传统涂覆方式

采用平面荧光粉薄膜工艺可以解决上述问题，如图 6-48 所示。该工艺实现了荧光粉涂层的浓度、厚度和形状的可控性，使芯片表面粉光粉层均匀化，可获得均匀一致的出射白光。

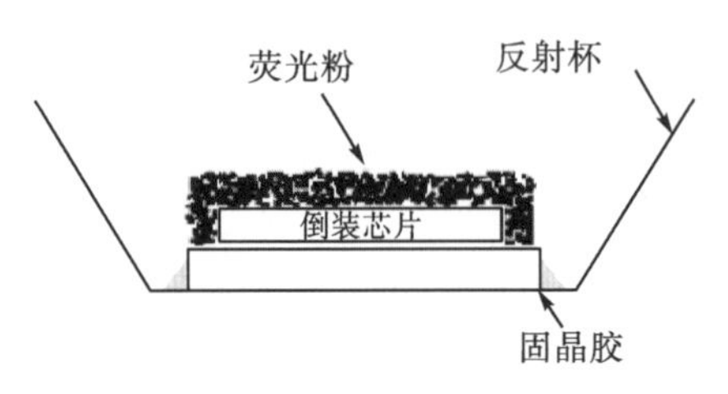

图 6-48 荧光粉薄膜涂覆方式

(4)散热设计。

LED 自身的发热使芯片的结温升高，导致芯片发光效率下降。功率型 LED 必须要有良好的散热结构，使 LED 内部的热量能尽快地导出和消散，以降低芯片的结温，提高其发光效率。

热阻的高低是 LED 散热结构好坏的标志。采用优良的散热技术降低封装结构的热阻，将使 LED 发光效率的提高得到有效的保障。

2. 改善 LED 的光学特性

(1)调控光强的空间分布。

与传统光源相比，LED 发出的光有较强的指向性，如果控制得当，可以提高整体的照明效率，使照明效果更佳。

在 LED 照明工程中通常通过以下步骤来实现：了解芯片发光的分布特点；根据芯片发光的分布特点和 LED 最终光强分布的要求设计出光通道及反射腔体；透镜的设计；光线在出光通道中折射和漫射的考虑；出光通道各部分的几何尺寸的设计和配合；选择合适的出光通道材料和加工工艺。

(2)改善光色均匀性。

目前最常用的 LED 白光生成的技术路线是蓝色芯片+黄色荧光粉(YAG/TAG)。该工艺方法是将荧光粉与载体胶混合后涂布到芯片上。在实际操作过程中，由于载体胶的黏度是动态参数；荧光粉密度大于载体胶而容易产生沉淀，以及涂布设备精度等因素的影响，荧光粉的涂布量和均匀性的控制有难度，导致白光颜色不均匀。改善光色均匀性的方法如下：出光通道的设计；荧光粉粒度大小的合理选择；载体胶黏度特性的把握；改进荧光胶调配的工艺方法，防止操作过程中荧光粉在载体胶内产生沉降；采用高精度的荧光粉涂布设备，并改良荧光胶涂布的方法和形式。

(3)改善色温与显色性。

白光 LED 色温的调控主要是通过蓝色芯片波长和荧光粉受激波长的调节，及荧光粉涂布量、均匀性的控制来实现的。基于蓝色芯片+黄色荧光粉(YAG/TAG)LED 白光生成技术路线的机理和荧光粉的特性，早期传统的白光 LED 在高色温区域(>5500K)里，色温的调控比较容易实现，显色性也较好($Ra>80$)。但是，在照明应用通常要求的低色温区域(2700～5500K)，传统白光 LED 的色温调控较难，显色性也不佳($Ra<80$)，与照明光源的要求有一定的差距。即便可以生成低色温的白光，其色坐标也偏离黑体辐射轨迹较远(通常是在轨迹上方)，使其光色不正，显色性差。解决这一问题的关键是荧光粉的改良，也可以通过添加红色荧光粉，使 LED 发出的白光的色坐标尽量靠近黑体辐射轨迹，从而改善其光色和显色性。目前改善白光 LED 在低色温区的显色性的主要方法有 4 种：尽量选用短波长的蓝色芯片($\lambda_D<460$nm)；分析白光 LED 发光谱线的缺陷，选用含有可以弥补这些缺陷的合适的荧光粉；改善荧光粉的涂覆技术，保证荧光粉得到充分而均匀的激发；采用具有显色性优势的白光生成技术路线。

3. 提高 LED 的单灯光通量和输入功率

目前 LED 的单颗灯珠光通量偏小，独立应用于照明有较大的局限；其输入功率也偏小，需要较多的外围应用电路配合。LED 要进入照明领域，必须提高 LED 的单灯光通量和输入功率。提高 LED 的单灯光通量和输入功率的途径如下：在输入功率一定的前提下，提高 LED 的发光效率是获取更大单灯光通量的最直接的途径；采用大面积芯片封装 LED，加大工作电流，可以获得较高的单灯光通量和输入功率；采用多芯片高密度集成化封装功率型 LED，是目前获得高单灯光通量和高输入功率的最常用方法。在以上 3 种途径中，散热技术是关键。提高 LED 的散热能力，降低热阻，是提高 LED 的光通量和输入功率得以实现的根本保障。

4. 降低 LED 的成本

价格高是半导体 LED 进入照明领域的最终瓶颈。就封装技术而言，LED 要降低成本，必须解决以下 5 个问题：成熟可行的技术路线；简单可靠、易于产业化生产的工艺方法；通用化的产品设计；高的产品性能和可靠性；高的成品率。

5. 改善 LED 的可靠性

在实际应用中，人们普遍关注的 LED 可靠性问题主要有死灯、光衰、色移、闪烁和寿命等。功率型 LED 的输入功率大，应用环境条件较恶劣，对可靠性提出了更高的要求。LED 寿命是可靠性的核心指标，需要对 LED 产品采用加速老化寿命实验。同时，针对 LED 的性能的缓变退化，国际上已有相关标准，以北美和国际照明委员会体系最为典型。

参考文献

陈明祥，罗小兵，马泽涛，等，2006. 大功率白光 LED 封装设计与研究进展. 半导体光电，27(6)：653-658.

方亮，钟前刚，何建，等，2011. 大功率LED封装用散热铝基板的制备与性能研究. 材料导报，25(2)：130-134.
李柏承，张大伟，黄元申，等，2009. 功率型白光LED封装设计的研究进展. 激光与光电子学进展，46(9)：35-39.
李华平，柴广跃，彭文达，等，2007. 大功率LED的封装及其散热基板研究. 半导体光电，28(1)：47-50.
刘丽，吴庆，黄先，等，2007. 白光LED荧光粉涂覆工艺及发光性质. 发光学报，28(6)：890-893.
刘一兵，丁洁，2008. 功率型LED封装技术. 液晶与显示，23(4)：508-513.
刘一兵，黄新民，刘国华，2008. 基于功率型LED散热技术的研究. 照明工程学报，19(1)：69-272.
汤坤，卓宁泽，施丰华，等，2014. LED封装的研究现状及发展趋势. 照明工程学报，25(1)：26-30.
屠大维，吴仍茂，杨恒亮，等，2008. LED封装光学结构对光强分布的影响. 光学精密工程，16(5)：832-838.
万珍平，赵小林，汤勇，2012. LED芯片取光结构研究现状与发展趋势. 中国表面工程，25 (3)：6-12.
颜峻，于映，2004. 基于蒙特卡罗模拟方法的光源用LED封装光学结构设计. 发光学报，25(1)：90-94.
Cho H K，Jang J，Choi J H，et al，2006. Light extraction enhancement from nano-imprinted photonic crystal GaN-based blue light-emitting diodes. Opt. Express，14 (19)：8654-8660 .
Huang S H，Horng R H，Wen K S，et al，2006. Improved light extraction of nitride-based flip-chip light-emitting diodes via sapphire shaping and texturing. Photonics Technology Letters，IEEE，18(24)：2623-2625.
Huang X H，Liu J P，Fan Y Y，et al，2011. Effect of patterned sapphire substrate shape on light output power of GaN-based LEDs. Photonics Technology Letters，IEEE，23 (14)：944-946.
Ioselevich A S，Kornyshev A A，2002. Approximate symmetry laws for percolation in complex systems：Percolation in polydisperse composites. Physical Review E (Statistical，Nonlinear，and Soft Matter Physics)，65(2)：95-129.
Kissinger S，Jeong S M，Yun S H，et al，2010. Enhancement in emission angle of the blue LED chip fabricated on lens patterned sapphire (0001). Solid-State Electronics，54 (5)：509-515.
Laubsch A，Sabathil M，Baur J，et al，2010. High-power and high-efficiency InGaN-based light emitters. Electron Devices，IEEE Transactions on，57 (1)：79-87.
Lee J S，Lee J，Kim S，et al，2008. GaN light-emitting diode with deep-angled mesa sidewalls for enhanced light emission in the surface-normal direction. IEEE Transactions on Electron Devices，55 (2)：523-526.
Lee Y，Hsu T，Kuo H，et al，2005. Improvement in light-output efficiency of near-ultraviolet InGaN-GaN LEDs fabricated on stripe patterned sapphire substrates. Materials Science and Engineering：B，2005，122 (3)：184-187.
Lin C C，Liu R S，2011. Advances in phosphors for light-emitting diodes. J. Phys. Chem. Lett.，2：1268-1277.
Medalia A I，1986. Electrial conduction in carbon black composites. Rubber Chemistry and Technology，1986，59 (3)：432-454.
Miyauchi S，Togashi E，1985. The conduction mechanism of polymer-filler particles. Journal of Applied Polymer Science，1985，30(7)：2743-2751.
Quan X，1987. Investigation of the short-range coherence length in polymer composites below the conductive percolation threshold. J. Polym. Sci.，Polymer Physics Ed.，25：1557-1561.
Sim J K，Ashok K，Ra Y H，et al，2012. Characteristic enhancement of white LED lamp using low temperature co-fired ceramic-chip on board package. Current Applied Physics，12 (2)：494-498.
Simmons J G，1963. Generalized formula for the electric tunnel effect between similar electrodes separated by a thin insulating film. Journal of Applied Physies，34(6)：1793-1803.
van Beek L K H，van Pul B I C F，1962. Internal field emission in carbon black-loaded natural rubber vulcanizates. Journal of Applied Polymer Science，6(24)：651-655.
Zhang Q Y，Huang X Y，2010. Recent progress in quantum cutting phosphors. Prog. Mater. Sci.，55：353-427.

第7章　透明导电材料

7.1　透明导电薄膜简介

如果一种薄膜材料在可见光范围内(波长380～760nm)具有80%以上的透光率，而且导电性高，电阻率低于$1\times10^{-3}\Omega\cdot cm$，则可称为透明导电薄膜。Au、Ag、Pt、Cu、Rh、Pd、Al、Cr等金属，在形成3～15nm厚的薄膜时，都有某种程度的可见光透光性，因此在历史上都曾作为透明电极来使用。但金属薄膜对光的吸收太大，硬度低且稳定性差，因此人们开始研究氧化物、氮化物、氟化物等透明导电薄膜的形成方法及物性。其中，由金属氧化物构成的透明氧化物导电材料(transparent conducting oxide，TCO)，已经成为透明导电膜的主角，且近年来的应用领域及需求量不断地扩大。随着3C产业的蓬勃发展，以LCD为代表的平面显示器(FPD)产量逐年增加，目前在全球显示器市场已占有重要的地位，其中氧化铟锡(In_2O_3：Sn)是FPD的透明电极材料。另外，利用SnO_2等制成建筑物上可反射红外线的低辐射玻璃(low-E window)，早已成为透明导电膜的最大应用领域。未来，随着功能要求增加与节约能源的全球趋势，兼具调光性与节约能源效果的电致变色窗(一种透光性可随施加的电压而变化的玻璃)等也可望成为极为重要的材料，广泛应用于建筑、汽车及日常生活，对透明导电膜的需求也会越来越多。

目前常用的透明导电膜如表7-1所示，可看出TCO占了其中绝大部分。这是因为TCO具有宽能隙、可见光区光透射率高、电阻率低等特性，在化学上也相当稳定，所以成为透明导电膜的重要材料。

表7-1　一些常用的透明导电膜

材料	用途	性质需求
SnO_2：F	寒带建筑物低辐射玻璃	等离子体波长≈2μm(增加阳光红外区穿透)
Ag、TiN	热带建筑物低辐射玻璃	等离子体波长≤1μm(反射阳光红外区)
SnO_2：F	太阳电池外表面	热稳定性、低成本
SnO_2：F	EC windows	化学稳定性、高透光率、低成本
ITO	平面显示器用电极	易蚀刻性、低成膜温度、低电阻
ITO、Ag、Ag-Cu合金	除雾玻璃(冰箱、飞机、汽车)	低成本、耐久性、低电阻
SnO_2	烤箱玻璃	高温稳定性、化学及机械耐久性、低成本
SnO_2	除静电玻璃	化学及机械耐久性
ITO	触控荧幕	低成本、耐久性

续表

材料	用途	性质需求
Ag、ITO	电磁屏蔽(计算机、通信设备)	低电阻

7.2 代表性的 TCO 材料

代表性的 TCO 材料有 In_2O_3、SnO_2、ZnO、CdO、$CdIn_2O_4$、Cd_2SnO_4、Zn_2SnO_4、In_2O_3-ZnO 等。这些氧化物半导体的能隙都在 3 eV 以上，所以可见光(1.6～3.3eV)的能量不足以将价带的电子激发到导带，只有波长 350～400nm 以下的光才可以。因此，由电子在能带间迁移而产生的光吸收，在可见光范围中不会发生，TCO 对可见光透明。

这些材料的电阻率为 $10^{-3}\sim10^{-1}\Omega\cdot cm$。如果进一步地在 In_2O_3 中加入 Sn(成为 ITO)，在 SnO_2 中加入 Sb、F，或在 ZnO 中加入 In、Ga 或 Al 等，可将载流子的浓度增加到 $10^{20}\sim10^{21}cm^{-3}$，使电阻率降低到 $10^{-4}\sim10^{-3}\Omega\cdot cm$。例如，在 ITO 中为 4 价的 Sn 置换了 3 价的 In 位置，在 GZO 或 AZO 中则是 3 价的 Ga 或 Al 置换了 2 价的 Zn，因为一个掺杂原子可以提供一个载流子。然而实际上并非所有掺杂原子都是这种置换型固溶，它们有可能以中性原子存在于晶格间，成为散射中心，或偏析在晶界或表面上。如何有效地形成置换型固溶，提升掺杂效率，对于制备低电阻透明导电膜非常重要。

In_2O_3、SnO_2 与 ZnO 是目前最受人们关注的三种 TCO 材料，其中 In_2O_3：Sn (ITO) 因为应用于 FPD 上，近年来随着 FPD 的普及已成为非常重要的 TCO 材料。FPD 上的透明电极材料之所以使用 ITO，是因为它具有以下优良性质：

(1)电阻率低，约为 $1.5\times10^{-4}\Omega\cdot cm$。

(2)对玻璃基板的附着力强。

(3)透明度高且在可见光区域透光率比 SnO_2 好。

(4)适当的耐腐蚀性，对强酸、强碱抵抗力佳。

(5)电及化学稳定性佳。

SnO_2 膜由于导电性较 ITO 差，1975 年以后几乎没有使用，但因其化学稳定性好，1990 年后又广泛应用于非晶硅太阳电池的透明导电基板。非晶硅太阳电池是以等离子体化学气相沉积成膜，而等离子体由 SiH_4 气体与氢气离化形成，具有很强的还原性，这会使 ITO 的透光率由 85%降低到 20%，而 SnO_2 仍会保持在 70%。因此在非晶硅太阳电池上不使用 ITO 膜，而使用 SnO_2 膜。

近年来 ZnO 也是备受关注的 TCO 材料，其中掺杂铝的氧化锌(ZnO:Al)，简称 AZO 最具有替代 ITO 的潜力。由于制程的改善，实验室中制备的 ZnO 薄膜物性已经接近于 ITO，在生产成本及毒性方面，锌则优于铟；尤其是锌的价格低廉，对于材料的普及是一大利点。In_2O_3、SnO_2 与 ZnO 的性质如表 7-2 所示。TCO 的导电及透光原理和表 7-2 中的一些性质，在后面有较详细的说明。

表 7-2　In_2O_3、SnO_2 与 ZnO 的性质

材料名称	In_2O_3	SnO_2	ZnO
晶体结构名	bixbyite	rutile	wurtzite
晶体结构图			
导带轨道	In^{+3}5s	Sn^{+4}5s	Zn4s-O2p 反键结
价带轨道	O^{-2}2p	O^{-2}2p	Zn4s-O2p 键结（上部为 O2p，底部为 Zn4s）
能隙/eV	3.5～4.0	3.8～4.0	3.3～3.6
施主能级来源	氧空位或 Sn 掺杂物	氧空位或间隙 Sn	氧空位或间隙 Zn
掺杂物(dopant)	$Sn^{(4+)}$	$Sb^{(5+)}$	$Al^{(3+)}$
施主能级位置	$E_d=E_{d0}-an_d^{1/3}$ (eV) $E_{d0}=0.093$eV，$a=8.15\times10^{-8}$ eV·cm，$n_d>1.49\times10^{18}$ cm^{-3} 时，施主能级进入导带，成为简并半导体	导带下 15～150meV 导带下 10～30meV (Sb doped)	导带下 200meV
迁移率/[cm^2/(V·s)]	103	18～31	28～120
载流子浓度/cm^{-3}	1.4×10^{21}	2.7×10^{20}～1.2×10^{21}	1.1×10^{20}～1.5×10^{21}
电阻率/(Ω·cm)	4.3×10^{-5}	7.5×10^{-5}～7.5×10^{-4}	1.9×10^{-4}～5.1×10^{-4}

7.3　TCO 的导电性

7.3.1　TCO 的导电原理

如果材料要具备导电性，材料内部必须有携带电荷的载流子与可供载流子高速移动的路径。材料的导电率 σ 可用式(7-1)来表示：

$$\sigma = ne\mu \tag{7-1}$$

式中，n 为载流子浓度；e 为电子电荷；μ 为载流子迁移率。当组成固体的相邻原子之间的电子轨道重叠(交互作用)大，也就是轨道在空间的扩张程度大时，载流子容易由一个原子位置移动到另一个原子位置，也就是迁移率较大。

要解释 TCO 导电性的来源，可以简单地叙述如下：金属原子与氧原子成键时，倾向于失去电子而成为阳离子，而在金属氧化物中，具有$(n-1)d^{10}ns^0$($n\geqslant4$，n 为主量子数)电子组态的金属阳离子，其 s 轨道会作等向性的扩展。如果晶体中有某种锁状结构，能让这些阳离子相当接近，使它们的 s 轨道重叠，便可形成传导路径。再加上可移动的载流子(材料本身自有或由杂质而来)，便具有导电性了。

7.3.2 能带、轨道与迁移率

如果加上简单的式子，7.3.1节的描述可以进一步说明如下：迁移率为

$$\mu=\frac{e\tau}{m^{*}} \tag{7-2}$$

式中，τ 为弛豫时间(载流子移动时，由一次散射到下一次散射的时间)，与结晶质量有关；m^{*} 为载流子的有效质量。有效质量越小，载流子在电场中的移动越快，因此 μ 主要取决于有效质量。有效质量 m^{*} 的定义为

$$m^{*}=\frac{\hbar^{2}\,\partial\vec{k}\;\vec{k}}{\partial^{2}\vec{E}(k)} \tag{7-3}$$

其中，$E(k)$为能带的能量；k 为波向量的大小。可以看出 E 曲线弯曲程度越大者，m^{*} 越小。在 k 空间的原点附近，E 可表示为

$$E=H_{\mathrm{nn}}+2H_{\mathrm{mn}}\cos(ka)\approx H_{\mathrm{nn}}+2H_{\mathrm{mn}}-2H_{\mathrm{mn}}(ka)^{2} \tag{7-4}$$

式中，$H_{\mathrm{mn}}=\int\phi^{*}(x_{\mathrm{m}})H\phi(x_{\mathrm{n}})\mathrm{d}x$，为m轨道与n轨道的交互作用；$a$ 为原子间距离。由此可看出，相邻原子的电子轨道交互作用越大，m^{*} 越小。

大多数的宽带隙氧化物，导带底部主要由阳离子的空轨道构成，价带由被占据的氧2p轨道所构成。N型透明导电材料中，阳离子的空轨道为电子的移动路径；因此，这个空轨道的扩大对于高速移动路径的形成非常重要。一般而言，具有$(n-1)\mathrm{d}^{10}n\mathrm{s}^{0}$($n\geqslant4$，$n$为主量子数)电子组态的金属阳离子，其s轨道会作等向性的扩展，在这种阳离子互相接近的晶体结构中，轨道间重叠程度大，形成宽广的导带；因此，若想得到高的迁移率，要选择轨道在空间扩展程度大的阳离子，而且要使阳离子间的距离缩短。这不仅适用于离子排列整齐的晶体，对非晶形物质也适用。

氧化物中的阳离子与氧离子交互排列，形成氧离子多面体，因此阳离子间的距离与氧离子多面体的立体配位有关。就导电性而言，为了形成晶体中的载流子移动路径，多面体必须连续排成一列。多面体的连续排列有顶点共有、棱共有、面共有等方式，而离子间的距离，依顶点共有、棱共有、面共有的顺序而减少，因此很容易理解，阳离子轨道之间的重叠依顶点共有、棱共有、面共有的顺序而增大。实际上因阳离子间的库仑力排斥，具有连续的面共有多面体的晶体几乎不存在，所以具有较大迁移率的物质，集中在有棱共有的配位多面体晶体结构中。在N型结晶性导电氧化物中，除了ZnO，所有的晶体结构都具有氧八面体的棱共有金红石型结构。

非晶形氧化物无法直接形成氧离子八面体的棱共有结晶构造，但阳离子的周围也配有氧离子。虽然不能得到如晶体那样程度的轨道重叠，但如果阳离子的空轨道能充分地扩展，那就能够得到有导电性的轨道重叠。在有$(n-1)\mathrm{d}^{10}n\mathrm{s}^{0}$($n\geqslant4$)电子组态的阳离子中，$Cd^{2+}$或$In^{3+}$等有宽广的轨道，若能引进载流子则会呈现导电性。

7.3.3 N型与P型TCO

7.3.1节和7.3.2节所说的导电原理主要是针对N型TCO。在不含过渡金属的宽带

隙氧化物中，呈现 P 型导电性的物质，比起 N 型要少得多。P 型 TCO 空穴的移动路径在价带的上部，这主要是由被占据的氧 2p 轨道所构成的。

在典型的金属氧化物的轨道中，导带底部主要是金属阳离子的空 ns 轨道，而价带上部主要是非键结性的氧 2p 轨道。所谓非成键性，是指与其他的元素几乎没有交互作用，这时能带的扩张很小，即使有空穴也会局域化。因此宽带隙 P 型导电氧化物较少。

为了克服这个问题，以价带上部可大幅扩展的物质为候补，可选用含 Cu^+ 的物质。Cu^+ 是 d^{10} 的闭壳电子组态，没有一般过渡金属离子因 d 轨道迁移而引起的光吸收，而且它的 d 轨道能量大致与氧的 2p 轨道能量相同。在这两个能级非常近的轨道之间，很容易形成一般的成键性轨道或杂化轨道，使轨道构成的能带扩展开来，形成空穴的移动路径。Cu^+ 之外的大多数金属阳离子并没有与氧 2p 轨道能量相近的轨道，价带上部的氧 2p 轨道呈非成键性，所以常见的 P 型物质，都是因含有 Cu^+ 而使价带扩展而产生导电性的。

7.3.4 载流子的生成

影响导电性的另一个因素是载流子的生成及其浓度。TCO 和半导体相同，当材料本身是纯粹的理想晶体时，则载流子不存在而成为绝缘体。室温的热能量约为 30meV，而 TCO 的能隙一般都在 3eV 以上，因此载流子在室温不会热激发。

载流子由广义的缺陷所生成，此处广义的缺陷包括离子的缺失或掺杂物的掺入等。载流子移动的快慢及能隙的大小是与材料本身有关的特性，但载流子的生成则不同。

TCO 中要产生载流子，必须要有缺陷；但反之未必成立，也就是说，适当的缺陷才能有效地产生载流子。氧化物或卤化物之类的离子晶体中，缺陷产生载流子的反应式主要是利用 Krögen-Vink 提出的表示法。这个表示法以电中性及理想结晶状态时各位置的价电子数为中心，电子或空穴分别用“′”和“•”来表示。例如，在 CaO 中，位于原来 Ca^{2+} 位置的 Mg^{2+} 以 MgCa 表示，Al^{3+} 以 Al'_{Ca} 表示，K^+ 则以 $K^{\bullet}_{Ca}$ 表示，每个情况都必须满足电中性的条件。与典型的半导体相同，有效的载流子是否能生成，取决于缺陷能级与导带底能级之间的能量差。

1. ITO（n 型）

$$Sn'_{In} \longrightarrow Sn_{In} + e'$$（由于热能，反应朝右产生电子载流子）

氧原子 O 由空位 V 取代：

$$O_O \longrightarrow V_O + 1/2\ O_2(g)\uparrow \tag{7-5}$$

$$V_O \longrightarrow V_O^{\bullet\bullet} + 2e' \tag{7-6}$$

所以 Sn'_{In} 及 V_O 都是施主(donor)。

2. Cu_2O(p 型)

$$V_{Cu} \longrightarrow V'_{Cu} + h^{\bullet}$$（由缺 Cu 造成的空穴载流子）

所以 V_{Cu} 为受主(acceptor)。

以氢原子模型计算(主量子数设为 1)，得到施主电子的能量 E_d 与轨道半径 a_d 为

$$E_d = -\frac{e^4 m^*}{2(4\pi\varepsilon\hbar^2)} = -\frac{m^*}{m}\left(\frac{\varepsilon_0}{\varepsilon}\right)^2 E_H, E_H = 13.6\text{eV} \tag{7-7}$$

$$a_d = \frac{4\pi\varepsilon\hbar^2}{e^2 m^*} = \frac{m}{m^*}\frac{\varepsilon_0}{\varepsilon}a_H, a_H = 0.529\text{Å}(\text{Bohr radius}) \tag{7-8}$$

式中，ε 为基体物质的介电系数；m^* 为电子的有效质量。若 ε 越大或 m^* 越小，则施主的电离能越小。

在 Si 中，$\varepsilon=12\varepsilon_0$，$m^*=0.3\text{m}$，所以 $E_d=28\text{meV}$，$a_H=21\text{Å}$；与实验得到的Ⅴ族施主能级(40～50meV)接近。室温热能(kT)约为 30meV，因此可判断在室温时施主原子大半都电离而生成载流子。如果只考虑点缺陷，引用氢原子模型，可以对某些氧化物作一些估算。

①SnO_2(金红石结构)与 C 轴垂直、平行的 m^* 与 ε 分别为

$m_{\perp}^*=0.229m_0$，$m_{/\!/}^*=0.234m_0$，$\varepsilon_{\perp}=14.0\varepsilon_0$，$\varepsilon_{/\!/}=9.9\varepsilon_0$；结果与 Si 接近。

②TiO_2为

$m^*=10\sim30m_0$，$\varepsilon_{\perp}=89\varepsilon_0$，$\varepsilon_{/\!/}=173\varepsilon_0$；可得到 $E_d=5\sim52\text{meV}$。

③MgO 或 Al_2O_3为

$\varepsilon\approx10\varepsilon_0$，假设 $m^*=10m_0$，可得到 $E_d=1.36\text{eV}\gg30\text{meV}$。

这些估算的结果，在定性方面可以说明添加杂质的 SnO_2 或 TiO_2 在室温下具有导电性，而 MgO 或 Al_2O_3 却没有。

由于载流子及其能级来自杂质，所以杂质的固溶极限与其电离能便成为令人关心的问题。因为目前还没有固溶极限的理论，这个极限只能由实验得到。杂质同时也是散射的原因，用最大添加量未必能得到最高导电率，所以固溶极限或许不是那么重要。

7.3.5 TCO 的导电性与温度及载流子浓度的关系

即使是 TCO 中导电性能最好的 ITO，与典型的金属比较起来，它的导电率还是小一个数量级，这是因为 ITO 的载流子浓度低。为了形成施主能级，TCO 的载流子浓度必须达到 $10^{18}\sim10^{19}\text{cm}^{-3}$，而典型的金属载流子浓度一般都在 10^{22}cm^{-3} 以上(其载流子处于一种等离子体状态，与光的交互作用很强，金属光泽即由载流子对光的反射而来)。

像 ITO 那样的透明导电氧化物，对于其导电性的解释大致与 Si 半导体相同。以下以 In_2O_3 及 SnO_2 的 N 型 TCO 为代表，观察它们导电性与温度及载流子浓度的关系。

In_2O_3 单晶导电率与温度的关系，其变化状态与 Si 类似，如图 7-1 所示。低温(L 区)时的载流子(电子)由掺入的施主杂质 Sn 提供，温度上升时由施主能级激发到导带的电子增多，所以导电率也增加。当温度上升到某个程度时，所有施主能级的电子都被激发到导带，这时载流子的数量不再增加，但晶体的热振动却随温度上升而加剧，使载流子的散射也加剧，因此导电率随温度上升而下降(M 区)。最后，当温度再上升到某个程度时，连价带的电子也被热激发到导带，因此导电率再度随温度上升而增大(H 区)。

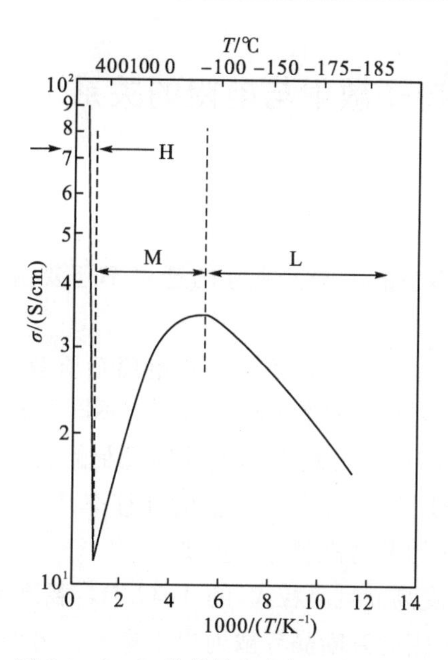

图 7-1　In_2O_3单晶导电率与温度的关系

要控制导电率必须引进缺陷。不同载流子浓度的 SnO_2薄膜，其导电率随温度的变化如图 7-2 所示。随着载流子浓度的增加，导电率也上升，而活化能则降低。载流子浓度很高时导电率变得几乎与温度无关，或者呈现与金属相同的温度倾向。载流子浓度很高时，费米能级进入导带，成为所谓的简并半导体，这时 TCO 会呈现金属的性质。

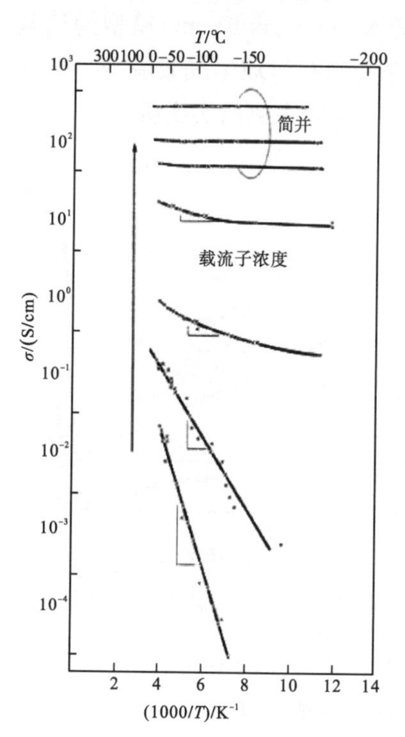

图 7-2　SnO_2薄膜导电率随温度的变化

7.3.6 TCO中的载流子散射与电阻的关系

透明导电氧化物的迁移率，在不含掺杂物的 In_2O_3、SnO_2 及 ZnO 的单晶样品中分别为 160cm^2/(V·s)、260cm^2/(V·s)及 180cm^2/(V·s)。一般薄膜样品的结晶性比单晶要差，所以这些数值是迁移率的上限。实际的迁移率还要由载流子在晶体内的散射来决定。

一般来说，载流子的散射机制有以下五种：电离杂质散射、中性杂质散射、晶格振动散射、差排散射及晶界散射。这些散射机制分别有不同的温度依存性，用低温(室温到液态氮温度)霍尔效应测量，可以推断实际上哪种机制的贡献最大。对于电阻率约 10^{-4} Ω·cm 的 ITO，霍尔效应量测结果显示，低温时迁移率几乎与温度无关，因此可知这时的晶格振动散射与差排散射的散射机制并不重要。

在品质优良(载流子浓度高而且晶粒大)的 TCO 中，载流子的平均自由径与晶粒尺寸相比小了一个数量级以上，因此判断晶界散射也不重要。另外已知在 ZnO 中，随着杂质浓度的增加，散射机制会由晶界散射转变成电离杂质散射。也就是说，随着杂质的添加而在晶体内生成的电离杂质中心，在高掺杂的透明导电氧化物内才是载流子散射的主要原因。

电离杂质是指和原来存在于晶体内的离子有不同价电子数的杂质离子，例如，In_2O_3 晶体中置换 In^{3+} 位置的固溶 Sn^{4+}。电离杂质与自由电子间的库仑力是散射的原因。利用玻恩(Born)近似及托马斯-费米(Thomas-Fermi)模型的遮蔽电位，并假定在 In_2O_3:Sn，ZnO:Al 及 SnO_2:Sb 中所有杂质都有效地生成载流子，则可求出只有电离杂质存在时的电阻率 ρ 与 n 的关系曲线，如图 7-3 左侧的实线所示。

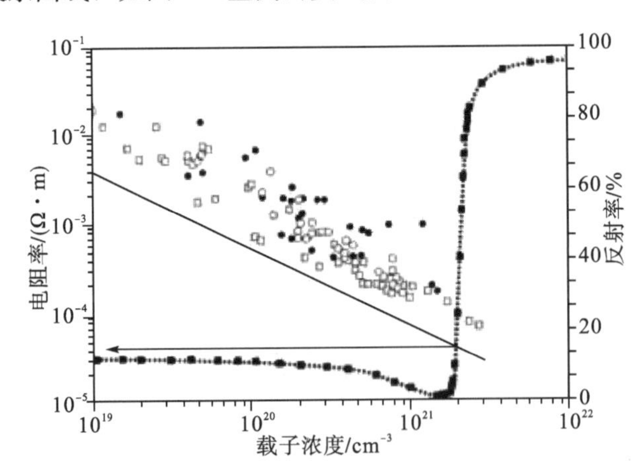

图 7-3 只有电离杂质存在时的电阻率、反射率与载流子浓度的关系

图中实线上方的点是文献中所报道的 In_2O_3、ZnO 及 SnO_2 的电阻测量值。每种材料的数值与理论曲线的趋势相同，这表示决定电阻率的主要因素为电离杂质散射。理论值显示了电阻率的下限，由曲线的斜率可知电阻率的极限大致与载流子浓度成反比，迁移率的上限为 90cm^2/(V·s)。因为由透明性的要求所定出的载流子浓度上限值为 2.5×

$10^{21}cm^{-3}$，由电阻率与反射率的曲线交点来看，在保持透明性的前提下，TCO 的理论电阻率下限约为 $4\times10^{-5}\Omega\cdot cm$。实际上即使在电阻率最低的 ITO，其电阻率也大约在 $1\times10^{-4}\Omega\cdot cm$，比上述的理论值要大。因此有人认为，在 ITO 中的中性杂质(指杂质没有电离而呈中性，例如，位于 In_2O_3 晶格间的 Sn 原子或 SnO_2 复合体等)散射也是很重要的散射机制，它会使实测值偏离图 7-3 的实线；如果没有中性杂质散射，电阻率应该能降到上述的理论值。但是也有人认为，中性杂质的浓度和散射截面远小于电离杂质，它的散射效应可以忽略不计。

7.4　TCO 的光学性质

7.4.1　TCO 的透光原理

TCO 的光透射、反射与吸收光谱的代表图如图 7-4 所示。当入射光能量大于能隙时，会将价带的电子激发到导带，所以透光范围在短波长的界限由能隙决定。另外，透光范围在长波长侧的界限则由等离子体频率决定。典型的金属或 TCO，其载流子处于一种等离子体状态，与光的交互作用很强。当入射光的波长大于某个波长时，入射光会被反射；这个由等离子体频率决定的波长，对金属而言是在紫外线区，而对 TCO 而言是在红外线区。所以金属在一般的状况下是不透明的，而 TCO 恰好能让可见光透过而呈透明状。

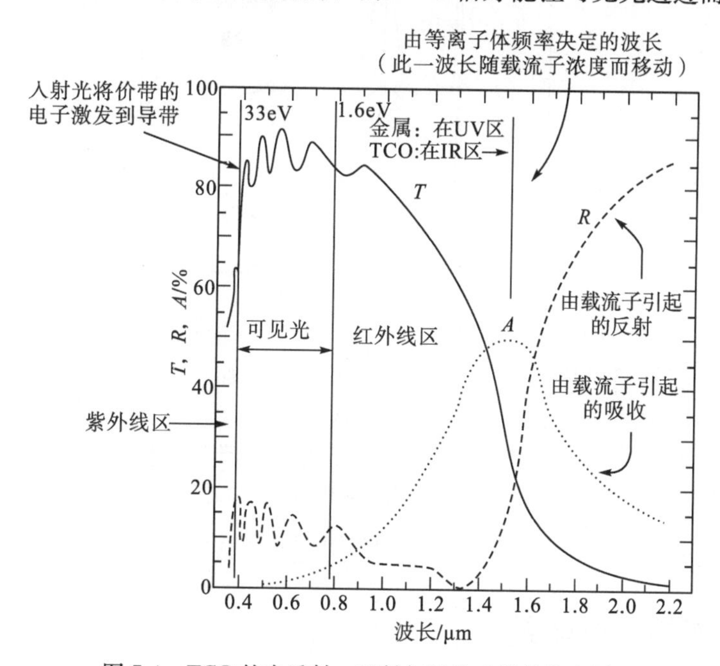

图 7-4　TCO 的光透射、反射与吸收光谱的代表图

7.4.2　等离子体振动与等离子体频率

在红外区除了透射与反射外，还有吸收，这与等离子体的共振有关。一般在等离子

体中稳定存在的等离子体振动为纵波，量子化的等离子体振动称为等离激元。因此，电磁波(横波)不会与等离子体振动产生干涉，但如果考虑电场向量，在等离子体表面朝表面方向生成的等离子体振动则能够产生干涉。图 7-4 中看到的吸收可能就是表面等离子体振动的共振吸收。

等离子体振动可用电子能量损失光谱(electron energy loss spectroscopy，EELS)来测量，EELS 是以电子枪将特定能量的电子射入样品，同时用分析仪来分析反射或透射电子的能量，再经过电子倍增管、计数器等信号处理。大多数的电子与样品不发生作用而保有原来的能量，但一部分电子会引起晶格振动、载流子的等离子体振动或电子的轨道间迁移等现象，这些电子的能量因而降低。

等离子体频率由载流子的振动来决定，是载流子浓度的函数。图 7-5 显示 ITO 的 EELS，可看到 0.4～0.6eV 附近有等离子体吸收引起的高峰，而且等离子体频率随载流子浓度增加而增加。随着 Sn 掺杂量的增加，载流子浓度也增加，能量损失(吸收)高峰也朝高能量方向移动。图 7-5 中，Sn 掺杂量最高的样品，其载流子浓度约为 $5\times10^{20}\,cm^{-3}$；如果是浓度高到 $1.5\times10^{21}\,cm^{-3}$ 程度的样品，其高峰会朝更高能量方向移动。

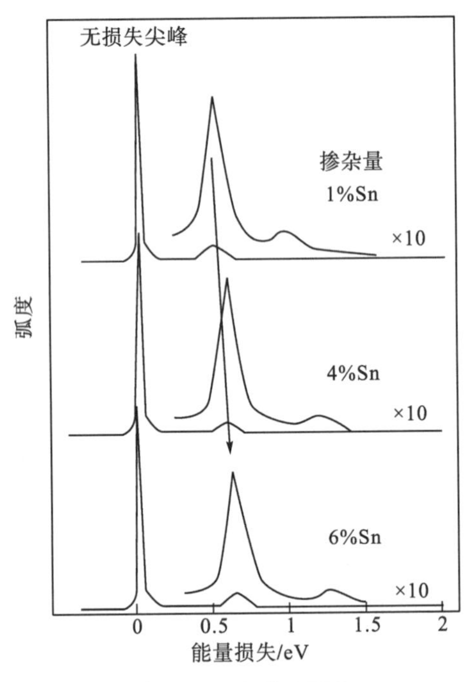

图 7-5　ITO 的 EELS

7.4.3　伯斯坦－莫斯效应

生成的载流子会占据导带的底部，使带有原来能隙能量的光无法将价带的电子激发迁移到导带的底部；要迁移到导带的空位必须要有更高的能量。这种吸收端的能量朝高能量移动的现象称为伯尔斯坦－莫斯效应(Burstein-Moss effect)，可用图 7-6 简单地说明。导带的底部被占据后，带有原来能隙能量 E_{g0} 的光无法将价带的电子激发到导带的底部，必须有更高的能量 E_g 才能将电子激发到导带。

由图可以看出，当载流子浓度固定时(斜线部分的面积固定时)，如果导带的曲率越大，则填满/空位的边界会越向高能量移动，这个移动对载流子浓度的依存性会越明显。因此，导带曲率大的物质，也就是迁移率越大的物质，其伯斯坦－莫斯效应越显著。

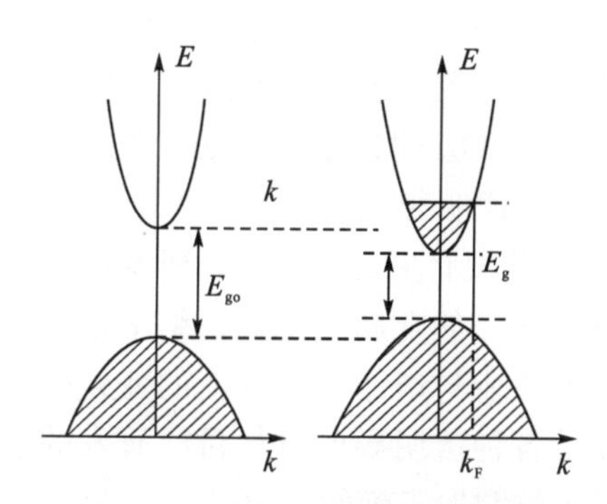

图 7-6　伯斯坦－莫斯效应示意图

莫斯最初是在电子迁移率比 ITO 高两个数量级以上的 InSb[μ 为几个 $cm^2/(V \cdot s)$]中观察到吸收端移动的现象。严格地说，就如伯斯坦分析的那样，为了生成载流子，原来的能隙本身也会有若干变化。因为由透光率测量只能观察到吸收端的移动，能隙变化的效应与载流子占据导带的效应并无法简单地区别，所以将两个效应合并称为伯斯坦－莫斯效应。然而，一般认为实质上莫斯效应比较大。

伯斯坦－莫斯效应会将吸收端朝高能侧移动而使“透光窗口”变大。实际上在 ITO 中，原先吸收端只到可见光范围的 In_2O_3，在添加 Sn 生成载流子后，其吸收端会向紫外线区域移动。另外一个例子为吸收端在可见光范围的 CdO 的颜色变化，能隙为 2.2eV 而呈浓褐色的 CdO，在加入 $6.5\times10^{20}cm^{-3}$的载流子后能隙扩大到 3.1eV，变成黄绿色。

7.4.4　载流子浓度与透光性

为降低电阻率，提高载流子浓度在 In_2O_3、SnO_2与 ZnO 等透明导电氧化物中必须分别加入 Sn、Al、Sb 等掺杂物。但是，载流子浓度增大会影响透明性，因为自由电子会吸收振动频率比其等离子体频率低的光。等离子体频率 ω 为

$$\omega = \left(\frac{ne^2}{\varepsilon_0 \varepsilon_\infty m_\infty}\right)^{1/2} \tag{7-9}$$

式中，n 为载流子浓度；e 为电子电荷；ε_0 为真空中的介电常数；ε_∞为高频介电常数；m_∞为传导有效质量。随着 n 的增加，ω 变大，光吸收的范围也由近红外线扩展到可见光。

将 TCO 典型的介电常数值代入，可以算出可见光长波长侧边界(800nm)的反射率与载流子浓度的函数，如图 7-3 的反射率曲线所示。要保持可见光范围的透明性，必须将载流子浓度抑制在 $2\times10^{21}cm^{-3}$以下。

7.5 透明导电材料技术

以上简单介绍了 TCO 材料的原理。从 TCO 最初的使用到现在，已经超过了 50 年。但人们对氧化物电子材料比较注重实用，所以这些材料的基础物性资料不多，近年来因为科技的进步，才对它们有较深入的了解。借着这些了解，学者、专家已经开始尝试由基本的观念出发，来设计新的 TCO。可以期待，在不久的将来会出现新型的 TCO 材料。

一直以来，光电相关产业对透明导电材料的开发与市场需求始终不断地增长，然而主流 ITO 所需的铟矿矿藏至今并没有更大的发现。研发新型透明导电材料取代 ITO 始终是材料研发人员的主要研究方向，如金属氧化物、纳米银线、金属网、纳米碳管、石墨烯及导电高分子等。现今光电产业与产品在市场上的变化可谓一日千里，因此，本节将分析光电产业的走向，并介绍各种透明导电材料目前研发的进展，使相关研究人员在开发导电材料与其应用产品时，能掌握正确的方向。

光电产业对透明导电材料的需求与日俱增，由于相关应用的产业繁多，难以明确预估其未来潜在规模。直到 2012 年 2 月，由电子行业市场调查与知识网络(Electronics. ca Publications)提出对透明导电材料未来产值的看法(图 7-7)，对透明导电材料有大量市场需求的主要有太阳能、平面显示器与触控面板三大产业，未来透明电极的产值可望由 2012 年的 1.9 亿美元大幅增加至 2019 年的 18 亿美元。因为除了太阳能产业，另一节能产业——智能控温玻璃也有强大的需求，而这两者都是大面积产品。只要节能议题持续发烧，相关产品对透明导电材料的使用将年年增长。相对看来，2012 年可能只是透明导电材料与节能产业市场规模的萌芽期。相信未来的光电产品可能具有更多元化的面貌，目前对透明导电材料的需求规格尚不明确(节能应用的大面积产品可能最具潜力)，但各国大厂目前投入新型透明导电材料的开发尚不算太晚。

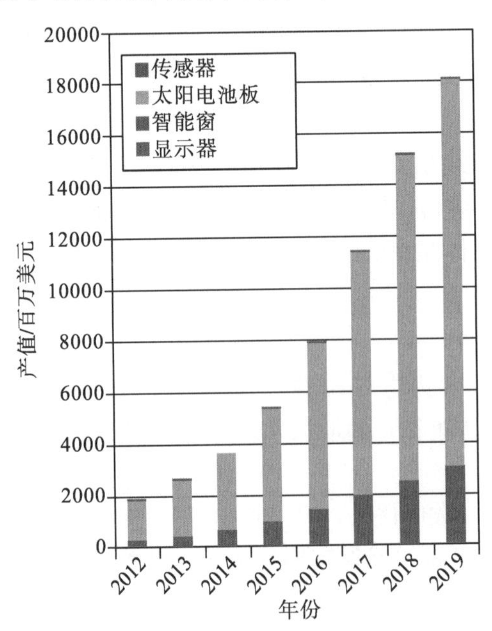

图 7-7 2012～2019 年透明导电材料的产值预估

7.5.1 ITO

目前透明导电材料市场上的主流仍是 ITO（Indium Tin Oxide），ITO 是由铟(Indium)锡(Tin)组成的无机金属氧化物，也是少数具有良好透光率(大于 90%)与低片阻值(200～500Ω/□表示方块电阻)的材料，早在 20 世纪 80 年代便开始发展低温溅镀制膜方法，属于成熟的制程技术。然而铟矿属于稀土矿藏，来源掌握在中国为主的少数国家。即使铟矿矿藏的使用年限众说纷纭，必须相信节能与显示产业的应用可能出现急剧的增长，若高替代性的材料迟迟未能出现，最悲观的说法指出约在 2050 年以前铟矿将枯竭。为避免单一材料的垄断或匮乏，市场上始终期待各种特性可与 ITO 匹配的材料作为替代选择。若想在最小的变动下以其他金属氧化物作为取代材料导入现有的 ITO 电极制程，可由金属氧化物的导电率为出发点，分析其相关因子。由于导电率正比于电子迁移率、载流子浓度，综观目前已知高电子迁移率的金属氧化物发现，其电子迁移率在 100～1000$cm^2/(V \cdot s)$，与金、银、铜相当，但其载流子浓度最佳的 ITO 只在 10^{20}～$10^{21}cm^{-3}$ 量级，仅有金属的 1/100 或更低。其中以 GZO(来源便宜的 ZnO 掺杂 Ga 元素)最具代表性，虽然借由掺杂可能得到与 ITO 接近的导电率，但将其制成均匀、抗湿度和抗温度的大面积金属氯化物透明电极仍具有很大困难需要克服。以下将分析可替代现有 ITO 制程的其他方案。

7.5.2 其他导电与透明的折中方案

电极材料在光电元件中必须提供良好的电导特性，金属材料仍是最佳选择，而透明材料(如玻璃、塑料)却往往是电的不良导体，因此市场上欲开发其他具有透明特性的导电材料时，目前皆是在导电与透明两特性之间找出能折中互补的方案。在市面上主要的几种替代方案各有投入的材料厂商，包括金属网(3M，Fujifilm，PolyIC 等)、纳米银线(Cambrios，Carestream，BlueNano，ITRI)、碳纳米管(Eikos，Canatu，SWeNT，Unidym，Mitsui，Chiel，LG Chem，TopNanosys，ITRI)、石墨烯(Samsung)、导电高分子[AGFA Orgacon (Bayer Baytron 前身)，Heraeus，Kodak]，以及其他金属氧化物(日本帝人等)。金属网的概念是结合选择金属与玻璃(塑料)制成面电极，若以金属∶玻璃为 1∶99 的比例，理论上透光率即为 99%，片阻值应在 1Ω/□左右。3M 所制作的 UTC (unpatterned transparent conductor)88xx 系列产品作为隔绝 EMI 用途，透光率为 86%～90%，片阻值为 10～35Ω/□；Fujifilm 推出的可图案化的金属网透明电极膜(图 7-8)，网格对角线为 500μm，透光率约为 80%，片阻值极低，约为 0.5Ω/□，可隔绝 300MHz 的 EMI 效率达 40dB 以上；PolyIC 则提供客户定制化的透明导电薄膜(片阻值在 15～100Ω/□，透光率大于 85%，金属格可缩小至 10μm)。然而，金属网的缺点在于近距离的网状结构仍属于肉眼可见的微米等级，在小尺寸的显示产品应用上较不适合。纳米银线开发的龙头是创立于硅谷的 Cambrios 公司，该公司以化学法合成高线径比大于 300、半径小于 100nm 的纳米银线，涂布在透明基材上随机构成约 1μm 大小的网格(图 7-9)，

图 7-8　可图案化的金属网透明电极膜

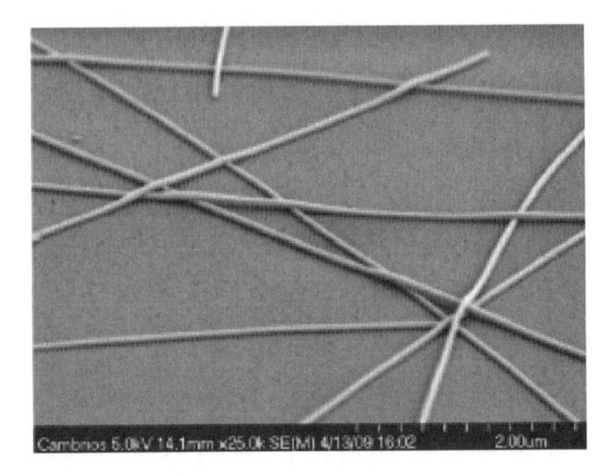

图 7-9　纳米银线导电薄膜

其 ClearOhm 系列产品在单层(monolayer)情况下有接近 99%的高透光率，片阻值在 50~300Ω/□；Carestream 推出的透明电极膜含透明基材，透光率为 87%~89%，片阻值为 100~300Ω/%。光电特性与 ITO 相当，但纳米银线在长波长范围的透光率较具有优势，劣势则是有相当的雾度(haze,%)存在(图 7-10)。石墨烯(graphene，图 7-11)材料除了其

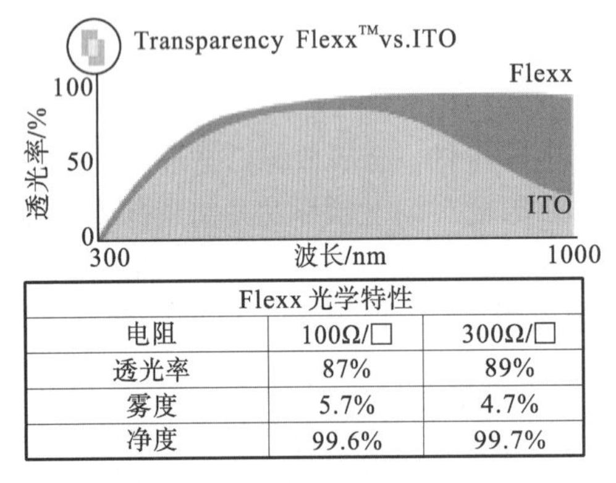

Flexx 光学特性		
电阻	100Ω/□	300Ω/□
透光率	87%	89%
雾度	5.7%	4.7%
净度	99.6%	99.7%

图 7-10　纳米银线的透光率与雾度

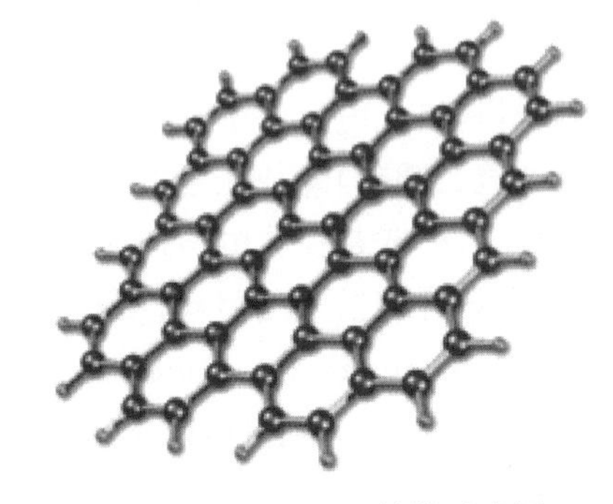

图 7-11　graphene 结构示意图

优异的光电特性(单层石墨烯透光率可达 97.7%，片阻值约 100Ω/□)被锁定为良好的透明电极替代材料，强韧的机械性质使其用途广泛，因此投入研发者众多。目前最高品质的单层石墨烯材料是以 CVD 方式生长于铜箔上，再转印至其他透明基材，制作成本略高。碳纳米管(carbon nano tubes，CNT，图 7-12)则是具有最多制成可能性的透明电极材料，包含 Inkjet、Shadow Mask、网印、凹版印刷等。与石墨烯同属应用广泛的碳材，单层透光率为 80%~89%，片阻值为 200~700Ω/□，但在色泽上有偏灰黑的缺点。以导电高分子作为透明电极材料一般皆选择导电率最佳的 PEDOT：PSS(图 7-13)，因为有机高分子与其他透明导电材料有许多不同之处，PEDOT：PSS 本质上具有可涂布性与可挠性的优势。但是共轭分子结构使其吸收特定波长而呈现较明显的蓝色，稳定性也较其他

无机材料与碳材差，片阻值略高，300Ω/□以上。但去年 Kodak 推出的新产品几乎无色偏(a^*：−0.24，b^*：0.48)，可见光的透光率达 88.3%，片阻值约为 230Ω/□。由于电容式触控面板需求规格大约以单层透光率 90%的片阻值需低于 300Ω/□为门槛，此产品的进步保持了导电高分子与其他材料的竞争性。

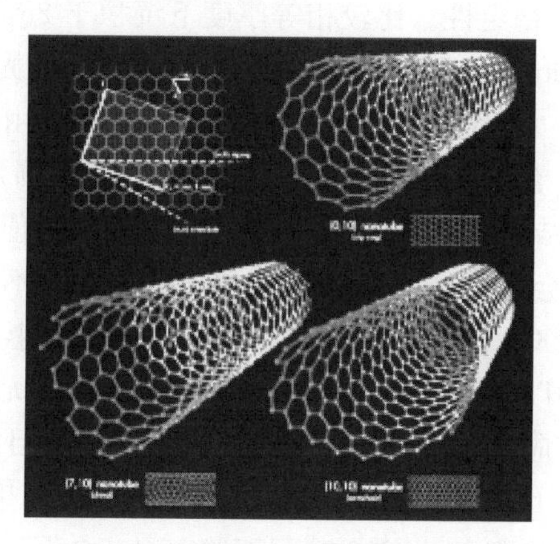

图 7-12　单层 CNT 结构示意图

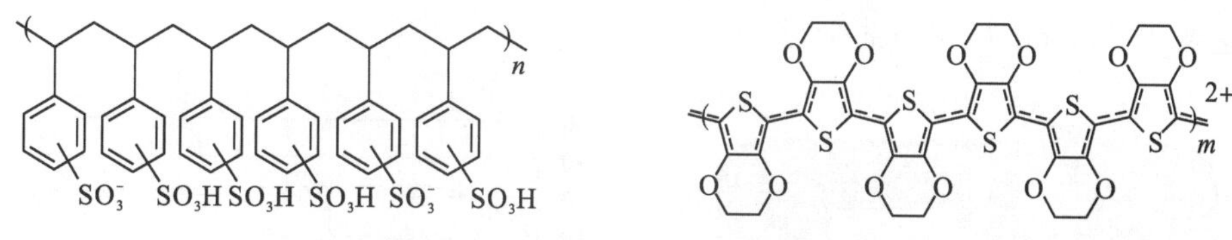

图 7-13　PEDOT：PSS 结构示意图

7.5.3　软性 ITO 薄膜

尽管各项新型透明导电材料正如火如荼地发展，ITO 材料的进步也不惶多让(在此不赘述 ITO 在玻璃上的制程)。放眼未来，光电 3C 产品对可挠性的需求必定有增无减，帝人锁定可挠性触控与显示面板为主的应用产业，开发建立在软性基板材料上的 ITO 薄膜。

软性透明导电薄膜以卷对卷(Roll-to-Roll)为制作量产方式，必须掌握薄膜、湿式涂布及真空蒸镀等三项技术。以触控元件为例，ITO 薄膜夹在显示面板与盖板玻璃之间透过偏光板会因为相位差产生高反射。因此，帝人采取结合相位差板与偏光板的圆偏光板(图 7-14)，可将反射率由 70%以上大幅降低至 20%以下。此外，一般软性基板能承受的制程温度不高，PET 材质往往在 100℃以下就开始变形，使产品与其制程上产生许多限制。帝人便以提高耐温特性为诉求，展示了可耐温达 150℃的 ITO/PC 透明导电薄膜。其中以特殊结构设计的难燃聚碳酸酯(表 7-3)为基材，玻璃转化温度可达 264℃以上，250℃的热收缩率小于 1%，虽然这些是实验阶段的数据，但是已经给予塑料基板瓜分玻璃制程产品市场的可能。

帝人在硬化膜(Hard Coating)的设计上借由湿式涂布技术进行对牛顿环(触控元件两

层 ITO 间的干涉现象)的抑制。一般硬化膜做法会添加些许粒子在表层的 ITO 膜上，使光在两层中因散射而降低干涉现象。但这些粒子在元件耐久测试上经常成为破坏发生之处，因此帝人的做法是在底部的 ITO 膜以湿式涂布的方式形成能稍微散射的表面，相较于添加粒子方式的硬化膜，使用 30000 万次以上仍可维持稳定。真空蒸镀技术的重点在于提升 ITO 的光学特性与稳定性。比较相等厚度下沉积于 25μm PET 的结晶型(crystallized)与非结晶型(amorphous) ITO，帝人发现结晶型 ITO 的光学特性较佳，其透光率可由 89.1%提升至 90.3%，b^* 可由 2.8 下降至 1.9，仅片阻值由 262Ω/□微升至 290Ω/□。在高温、高湿的环境下，测试 500h 后之片阻值变化的比例发现，相较于非结晶型有 40%～50% 的变化率，结晶型 ITO 仅有 10%左右的片阻值改变，稳定性明显优异。10000 次的写入循环也不会有剥离(peeling)现象。贴合后也不会有残留的酸造成黏合剂(optical clear adhesive，OCA)的变色与劣化。在此电容式触控面板需求大增的时机，发展更大尺寸导电薄膜必须以降低片阻值为目标，因为低阻值元件有以下优势：操作幅度较大；设计上具有弹性；应答时间较快；线路可以细致化。目前使用 ITO 材料的对策以增加厚度来符合各尺寸对片阻值的需求。然而，透光率随厚度减少与成本增加的问题，帝人利用 Anneal 技术使片阻值由 218Ω/□下降至 147Ω/□，透光率也由 87%提进至 89%，进一步使 ITO 导电薄膜的特性成为指标。此外，ITO 材料不耐弯折的缺点，经改善可达到 2～2.5mm 的可挠曲半径。

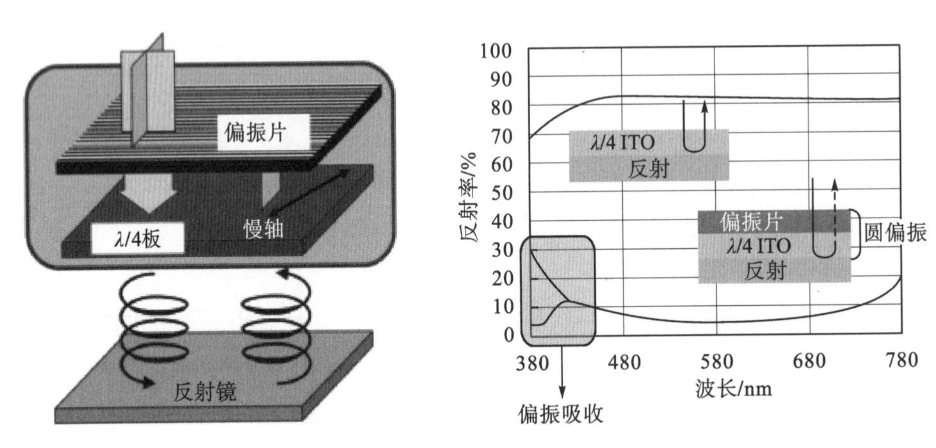

图 7-14 降低反射的圆偏光板薄膜技术

资料来源：帝人化成发表于 2012 年 Fine Tech Japan

表 7-3 可耐温达 264℃ 的透明导电薄膜 ITO/Flameproof PC

项目	条件	单位	阻燃聚碳酸酯(实验值)	常规聚碳酸酯 D-92
薄膜厚度		μm	100	92
密度		kg/m³	1.93	1.20

续表

项目	条件		单位	阻燃聚碳酸酯（实验值）	常规聚碳酸酯 D-92
光学性质	曲折率(nD)		—	1.622	1.585
	密度(haxe)		%	1.0	0.2
	全光线透光率		%	89	90
	L^*	C/2	—	95.2	95.1
	a^*		—	−0.1	0.0
	b^*		—	0.8	0.5
	R_e		nm	<10	<10
	R_th		nm	—	10
	光弹性系数		$10^{-12}m^2/N$	47	80
物理/热学性质	玻璃转移温度	20℃/min(DSC)	℃	264	148
	线膨胀系数	50～100℃(TMA)	10^{-6}/℃	56	80
	热收缩率	150℃，10min	%	<0.01	—
		200℃，10min	%	<0.01	—
		250℃，10min	%	<0.01	—
	难燃性	UL94	—	V-0 相当	Not-V
化学性质	吸水率	24h in Water	%	0.2	0.3
	水蒸气透过率		g/m^2 day	52	50
	氧气透过率		ml/m^2 day	1.110	900
	耐药品性	耐酸	—	○	○
		耐验	—	×	×
		耐有机溶剂	—	×	×
机械性质	弹性模数		GPa	2.6	2.1(TD)
	拉伸强度		MPa	91	56(TD)
	拉伸率		%	5	5(TD)

7.5.4　纳米银线

目前纳米银线的制备主要有模板法及溶液化学法两种，利用模板法虽然可以得到精准线长与线径的产品，但是在制作过程中必须经过银的填充还原与电解沉积等复杂的制程，且此技术无法大量制造。有关溶液化学法制备纳米银线，目前已有许多化学合成纳米银线的方法发表，大都采用乙二醇制程。该法借由高分子[最常用为聚乙烯吡咯烷酮(polyvinyl pirrolidone，PVP)]作为稳定剂，于高温与晶种存在的条件下(高于 160℃)还原硝酸银。晶种是一种十面体的结构，借由 PVP 作为保护剂，可以使两端向外延伸成线状，此线的截面是五边形，因两个末端晶格是(111)的五面体，各边则是(100)的晶格。

PVP分子与(100)面上有作用力吸附其上，致使还原银的过程中只能在(111)的面上进行生长，故可以长成银线(图7-15)。PVP的量也与保护效果有差异，间接影响纳米线的直径。因此，合成方法受许多因素影响，包含晶种选择、稳定剂选择、溶剂/还原剂选择、缓冲离子的添加、银离子浓度调控、反应时间/温度等。此材料开发领先的厂商是Cambrios，投入纳米银线导体的研发已有相当长的时间，该公司认为，关于现有透明导电(替代)材料之间的各项比较(表7-4)，纳米银线皆处于优势的位置，分析如下。

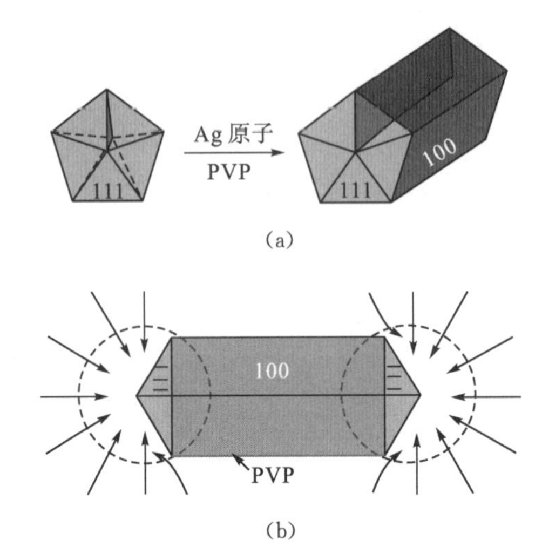

图7-15 纳米银线以溶液化学法合成的生长方式

表7-4 现有透明导电(替代)材料之间的各项比较

	ITO	金属格线	纳米银线	导电高分子	碳纳米管	石墨场
单层透光率/%	89～90	86～90	90～99	87～89	80～89	97
片电阻/(Ω/□)	150～300	15～100	10～300	200～500	200～700	100
制程	溅镀	印刷	R2R	R2R	R2R	CVD/转印
可挠性	差	佳	佳	佳	佳	佳
色泽外观	偏黄	露度，近香有微米格线	露度	偏蓝	偏灰黑	佳

资料来源：帝人化成发表于2012年Fane Tech Japan。

特性优异：未来的透明导电薄膜对片阻值的要求绝非仅300Ω/□以下，而银线的导电率高，借由涂布浓度的增加，即可大幅降低片阻值，并且维持80%以上的可见光透光率，仅蒸镀石墨烯的光电特性与其相当。

制程性高：以低温/湿式涂布即可制成薄膜，可以蚀刻(etching)、转移(transfer)与网印(screen print)等方式做电极的图案化，仅导电高分子与碳纳米管与其相同，但此两者的光电特性目前有较大的瓶颈。

成本优势：在制作成本上，可以卷对卷为制作量产方式，成膜后的覆盖面积仅需1%以下。虽然银是贵金属材料，但矿藏分布广且大，使用频繁、回收简单。

一般认为此材料技术最困难的两个问题便是雾度与成膜后的黏着性。Cambrios开发的纳米银线借由线径比的控制可有效地降低雾度。至于银线与基材表面，由于是以散布沉积的方式形成导电连续相，所以须在涂布银线溶液中添加些许黏着成分，使其在银线网路上形成保护层，由于只需控制适当比例，所以对黏着成分整体导电率的影响并不显著。Cambrios 对此提出了新的图案化方式(图 7-16)，希望进一步提高纳米银线作为透明导电层材料的可能性。以往的概念是在纳米银线制成薄膜后，于上方以微影的方式制作可蚀刻的图案，再以蚀刻与去墨程序留下需要的图案。若简化微影步骤，则以网印上光阻后蚀刻与去墨。目前 Cambrios 展示可借由网印直接在银线薄膜上方印制蚀刻剂的制程，当蚀刻剂穿透保护层时，可直接造成银线断裂而失去导电性，不需后续的去墨即可完成电路制作。除此之外，Cambrios 也与 Hitachi Chemical 公司合作在覆盖膜(Cover Film)与银线薄膜之间插入一层光敏层，展示 20μm 高解析度的线路印制能力。然而，直接印制出导电图案仍是终极目标。搭配喷涂(ink-jet)、网印或凹版印刷等方式皆有机会，但调整适当的黏度与黏着性直接涂布技术最困难之处，目前仍处于开发阶段。

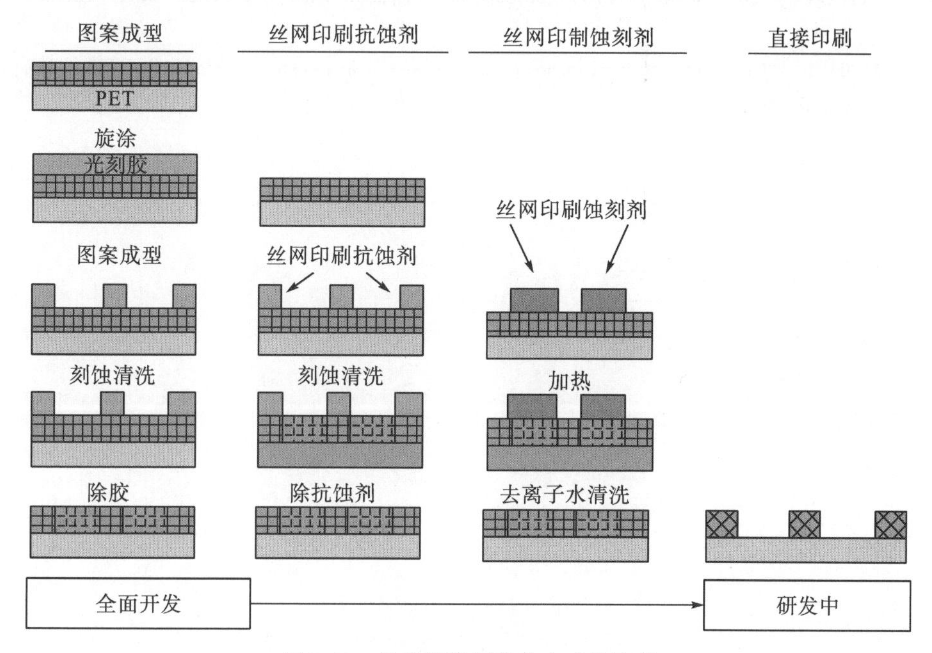

图 7-16　纳米银线图案化方式的演进

资料来源：Cambrios

开发新型透明导电材料技术的目标如下：来源与价格稳定；便于生产(非真空成膜)；耐弯折；优异的光、电特性；可图案化；可耐环境变化；可制作大面积；特性均匀度高(上述前三项为目前 ITO 使用上的隐忧)。依目前各种透明导电材料的发展近况看来，进步趋势尚属乐观，仍各有其优劣之处。ITO 材料一般给人不耐弯折的印象也在逐步改善中。由于产业界已大量投资 ITO 制程的相关设备，若要在 ITO 材料用完之前将其取代，可能性不大。即使部分新材料技术在制程上能排除真空成膜的限制，若光电特性没有十分显著的优势差异，也只会先设定为备案。但未来若某一材料技术或产业需求(如绿能产业)出现突破性的增长，皆有可能加速新材料技术导入现有产品的进程。因此，产业界或各研发单位对所有透明导电材料技术的开发状况仍须时时留意。

参考文献

陈沛霖，2009. 触控面板新型透明导电材料发展. 光连双月刊，(80)：21-24.

黄承钧，黄淑娟，2012. 石墨烯材料发展与应用趋势. 工业材料杂志，(304)：62-74.

日本学术振兴会，透明酸化物光・电子材料第166委员会，1999. 透明导电膜之技术(日文).

Coutts T J，Young D L，Li X，2000. Characterization of transparent conducting oxides. MRS Bulletin，25(8)：58-65.

Freeman A J，Poeppelmeier K R，Mason T O，et al，2000. Chemical and thin-film strategies for new transparent conducting oxides. MRS Bulletin，25(8)：45-51.

Gordon R G，2000. Criteria for choosing transparent conductors. MRS Bulletin，25(8)：52-57.

Kawazoe H，Yanagi H，Ueda K，et al，2000. Transparent p-type conducting oxides：Design and fabrication of p-nheterojunctions. MRS Bulletin，25(8)：28-36.

Lewis B G，Paine D C，2000. Applications and processing of transparent conducting oxides. MRS Bulletin，25(8)：22-27.

Zhang D H，Ma H L，1996. Scattering mechanisms of charge carriers in transparent conducting oxide films. Appl. Phys. A，62(5)：487-492.

第 8 章　触 控 屏

8.1　触控技术的发展

8.1.1　触控技术的产生

如果说 1964 年鼠标的发明，把计算机操作带入了一个新的时代，那么触摸屏的出现，则使图形化的人机交互界面变得更为直观、易用。1971 年，美国人萨姆特斯特(SamHurst)发明了世界上第一个触摸传感器。虽然这个仪器和人们今天看到的触摸屏并不一样，却被视为触摸屏技术研发的开端。图 8-1 为最初的触摸屏及触摸屏手机。

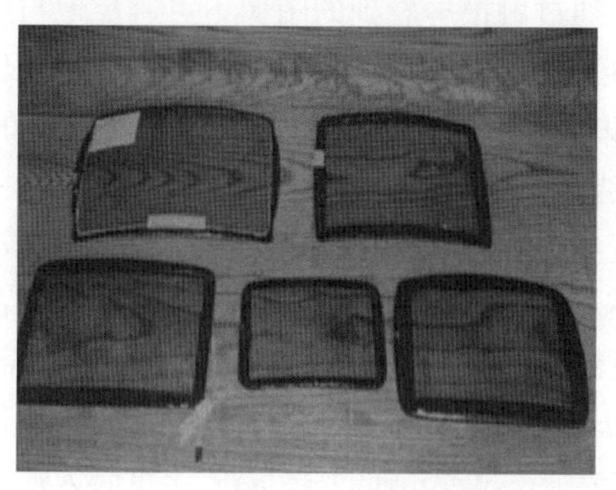
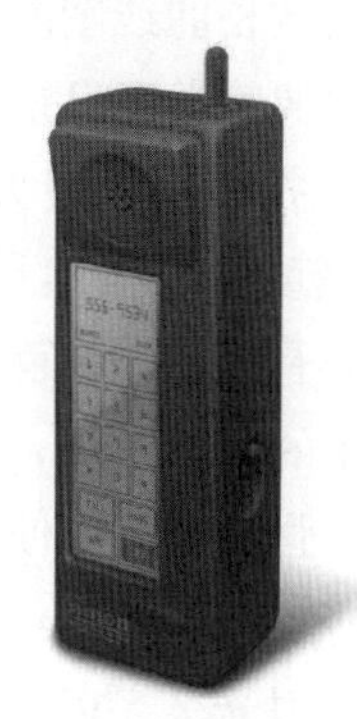

图 8-1　最初的触摸屏及触摸屏手机

1971 年，SamHurst 在肯尼迪大学当教师，因为每天要处理大量的图形数据而不胜其烦，就开始琢磨怎样提高工作效率，用最简单的方法搞定这些图形。

他把自己的三间地下室改造成车间，一间用来加工木材，一间制造电子元件，一间用来装配这些零件，并最终制造出了最早的触摸屏。这种最早的触摸屏被命名为“Accu-Touch”，由于是手工组装，一天只生产几台设备。1973 年，这项技术被美国《工业研究》杂志评选为当年 100 项最重要的新技术产品之一。不久，SamHurst 成立了自己的公司，并与西门子公司合作，不断完善这项技术。这个时期的触摸屏技术主要被美国军方采用，直到 1982 年，SamHurst 的公司在美国一次科技展会上展出了 33 台安装了触摸屏的电视机，平民百姓才第一次亲手“摸”到神奇的触摸屏。最早的触控手机是 1994 年 IBM 推出的 Simo Personal Communicator，采用压力传感黑白屏，以替代物理按键。这款手机配备了触摸笔，用于记录文字，甚至还可以发送传真。

8.1.2 触摸屏的定义

触摸屏是一种对触摸输入可进行连续坐标定位的装置。从原理上讲，标准的触摸屏需要达到三个要求。

1. 透明性

透明性直接影响到触摸屏的视觉效果。触摸屏作为屏幕上的输入设备，首要的要求就是尽量能够不影响显示效果，这对触摸屏的光学性能提出了很高的要求。透明有透明的程度问题，红外线技术触摸屏和表面声波触摸屏只隔了一层纯玻璃，透明可算佼佼者，其他触摸屏在这点上就要好好推敲一番。“透明”，在触摸屏行业里，是个非常宽泛的概念，很多触摸屏是多层的复合薄膜，仅用透明一点来概括它的视觉效果是不够的，它应该至少包括四个特性：透明度、色彩失真度、反光性和清晰度。其还能再分，例如，反光程度包括镜面反光程度和衍射反光程度，只不过触摸屏表面衍射反光还没达到CD盘的程度，对用户而言，这四个度量已经足够了。

由于透光性与波长曲线图的存在，通过触摸屏看到的图像不可避免地与原图像产生色彩失真，静态的图像感觉还只是色彩的失真，动态的多媒体图像感觉就不是很舒服了。

色彩失真度是指图中的最大色彩失真度，自然是越小越好。平常所说的透明度也只能是图中的平均透明度，当然是越高越好。

反光性，主要是指由于镜面反射造成图像上重叠身后的光影，如人影、窗户、灯光等。反光是触摸屏带来的负面效果，越小越好，它影响用户的浏览速度，严重时甚至无法辨认图像字符。反光性强的触摸屏使用环境会受到限制，现场的灯光布置也被迫需要调整。

清晰度指影像上各细部影纹及其边界的清晰程度。在触摸屏行业里，我们用雾度来衡量。雾度是偏离入射光2.5°以上的透射光强占总透光强的百分数，雾度越大则清晰度越低。

2. 绝对坐标系统

触摸屏是绝对坐标系统，要选哪就直接点哪，与鼠标这类相对定位系统的本质区别是一次到位的直观性。绝对坐标系的特点是每一次定位坐标与上一次定位坐标没有关系，触摸屏在物理上是一套独立的坐标定位系统，每次触摸的数据通过校准数据转为屏幕上的坐标。这样，就要求触摸屏这套坐标不管在什么情况下，同一点的输出数据是稳定的，如果不稳定，那么触摸屏就不能保证绝对坐标定位。点不准，这就是触摸屏最怕的问题，也就是出现漂移。在技术原理上凡是不能保证同一点触摸每一次采样数据相同的触摸屏都免不了出现漂移。

3. 检测触摸并定位

各种触摸屏技术都是依靠各自的传感器来工作的，甚至有的触摸屏本身就是一套传感器。各自的定位原理和所采用的传感器决定了触摸屏的反应速度、可靠性、稳定性和寿命。

8.1.3　触摸屏的分类

从技术原理来区别触摸屏，它可分为五类：矢量压力传感技术触摸屏、电阻技术触摸屏、电容技术触摸屏、红外线技术触摸屏和表面声波技术触摸屏。红外线技术触摸屏价格低廉，但其外框易碎，容易产生光干扰，曲面情况下失真；电容技术触摸屏设计构思合理，但其图像失真问题很难得到根本解决；电阻技术触摸屏的定位准确，但其价格颇高，且怕刮易损；表面声波触摸屏解决了以往触摸屏的各种缺陷，清晰、不容易损坏，适于各种场合，缺点是屏幕表面如果有水滴和尘土会使触摸屏变得迟钝，甚至不工作。

8.2　电阻触摸屏

电阻触摸屏是一种可以将触摸位置转化为 X 与 Y 轴电压量并计算出具体触摸位置的触摸传感器。其一般结构如图 8-2 所示，下层为刚性透明基材，如玻璃，表面镀一层 ITO，在上面覆一层表面硬化处理的柔性薄膜，内层镀一层 ITO；两层 ITO 之间用透明的颗粒隔开。使用时按压上层薄膜，上两层 ITO 导通，通过算法获得位置坐标，即可实现触控功能。电阻触摸屏的优点是成本较低，不受尘埃、水、污物的影响。其缺点是容易脆断，表层 ITO 使用一定时间后会出现细小裂纹，甚至变形，滑动操作生涩，用户体验不佳。

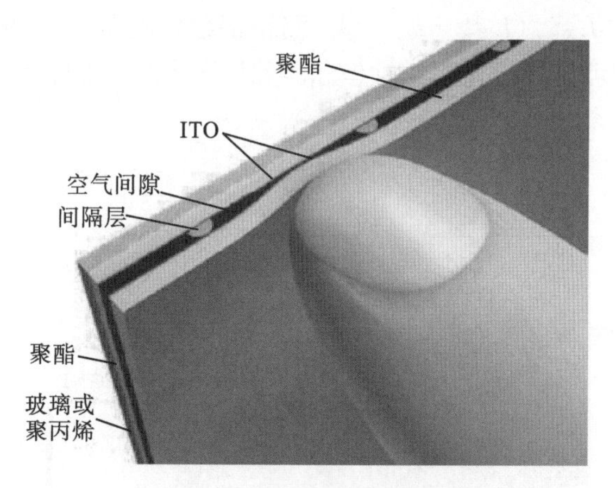

图 8-2　电阻触摸屏的结构

根据电极结构的不同，电阻触摸屏可分为如表 8-1 所示。以四线式的电阻屏(图 8-3)为例分析电阻屏的原理。

表 8-1　电阻触摸屏电极结构

	四线式	五线式	六线式	七线式	八线式
上部电极	x_1　x_2				x_1　x_4　x_2　x_3

续表

	四线式	五线式	六线式	七线式	八线式
下部电极	y_1 y_2	y_4 x_2 x_3 y_2	y_4 x_2 x_3 y_2		y_1 x_2 y_3 x_4
专利权	配线最简单，不受专利限制	ELO、3M 专利	宇宙光电专利	日本富专利	3M 专利
特性	产品不耐刮，售价最低	改良四线式，不耐刮	较四线增加耐刮度、防电磁波与防噪声功能	耐刮、准确度较高	耐温度及环境温度变化，分辨率为四线的 2 倍

电容触摸屏的两层 ITO 涂层间由透明颗粒间隔开，在非按压状态下，两层 ITO 彼此不接触。下涂层的 $X+$端接 VDD(即参考电压)，$X-$端接地。同理$Y+$端接 VDD，$Y-$端接地。当手指按压电阻屏时，柔性薄膜发生形变，上层 ITO 涂层碰到下层 ITO 涂层，就可以看作上层电路与下层导通，电路如图 8-3 所示，R_{touch}是接触点电阻，通过如下方法可以算出 X，Y 坐标。当$Y+$极加上 VDD 电压，$Y-$极接地，$X+$极和 $X-$不接电压时，接触点电压为

$$V_x = V_{\text{DD}}[R_{X-}/(R_{X+}+R_{X-})]$$

由于R_{X+}与R_{X-}值的大小正比于接触点到 $Y+$极与 $Y-$极的距离，所以 $R_{X-}=L_{X-}\cdot\rho$，$R_{X+}=L_{X+}\cdot\rho$(ρ 为单位长度电阻)，就可以得知 $V_x=V_{\text{DD}}[L_{X-}/(L_{X+}+L_{X-})]$，即 $V_x/V_{\text{DD}}=[L_{X-}/(L_{X+}+L_{X-})]$。测得接触点电压 V_x就可以确定L_{X-}，即接触点 X 轴坐标。同理可得接触点的Y轴坐标。其他结构的电阻屏原理大同小异。

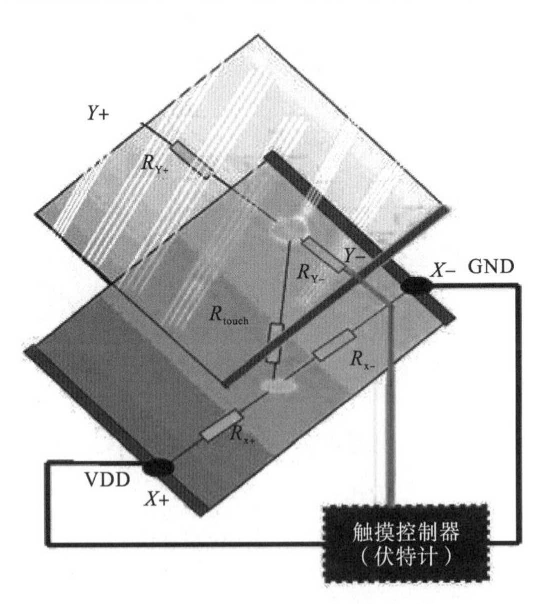

图 8-3 四线式电阻触摸屏原理

8.3　电容触摸屏

电容触摸屏的基本原理如图 8-4 所示，依靠电容屏与接触物间形成电容，要求接触物为导体，如手指等。在电容屏上加高频电压，当手指接触到电容屏时，一部分微小的电流通过手指与电容屏之间的电容传递到人体，触摸屏检测电路检测到电流变化，从而确定接触点的坐标，即实现触控功能。

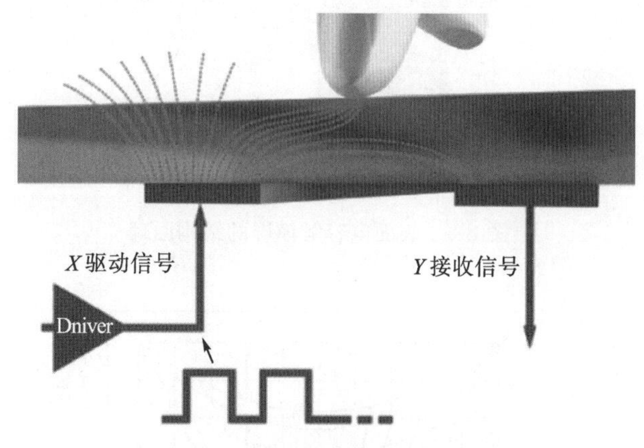

图 8-4　电容触摸屏的基本原理

电容触摸屏分为两种，表面电容触摸屏和投射电容式触摸屏。

8.3.1　表面电容触摸屏

表面电容触摸屏只采用单层的整面均匀的 ITO，在触摸屏四边均镀上狭长的电极，在导电体内形成一个低电压交流电场。当手指触摸屏表面时，手指与导体层间会形成一个耦合电容，就会有一定量的电荷转移到人体。为恢复这些电荷损失，电荷从屏幕的四角补充进来，各方向补充的电荷量和触摸点的距离成比例，可以由此推算出触摸点的位置。这种表面电容触摸屏原理简单，生产工艺简单，但是只能支持单点触控。如图 8-5 所示为表面电容触摸屏的结构原理。

均匀沉积的 ITO 会导致枕形失真，如图 8-6 所示，这通常要由低阻抗的边缘图案来校正。表面电容 ITO 涂层通常需要在屏幕的周边加上线性化的金属电极，来减小角落/边缘效应对电场的影响。当较大面积的手掌或手持的导体物靠近电容屏而不是触摸时就能引起电容屏的误动作，在潮湿的天气，这种情况尤为严重，手扶住显示器、手掌靠近显示器 7cm 以内或身体靠近显示器 15cm 以内就能引起电容屏的误动作。戴手套或手持不导电的物体触摸时没有反应，这是因为增加了更为绝缘的介质。当环境温度、湿度、环境电场发生改变时，都会引起电容屏的漂移，造成不准确。

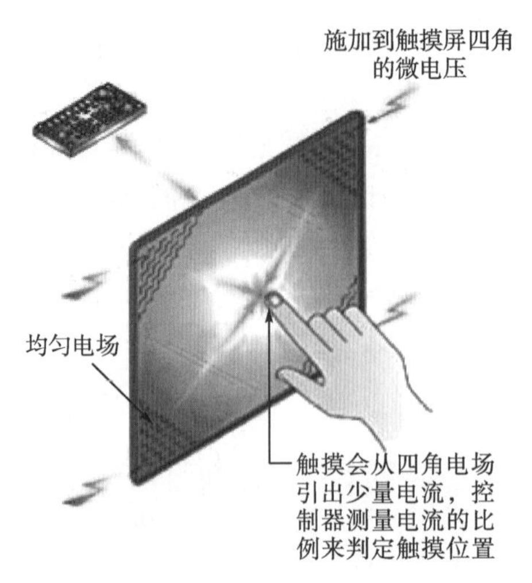

图 8-5　表面电容触摸屏的结构原理

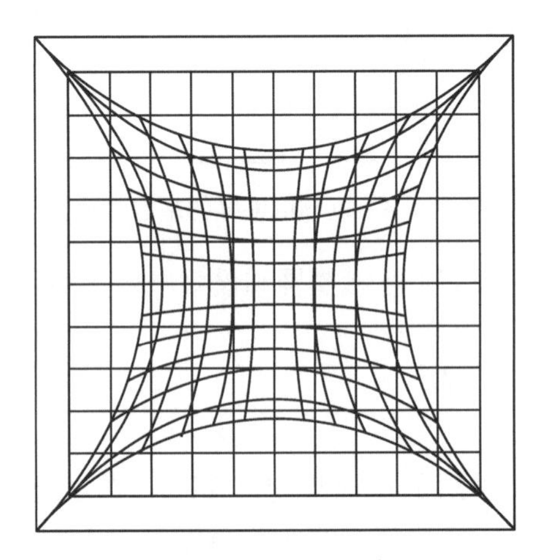

图 8-6　枕形失真示意图

8.3.2　投射电容式触摸屏

投射电容式触摸屏分为两种：自电容式触摸屏和互电容式触摸屏。这类电容屏需要一个或多个精心设计的、被蚀刻的 ITO 层。ITO 层通过蚀刻形成多个水平和垂直电极，所有这些电极都由一个电容式感应芯片来驱动。该芯片既能将数据传送到一个主处理器，也能自己处理触点的 XY 轴位置。通常，水平和垂直电极都通过单端感应方法来驱动，也就是说一行和一列的驱动电路没有什么区别，称为“单端”感应(自电容)，如图 8-7 所示。不过，在一些方法中，一根轴通过一套 AC 信号来驱动，而穿过触摸屏的响应则通过其他轴上的电极感测出来，称为“横穿式”感应，这时电场是以横穿的方式通过上层面板的电介层从一个电极组(如行)传递到另一个电极组(如列)的(互电容)。

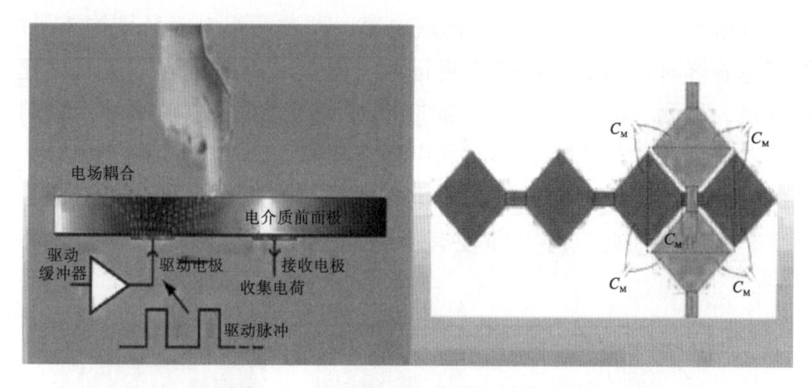

图 8-7　自电容式触摸屏的结构原理

1. 自电容式触摸屏

自电容式触摸屏一般结构如下：在玻璃表面用 ITO(一种透明的导电材料)制作成横向与纵向电极阵列，这些横向和纵向的电极分别与地构成电容，这个电容就是通常所说的自电容，也就是电极对地的电容。当手指触摸到电容屏时，手指的电容将会叠加到屏体电容上，使屏体电容量增加。在触摸检测时，自电容屏依次分别检测横向与纵向电极阵列，根据触摸前后电容的变化，分别确定横向坐标和纵向坐标，然后组合成平面的触摸坐标。自电容的扫描方式，相当于把触摸屏上的触摸点分别投影到 X 轴和 Y 轴方向，然后分别在 X 轴和 Y 轴方向计算出坐标，最后组合成触摸点的坐标。

如果是单点触摸，则在 X 轴和 Y 轴方向的投影是唯一的，组合出的坐标也是唯一的；如果在触摸屏上有两点触摸并且这两点不在同一 X 方向或者同一 Y 方向，则在 X 和 Y 方向分别有两个投影，则组合出 4 个坐标。显然，只有 2 个坐标是真实的，另外两个就是俗称的“鬼点”，如图 8-8 所示。因此，自电容屏无法实现真正的多点触摸。

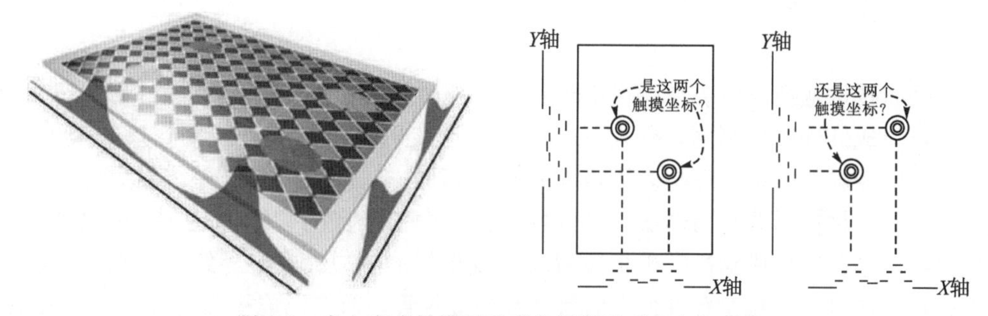

图 8-8　自电容式触摸屏的多点触摸及“鬼点”现象

自电容式触摸屏特点如下：①在使用的第一次或环境变化比较大的时候需要校准。②有“鬼点”效应，无法实现真正的多点触摸。③直接受温度、湿度、手指湿润程度、人体体重、地面干燥程度影响，受外界大面积物体的干扰也非常大，容易产生“漂移”。

2. 互电容式触摸屏

互电容式触摸屏的一般结构如下：用 ITO 制作横向电极与纵向电极，它与自电容屏的区别在于，两组电极交叉的地方将会形成电容，即这两组电极分别构成了电容的两极。当手指触摸到电容屏时，影响了触摸点附近两个电极之间的耦合，从而改变了这两个电极之间的电容量。检测互电容大小时，横向的电极依次发出激励信号，纵向的所有电极同时接收信号，这样可以得到所有横向和纵向电极交汇点的电容值大小，即整个触摸屏的二维平面的电容大小。根据触摸屏二维电容变化量数据，可以计算出每一个触摸点的坐标，如图 8-9 所示。因此，屏上即使有多个触摸点，也能计算出每个触摸点的真实坐标。

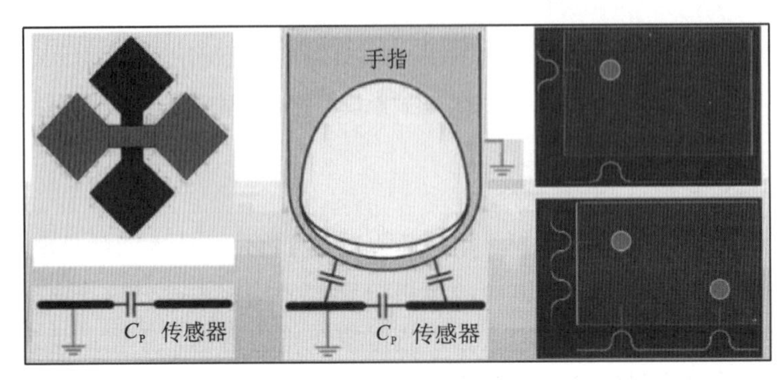

图 8-9 互电容式触摸屏的结构原理

互电容式触摸屏特点如下：①无须校准。②避免“鬼点”效应，可以实现真正的多点触摸。③不受温度、湿度、手指湿润程度、人体体重、地面干燥程度影响，不会产生“漂移”现象。

8.4 其他触控技术

8.4.1 红外线技术触摸屏

红外线技术触摸屏由装在触摸屏外框上的红外线发射与接收感测元件构成，在屏幕表面上，形成红外线探测网，任何触摸物体可改变触点上的红外线而实现触摸屏操作。红外线式触控屏的实现原理与表面声波式触控相似，它使用的是红外线发射与接收感测元件。这些元件在屏幕表面形成红外线探测网，触控操作的物体(如手指)可以改变导通的红外线，进而转化成触控的坐标位置而实现操作的响应。在红外线式触控屏上，屏幕的四边排布的电路板装置有红外发射管和红外接收管，对应形成横竖交叉的红外线矩阵，如图 8-10 所示。

红外触摸屏不易受到外界环境变化的影响，如静电放电、大电流、大电压等，可以用在较恶劣的环境下。

红外线触摸屏优点是价格便宜、安装方便、响应速度较快；高透光性，无中间介质，使用寿命长，高度耐久，不怕刮伤，触控寿命也长；使用特性好，触摸无须力度，对触摸体无特殊要求。缺点是红外线发射管及接收管很容易损坏且分辨率低；会受到强红外线干扰，如遥控器、高温物体、阳光或白炽灯等红外源照射红外接收管；会受到强电磁干扰，如变压器等。

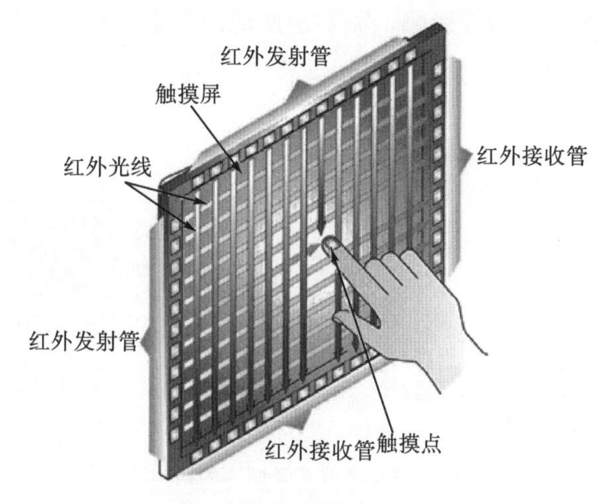

图 8-10 红外线式触摸屏的结构原理

8.4.2 表面声波式触摸屏

表面声波是一种沿介质表面传播的机械波。表面声波式触摸屏由触摸屏、声波发生器、反射器和声波接收器组成，其中声波发生器能发送一种高频声波跨越屏幕表面，当手指触及屏幕时，触点上的声波即被阻止，由此确定坐标位置。表面声波式触摸屏的触摸屏部分可以是一块平面、球面或柱面的玻璃平板，安装在等离子显示器屏幕的前面。这块玻璃平板只是一块纯粹的强化玻璃，区别于其他触摸屏技术的是没有任何贴膜和覆盖层。玻璃屏的左上角和右下角各固定了竖直和水平方向的超声波发射换能器，右上角则固定了两个相应的超声波接收换能器。以 X 轴为例，控制电路产生发射信号(电信号)，该电信号经玻璃屏上的 X 轴发射换能器转换成厚度方向振动的超声波，超声波经换能器下的楔形座折射产生沿玻璃表面传播的分量。超声波在前进途中遇到 45°倾斜的反射线后产生反射，产生与入射波成 90°、和 Y 轴平行的分量，该分量传至玻璃屏 X 方向的另一边也遇到 45°倾斜的反射线，经反射后沿和发射方向相反的方向传至 X 轴接收换能器。X 轴接收换能器将回收到的声波转换成电信号。控制电路对该电信号进行处理得到表征玻璃屏声波能量分布的波形。有触摸时，手指会吸收部分声波能量，回收到的信号会产生衰减，程序分析衰减情况可以判断出 X 方向上的触摸点坐标。同理可以判断出 Y 轴方向上的坐标，X、Y 两个方向的坐标一确定，触摸点自然就唯一地确定下来。图 8-11为表面声波式触摸屏的结构原理。

声波屏设计的精妙之处在于每个方向只用一对换能器便能侦测整个触摸面，分辨率可达 4096；不像红外线式触摸屏，每个方向至少需要几十对发射/接收管，随着屏尺寸的增大或分辨率的提高，需要成比例地增加发射/接收管对的数量。其实现关键在于反射阵列，反射阵列精密准确的间距分布保证了回收信号的一致。

表面声波式触摸屏优点是不受温度、湿度等环境因素影响，分辨率极高，有极好的防刮性，寿命长(5000 万次无故障)；能保持清晰透亮的图像质量；没有漂移，只需安装时一次校正；有第三轴(即压力轴)响应，最适合公共场所使用。表面声波式触摸屏的主要缺点是受灰尘和水滴、油污等影响，需要定期清洁反射阵列，而且触摸屏相对体积较大，不适用智能手机等设备。

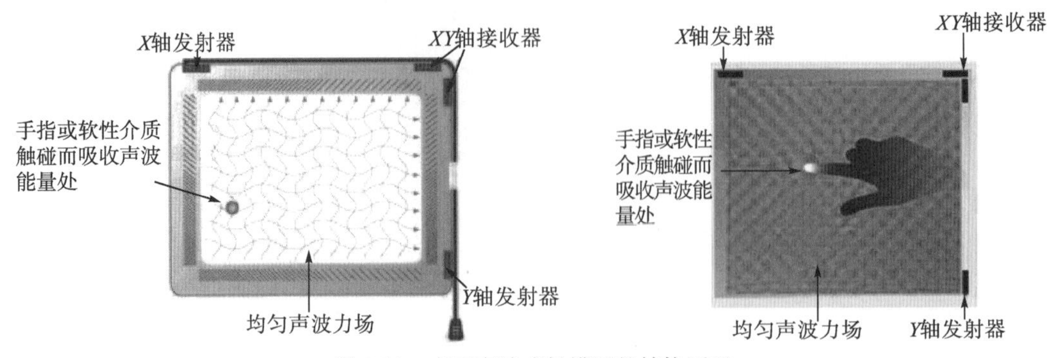

图 8-11 表面声波式触摸屏的结构原理

8.5 触控技术前沿

8.5.1 嵌入式触摸屏

2007 年，苹果公司发布了其首款智能手机 iPhone 1，搭载了电容式触摸屏，具有耐划伤的康宁玻璃盖板。这款手机以其流畅的触控体验和时尚的外观，引领了智能触控终端设备的潮流走向；此后智能手机风靡全球，其电容式触摸屏成了智能手机的标配。如今智能手机向着更大、更薄的方向发展；其中对触摸屏所占的厚度有了越来越严苛的要求，因而嵌入式触摸屏应运而生。本质上讲，嵌入式触摸屏就是将触摸屏的触控电极嵌入手机的其他组件中，与外挂式的触摸屏不同，它没有单独的触摸屏组件。嵌入式触摸屏分为一体化触控(one glass solution，OGS)、on cell、in cell 和 hybrid in cell 四种结构(图 8-12)。

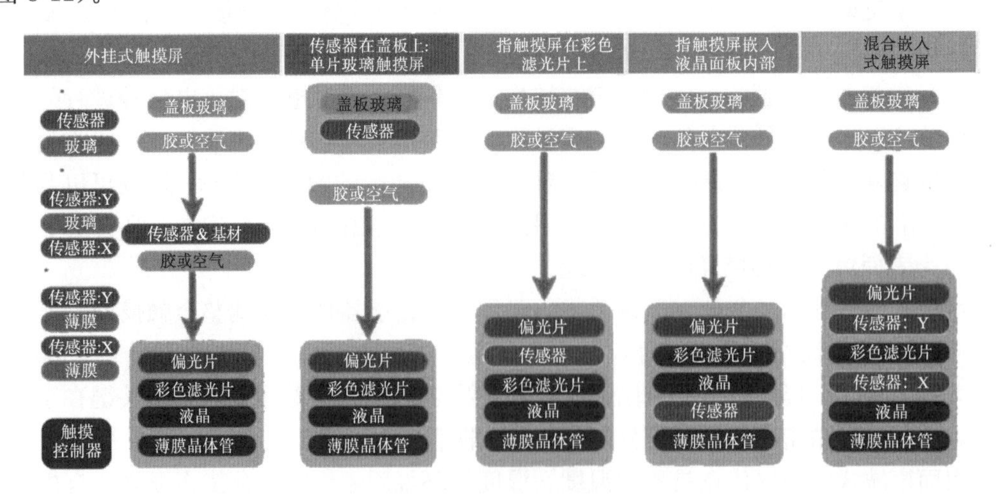

图 8-12 电容式触摸屏的结构分类

1. OGS技术

OGS触摸屏是在保护玻璃上直接形成ITO导电膜及传感器的一种技术下制作的电子产品保护屏。一块玻璃同时起到保护玻璃和触摸传感器的双重作用。其好处是节约了一层玻璃成本和降低了一次贴合成本，可以同时多片一起加工；减轻了重量；增加了透光率。其突出优势是这种结构可以使手机厚度降低，外观更时尚，用户体验更佳，部分高端手机和笔记本电脑的触摸屏采用了这种技术。

2. on cell技术

将触控传感器整合到液晶显示器上，使液晶显示器具有显示和触控双重功能是近年来高端智能手机的一个发展方向之一。其中以三星GALAXY系列手机为代表的一些智能手机采用的方式是将触控传感器集成到显示面板上基板上表面，业内称为on cell触控技术。这种方式需要在显示面板上制作触控电极，对工艺条件要求较高，需避免高温制程，以免对显示面板造成影响。

3. in cell技术

以苹果手机为首的高端智能手机厂商将触控传感器电极与液晶显示器的TFT驱动电极集成到一起，简化了手机的组件，获得了更轻薄、时尚的外观和更流畅的用户体验。但这种in cell技术对生产工艺的要求更高，合格率较低，且触控电极和显示驱动电极之间的干扰需要更加高端的处理器和算法的支持。

4. hybrid in cell技术

以华为手机为首的部分手机厂商将上两种技术结合在一起，采用了一种on cell和in cell混合式的触控技术。具体是将触控电极的驱动电极和感应电极分别做在显示面板上基板上下表面。这种技术兼具了其他两种技术的优点，工艺相对简单，合格率较高。

8.5.2 force touch 技术

force touch技术也称压感触控、力感触控，目前没有统一的名字，是苹果公司用于其旗下产品Apple Watch、全新MacBook及全新13in MacBook Pro的一项触摸传感技术。通过force touch，设备可以感知轻压及重压的力度差别，并调出不同的对应功能。显示屏周围设有许多微小电极，force touch通过它们来感知轻点和按压的区别，然后根据实际情境触发一系列相关反应。能感应出使用者在触控面板上点按的力道，并予以回馈不同的机能或操控。触控不单单只有点控功能，使得短点与长按将有不同反应。Apple Watch不仅能识别每一次触碰，还能感知力度，从而为使用者的操控开拓出全新的空间。图8-13为force touch技术示意图。

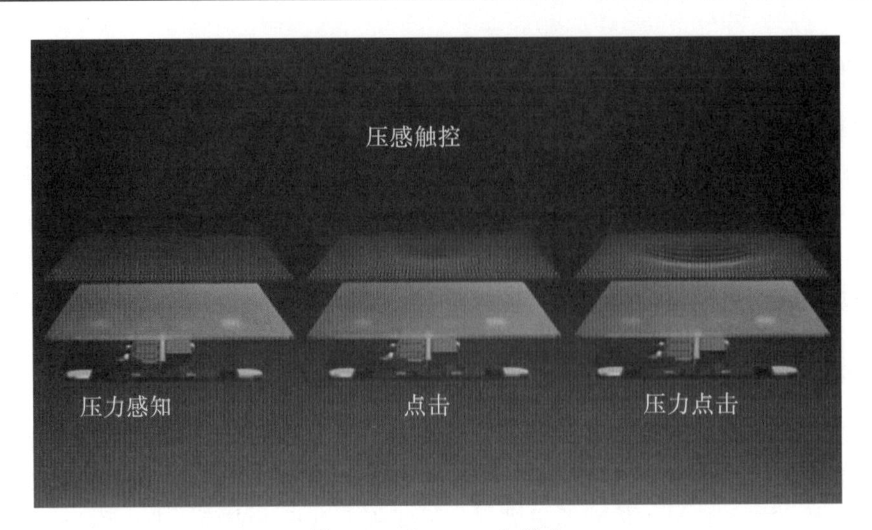

图 8-13 force touch 技术

8.5.3 柔性触控技术

可穿戴技术的发展带动了非刚性可弯曲显示技术的发展，配套的柔性触控技术也进展迅速。传统屏幕的厚度尺寸已经轻薄到了一定程度，但也因此非常脆弱、易碎。柔性触摸屏的轻薄远超传统屏幕，摸起来就像一张纸。同时因为是柔性材料，所以柔性触摸屏可以应用于各种表面形状的电子产品，而不局限在平板的基材，并且相对也更加抗摔。另外柔性触控显示屏的可挠曲技术也将带动移动终端的大型化，使其携带更加方便。图 8-14为柔性触控技术产品。

图 8-14 柔性触控技术

8.6　触摸屏生产工艺介绍

8.6.1　玻璃式触摸屏的生产工艺

玻璃式触摸屏总体工艺流程如图 8-15 所示。

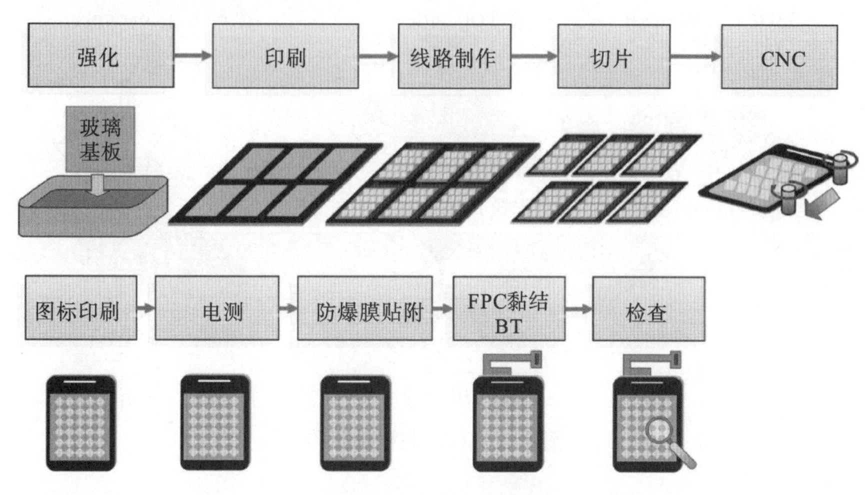

图 8-15　玻璃式触摸屏总体工艺流程

1. 遮光层制程

遮光层是指玻璃触摸屏面板的边框油墨，用于对触摸屏非视窗区的美化及对内部结构的遮挡。玻璃触摸屏遮光层的制作采用曝光工艺，相对于传统的丝网印刷工艺，曝光工艺具有尺寸精度高、膜层厚度低的特点，有利于后期遮光层上线路与视窗区线路的过渡。图 8-16 为遮光层制程示意图。

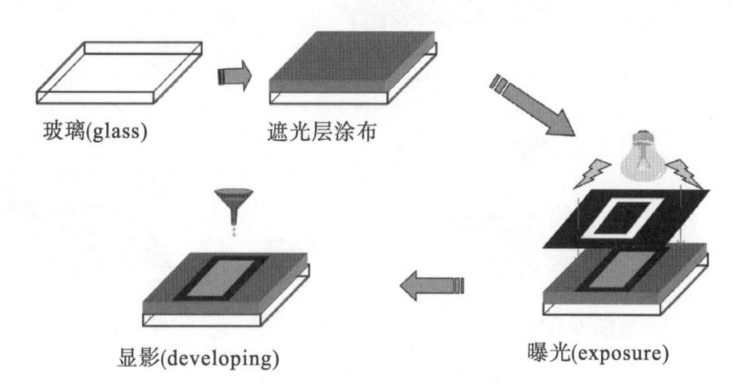

图 8-16　遮光层制程示意图

2. ITO 制程

ITO 制程是指视窗区触控传感器电极线路的制作过程。首先，在完成遮光层制程的玻璃上采用磁控溅射设备溅镀一定厚度的 ITO 薄膜，接下来涂布光阻材料，在相应的菲林遮挡下曝光，经过显影液冲洗，菲林上的图案就转移到光阻上。下一步将显影后的玻璃放在酸性刻蚀液中刻蚀，没有被光阻保护的 ITO 薄膜就被刻蚀掉了，最后剥膜也将光阻洗去，触控电极线路就制作完成了。图 8-17 为 ITO 制程示意图。

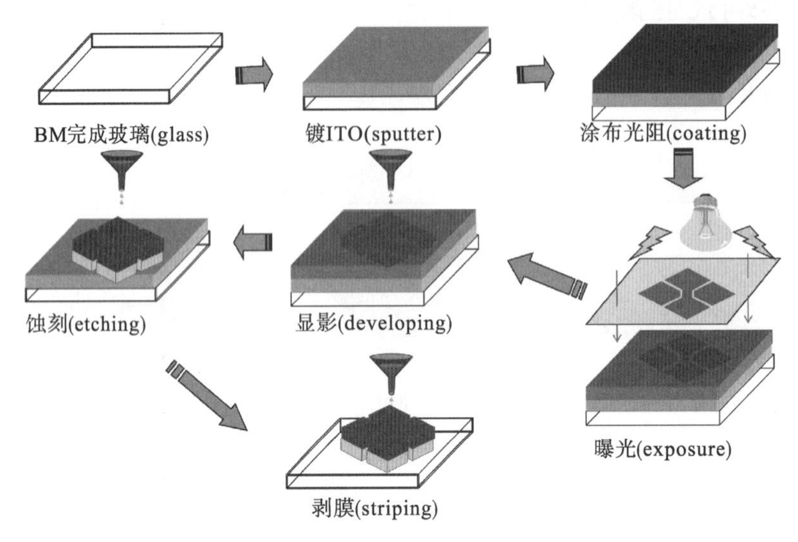

图 8-17 ITO 制程示意图

3. OG 制程

由于单层 ITO 无法单独形成互容式电容触摸屏相交的 XY 电极线路，这就需要 OG 制程和金属制程来完成其中的搭桥工作。其中 OG 制程是指其中的绝缘层制作，采用的是曝光工艺。其中的绝缘层除了隔绝电气连接外，还起到对金属层的遮挡作用。图 8-18 为 OG 制程示意图。

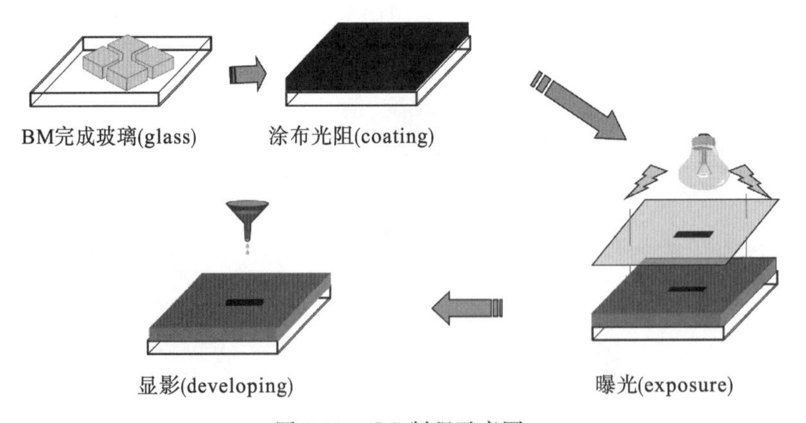

图 8-18 OG 制程示意图

4. 金属制程

金属制程是指通过金属层将两块不相邻的 ITO 薄膜连接在一块的工序。首先在需要搭桥的地方通过曝光工艺制作一层绝缘层，然后蒸镀一层金属导电层，再涂布一层光阻薄膜。通过相似的曝光显影工艺得到需要的光阻图案，再通过刻蚀将没有光阻保护的金属层去掉。那么两块不相邻的 ITO 薄膜就通过金属桥连接在一起了。OG 制程和金属制程对曝光显影的精度要求较高，是整个线路制作制程关键步骤。另外，遮光层上的线路也在这一工序由金属层制成。图 8-19 为金属制程示意图。

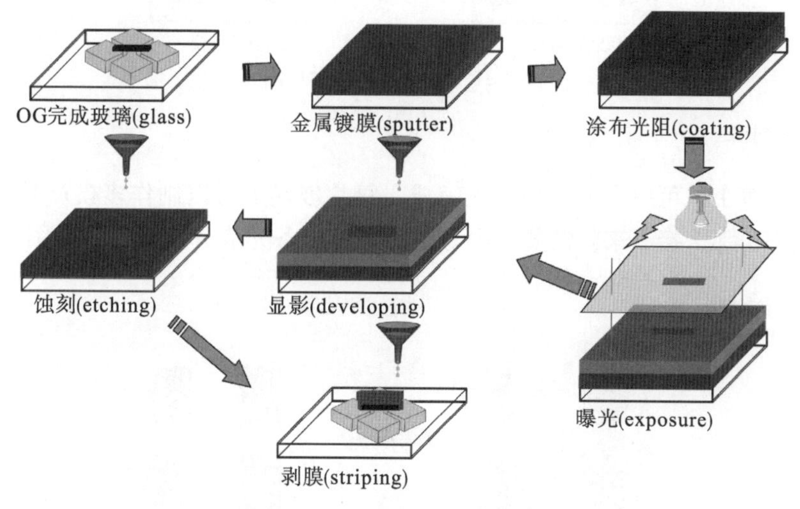

图 8-19　金属制程示意图

5. SiO_2 保护层制程

SiO_2 保护层是指在完成触控电极线路工序的产品上镀上一层 SiO_2 层，对其中的 ITO 线路起到保护的作用。在镀膜的过程中需要在不需要镀膜的部分使用防护罩遮挡。图 8-20为 SiO_2 保护层制程示意图。

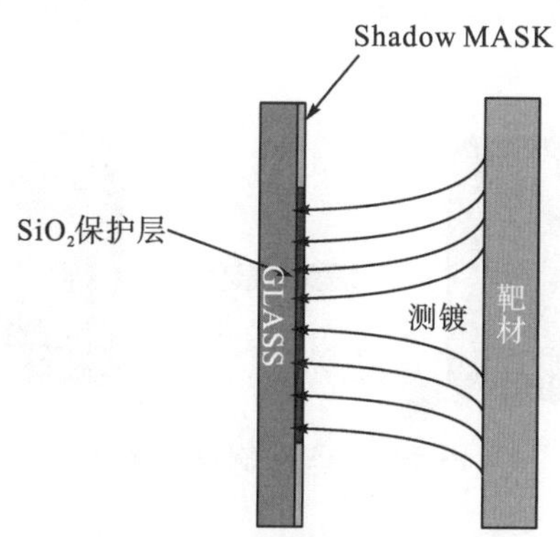

图 8-20　SiO_2 保护层制程示意图

6. 可剥胶制程

可剥胶制程是指在完成线路制作的大片玻璃上印刷可剥胶，目的是在后续切割及 CNC 工艺加工时对电极线路及玻璃表面进行保护。后续制程完成后，可剥胶可以直接撕除，非常方便。图 8-21 为可剥胶制程示意图。

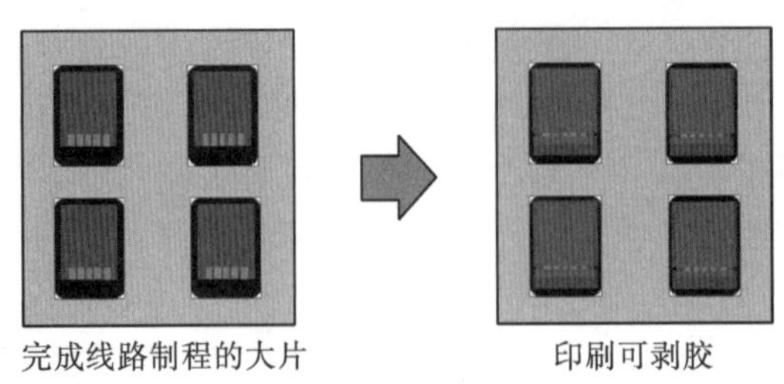

图 8-21 可剥胶制程示意图

7. 切割制程

线路制作等工艺可以在大片玻璃上完成，每片玻璃上可以制作多模产品，这样大大提高生产效率。那么接下来就需要采用专用的切割设备完成分片工作了。图 8-22 为切割制程示意图。

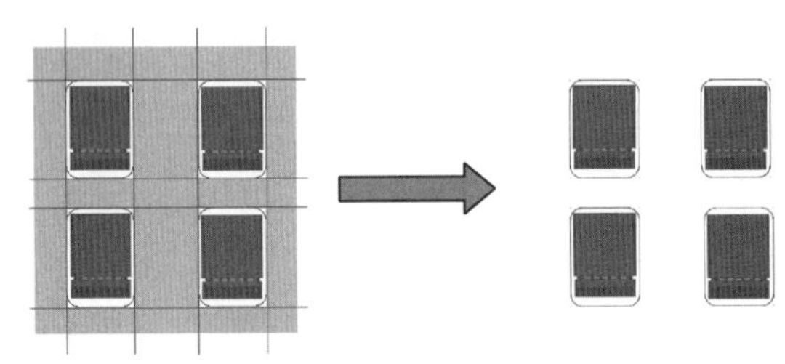
图 8-22 切割制程示意图

8. CNC 制程

CNC 制程是指对分片产品的边缘进行精密打磨加工的工艺，采用精密的数控精雕机，根据预先设计的图形尺寸进行打磨加工。其打磨工艺包括平面外形的加工，如倒角、开槽和打孔等；还包括断面的打磨和整形，如 2.5D 的盖板玻璃的断面打磨。图 8-23 为 CNC 制程示意图。

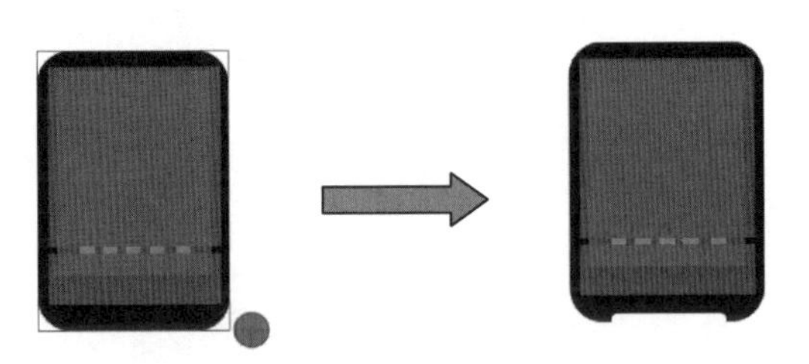
图 8-23 CNC 制程示意图

9. 二次强化制程

二次强化制程一般是指完成 CNC 制程的产品，双面采用可剥胶保护的情况下，在一定浓度的 HF 溶液中微蚀刻玻璃断面的切割裂痕，以提高其机械抗压力。这种工艺对刻蚀参数控制要求较高。刻蚀过度会产生水波纹等不良及边缘 BM 脱落，蚀刻不足则裂痕无法消除或减轻，无法达到机械抗压力增加的目的。不同种类的玻璃对强化液的成分也有不同的要求。图 8-24 为二次强化制程示意图。

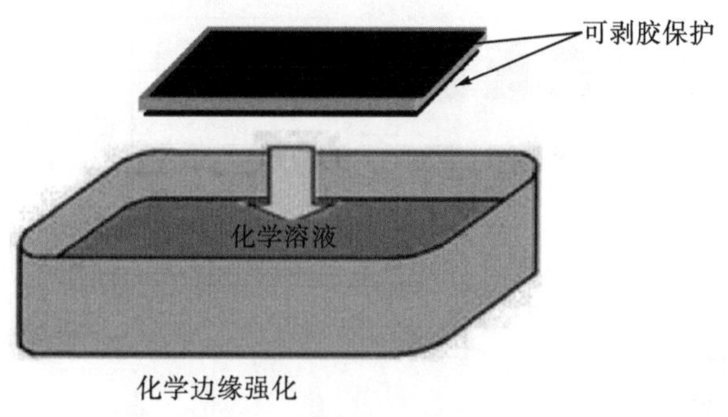

图 8-24　二次强化制程示意图

10. FPC 制程

FPC(柔性电路板)制程是指触控传感器电极与柔性电路板的电气连接工艺。一般情况下，FPC 制程采用各向异性导电胶(ACF)作为连接材料。将表面镀上一层金属层的塑料空心微球分散到一种热固性的半干胶中，涂布成胶膜就得到各向异性导电胶。使用时将 FPC 的金手指上预贴一层 ACF。然后与触控传感器的 PIN 脚对齐，在一定的压力和温度下压合，FPC 与触控传感器就可以导通了。图 8-25 为 FPC 制程示意图。

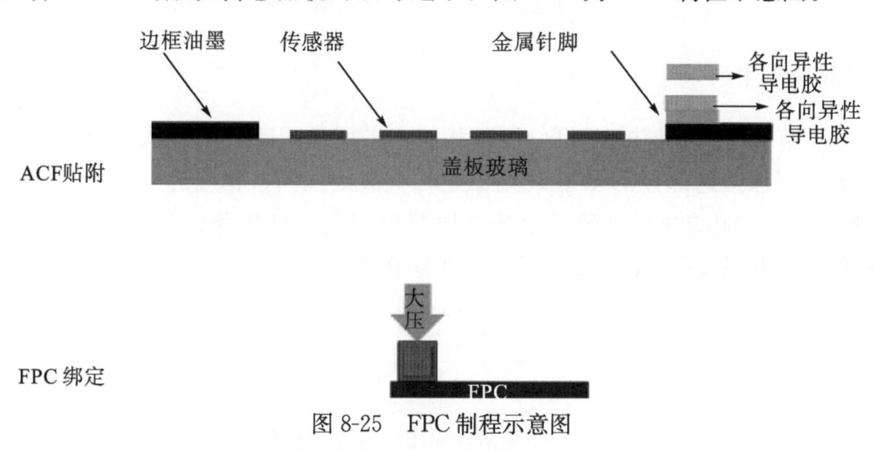

图 8-25　FPC 制程示意图

8.6.2　薄膜式触摸屏的生产工艺

薄膜式触摸屏的生产工艺流程主要分为如下工序，包括老化、耐酸油墨印刷、刻蚀清洗、银浆印刷、OCA 贴合、冲切、FPC 绑定、CG 组合等。图 8-26 为薄膜式触摸屏生产工艺流程图。

1. 老化

ITO 薄膜一般采用卷对卷的方式生产，为了防止在收卷及运输中对 ITO 造成损伤，产生如龟裂、阻值升高等不良现象，ITO 在镀膜时并未完全结晶化，以提高其耐弯折性。但是相应地，其面电阻较高，无法达到实际使用要求。因此在使用前，需要对其进行高温老化，提高其结晶性，降低面电阻值。具体工艺是将 ITO 薄膜在 130～170℃条件下烘烤 30min 左右，可以采用烘箱，也可以采用隧道式红外炉。图 8-27 为老化制程示意图。

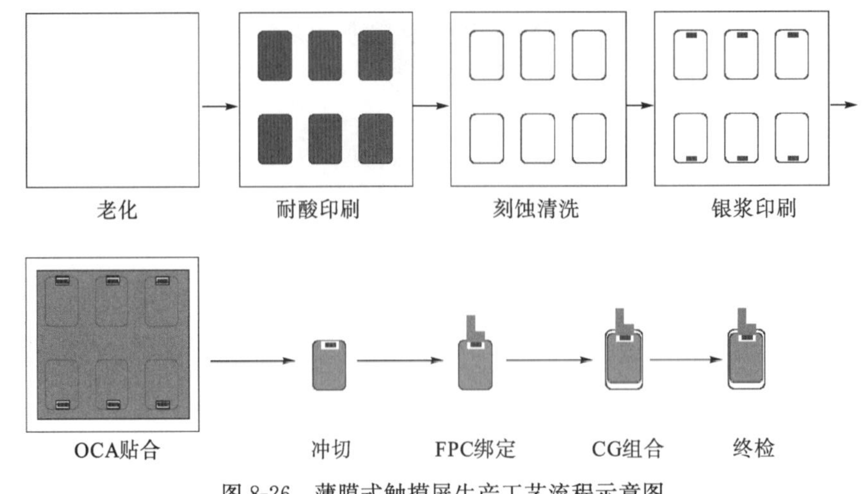

图 8-26 薄膜式触摸屏生产工艺流程示意图

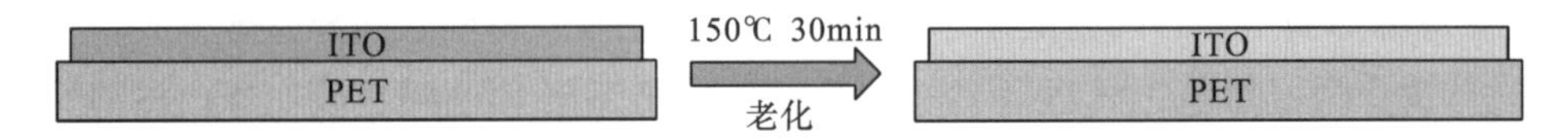

图 8-27 老化制程示意图

2. 耐酸油墨印刷

与 8.6.1 节玻璃式触摸屏的 ITO 制程相似，采用丝网印刷的方式将耐酸油墨印刷到 ITO 薄膜上，以保护这部分 ITO 在蚀刻工艺时不被刻蚀掉，相应的电极线路图案就转移到 ITO 薄膜上了。耐酸油墨一般采用紫外线照射固化，且颜色较为鲜明，印刷性较好，可以印制精细的电极线路。图 8-28 为耐酸油墨印刷制程示意图。

图 8-28 耐酸油墨印刷制程示意图

3. 刻蚀清洗

刻蚀清洗工艺是指在酸性条件下刻蚀 ITO，然后在碱性条件下清洗耐酸油墨，从而获得具有预先设计的电极线路的 ITO 薄膜。该工序对酸碱的浓度控制较为严格，刻蚀时间的管控也较为关键。图 8-29 为刻蚀清洗制程示意图。

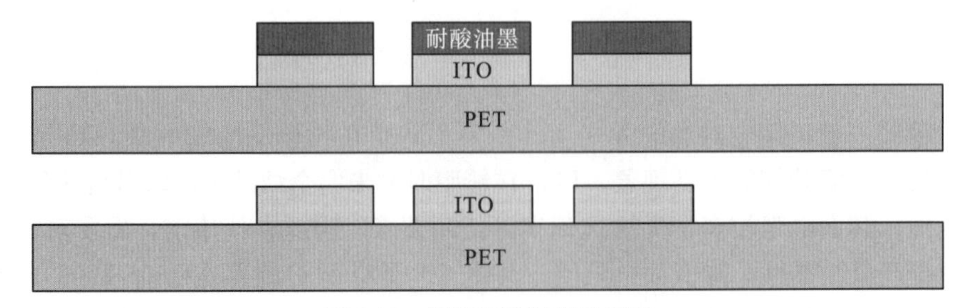

图 8-29 刻蚀清洗制程示意图

4. 银浆印刷

银浆印刷是指在已经完成 ITO 刻蚀的薄膜上印刷银浆线路。作为触控传感器边框走线，ITO 相对于导电银浆来说，阻值偏高。所以一般采用丝网印刷的方式在 ITO 薄膜上印刷触控传感器的边框走线。这种工艺对于对精度的要求较高，需要采用高精度 CCD 对位的精密丝网印刷机来印刷。近年来，边框越来越窄，采用激光银浆线路和感光银线路已获得更窄的边框走线的工艺也被开发出来。图 8-30 为银浆印刷制程示意图。

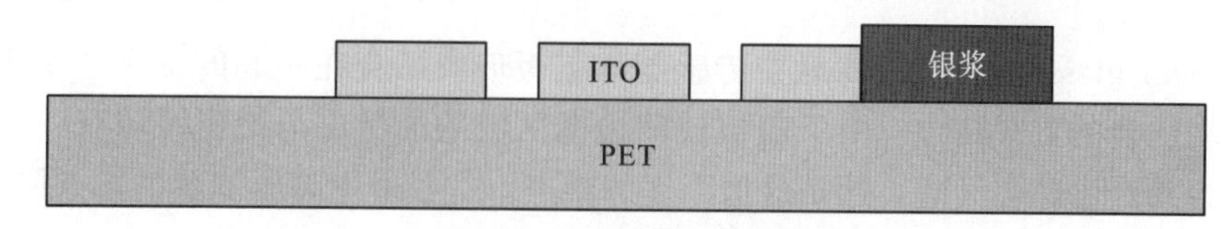

图 8-30　银浆印刷制程示意图

5. OCA 贴合

薄膜式触摸屏一般由两层 ITO 薄膜组成，另外还有一层盖板玻璃作为保护层，即 GFF 结构。这些层状结构一般采用光学透明胶来黏合。在大张工艺中，需要在 OCA 上一些特定的位置开孔，以便于后期的 FPC 绑定。OCA 的贴合一般采用胶辊滚动压合的方式，以减少贴合气泡。图 8-31 为 OCA 贴合制程示意图。

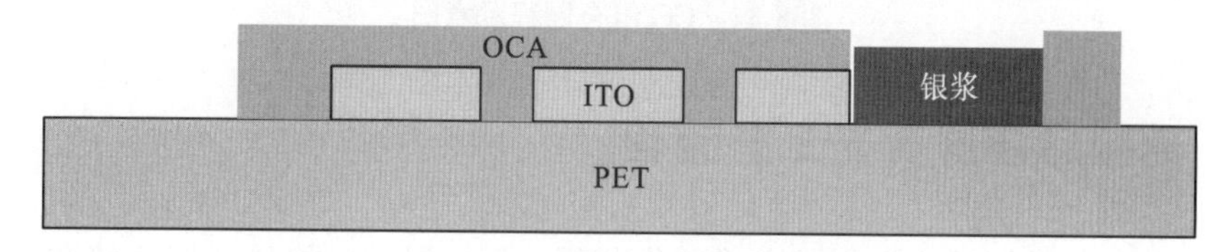

图 8-31　OCA 贴合制程示意图

6. 冲切

冲切工艺是指采用模切设备对完成大张工艺的产品进行外形裁切，将多余的部分切掉。这种工艺也可以采用激光切膜设备来完成，但是其边缘被激光高温烧融，不利于后续的撕膜操作。图 8-32 为冲切制程示意图。

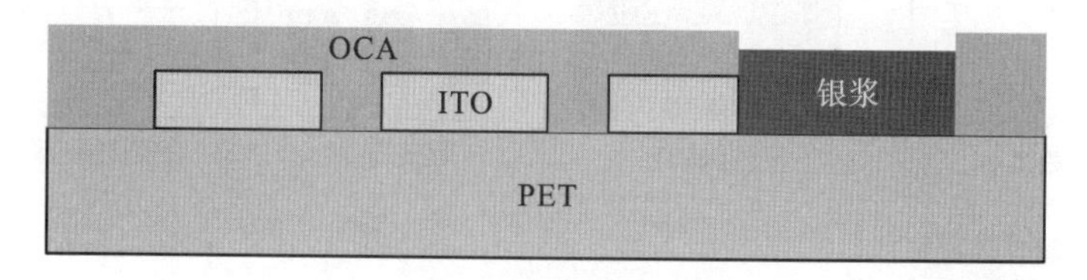

图 8-32　冲切制程示意图

7. FPC 绑定

对于薄膜式触摸屏的绑定工艺来说，除了 ACF 的固化温度较低，其他操作与玻璃式触摸屏相同，不再累述。图 8-33 为 FPC 绑定制程示意图。

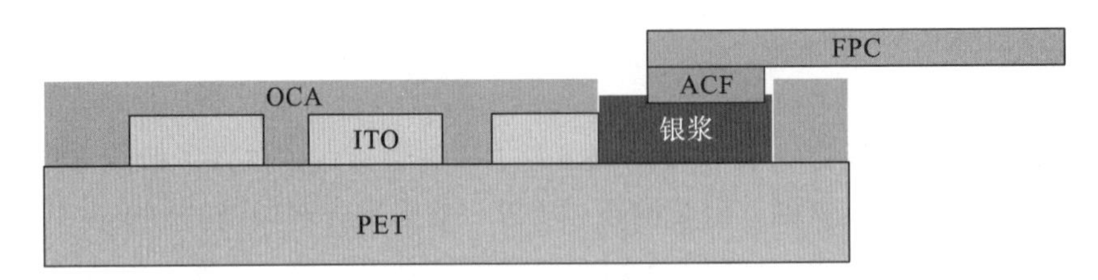

图 8-33 FPC 绑定制程示意图

8. CG 组合

CG(cover glass)组合是指将触控传感器与盖板玻璃贴合在一起的工序，一般也是采用胶辊滚动压合的方式贴合。由于盖板玻璃边框区域的油墨层与视窗区域有一定的高度差，往往容易产生贴合气泡，这是这道工序的难点。一般采用高压加热的方式除去气泡。图 8-34 为 CG 组合制程示意图。

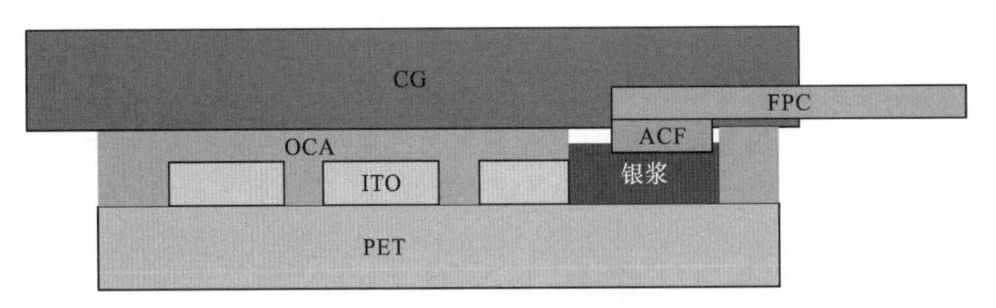

图 8-34 CG 组合制程示意图

8.6.3 薄膜触摸屏黄光工艺流程

黄光工艺是指采用曝光显影的方式制作薄膜式触摸屏的触控传感器线路和边框走线，以获得更小的线宽、线距，提高触控传感器的分辨率，减小边框宽度。其工艺一般分为老化、光阻贴合、曝光显影、刻蚀剥膜、OCA 贴合、冲切、FPC 绑定、CG 组合等。图 8-35 为薄膜式触摸屏黄光工艺流程制程示意图。

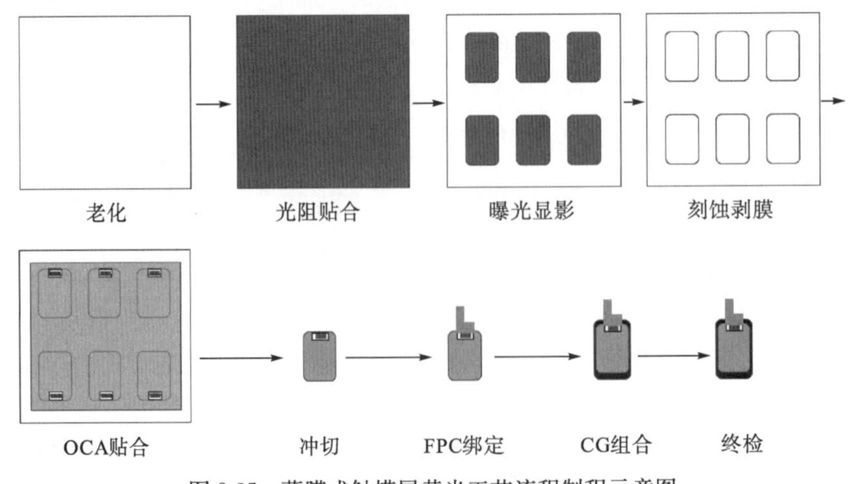

图 8-35 薄膜式触摸屏黄光工艺流程制程示意图

1. 光阻贴合

光阻贴合是指将光阻干膜贴合到 ITO 薄膜上。一般采用胶辊压合的方式贴合。图 8-36 为光阻制程示意图。

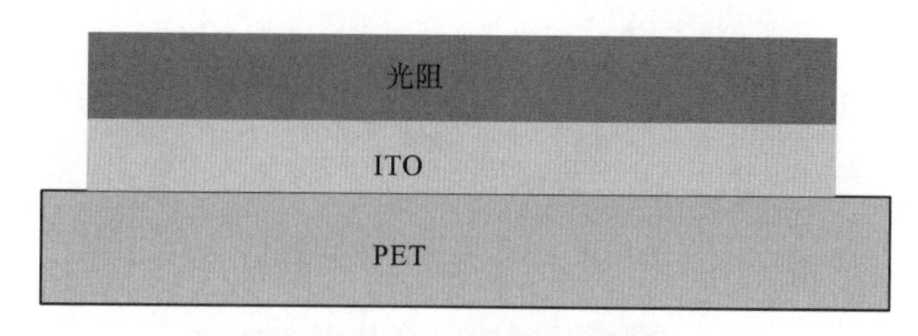

图 8-36　光阻制程示意图

2. 曝光显影

与玻璃式触摸屏类似，触控传感器的图案及边框感光银的图案都是采用曝光显影的方式制作的，其线宽、线距远低于常规印刷工艺。这是黄光工艺的核心。曝光机光源的线性度及光阻的分辨率决定了线路的精细程度，也决定了成本的高低。图 8-37 为曝光显影制程示意图。

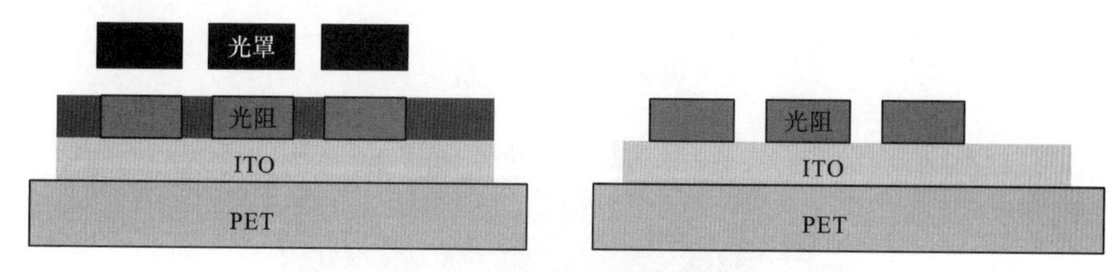

图 8-37　曝光显影制程示意图

后续工艺与常规薄膜式触摸屏相同，不再累述。

8.7　电容式触摸屏生产设备和材料

8.7.1　电容式触摸屏主要生产设备

大型精密丝网印刷机在触摸屏生产中起着重要的作用，银浆线路印刷、耐酸保护油墨印刷、绝缘印刷、边框油墨印刷都需要使用，大型精密丝网印刷机具有印刷精度高、印刷质量好、自动化程度高的特点。图 8-38 为大型精密丝网印刷机。

UV 固化机：用于 UV 耐酸油墨等需要 UV 固化的工序。图 8-39 为 UV 固化机。

红外隧道炉：用于薄膜老化及油墨热固化工序。图 8-40 为红外隧道炉。

激光刻蚀机：用于 ITO、银浆等线路的加工，也用于纳米银线、石墨烯等新材料的线路加工。图 8-41 为激光刻蚀机。

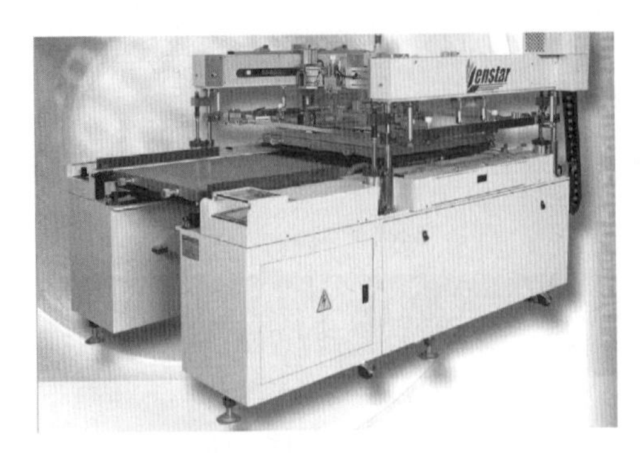

图 8-38 大型精密丝网印刷机

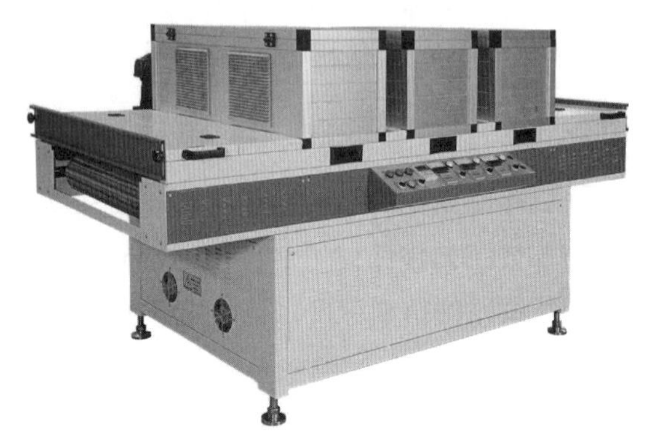

图 8-39 UV 固化机

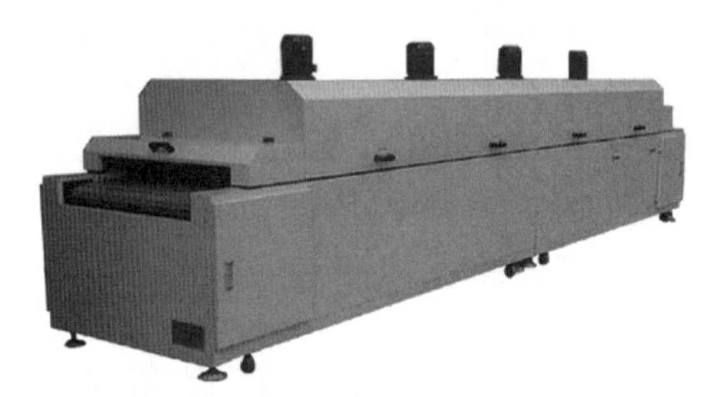

图 8-40 红外隧道炉

图 8-41 激光刻蚀机

激光切割机：用于触控功能片外形切割及各种薄膜的切割开槽等工序。图 8-42 为激光切割机。

图 8-42　激光切割机

软对硬贴合机：用于光学透明胶的贴合。图 8-43 为软对硬贴合机。

图 8-43　软对硬贴合机

ACF 贴合机：用于 ACF(各向异性导电胶)贴合。图 8-44 为 ACF 贴合机。

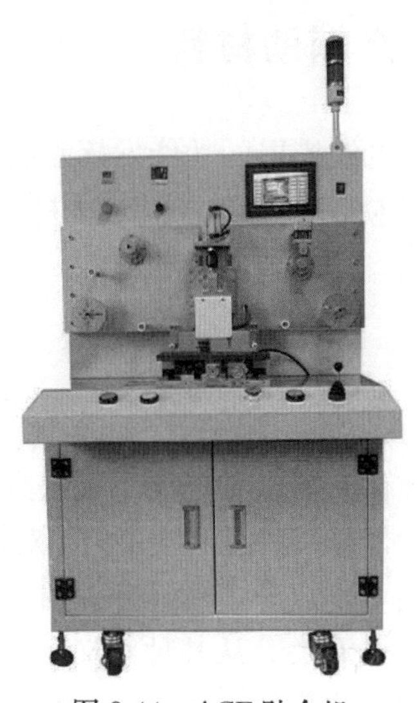

图 8-44　ACF 贴合机

FOG 热压机：用于 FPC(柔性电路板)的绑定。图 8-45 为 FOG 热压机。

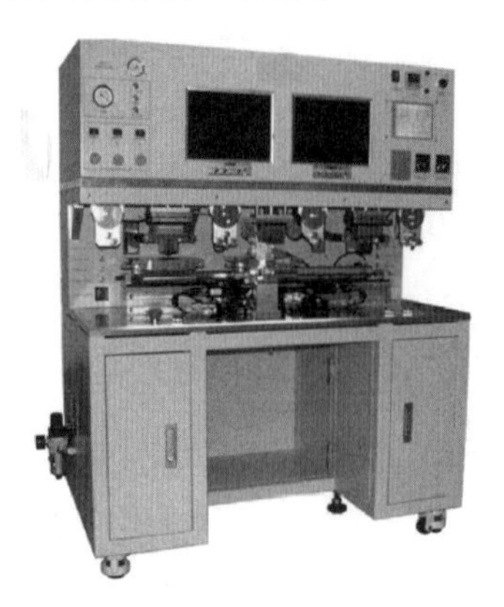

图 8-45 FOG 热压机

刻蚀清洗线：用于 ITO 的刻蚀清洗。图 8-46 为刻蚀清洗线。

图 8-46 刻蚀清洗线

其他触摸屏生产设备还包括点胶机、电子放大镜等。

8.7.2 电容式触摸屏生产辅助材料

电容式触摸屏生产辅助材料对触摸屏的功能发挥具有重要的影响，光学性能和耐候性不能满足要求将影响触摸屏的使用和寿命，辅助材料主要包括银浆、OCA(光学透明胶)、ACF(各向异性导电胶)等。

1. 银浆

银浆是由高纯度的(99.9%)金属银的微粒、黏合剂、溶剂、助剂所组成的一种机械混合的黏稠状的浆料。它是触控传感器电子电路不可缺少的材料，导电银浆对其组成物质要求是十分严格的。其品质、含量，以及形状、大小对银浆性能都有着密切关系。

金属银的微粒是导电银浆的主要成分，薄膜开关的导电特性主要靠它来体现。金属银在浆料中的含量直接与导电性能有关。从某种意义上讲，银的含量高，对提高它的导电性是有益的，但当它的含量超过临界体积浓度时，其导电性并不能提高。一般含银量在 80%～90%(重量比)时，导电量已达最高值，当含量继续增加时，导电性不再提高，电阻值呈上升趋势；当含量低于 60%时，电阻的变化不稳定。在具体应用中，银浆中银微粒含量既要考虑稳定的阻值，还要受固化特性、黏结强度、经济性等因素制约，如银微粒含量过高，被黏结树脂所裹覆的概率低，固化成膜后银导体的黏结力下降，有银粒脱落的危险。故此，银浆中的银的含量一般在 60%～70% 是适宜的。

银微粒的大小与银浆的导电性能有关。在相同的体积下，微粒大，微粒间的接触概率偏低，并留有较大的空间，被非导体的树脂所占据，从而对导体微粒形成阻隔，导电性能下降。反之，细小微粒的接触概率提高，导电性能得到改善。微粒的大小对导电性的影响，从上述情况来看，只是一种相对的关系。由于受加工条件和丝网印刷方式的影响，既要满足微粒顺利通过丝网的网孔，又要符合银微粒加工的条件，一般粒度能控制在 3～5μm 已是很好，这样的粒度仅相当于 250 目普通丝网网径的 1/10～1/5，能使导电微粒顺利通过网孔，密集地沉积在承印物上，构成饱满的导电图形。

银微粒的形状与导电性能的关系十分密切。从一般的印象出发，都只是把微粒理解为球状或近似球状的颗粒。用于制作导电印料的导电微粒以呈片状、扁平状、针状的为好，其中尤以片状微粒更为上乘。圆形的微粒相互间是点的接触，而片状微粒就可以形成面与面的接触，印刷后，片状的微粒在一定的厚度时相互呈鱼鳞状重叠，从而显示了更好的导电性能。在同一配比、同一体积的情况下，球状微粒电阻为 $10^{-2}\Omega$，而片状微粒可达 $10^{-4}\Omega$。

2. OCA

OCA 是重要触摸屏的原材料之一，是将光学亚克力胶做成无基材胶膜，然后在上下底层，再各贴合一层离型薄膜，是一种无基体材料的双面贴合胶带。它是触控屏的最佳胶黏剂。

OCA 的优点是高清澈度、高透光性(全光穿透率>99%)、高黏着力、高耐候性、高耐水性、耐高温、抗紫外线，厚度受控制，提供均匀的间距，长时间使用不会产生黄化(黄变)、剥离及变质的问题。

OCA 分为两大类，一类是电阻式，另一类是电容式，电阻式的光学胶按厚度不同又可分为 50μm 和 25μm 两种，电容式的光学胶分为 100μm、175μm、200μm、250μm 四种。

OCA 按照厚度不同可应用于不同的领域，其主要用途为电子纸、透明器件黏结、投影屏组装、航空航天或军事光学器件组装、显示器组装、镜头组装、电阻式触摸屏 GFF 结构、FF 结构、电容式触摸屏、面板、ICON、玻璃及聚碳酸酯等塑料材料的贴合，用于胶结透明光学元件(如镜头等)的特种胶黏剂。要求具有无色透明、光透过率在 90%以上、胶结强度良好，可在室温或中温下固化，且固化收缩率小等特点。有机硅橡胶、丙烯酸型树脂及不饱和聚酯、聚氨酯、环氧树脂等胶黏剂都可胶结光学元件。在配制时通常要加入一些处理剂，以改进其光学性能或降低固化收缩率。

3. ACF/ACA

各向异性导电膜/胶(anisotropic conductive film/adhesive，ACF/ACA)，是相对于

各向同性导电胶(isotropic conductive adhesive，ICA)而言的。

ACF中的填料为窄分布的导电微球，尺寸精度在±5%以内。其导通的机理简单来说就是，对胶水施加合适的压力后，导电微球会被上下两个导通触点夹压，而已经被压到平行的两个PIN脚中间空隙的导电粒子因为没有直接的压力压迫，彼此间不会接触到，所以相对绝缘。

目前使用于COG、TCP/COF、COB及FPC，其他以驱动IC相关的构装接合，触控屏幕接线导通，高精密度排线导通，取代高价的探针测试。最受瞩目的是ACF导电胶膜，适用于固定材积且大量产出的排线黏合，需要高价的卷带设备及热压机，对于少量多样变化材积的应用，ACA则比较合适，Sony、Hitachi等的各向异性导电胶需要冷藏于5℃的储存环境，且3个月内要用完，否则会发生变异。对厂商来说，高价的ACA虽然好用，但成本高。中国台湾厂商近年来大概只有玮锋、冠品两家成功研发出ACA。目前Nanowell已经研发出可常温保存的ACP，它在IC、无线射频识别、触摸屏等封装行业应用前景良好。随着高新技术的不断发展，各大半导体厂商及液晶模组等封装企业，对各向异性导电胶的需求也越来越旺盛。

参考文献

陈松生，2011. 投射式电容触摸屏探究. 苏州：苏州大学.

李维缇，郭强，2005. 最新液晶显示应用. 北京：电子工业出版社.

罗姆股份有限公司，2010. 位置输入装置. 中国，201010136588.5.

马永龙，许中胜，2009. 显示屏用薄玻璃的化学钢化及性能分析. 光学与光电技术，(6)：56-60.

密克罗奇普技术公司，2012. 使用自电容及互电容两者的电容性触摸系统. 中国，201180012691.1.

邱香香，2012. 基于CCD静态图像的摩尔纹去除算法研究. 南京：南京理工大学.

沈耀忠，赵乐军，王朝英，1996. 屏前X，Y坐标的定位方法与实现原理. 电子科技，(3)：45-48.

翁小平，2010. 触摸感应技术及其应用. 北京：北京航空航天大学出版社：28-29.

新斌，2001. 触摸-用户界面的新感觉. 计算机世界，28：B1-B3.

邢丽娟，杨世忠，2006. 触摸屏的性能及应用. 今日电子，(7)：71-73.

袁保宗，阮秋琦，王延江，等，2003. 新一代(第四代)人机交互的概念框架特征及关键技术. 电子学报，31(12A)：1945-1954.

张雪峰，2004. 触摸屏技术浅谈. 现代物理知识，16(3)：43-45.

郑寿云，2009. 电容触摸屏的研究. 汕头：汕头大学.

ELO Touch Systems Inc，2001. Projective capacitive touch screen. US，6297811.

IBM，2007. Capacitive two dimensional tablet with single conductive layer：US，4087625.

Li W W，Liu B，2011. Design and implementation of a multiple-touch system based on infrared technology//Awareness Science and Technology 2011. Dalian：IEEE：233-236.

Scott M，1985. Touch sensitive control device. US，4550221.

第9章　显示屏

9.1　显示技术简介

显示技术(display technique)是由一种或多种、一台或多台显示设备组成的提供视觉信息的电子系统，利用电子技术提供变换灵活的视觉信息的技术。人的感觉器官中接受信息最多的是视觉器官(眼睛)。在生产和生活中，人们需要越来越多地利用丰富的视觉信息。显示技术的任务是根据人的心理和生理特点，采用适当的方法改变光的强弱、光的波长(即颜色)和光的其他特征，组成不同形式的视觉信息。视觉信息的表现形式一般为字符、图形和图像。

1897年，德国布劳恩发明阴极射线管，用于测量仪器上显示快速变化的电信号。第二次世界大战期间，又用来显示雷达信号。战后，电视技术的发展成为显示技术发展的重要基础。20世纪50年代初期，电子束管开始用于计算机的输出显示。20世纪50年代初期制成电致发光显示器件，探索交直流粉末型和交直流薄膜等显示技术，并逐步提高了亮度和发光效率。20世纪60年代制成液晶显示器件。这一时期还出现了等离子体显示和发光二极管显示，并对电致变色显示和电泳显示等进行了研究。激光器出现以后，激光在显示上的应用受到重视，产生了全息显示。为了军事指挥中心的需要，研制出多种大屏幕显示设备。20世纪70年代初期，微型计算机的出现和大规模集成电路技术的发展，使显示设备的处理部件得到重大改进。显示软件也得到相应的发展。因此，以电子束管为基础的图形、图像、彩色显示设备的应用进入一个新的发展时期。

平板显示产业是电子信息领域的“核心支柱产业”之一，是年产值超过千亿美元的战略新兴产业，融合了光电子、微电子、化学、制造装备、半导体工程和材料等多个学科，具有产业链长、多领域交叉的特点，对上下游产业的拉动作用明显。我国与显示技术相关的产品产值约占信息产业总产值的30%，彩电制造能力已占全球彩电产业总加工能力的47%，我国已成为新型显示相关产品的制造大国，已具备跨越式发展的技术和产业基础。

平板显示技术指以TFT-LCD(薄膜晶体管液晶显示)为代表的显示技术，还包含PDP(等离子体显示)、OLED(有机发光显示)、FED(场发射显示)及E-PAPER(电子纸显示)及其他新型显示技术。平板显示技术总体趋势将朝着高画质高临场感、互动式多功能一体化、节能降耗和健康环保的方向发展。

近年来，相关企业、大学、科研机构都在为我国平板显示产业发展做着积极有效的努力，在国家科技计划支持下已经取得了一些令人瞩目的成就。科技部在“十一五”期间非常重视TFT-LCD技术和产业发展，围绕上游原材料、设备、屏、模组及整机等全产业链进行了开发，目前已比较完整地自主掌握了 TFT-LCD 生产工艺技术及产品设计技术，通过自主创新和交叉授权等方式，骨干企业掌握了如超级边缘电场转换等核心专利技术和栅阵列、液晶预滴入、4Mask、120Hz 驱动、动态背光等新技术，具备了一定的专利和技术风险防范能力，从产品开发上看已经覆盖了从手机、笔记本电脑、计算机显示器和电视及特种应用等所有领域。

在等离子体显示屏制造方面，我国主要采用国际上主流的表面放电障壁式等离子体显示技术，在收购韩国 Orion 公司的等离子体显示技术和结合国内有关企业近十年的等离子体显示技术研究的基础上，以量产为目标，通过本地化大规模生产降低成本，不断提高显示性能，目前已经基本全面掌握量产技术和模组产品的开发技术，量产合格率水平已超过 90%，42in、50in 高清晰度系列模组成功实现规模量产，全高清模组完成试制即将量产。目前国内等离子体显示产业上游的材料、器件研究取得了一定进展，大部分已经进入试制验证阶段，尚未实现大规模的产业化应用。

我国在 OLED 机理研究、材料开发、器件结构设计等方面，已经积累了丰富的经验，做了大量的研究工作，尤其在材料和工艺技术开发方面取得了较大进展和有价值的研究成果。我国在蓝光配合物材料、有源有机发光显示驱动技术、小分子发光材料、界面材料等方面开展了卓有成效的研究工作，开发了具有自主知识产权的一系列红色荧光材料，寿命超过 15000h(初始亮度 1000cd/m^2)，具有产业化应用前景。我国开发的单层结构器件突破了传统的双层和多层结构，简化了材料、设备和工艺制备过程，极大降低生产成本。在阴极结构上，突破了柯达公司核心专利之一的 LiF/Al 阴极结构技术壁垒，开发了碱及碱土金属的氮化物和胺化物材料的新型阴极结构。国内的高分子发光材料主要依靠自己研制，虽然国内材料总体性能还低于国外产品，但是发展很快，发光材料的效率得到大幅度提高，但稳定性还需要大幅度改善。我国在有源有机发光显示用硅基、金属氧化物基的 TFT 基板技术研发和驱动 IC 开发方面也取得较大的进展。

我国自 1985 年开始研究场发射冷阴极，经过 20 多年的不懈努力，在新型场发射材料、场发射理论、场发射显示器件的设计与制备方面开展研究工作，具有较好的基础和研究特色，特别是在低逸出功印刷型场发射显示、新型纳米线冷阴极场发射显示和类金刚石场发射显示研究方面取得了较大的进展。在低逸出功印刷型和微纳材料两条技术路线上，已研制出彩色场发射显示器和背光源原理性样机。我国在场发射显示阴极材料、阴栅结构、器件制备等方面获取重要知识产权，为“十二五”开展场发射显示研究打下良好的基础。

我国在 20 世纪 90 年代就出现采用液晶显示面板的电子书商品，由于液晶显示面板类纸显示特征较差而不被人们所接受。随着新型液晶材料的发展，将有可能推动新一代的液晶电子纸的产生。

电泳显示由于其类纸显示性能较好得到人们较好的认同，成为目前电子纸显示商品化产品的主流技术。我国的电泳显示面板技术研究起步晚，但进步快，国内薄膜晶体管液晶显示生产企业也积极投入 TFT 有源电泳显示电子纸面板技术研发。我国采用电泳显示电子纸显示面板的电子书商品出现是在 2006 年，市场规模扩展迅速。此外，随着新型液晶材料的发展，将有可能推动新一代的液晶电子纸的产生。

9.2　显示器的工作原理及特点

9.2.1　阴极射线管显示器

阴极射线管显示器是一种使用阴极射线管的显示器，主要由五部分组成：电子枪(electron gun)、偏转线圈(deflection coils)、荫罩(shadow mask)、荧光粉层(phosphor)及玻璃外壳。它曾经是应用最广泛的显示器，但目前已基本被 LCD 等第二代显示器取代。CRT 纯平显示器具有可视角度大、无坏点、色彩还原度高、色度均匀、响应时间极短等优点。

CRT 的工作原理如下：CRT 显像管使用电子枪发射高速电子，经过垂直和水平的偏转线圈控制高速电子的偏转角度，最后电子轰击屏幕上的荧光物质使其发光，通过加速电压来调节电子束的功率，就会在屏幕上生成明暗不同的光点，形成各种图案和文字。

彩色显像管屏幕上的每一个像素点都由红、绿、蓝三种染料组合而成，由三束电子束分别激活这三种颜色的磷光涂料，以不同能量的电子束调节三种颜色的明暗程度就可得到所需的颜色，类似于绘画时的调色过程。若电子束瞄准得不够精确，就可能会打到邻近的荧光涂层，这样就会产生不正确的颜色或轻微的重像，因此必须对电子束进行更加精确的控制。

9.2.2　液晶显示器

液晶显示器(liquid crystal display，LCD)由两块厚约 1mm 的玻璃板构成，其间由 5μm的液晶材料均匀隔开。因为液晶材料本身并不发光，所以在液晶显示器背面有一块背光板，其作用主要是提供均匀的背景光源。

背光板发出的光线在穿过第一层偏振过滤层之后进入包含成千上万液晶液滴的液晶层。液晶层中的液滴都包含在细小的单元格结构中，一个或多个单元格构成屏幕上的一个像素。在玻璃板与液晶材料之间是透明的电极，电极分为行和列，在行与列的交叉点上，通过改变电压而改变液晶的旋光状态，液晶材料的作用类似于一个个小的光通过开关。在液晶材料的周围是控制电路和驱动电路。当 LCD 中的电极产生电场时，液晶分子就会产生扭曲，从而将穿越其中的光线进行有规则的折射，然后经过第二层过滤层的过滤在屏幕上显示出来。

液晶显示技术也存在弱点和技术瓶颈，与 CRT 显示器相比，亮度、可视角度和反应时间都比 CRT 弱。其中反应时间和可视角度均取决于液晶面板的质量。液晶显示器按照控制方式不同可分为被动矩阵式 LCD 及主动矩阵式 LCD 两种。

被动矩阵式 LCD 在亮度及可视角度方面受到较大的限制，反应速度也较慢。由于画面质量方面的问题，这种显示设备不利于发展为桌面型显示器，但由于其成本低廉，被动矩阵式 LCD 仍然占有部分市场。被动矩阵式 LCD 又可分为扭曲向列 LCD、超扭曲向列LCD和双层超扭曲向列LCD。

主动矩阵式LCD，也称薄膜晶体管LCD。TFT液晶显示器是在画面中的每个像素内建晶体管，可使亮度更明亮、色彩更丰富、可视面积更宽广。与CRT显示器相比，LCD显示的组装零件少、空间体积小、能耗低。

9.2.3 等离子体显示器

等离子体显示器(plasma display panel，PDP)的工作原理与日光灯很相似，是一种利用气体放电的显示技术。采用等离子体管作为发光元件，屏幕上每一个等离子体管对应一个像素，屏幕以玻璃作为基板，基板间隔一定距离，四周经气密性封接形成一个个放电空间。放电空间内充入稀薄的氖、氙等混合惰性气体作为工作介质。在两块玻璃基板的内侧涂有金属氧化物导电薄膜作为激励电极。当向电极上加入电压，放电空间内的混合气体便发生等离子体放电现象。气体等离子体放电产生紫外线，紫外线激发涂有三原色(也称三基色)荧光粉的荧光屏，荧光屏发出红、绿、蓝三原色光。当每一原色单元实现256级灰度后再进行混色，便实现彩色显示。

由于PDP发光不需要背光源，因此不存在LCD显示器的视角和亮度均匀性问题，而且可以实现较高的亮度和对比度。同LCD显示技术相比，PDP的屏幕越大，图像的景深和保真度越高。除了亮度、对比度和可视角度等优势，PDP显示不存在响应时间问题，可以实现高动态无拖影显示。PDP显示器相比CRT，无扫描线扫描，完全是点对点成像，因此图像清晰、稳定、无闪烁，不会导致眼睛疲劳；PDP也无X射线辐射。但是，PDP显示固有的寿命短的劣势决定了其生命力不长和市场占有率难以提高，最终决定了PDP只是一种过渡性技术。

9.2.4 有机电致发光显示器

有机电致发光显示器(organic light emitting display，OLED)结构如图9-1所示。

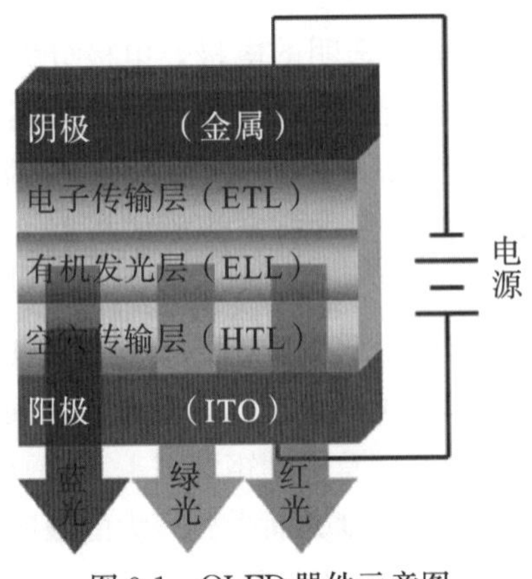

图9-1 OLED器件示意图

OLED属于载流子双注入型发光器件，当存在外界电压的驱动时，由阴极注入的电子和阳极注入的空穴分别从电子传输层和空穴传输层向有机发光层迁移，在有机层中复合，释放能量，有机发光物质分子受到激发，跃迁到激发态，受激分子从激发态回到基态时产生发光现象。

与LCD相比，OLED可主动发光，高亮度，高对比度，超薄，低成本，低功耗，快速响应，宽视角，可柔性显示；全固态，工作温度范围宽，不怕震动，适用于恶劣环境。

OLED主要应用领域包括PDA、数码相机、车载显示设备、MP3、手机、头戴显示、海事手持卫星电话、GPS、数码相框、医疗仪器、电视等显示领域和照明、军工、特种显示器(柔性显示器、微显示器)等。

9.2.5 LED显示器

LED显示屏是一种通过控制半导体发光二极管的显示方式，用来显示文字、图形、图像、动画、行情、视频、录像信号等各种信息的显示屏幕。LED显示器是指直接以LED作为像素发光元件的显示器，组成阵列的发光二极管直接发出红、绿、蓝三色的光线，进而形成彩色画面。但由于发光二极管本身直径较大，同色像素之间的距离也较大，所以LED显示器通常来说只适于远距离观看的大屏幕显示。

LED显示屏分为图文显示屏和视频显示屏，均由LED矩阵块组成。图文显示屏可与计算机同步显示汉字、英文文本和图形；视频显示屏采用微型计算机进行控制，图文、图像并茂，以实时、同步、清晰的信息传播方式播放各种信息，还可显示二维、三维动画、录像、电视、VCD节目及现场实况。LED显示屏显示画面色彩鲜艳，立体感强，静如油画，动如电影，广泛应用于车站、码头、机场、商场、医院、宾馆、银行、证券市场、建筑市场、拍卖行、工业企业管理和其他公共场所，具有亮度高、工作电压低、功耗小、微型化、易与集成电路匹配、驱动简单、寿命长、耐冲击、性能稳定等优点。

LED背光显示器只是液晶显示器的背光源由传统的CCFL(冷阴极荧光灯管，类似日光灯)过渡到LED(发光二极管)。液晶的成像原理可以简单地理解为外界施加电压使液晶分子偏转改变背光源发出光线的通透度，进而将透过光线投射在不同颜色的彩色滤光片中形成图像。背光模组由冷阴极荧光灯管过渡到LED可以带来诸多好处，可让显示器屏幕的亮度更加均匀，功耗更低，更轻薄时尚。

9.2.6 量子点发光二极管显示器

量子点发光二极管显示器(quantum dot light emitting diodes，QLED)用到了量子点技术。量子点是一种溶液半导体纳米晶，尺寸为2~8nm，是由锌、镉、硒和硫原子组合而成。量子点的光电特性很独特，它受到电或光的刺激，会根据其直径大小，发出各种颜色的、非常纯正的高质量单色光。量子点应用到显示技术上，可以借助量子点发出能谱集中、非常纯正的高质量红/绿单色光，实现更佳的成像色彩。

QLED是将量子点制作成量子点薄层，并将该层置入于液晶显示器的背光模组中，以降低背光亮度落失及 RBG 彩色滤光片的色彩串扰，进而获得更佳的背光利用率及提升显示色域空间，而此种方式也同样应用于拥有彩色滤光片设计的白光、蓝光或紫外光的有机发光二极管显示器或电视设备。目前显示屏的竞争十分激烈，QLED 在显示屏中也是不容小视的技术之一。

以上介绍了各种显示技术，其对比如表 9-1 所示。

表 9-1　各种显示技术对比

显示技术	优势	劣势	应用
阴极射线管(CRT)	高清晰、低成本、技术成熟	难以实现大屏、薄屏；能耗高	彩色显像管和计算机显示器(已淘汰)
液晶显示(LCD)	电压低、能耗低、重量轻、寿命长、无电磁辐射	非主动发光、可视角度小、对比度和亮度受环境影响、工作温度范围窄、响应速度慢、工艺复杂	曾经的主流显示器，应用较广
等离子体显示(PDP)	结构简单、体积小、厚度薄	发光效率低、难以实现同时改善亮度和对比度，显示屏玻璃薄，能耗高、驱动电压高、成本高	公共信息显示、壁挂式大屏幕电视和自动监视系统(已淘汰)
发光二极管显示(LED)	体积小巧、重量轻、寿命长	无法实现高密度、高清晰显示，能耗高，一致性差	仪表显示、照明、广告屏
VFD	寿命长、亮度高、色彩鲜艳	无法显示动画及画质不够精细	仪表显示
FED	视场角、能耗、响应时间和工作温度优于 LCD	技术难题，工艺复杂	航空电子
有机电致发光显示器(OLED)	主动发光、驱动电压低、亮度高、轻薄、可制作大面积、柔性化显示、发光效率高、视角宽、响应速度快、能耗低、工作温度范围广	发光亮度、稳定性和耐用性等方面需要不断改进	应用前景广阔，未来显示技术的一种
量子点发光二极管显示器（QLED）	成本低、发光效率高、轻薄、色彩还原度高、色彩纯度高、大屏幕显示、柔性化显示	寿命短，起步晚、产业链不成熟	应用前景广阔，未来显示技术的一种

9.3　TFT-LCD 的器件结构和工作原理

成品 TFT-LCD 主要部件是液晶显示模组(liquid crystal module，LCM)，LCM 由液晶显示面板和背光源(back light)组成。panel 板是整个液晶显示器的核心部分，它的制造工艺也是最复杂的。人们通常所说的亮点也就是在 panel 板的制造过程中发生的。背光源的好坏能直接影响显示效果，它通常也是影响液晶显示器的寿命的关键所在。

9.3.1　液晶材料及其性能特点

液晶是物质存在的一种特殊形态，它既不同于具有固定形状而在光学性质上具有各向异性的固态晶体(具有双折射等光学性能)，又不同于没有固定形状在光学性质上具有各向同性的液体，而是一种在光学性质上具有各向异性(具有双折射等光学特性)的黏稠液体。图 9-2 为固体、液晶、液体的分子排布。

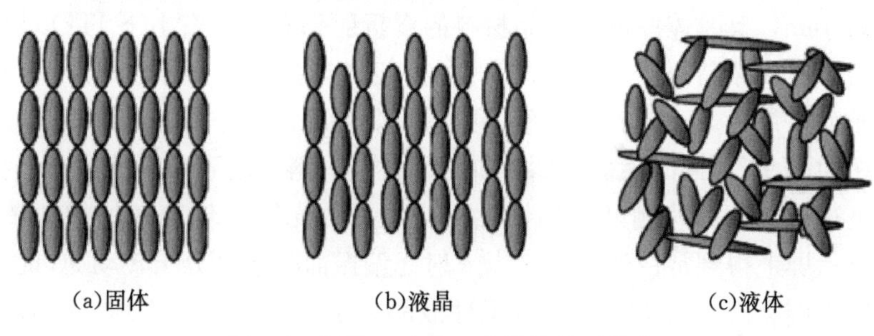

图 9-2 固体、液晶、液体的分子排布

人们认识到存在液晶这类特殊性能的物质已经有 100 多年了，人们在研究中发现一些固态晶体在加热到一定温度后能转变成液晶，并把这类液晶称为热致液晶，在显示技术和光电技术中应用的就是这类液晶。人们在研究中还发现在动植物体中某些固态物质溶解后具有液晶的特性，这些物质往往在生物体的新陈代谢或生命过程中起到重要作用，并把这类液晶称为溶致液晶。从分子结构上可把液晶分为向列型、近晶型和胆甾型三大类。

在近晶相液晶中，棒状分子排列成层状结构，构成分子相互平行排列，与层面近似垂直。这种分子层间的结合较弱，层与层间易于相互滑动，因此，近晶相液晶显示出二维液体的性质。但与通常的液体相比，其黏度要高得多。在向列相液晶中，棒状分子都以相同的方式平行排列，每个分子在长轴方向可以比较自由地移动，不存在层状结构，因此，富于流动性，黏度较小。胆甾相液晶与近晶相液晶同样形成层状结构，分子长轴在层面内与向列相液晶相似呈平行排列。但是相邻层面间分子长轴的取向方位多少有些差别，整个液晶形成螺旋结构。胆甾相液晶的各种光学性质，如旋光性、选择性光散射、圆偏光二色性等都是基于这种螺旋结构。

虽然人们早已发现液晶这种物体的存在，但在发现它之后的很长一段时间里对它的研究仍停留在实验室阶段，而且未找到实际应用。但从 20 世纪 30 年代开始，经过科学家们坚持不断的探索，对液晶材料的研制、有关理论的研究及应用都取得了许多重要的成果。平面显示上的应用就是其中重要的成果之一。平面显示上应用的液晶材料需要具有较高的双折射率、较高的介电各向异性、较低的液态黏度等性能。从目前投入使用的液晶材料的化学结构看，主要有胆甾醇酯类、联苯芳烃类、二苯乙炔类、多炔类等。

9.3.2 液晶显示面板的结构及其工作原理

1. 扭曲向列液晶显示器

扭曲向列(twisted nematic，TN)液晶是带有 90°扭曲的向列液晶。扭曲向列液晶显示器是在 20 世纪 70 年代出现的，它除了具备液晶显示所需的基本特点，还具有对比度高、制作技术简单、成本低等特点。目前在便携式计算器、钟表、仪器仪表中大量使用的多是这种类型的液晶显示器。目前国内液晶显示器厂家生产的也多是这类产品。

扭曲向列液晶显示器是由两块ITO玻璃板之间夹着扭曲向列液晶材料形成的，液晶的厚度一般为5μm，其具体厚度与液晶材料的双折射率有关，在上下ITO玻璃基板上面涂一层取向层，利用液晶分子与取向层表面的相互作用力，利用液晶分子与表面摩擦定向方向平行排列并带有2°～3°的倾斜角，如图9-3所示。上下基片摩擦定向方向呈90°，使液晶分子扭曲呈90°，同时液晶中掺入少量手性剂材料，起到决定液晶分子扭曲方向的作用。在上下玻璃基片的外侧贴有偏振片，偏振片的光轴与玻璃基片的摩擦方向一致，从而在液晶显示屏上得到常白的显示。当入射光偏振面随液晶分子转动90°时，偏振光通过偏振片，即得到亮态。当施加电压时正性液晶分子随电场方向排列，线偏振光偏振面不变，偏振光不能通过出射光一侧的偏振片得到暗态，所以液晶显示器就是一个电控制的光阀。但由于扭曲向列液晶显示器目前在参数最佳化的条件下，实际上最大的扫描行数只能达到32，信息容量很小，而且只能做成黑白、单色、低对比度(20∶1)的液晶显示器，视角只有30°，比较狭窄，面板尺寸最大只有3寸，所以在很大程度上限制了它的应用范围。目前只能用在电子表、计算器、简单的掌上游戏机上。没有倾斜角的话，液晶对电压随机移动的可能性高，因此向一个方向以任意的角度立起来。图9-4为液晶分子转动方向比较。

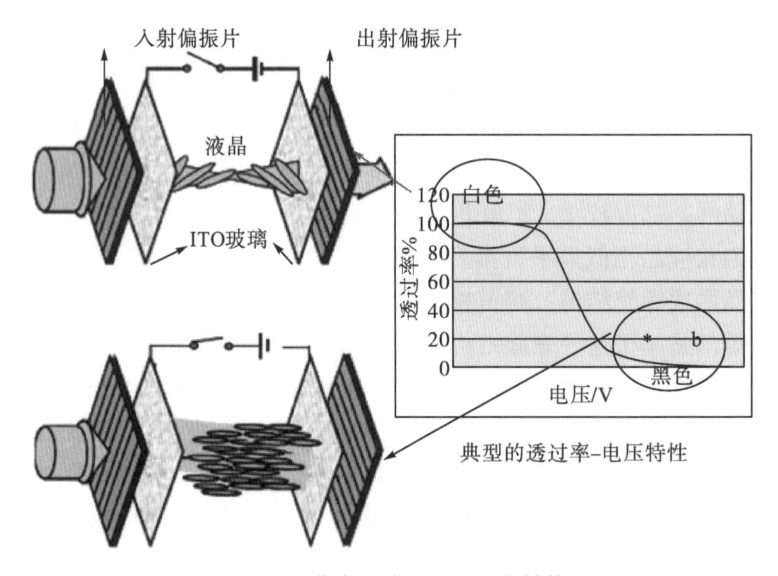

图9-3 扭曲向列液晶显示器的结构

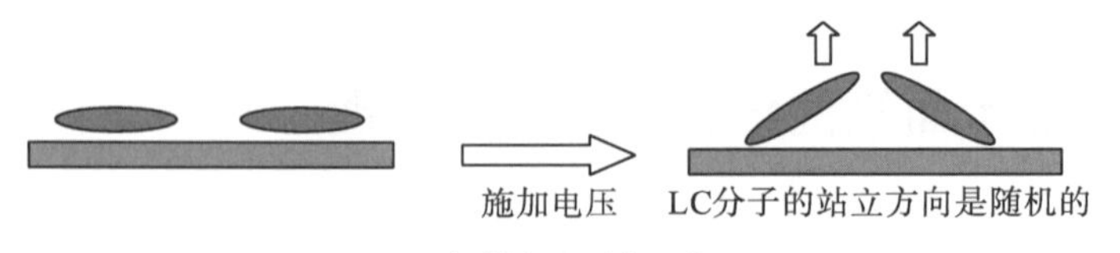

(a)倾斜度比0°高一些

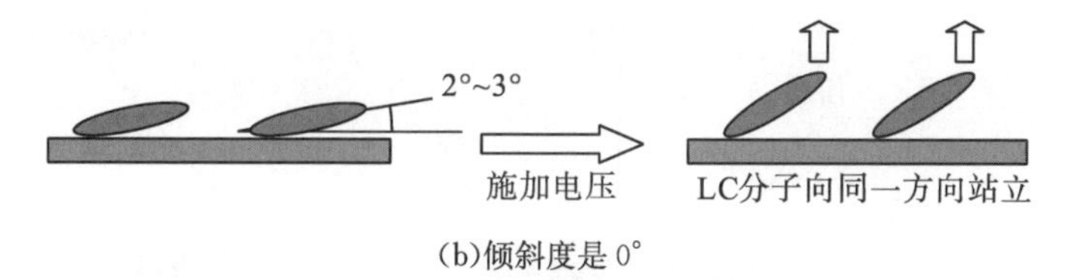

(b)倾斜度是0°

图 9-4 LC分子转动方向比较

2. 薄膜晶体管液晶显示器

薄膜晶体管(TFT)液晶显示器是在扭曲向列液晶显示器中引入薄膜晶体管开关而形成的有源矩阵显示，从而克服无源矩阵显示中交叉干扰、信息量少、写入速度慢等缺点，极大改善了显示品质，使它可应用到计算机高分辨率全色显示等领域。目前采用的薄膜晶体管是建立在非晶硅薄膜晶体管(α-Si TFTAM-LCD)结构基础上的。图 9-5 为 TFT-LCD panel 的结构。

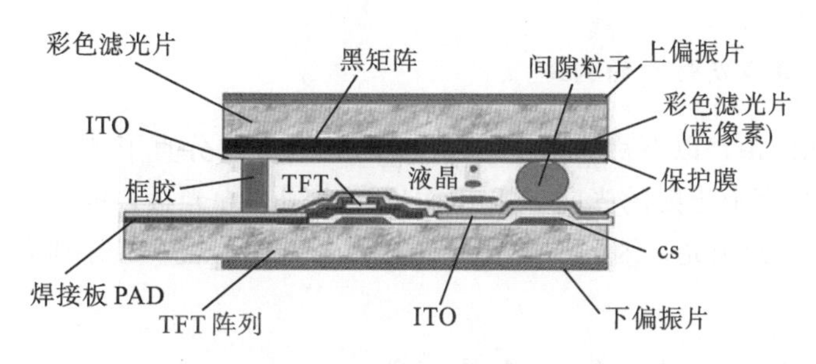

图 9-5 TFT-LCD panel 的结构

在下层玻璃基板上建有 TFT 阵列，每个像素的 ITO 电极与 TFT 漏电极连接，栅极与扫描总线连接，原源电源与信号总线连接。施加扫描信号电压时，原源电极导通使信号电压施加到存储电容器上并充电，在帧频内存储电容器的信号电压施加到液晶像素上，使之处于选通态。再一次寻址时，由信号电压大小来充电或放电。这样各像素之间被薄膜晶体管开关元件隔离，既防止了交叉干扰，又保证了液晶响应速度满足于帧频速度，同时以存储信息大小来得到灰度级，目前灰度已达到 256 级，可得到 1670 万种颜色，几乎可获得全色显示。图 9-6 为 TFT 断面图。从 20 世纪 90 年代形成产业以来，薄膜晶体管液晶显示器的生产线已由第一代发展到了第六代，每换代一次基板玻璃的面积都大幅增加，而且产量不断提高、成本不断降低。例如，第七代薄膜晶体管液晶显示器生产线的玻璃基板尺寸将达到 1870mm×2200mm，目前可制成的液晶电视屏的最大尺寸达 94cm(37in)，笔记本电脑屏幕的最大尺寸为 38.1cm(15in)，监视器屏幕最大尺寸达 63.5cm(25in)。薄膜晶体管液晶显示器的另一种发展趋势是薄型化、轻量化、低功耗化。基于新型材料的开发、制造工艺技术的革新、设备精度和自动化程度的提高及软件技术的进步，薄膜晶体管液晶显示器产品的更新换代的速度非常快。

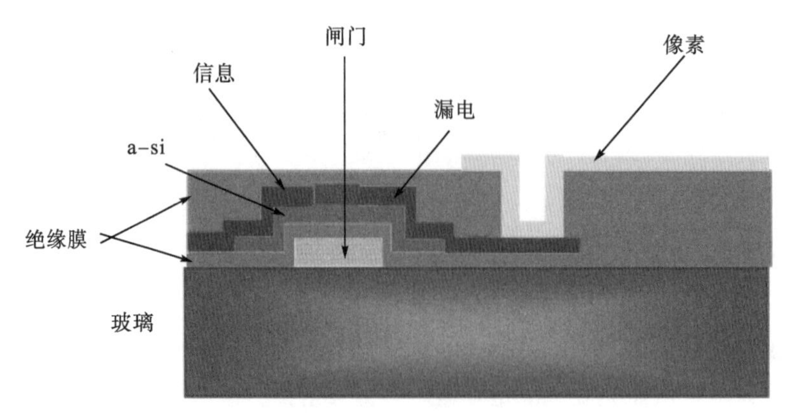

图 9-6　TFT 断面图

9.3.3　背光源的结构及其原理

1. 背光源的分类及灯管的构造

背光源(backlight，以下称为 B/L)按灯管的排列方式分直下式和侧光式。侧光式需要起将自侧面的灯管上出射的光向 B/L 正面出光作用的导光板，但直下式是自灯管出射的光直接向 B/L 正面出光，因此不需要导光板。图 9-7 和表 9-2 分别为两种背光源及性能比较。

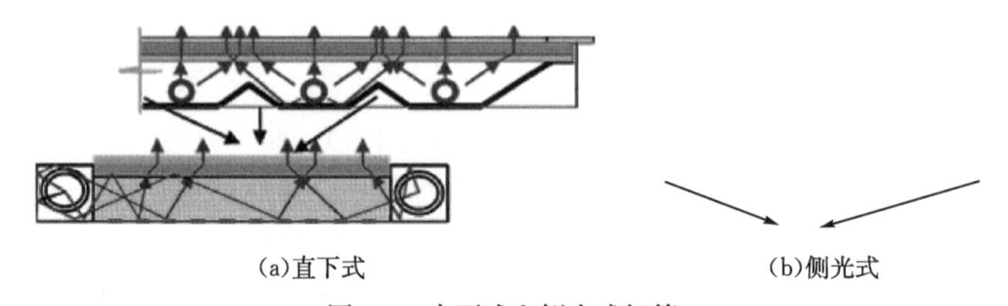

(a)直下式　　(b)侧光式

图 9-7　直下式和侧光式灯管

表 9-2　直下式和侧光式的性能比较

类别	直下式	侧光式
重量	轻	重
辉度	高辉度	比较低
消耗电力	大(10CCFL 冷阴极荧光灯以上)	小(6CCFL 冷阴极荧光灯以上)
画面尺寸	中、大画面 (MNT，TV)	中、小画面(全模型可使用)
厚度	厚	薄
有无导光板	无(扩散板使用)	有
价格	高档	低档

TFT-LCD B/L 光源使用的灯管是阴极荧光灯(cathode fluorescent lamp，CFL)，自

外部供应一定的电压，在阴极上放出电子，扫描荧光体而发出可视光线的光源。CFL 的构造大体由玻璃板、电极、密封气体（Hg，Ar，Ne）、荧光体构成。CFL 是将密封的水银（Hg）发射的紫外线扫描在玻璃管内壁涂的荧光体而产生可视光。为使少量的水银易启动，并为抑制阴极物质的蒸发，在玻璃管内密封氩。CFL 的种类按放出电子的机构有 CCFL（冷阴极荧光灯）和 HCFL（热阴极荧光灯）两种。图 9-8 为 CCFL 的构造。

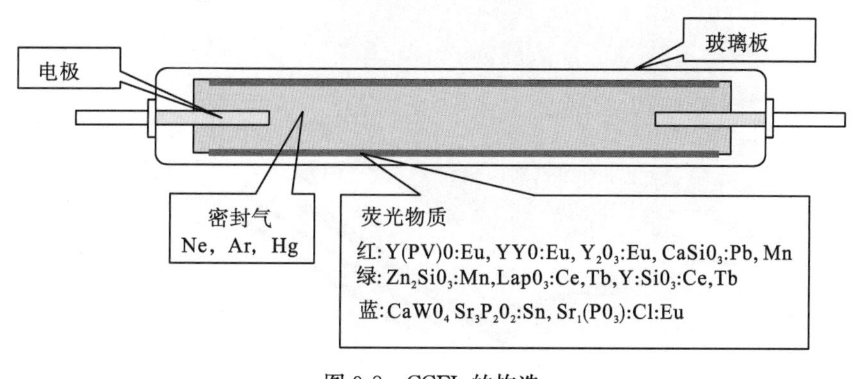

图 9-8　CCFL 的构造

2. 背光源的构造

灯管（lamp）是自反向交流器（inverter）接收高电压而产生可视光线的光源，主要使用 CCFL 和 HCFL。灯箱反射自灯管出光的光源，入射到导光板上，使用黄铜、铝及黄铜上复合 Ag 等。材料的薄膜反射导光板主要使用丙烯（PMMA）以压出或压铸的方法制作，用于导光入射的光源，并且具有均匀分布光源的作用。反射膜主要是 PET 器材上为减少导光板入射的光源损失，具有反射功能。下扩散膜主要是 PET 器材上以丙烯类树脂形成球形，均匀扩散自导光板出光的光源，同时起集光的作用。增亮膜主要是聚醚（PET）器材上以丙烯类树脂；起规则地形成棱柱形状而集光的作用，辉度增加率为原来表面的 1.55 倍。上增亮膜具有与下增亮膜同样的功能，以下增亮膜表面的 1.33 倍增加辉度。增亮膜以相互十字交叉布置，收集 X 轴和 Y 轴方向的光源。上扩散膜具有与下扩散膜同样的构造，以保护增亮膜为主要目的，也称为保护膜。要使用透过性的扩散膜，多少带来上增亮膜集光的光源损失，但其使用可减少增亮膜的不良特性。图 9-9 为背光源的构造。

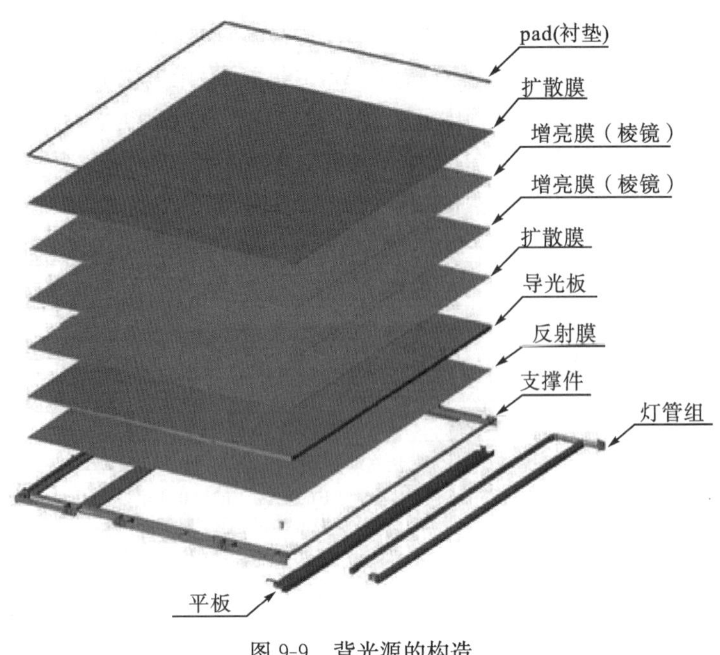

图 9-9 背光源的构造

9.4 TFT-LCD 材料技术及工艺技术

9.4.1 TFT-LCD 材料技术

TFT-LCD 材料技术包括材料的设计、选择与使用，TFT-LCD 的显示原理与所用材料密切相关。制作 TFT-LCD 所需的材料包括玻璃基板、金属靶材、化学材料、液晶、CF 基板、偏光板、电路元件、背光源等。化学材料除了 TFT 基板所用的各种化学气体，还包括配向模、密封服和间隙子等。

1. 玻璃基板

玻璃基板是构成液晶显示器件的一个基本部件。这是一种表面极其平整的浮法生产薄玻璃片。目前在商业上应用的玻璃基板，其主要厚度为 0.7mm 及 0.5mm，且即将迈入更薄(如 0.4mm)厚度的制程。基本上，1 片 TFT-LCD 面板需使用 2 片玻璃基板，分别作为底层玻璃基板及彩色滤光片的底板使用。一般玻璃基板制造供货商对于液晶面板组装厂及其彩色滤光片加工制造厂的玻璃基板供应量比例为 1∶1.1～1∶1.3。LCD 所用的玻璃基板大概可分为碱玻璃及无碱玻璃两大类；碱玻璃包括钠玻璃及中性硅酸硼玻璃两种，多应用于 TN 及 STN LCD 上，主要生产厂商有日本板硝子(NHT)、旭硝子(ASAHI)及中央硝子(Central Glass)等，以浮式法制程生产为主；无碱玻璃则以无碱硅酸铝玻璃(主成分为 SiO_2、Al_2O_3、B_2O_3 及 BaO 等)为主，其碱金属总含量在 1%以下，主要用于 TFT-LCD 上，领导厂商为美国康宁(Corning)公司，以溢流熔融法制程生产为主。

能够提供大尺寸液晶屏幕玻璃基板的厂商有美国康宁、日本旭硝子等，其中美国康宁占据51%的市场，日本旭硝子占据28%的份额，而能够为五代以上生产线提供配套的也只有这两家，虽然玻璃基板只占据TFT-LCD产品成本的6%~7%，但技术上的寡头垄断让玻璃基板产品成为TFT-LCD上游材料占据主导的零配产品。国内彩虹、东旭等自行研发的TFT-LCD玻璃项目应该得到特别的支持与鼓励。

超薄平板玻璃基材的特性主要取决于玻璃的组成，而玻璃的组成则影响玻璃的热膨胀系数、黏度(应变、退火、转化、软化和工作点)、耐化学性、光学穿透吸收及在各种频率与温度下的电气特性，产品质量除了深受材料组成影响，也取决于生产制程。玻璃基板在TN/STN、TFT-LCD应用上，要求的特性有表面特性、耐热性、耐药品性及碱金属含量等；以下仅就影响TFT-LCD用玻璃基板的主要物理特性说明如下。

(1)张力点：为玻璃密积化的一种指标，必须耐光电产品液晶显示器生产制程的高温。

(2)密度：对TFT-LCD而言，笔记本电脑为目前最大的市场，因此该玻璃基板的密度越小越好，以便于运送及携带。

(3)热膨胀系数：该系数将决定玻璃材质因温度变化造成外观尺寸的膨胀或收缩的比例，其系数越低越好，以使大屏幕的热胀冷缩减至最低。

其余有关物理特性的指标尚有熔点、软化点、耐化学性、机械强度、光学性质及电气特性等，皆可依使用者的特定需求而加以规范。

整个玻璃基板的制程中，主要技术包括进料、薄板成型及后段加工三部分，其中进料技术主要控制于配方的好坏，首先是在高温的熔炉中将玻璃原料熔融成低黏度且均匀的玻璃熔体，不但要考虑玻璃各项物理与化学特性，并需要在不改变化学组成的条件下，选取原料最佳配方，以便有效降低玻璃熔融温度，使玻璃澄清，同时达到玻璃特定性能，符合实际应用的需求。薄板成型技术则取决于尺寸精度、表面性质以及是否需进一步加工研磨，以达成特殊的物理、化学特性要求；后段加工则包含玻璃的分割、研磨、洗净及热处理等制程。

目前，生产平面显示器用玻璃基板有三种主要的制程技术，分别为浮式法、流孔下引法及溢流熔融法。浮式法因水平引申的关系，表面会产生伤痕及凹凸，需再经表面研磨加工，故投资金额较高，但其具有可生产较宽的玻璃产品(宽幅可达2.5m)且产能较大(约达10万m^2/月)的优点；溢流熔融法具有表面特性较能控制、不用研磨、制程较简单等优点，特别适用于产制厚度小于2mm的超薄平板玻璃，但生产的玻璃宽幅受限于1.5m以下，产能因而较小。浮式法可以生产适用于各种平面显示器使用的玻璃基板，而溢流熔融法目前则仅应用于生产TFT-LCD玻璃基板。以下仅就上述三种制程技术分别说明如下。

(1)浮式法：为目前最著名的平板玻璃制造技术，该法将熔炉中熔融的玻璃膏输送至液态锡床，因黏度较低，可利用挡板或拉杆来控制玻璃的厚度，随着流过锡床距离的增加，玻璃膏便渐渐地固化成平板玻璃，利用导轮将固化后的玻璃平板引出，再经退火、切割等后段加工程序而成。

以浮式法生产超薄平板玻璃时应控制较低的玻璃膏进料量，先将进入锡床的玻璃带

(ribbon)冷却至700℃左右，此时玻璃带的黏度约为108g/(cm·s)，利用边缘滚轮拉住浮于液态锡上的玻璃膏，并向外展拉后，再将玻璃带加热到850℃，配合输送带滚轮施加外力拉引而成。

浮式法技术采用水平引出的方式，因此比较容易利用拉长水平方向的生产线来达到退火的要求。浮式法技术未能广泛应用于生产厚度小于2mm超薄平板玻璃的主要原因是其无法达到所要求的经济规模。举例来说，浮式法技术的日产量几乎可以满足目前台湾市场的月消耗量；如果用浮式法技术生产超薄平板玻璃，一般多以非连续式槽窑生产，因此该槽窑设计的最适化就显得相当重要。

(2)流孔下引法：就平面显示器所需的特殊超薄平板玻璃而言，有不少厂商使用流孔下引法生产，该法以低黏度的均质玻璃膏导入铂合金所制成的流孔漏板槽中，利用重力和下拉的力量及模具开孔的大小来控制玻璃的厚度，其中温度和流孔开孔大小共同决定玻璃产量，而流孔开孔大小和下引速度则共同决定玻璃厚度，温度分布则决定玻璃的翘曲，以流孔下引法拉制超薄平板玻璃。流孔下引法制程每日能生产5～20t厚度0.03～1.1mm的超薄平板玻璃，因铂金属无法承受较高的机械应力，所以大多采用铂合金所制成的模具，不过其在承受外力时流孔常会变形，具有厚度不均匀及表面平坦度无法符合规格需求的缺点。流孔下引法必须在垂直的方向上进行退火，如果将其转向水平方向，则可能会增加玻璃表面与滚轮的接触及因水平输送所产生的翘曲，导致不合格率大增。这样的顾虑使得熔炉的建造必须采用挑高的设计，同时必须精确地考虑退火所需要的高度，使得工程的难度大幅增加，同时也反映在建厂成本上。

(3)溢流熔融法：采用长条形的熔融泵浦，将熔融的玻璃膏输送到该熔融泵浦的中心，再利用溢流的方式，将两股向外溢流的玻璃膏于该泵浦的下方处再结合成超薄平板玻璃。利用这种成型技术同样需要借助模具，因而熔融泵浦模具也面临受机械应力变形、维持熔融泵浦水平度及如何将熔融玻璃膏稳定打入熔融泵浦中的问题。因为利用溢流熔融法的成型技术所制作的超平板玻璃，其厚度与玻璃表面的质量是取决于输送到熔融泵浦的玻璃膏量、稳定度、水平度、泵浦的表面性质及玻璃的引出量。溢流熔融技术可以产出具有双原始玻璃表面的超薄玻璃基材，相较于浮式法(仅能产出的单原始玻璃表面)及流孔下引法(无法产出原始玻璃表面)，可免除研磨或抛光等后加工制程，同时在平面显示器制造过程中，也不需要注意因同时具有原始及与液态锡有接触的不同玻璃表面，或与研磨介质有所接触而造成玻璃表面性质差异等，已成为超薄平板玻璃成型的主流。由于无碱玻璃有特殊成分配方，且在热稳定性、机械、电气、光学、化学等特性及外观尺寸、表面平整度等方面都有极为严格的标准规范，故其生产线调整、学习时间较长，新厂商欲加入该产业的技术门槛则较高。

2. ITO薄膜

ITO是透明导电氧化物的一种，由于具有最好的导电性和透光性的组合性能，成为最主要的透明导电材料，主要应用于液晶显示器、触摸屏、太阳能薄膜电池、照明用有机电致发光元件等领域，其中显示屏的构造见图9-10。氧化铟只吸收紫外线，不吸收可见光，掺锡，虽然会损失透光率，但可以提高导电能力。因此，透光率和导电性是两个相互牵制的指标。ITO 原料为 ITO 粉，称为 ITO 靶材。将 ITO 靶材沉积到 PET 基板上，就形成 ITO 导电薄膜；将 ITO 靶材沉积到玻璃基板上，就形成 ITO 导电玻璃。现在发展最成熟、使用最多的 ITO 沉积工艺是磁控溅射法，即用高能粒子轰击靶材，使靶材中的原子溅射出来，沉积在基底表面形成薄膜的方法，比真空蒸发、热解喷涂、化学气相沉积、溶胶-凝胶等方法效果都要好。

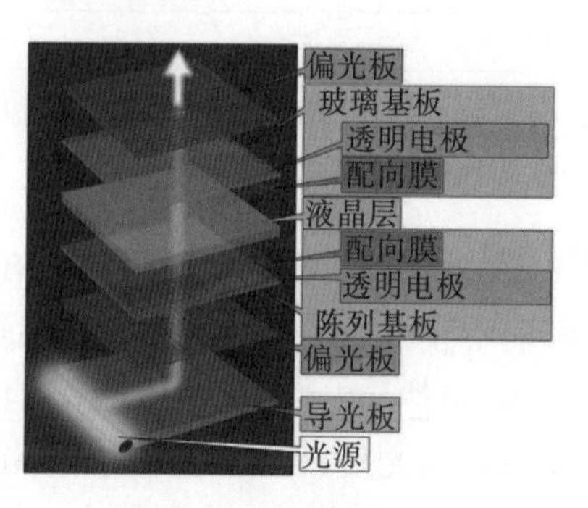

图 9-10 显示屏的构造

ITO 薄膜的导电性能，不仅与 ITO 薄膜材料的组成(包括锡含量和氧含量)有关，同时与制备 ITO 薄膜时的工艺条件(包括沉积时的基片温度、溅射电压等)有关。影响 ITO 薄膜导电性能的因素包括 ITO 薄膜的片电阻(γ)、膜厚(d)和电阻率(ρ)，这三者之间的相互关系是 $\gamma=\rho/d$，即为了获得不同片电阻的 ITO 薄膜，实际上就是要获得不同的膜厚和电阻率。从上述公式可以看到，ITO 薄膜的导电性要好(即片电阻值要低)，在电阻率一定的情况下，膜厚要增加，这样会导致 ITO 薄膜的透光性能下降，反之亦然。所以，ITO 薄膜电阻率的大小是 ITO 薄膜制备工艺的关键，要获得好的透光率和导电性，就需要尽量小的电阻率(ρ)。

影响电阻率(ρ)大小的因素主要包括载流子浓度、载流子迁移率等，载流子浓度或载流子迁移率越大，薄膜的电阻率就越小。在控制条件上，载流子浓度可以通过调节 ITO 沉积材料的锡含量和氧含量来实现，而载流子迁移率则与 ITO 薄膜的结晶状态、晶体结构等相关，可以通过调节薄膜沉积时的沉积温度、溅射电压和成膜条件等来实现。

目前，ITO 的缺陷主要如下：①主要成分铟，价格昂贵。铟是稀有金属，在地壳中的分布量比较小，又很分散，主要以微量存在于锡石和闪锌矿中，随着液晶显示器和触摸屏产品的普及，铟的价格已经上涨数倍，图 9-11 为铟过去 20 年的价格走势图。铜的 70%消费是用在生产 ITO 导电材料。②沉积工艺必须在真空环境下，需要昂贵的真空沉积设备，并且维护成本高；沉积过程中只有不到 30%的 ITO 靶材溅射到基板上，剩余的都溅射到室壁上，造成原料的极大浪费。③ITO 具有相对较高的电阻率，随着屏幕尺寸的增大，电阻会不断变大，影响屏幕亮度和传感器响应性。随着电极数的增加，边框布线部分的面积也会增大。在较大尺寸触摸屏上，虽然可以利用在长边传感器电极的两端取出布线电极等方法来应对，但都极大增加了工艺难度和成本。④ITO 比较脆，尺寸变大后，加工的难度也会随之增加。而且由于缺乏柔韧性，不易弯曲，不适合应用于柔性触摸屏。

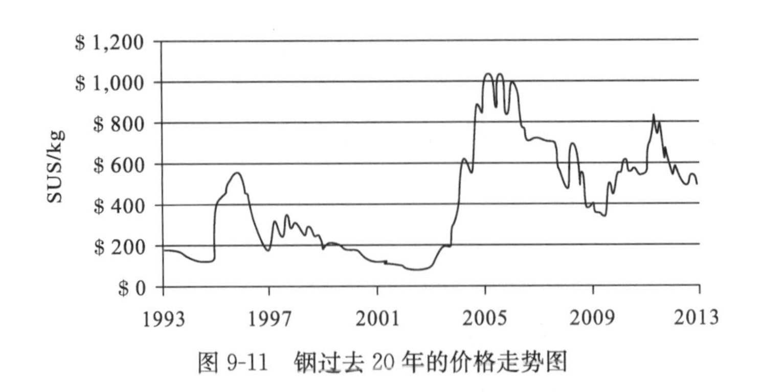

图 9-11 铟过去 20 年的价格走势图

业界一直在研发可替代 ITO 的材料，如其他透明导电氧化物、导电性高分子材料、纳米材料、金属网等。在太阳能薄膜电池领域，成本在产品竞争中具有重要性，其他两种透明导电氧化物 FTO 和 ZnO，虽然导电性能不如 ITO，但成本更低。此外，由于太阳能薄膜电池对膜层表面并不要求均匀光滑，而是有一定的凹凸，来提高对透射光的散射能力(即雾度)，FTO 和 ZnO 比 ITO 有更好的光散射能力，加上激光刻蚀比 ITO 更容易，所以逐渐取代 ITO 在太阳能薄膜电池领域的应用。但在液晶显示器和触摸屏领域，至今尚未出现能够规模量产商业化的可替代材料。特别是在触摸屏领域，由智能手机、平板电脑等引领的触摸屏产业快速地发展，大尺寸触摸屏的制造成本和柔性触摸屏的应用，都受到 ITO 特性的制约。

3. 配向膜

配向膜是控制 LCD 显示质量的关键材料，为使液晶材料达成良好旋转效果，必须将配向膜涂布于液晶显示器上下电极基板的内侧，接着进行摩擦制程，配向膜表面将因摩擦而形成一定方向排列的沟槽，配向膜上的液晶材料会因分子之间的作用力而达到定向效果，产生配向作用，如此可控制液晶分子依特定的方向与预定的倾斜角度排列，将有利显示器的动作。由于聚酰亚胺(polyimide，PI)树脂，具有高透光性、均匀液晶配向性、高电荷保持率、高耐热性及化学稳定性等，故成为目前应用最广泛的配向材料。

4. 液晶材料

液晶是介于液态与结晶态之间的一种物质状态。它除了兼有液体和晶体的某些性质(如流动性、各向异性等)外，还有其独特的性质。对液晶的研究现已发展成为一个引人注目的课题。

液晶材料主要是脂肪族、芳香族、硬脂酸等有机物。液晶也存在于生物结构中，日常适当浓度的肥皂水溶液也是一种液晶。由有机物合成的液晶材料已有几千种之多。由于生成的环境条件不同，液晶可分为两大类：只存在于某一温度范围内的液晶相称为热致液晶；某些化合物溶解于水或有机溶剂后而呈现的液晶相称为溶致液晶。溶致液晶和生物组织有关，研究液晶和活细胞的关系，是现今生物物理研究的内容之一。

热致液晶：是指由单一化合物或少数化合物的均匀混合物形成的液晶。通常在一定温度范围内才显现液晶相的物质。典型的长棒形热致液晶的分子量一般在 200～

500g/mol，分子的长宽比在 4～8。按照棒形分子排列方式把热致晶体分为三种：向列相液晶、近晶相液晶和胆甾相液晶。

向列相液晶：它的分子呈棒状，局部地区的分子趋向于沿同一方向排列。分子短程相互作用比较弱，其排列和运动比较自由，分子这种排列状态使其黏度小、流动性强。向列相液晶的主要特点是具有单轴晶体的光学性质，对外界作用非常敏感，是液晶显示器件的主要材料。

近晶相液晶：近晶相液晶分子也呈棒状，分子排列成层，每层分子长轴方向是一致的，但分子长轴与层面都呈一定的角度。层的厚度约等于分子的长度，各层之间的距离可以变动。由于分子层内分子结合力强，层与层间结合力弱，所以这种液晶有流动性，但黏度比向列相液晶大。近晶相液晶具有正性双折射性，因此，近晶相液晶显示器件比向列相液晶显示器件的特性更优越。

胆甾相液晶：它的分子呈扁平层状排列，分子长轴平行层平面，层内各分子长轴互相平行(对应方向)，相邻两层内的分子长轴方向有微小扭转角，各层分子指向矢量沿着层的法线方向连续均匀旋转，使液晶整体结构形成螺旋结构，螺旋扭转 360°的两个层面的距离称为螺距，用 L 表示，通常 L 为 10^2nm 的数量级。这种特殊的螺旋状结构使得该种晶体具有明显的旋光性、圆偏振光二向色性及选择性光散射等特殊光学性质。因此，常将胆甾相液晶作为控制液晶分子排列的添加剂或直接作为变色液晶膜。

溶致液晶：是一种包含溶剂化合物在内的两种或多种化合物形成的液晶，是在溶液中溶质分子浓度处于一定范围内时出现的液晶相。它的溶剂主要是水或其他极性分子液剂。溶致液晶中的长棒形溶质分子的长宽比大约为 15。这种液晶中分子排列长程有序的主要原因是溶质与溶剂分子之间的相互作用，而溶质分子之间的相互作用是次要的。生物膜具有溶致液晶的特征。

液晶的分子有盘状、碗状等形状，但多为细长棒状。根据分子排列的方式，液晶可以分为近晶相、向列相和胆甾相三种，其中向列相和胆甾相应用最多。

图 9-12 为溶致液晶结构，头部的表面活性剂分子与水接触，而尾巴浸渍在油中。

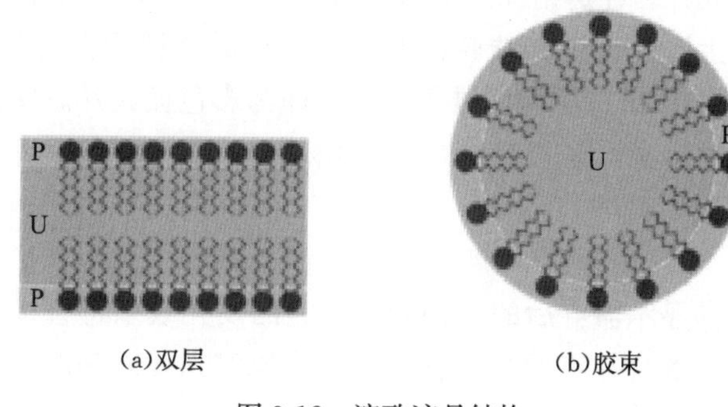

(a)双层　　(b)胶束

图 9-12　溶致液晶结构

5. CF 基板

彩色滤光片(color filter，CF)是一种表现颜色的光学滤光片，它可以精确选择欲通过的小范围波段光波，而反射掉其他不希望通过的波段。彩色滤光片通常安装在光源的前方，使人眼可以接收到饱和的某个颜色光线，有红外滤光片、绿色滤光片、蓝色滤光片等。与UV滤光片、VD滤光片相比，CF滤光片是带色的滤光片的总称，如反差滤光片、分色用滤光片、LB滤光片等。彩色滤光片为液晶平面显示器彩色化的关键零组件。液晶平面显示器为非主动发光的组件，其色彩的显示必须透过内部的背光模组(穿透型LCD)或外部的环境入射光(反射型或半穿透型LCD)提供光源，再搭配驱动IC与液晶控制形成灰阶显示，而后透过彩色滤光片的R，G，B彩色层提供色相，形成彩色显示画面。颜料分散法的彩色层形成类似半导体的黄光微影制程，首先将颜料分散型彩色光阻涂布于已形成黑色矩阵的玻璃基板上，经软烤、曝光对准、显影、光阻剥离、硬烤，重复此流程三次形成R、G、B的三色图形。

6. 偏光片

偏光片的全称是偏振光片，液晶显示器的成像必须依靠偏振光，所有的液晶都有前后两片偏振光片紧贴在液晶玻璃，组成总厚度1mm左右的液晶片。如果少了任何一张偏光片，液晶片都是不能显示图像的。偏光片的基本结构包括最中间的聚乙烯醇(PVA)，两层三醋酸纤维素，压敏胶，离型膜和保护膜。其中，起到偏振作用的是PVA层，但是PVA极易水解，为了保护偏光膜的物理特性，在PVA的两侧各复合一层具有高光透过率、耐水性好又有一定机械强度的三醋酯纤维TCA薄膜进行防护，这就形成了偏光片原板。在普通TN型LCD偏光片生产中，根据不同的使用要求，需要在偏光片原板的一侧涂布一定厚度的压敏胶，并复合上对压敏胶进行保护的隔离膜；而在另一侧要根据产品类型，分别复合保护膜、反射膜、半透半反胶层膜，由此形成偏光片成品。对STN型LCD偏光片产品，还要在压敏胶层一侧，根据客户的不同需要，按一定的补偿角度复合具有一定位相差补偿值的位相差膜和保护膜，由此形成STN型LCD偏光片产品，这就是LCD偏光片的基本结构和作用原理。

使用的压敏胶为耐高温防潮压敏胶，并对PVA进行特殊浸胶处理(染料系列产品)，所制成的偏光片即为宽温类型偏光片；在使用的压敏胶中加入阻止紫外线通过的成分，则可制成防紫外线偏光片；在透射原片上再复合上双折射光学补偿膜，则可制成STN用偏光片；在透射原片上再复合上光线转向膜，则可制成宽视角偏光片或窄视角偏光片；对使用的压敏胶、PVA膜或三醋酯纤维膜着色，即为彩色偏光片。实际上随着新型的液晶显示器产品不断开发出来，偏光片的类型也越来越多。

7. 背光源

背光源是位于液晶显示器背后的一种光源，它的发光效果将直接影响液晶显示模组视觉效果。液晶显示器本身并不发光，它显示图形或对光线调制的结果。背光源主要由光源、导光板、光学用模片、结构件组成。

光源：主要有EL、CCFL及LED三种背光源类型。

导光板：分为印刷、化学蚀刻、精密机械刻画法、光微影、内部扩散。

光学用模片：增光膜/片、扩散膜/片、反射片、黑/白胶。

结构件：结构件中有背板(铁背板、铝背板、塑料背板)、胶框、灯管架、铝型材、铝基条，其中背板和胶框为必用件，其他结构件并非完全使用。

随着国际信息技术行业迅速发展，相关LCD行业不断推陈出新，LCD产品尺寸朝多元化和轻便化方向发展，背光源作为LCD产品的核心组件之一势必配合此发展趋势，致力于产品的多元化和轻便化。

背光源模组中最核心技术为导光板的光学技术，主要有印刷形和射出成型形两种导光板形式，其他如射出成型加印刷、激光打点、腐蚀等占很少比例，不适合批量生产原则。印刷形因为其成本低在过去较长时间内成为主流技术，但合格率不高一直是其主要缺点，而LCD产品要求更精密的导光板结构，射出成型形导光板必然成为背光源发展主流，但相应的模具技术难题只有日本少数大厂能够克服。

LCD一直对背光源的发光亮度要求很高，但高亮度也使得LCD耗电量居高不下，背光源作为LCD模组中最费电的配件，已不适应可携式资讯产品的要求，因此在不增加耗电的情况下提高背光源亮度进而增加LCD亮度也是主要发展趋势之一。当前的目标是达到500～700cd/m^{2}亮度，寿命达到10万小时的平板荧光灯。

9.4.2 TFT-LCD工艺技术

1. 薄膜晶体管(TFT)制造工序

TFT的制造工序分坚膜、清洗、曝光、刻蚀、脱膜、检测六大工序，如图9-13所示。

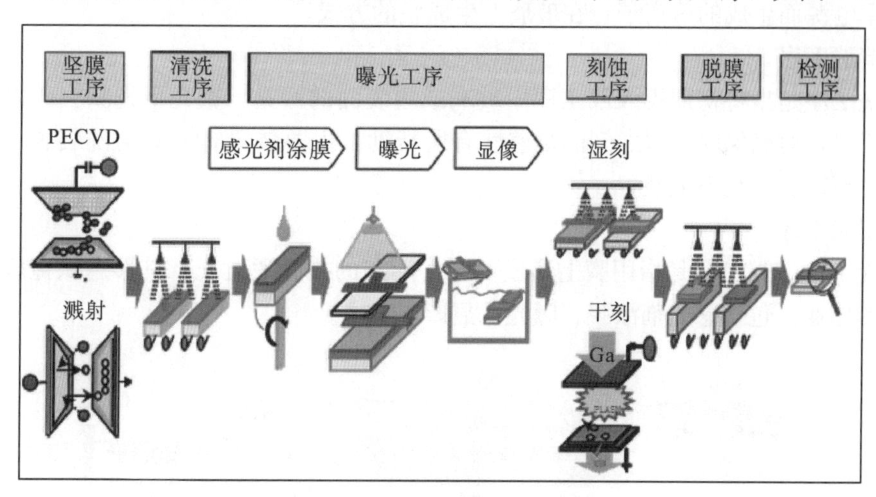

图9-13 TFT制造工序图

1)坚膜工序

坚膜工序是指将栅电极、数据(源/漏)电极、像素电极、绝缘膜、保护膜及半导体膜，以物理或化学方法，使其在玻璃(栅)上形成膜的工序。

栅电极、数据(源/漏)电极、像素电极是金属物质(铝、铬、ITO、钼)，利用溅射物理方法，在靶和玻璃之间的离子区，将靶材物质镀在玻璃上。离子区是两个电极之间注入的惰性气体上施加高电压，从而离子化生成。离子化的惰性气体在靶材上冲击，然后脱掉的靶材物质移到玻璃而形成膜。图9-14为坚膜工序。

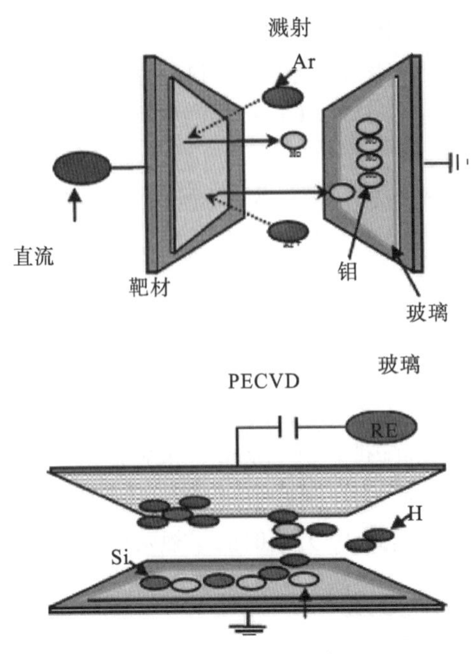

图 9-14 坚膜工序

绝缘膜、保护膜、半导体膜是利用等离子体增强化学气相沉积(plasma enhanced chemical vapor deposition，PECVD)的工序，即利用两个电极之间注入惰性气体之后施加高频率电源而生成的等离子，在玻璃上生成膜的方式。

2)清洗工序

清洗工序是指将初期投入或工序中玻璃或膜表面的污染、微光事先除去，以免发生不良的工序，对确保膜与膜之间的黏着性有所帮助。主要装置有 UV 清洗装置、刷洗清洗装置、超声、空化射流装置。

3)曝光工序

曝光工序(图 9-15)是指用膜上形成要制作形态的掩膜通过光，其形态从掩膜转移到感光剂的作业，包括感光剂涂膜、曝光及显影等工序。

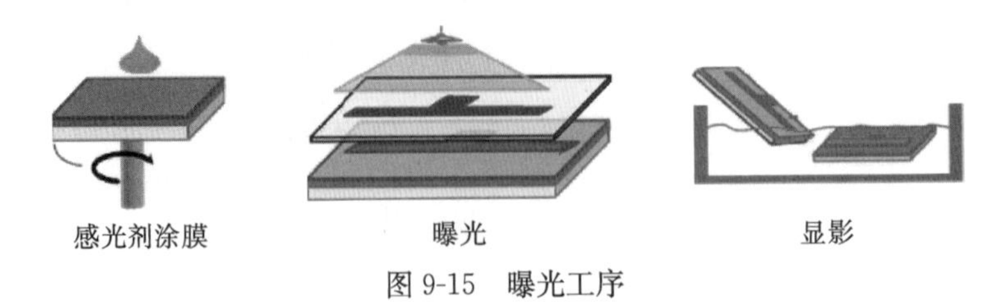

图 9-15 曝光工序

4)刻蚀工序

刻蚀工序(图 9-16)是指对去除感光剂部分的膜，利用物理、化学方法有选择地去除的工序。刻蚀方式有如下的两个方式：①湿刻是利用化学溶液刻蚀金属物质(铝、铬、ITO、钼)的方式；②干刻是利用气体等离子刻蚀 $SiNx$、a-Si 的方式。

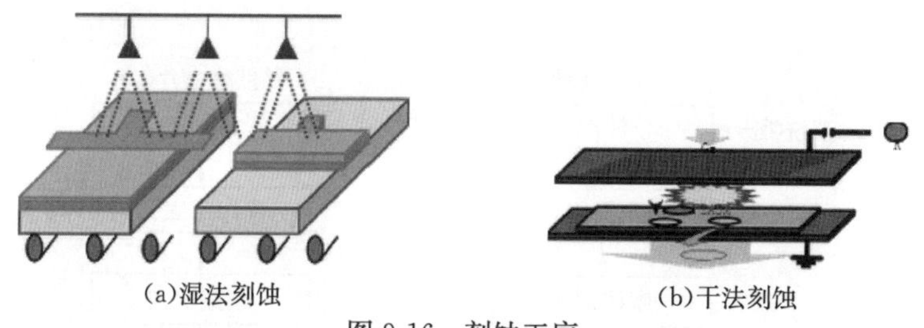

图 9-16　刻蚀工序

5)脱膜工序

脱膜工序是指刻蚀工序后，去除为形成图案化而留下的感光剂的工序。脱膜工序的必需条件是完全除去感光剂，下部膜不应有损伤，还要维持为进行下一工序的均匀的表面状态。

6)检测工序

检测工序是指调查/评价工序，半成品、产品的质量判定良、不良的工序。

2. TFT-LCD 面板的制造工序

TFT-LCD 的面板的组装过程。首先将洗净后的彩膜基板与 TFT 的阵列基板涂布上配向膜涂液，并摩擦定向。然后在 TFT 的阵列基板四周涂上封框胶，并散布 5～10μm 大小的间隔物于其上作为支撑点，再将阵列基板与彩膜基板组合，以封框胶封合形成空的盒。接着以两种方式注入液晶，一种方式是先将此空的基板裁切断片，取最终显示器产品所需尺寸大小，经检查后，以真空方式注入液晶材料并加以封合；另一种方法是先注入液晶，再进行裁切断片后再封合。这两种方式所需的制作时间不同，会影响总合格率，也会造成生产能力的不同。图 9-17 和图 9-18 均为 TFT-LCD 面板的制造工序。

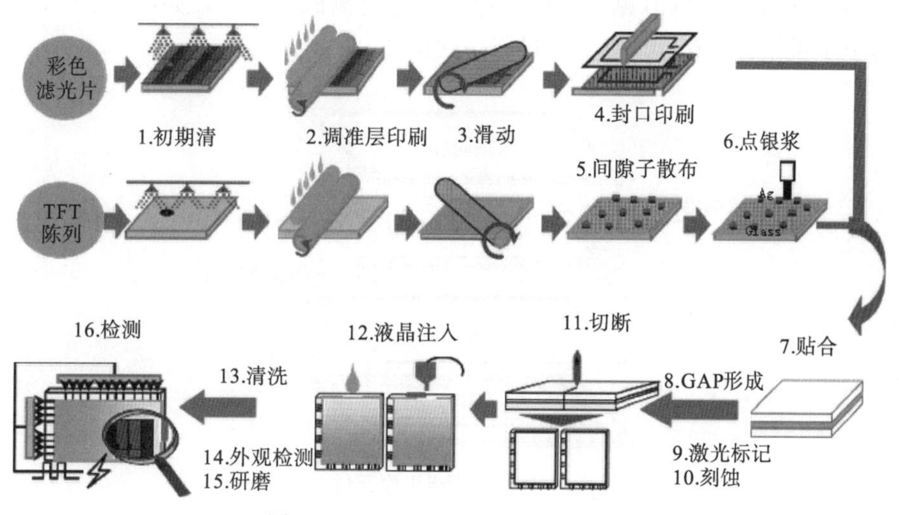

图 9-17　TFT-LCD 面板的制造工序

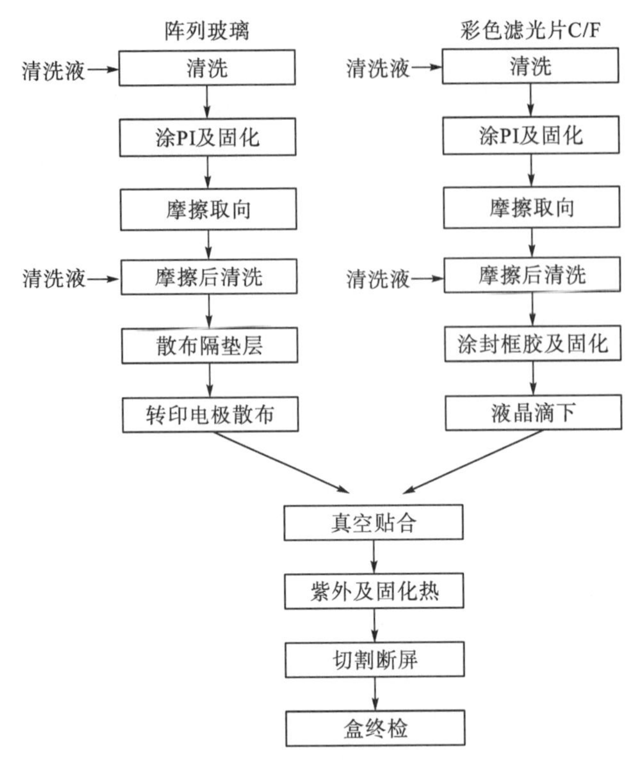

图 9-18　TFT-LCD 面板的制造工艺流程图

模组的工艺流程：最后将 TFT-LCD 的面板与驱动电路、印刷电路板连接，并装上背光源及固定框架就完成了液晶显示模组。图 9-19 为模块工序的部件。其工序一共有偏光板贴合、TAB 贴合、PCB 贴合、B/L 组装、老化测试、包装，如图 9-20 所示。另外每块液晶显示模组在老化的前后都要进行一次检查。

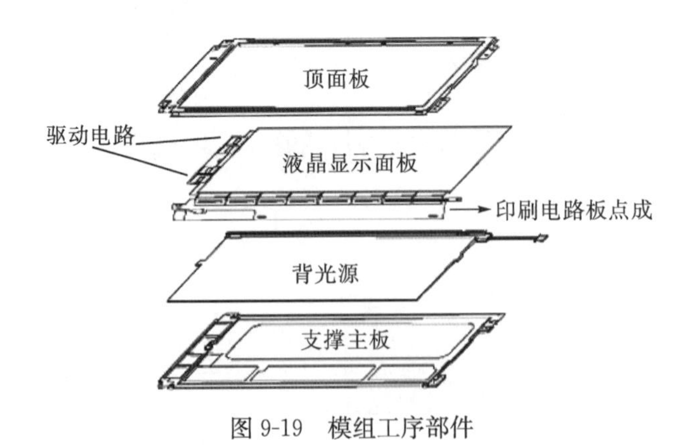

图 9-19　模组工序部件

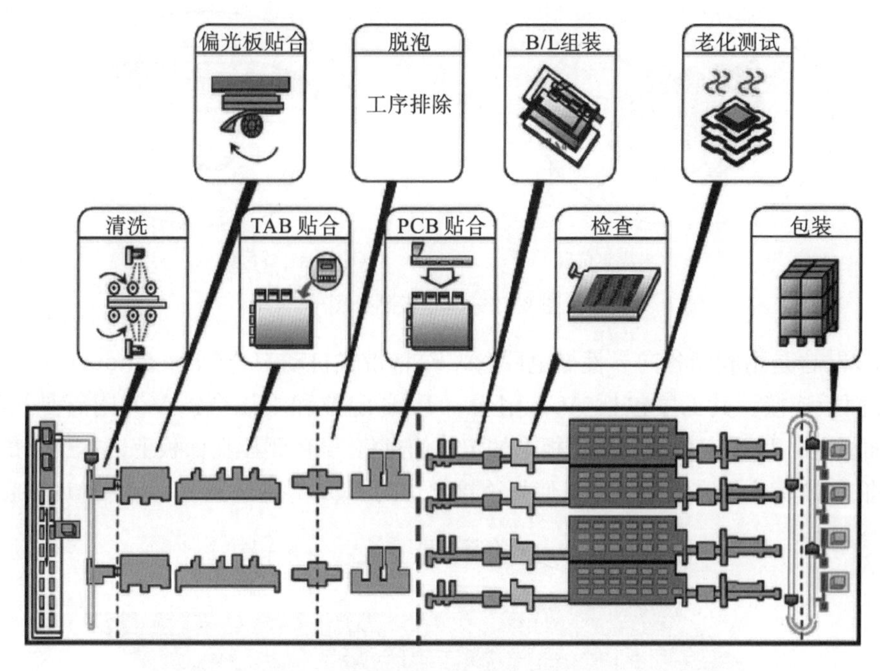

图 9-20　模块制造工序详解

偏光板贴合主要分为清洗和偏光板的贴合两大工序。清洗包括刀洗、刷洗、冲洗、干燥：刀洗是用旋转刀片去除玻璃碎屑；刷洗是用毛刷去除灰尘和指纹；冲洗是用纯水去除残留的杂质；干燥是以高、低温的热风去掉微细水汽。偏光板贴合是指利用面板和偏光板上的信息将上下偏光板分别贴附面板的上板和下板。图 9-21 为清洗图，图 9-22 为偏光板贴合图。

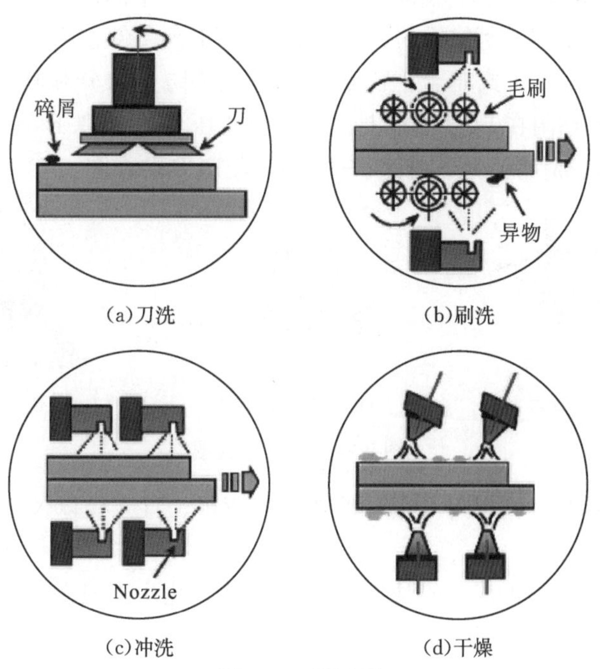

图 9-21　清洗图

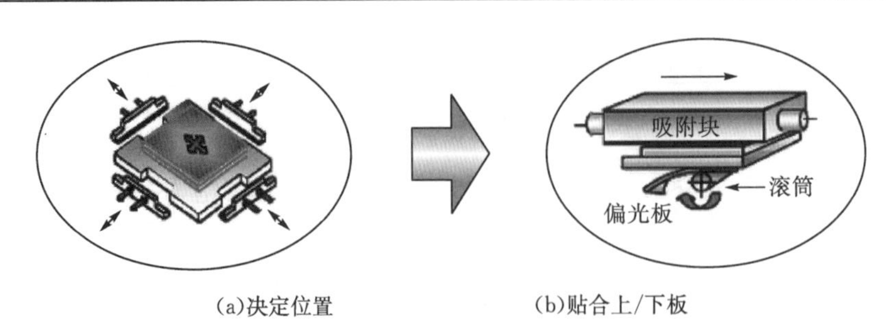

(a)决定位置　　(b)贴合上/下板

图 9-22　偏光板贴合图

TAB 贴合是指利用各向异性导电膜(ACF)将带式自动键合(tape automated bonding, TAB)和面板连接。其工序包括 ACF 附着、TAB 定位和本压合：ACF 附着是指将 ACF 贴附在面板上；TAB 定位是利用面板上的定位信息将 TAB 预压在面板上；本压合是在高温高压下将 TAB 完全压在面板上并且使得连接部位的 ACF 导通。图 9-23 为 TAB 贴合图。

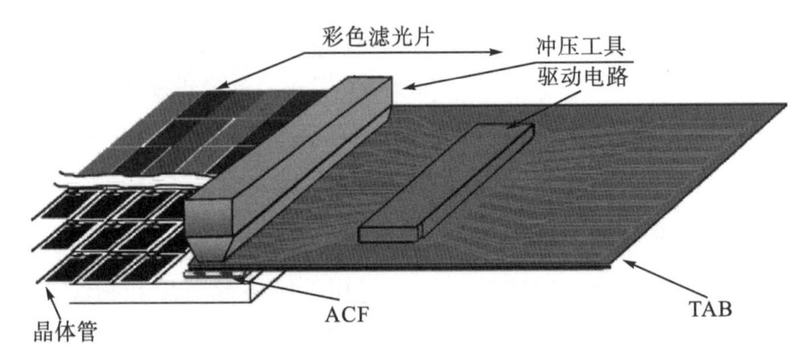

图 9-23　TAB 贴合图

PCB 贴合与 TAB 贴合一样都是利用 ACF 来连接，不同的是这里连接的是 TAB 与 PCB，所以由于材质不同，所使用的 ACF 也不同，工程条件也不同。具体工序分为树脂涂屏、ACF 贴合和 PCB 正式压合：树脂涂屏是为了防止水分和其他异物进入面板内；ACF 贴合是将 ACF 贴附在 PCB 面板上；PCB 正式压合是将 PCB 与 TAB 在高温高压下压合，并且使得连接部位的 ACF 导通。图 9-24 为 PCB 贴合图。

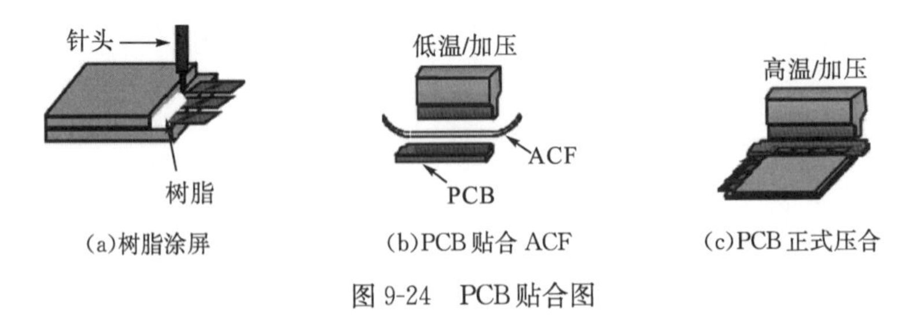

(a)树脂涂屏　　(b)PCB 贴合 ACF　　(c)PCB 正式压合

图 9-24　PCB 贴合图

B/L 组装是把顶板、连接好 TAB 和 PCB 的背板、背光板以及支撑主板用手工的方式连接起来的工序。

老化测试是把组装好的液晶模块放置在 50℃的老化房内检测模块的连接状况，根据客户要求其老化时间各有长短。

包装同样是利用手工的方式将测试合格的液晶模块包装出厂。

9.5 OLED显示屏

9.5.1 OLED显示原理及应用

目前OLED两大主要应用市场为显示和照明，其中又以显示应用发展较为快速。现阶段已经有许多手机、MP3/MP4、数码相机、车用显示器等消费性电子产品，导入PMOLED面板或AMOLED面板。尤其在品牌大厂如Samsung、Nokia、HTC等陆续推动下，采用AMOLED面板显示屏的旗舰手机应用逐步推向中端定位市场。图9-25为OLED显示技术的应用。

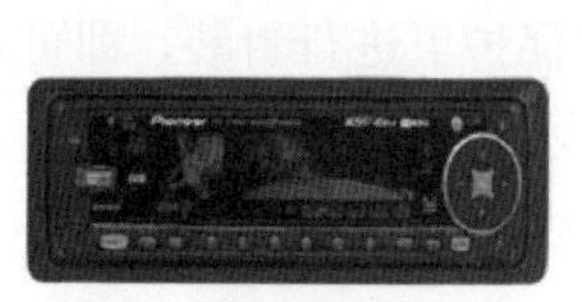

Pioneer

Samsung LG Electronics

Philips

(a)PMOLED

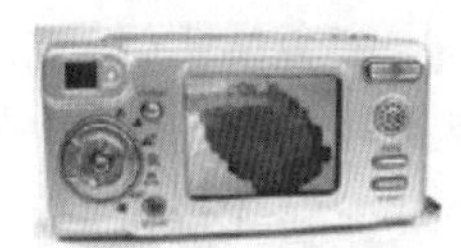

Sanyo-Kodak
2.2"Full-eolor AMOLED

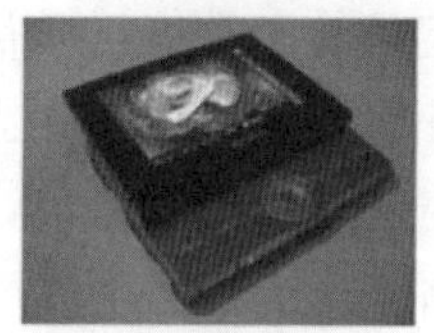

Sony'CLIE'PDA
3.8"Full-color
AMOLED

Neosol(Korea)'CLIOD'TMR
(TV+portable multimedia player)
2.2"Full-color AMOLED

(b)AMOLED

Samsung SDI
17"UXGA(1600×1200)
Poly-si TFT AMOLED

LG Electronics-LG Philips LCD
20.1"XGA(1280×800)
Paly-Si TFT AMIOLED

Sony
11"AMOLED

Samsung Electronics
21"WXGA(1280×768)
σ-Si TFT AMOLED

Seiko-Epson
40"WXGA(1280×768)tiled
AMOLED(Ink-jet printing)

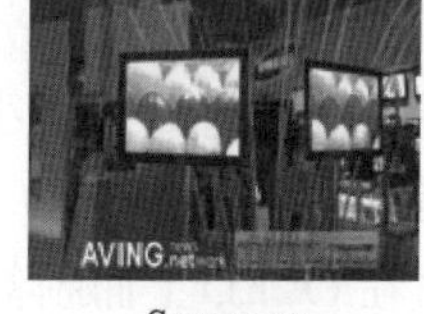

Samsung
31"AMOLED

(c)Large size AMOLED

图9-25 OLED显示技术的应用

9.5.2 OLED 器件制备

由于 OLED 对水和氧很敏感，器件制备工艺必须在真空或者惰性气体保护环境中进行。有机薄膜形成之后，样品必须立即进行封装或钝化。因此对于 OLED 显示，采用传统的半导体工艺制作电路(如光刻、刻蚀和沉积)应在薄膜工艺进行之前。

通常，传统 OLED 器件制作在透明的 ITO 导电玻璃阳极上，有机层发射的光通过透明 ITO 和玻璃基板透射出来。对于有源驱动技术，需要薄膜晶体管。在 OLED 显示中，由于器件具有二极管特性，一个像素至少需要两个 TFT。为了提供稳定的电子-空穴对，薄膜晶体管中的载流子迁移率应保持在较高水平，并具有较长的寿命和开启电压稳定性。对于小分子 OLED，有机材料在高真空条件下通过热蒸发进行升华。通过温度的控制，可实现精确的沉积速率(0.01nm/s)。对于聚合物材料，由于分子量较大，需要采用溶液法工艺制备，如旋涂法和喷墨印刷法。器件在惰性气体保护下进行封装，即可得到具有更长寿命的器件。还可在 OLED 上直接沉积钝化层，更利于减小器件的厚度，并应用到柔性基板上。

1. OLED 薄膜制备

小分子 OLED 材料在真空中稳定且易于升华，通常采用真空蒸镀的方法进行薄膜制备。有机层和有机材料依次沉积在图形化的 ITO 基板上，有机层和金属阴极通过掩模板进行控制。有机物的沉积速率通过控制蒸发温度调节，温度越高，沉积速率越快，对器件的效率和寿命也会产生一定的影响。当沉积温度高于材料的玻璃转化温度时，有机材料将分解，导致失效。

对于全彩色 OLED 显示，需要制作红、绿、蓝三像素。直接采用三种颜色的 OLED 沉积即可达到全彩色显示。但是由于传统的光刻工艺不适合 OLED 薄膜形成，所以通过以下三种方案可以间接实现全彩色显示：采用横向并列发光单元；采用带有彩色滤光膜的白光 OLED；采用带有彩色转换材料的蓝光 OLED。

2. OLED 的器件封装和钝化

由于大部分有机材料对空气中的水分和氧气非常敏感，且 OLED 中使用的活性界面材料和金属阴极非常活泼，所以 OLED 的水氧隔绝处理对延长器件的寿命有重要作用。通常采用紫外固化环氧树脂作为黏合剂对 OLED 进行封盖密封。封盖可采用玻璃盖板或者金属盖板。环境中的水分和氧气可能沿着黏合剂界面渗透进入器件中。因此，基板与封盖之间的间隙应尽可能小，且环氧树脂的宽度尽量长，以减少水氧透过率。同时，封装时在器件内部加入 CaO 等类型的干燥助剂，可以吸收残留或者渗透进入的水。

通过在 OLED 上面制备一定厚度的钝化层也可以实现水氧隔绝，且器件的厚度可以极大降低。但是，由于有机材料不能耐高温，钝化层的工艺温度必须低于 100℃，同时，钝化层不能有裂缝或针孔，且其热应力应尽可能小，防止热收缩导致底发射阴极或顶发射阳极受损。目前研究的钝化层材料为聚合物薄膜沉积制备钝化层，如 PET、PI 等聚合物。

9.5.3　OLED 的优缺点分析

1. OLED 的优点

(1)厚度超薄，仅为 LCD 屏幕的 1/3，并且重量也更轻。
(2)固态显示，抗震性能好，不怕摔。
(3)可视角度大，画面保真性能好。
(4)响应时间超快，显示运动画面绝对不会有拖影的现象。
(5)低温特性好，在−40℃时仍能正常显示。
(6)制造工艺简单，成本更低。
(7)发光效率更高，能耗低。
(8)能够在不同材质的基板上制造，可以做成能弯曲的柔性显示器。

2. OLED 的缺点

大尺寸量产技术尚未解决，合格率低，成本高。

9.5.4　OLED 的驱动方式

1. 无源驱动

无源驱动(PM-OLED)分为静态驱动电路和动态驱动电路。

1)静态驱动方式

在静态驱动的有机发光显示器件上，一般各有机电致发光像素的阴极是连在一起引出的，各像素的阳极是分立引出的，即为共阴连接。静态驱动电路一般用于段式显示屏的驱动上。

2)动态驱动方式

在动态驱动的有机发光显示器件上，人们把像素的两个电极做成了矩阵型结构，即水平一组显示像素的同一性质的电极是共用的，纵向一组显示像素的相同性质的另一电极是共用的。如果像素可分为 N 行和 M 列，就可有 N 个行电极和 M 个列电极。行和列分别对应发光像素的两个电极，即阴极和阳极。在实际电路驱动的过程中，要逐行点亮或逐列点亮像素，通常采用逐行扫描的方式，行扫描时，列电极为数据电极。实现方式如下：循环地给每行电极施加脉冲，同时所有列电极给出该行像素的驱动电流脉冲，从而实现一行所有像素的显示。该行不在同一行或同一列的像素就加上反向电压使其不显示，以避免“交叉效应”，这种扫描是逐行顺序进行的，扫描所有行所需时间称为帧周期。

在一帧中每一行的选择时间是均等的。假设一帧的扫描行数为 N，扫描一帧的时间为 1，那么一行所占有的选择时间为一帧时间的 $1/N$，该值被称为占空比系数。在同等电流下，扫描行数增多将使占空比下降，从而引起有机电致发光像素上的电流注入在一帧中的有效性下降，降低了显示质量。因此随着显示像素的增多，为了保证显示质量，就需要适度地提高驱动电流或采用双屏电极机构以提高占空比系数。

除了由于电极的公用形成交叉效应，有机电致发光显示屏中正负电荷载流子复合形成发光的机理是任何两个发光像素，只要组成它们结构的任何一种功能膜是直接连接在一起的，那两个发光像素之间就可能有相互串扰的现象，即一个像素发光，另一个像素也可能发出微弱的光。这种现象主要是由有机功能薄膜厚度均匀性差，薄膜的横向绝缘性差造成的。从驱动的角度，为了减缓这种不利的串扰，采取反向截止法也是一种行之有效的方法。

显示器的灰度等级是指黑白图像由黑色到白色之间的亮度层次。灰度等级越多，图像从黑到白的层次就越丰富，细节也就越清晰。灰度对于图像显示和彩色化都是一个非常重要的指标。一般用于有灰度显示的屏多为点阵显示屏，其驱动也多为动态驱动，实现灰度控制的方法有控制法、空间灰度调制、时间灰度调制。

2. 有源驱动

有源驱动(AM-OLED)的每个像素配备具有开关功能的低温多晶硅薄膜晶体管(low temperature poly-Si thin film transistor，LTP-Si TFT)，而且每个像素配备一个电荷存储电容，外围驱动电路和显示阵列整个系统集成在同一玻璃基板上。有源驱动属于静态驱动方式，具有存储效应，可进行100%负载驱动，这种驱动不受扫描电极数的限制，可以对各像素独立进行选择性调节，且有源驱动无占空比问题，驱动不受扫描电极数的限制，易于实现高亮度和高分辨率。有源驱动由于可以对亮度的红色和蓝色像素独立进行灰度调节驱动，更有利于OLED彩色化实现。有源矩阵的驱动电路在显示屏内，更易于实现集成化和小型化。另外由于解决了外围驱动电路与屏的连接问题，提高了成品率和可靠性。

3. 主动式与被动式两者比较

表9-3为主动式与被动式显示器比较。

表9-3 主动式与被动式显示器比较

被动式	主动式
瞬间高密度发光(动态驱动/有选择性)	连续发光
面板外附加IC芯片	TFT驱动电路/内藏式薄膜驱动IC
线逐步式扫描	线逐步式抹写数据
阶调控制容易	在TFT基板上形成有机发光像素
低成本、高驱动电压	低电压驱动、低耗电能、高成本
设计更容易、制造简单	发光组件寿命长、工艺复杂
矩阵驱动/OLED	TFT驱动/OLED

9.5.5　OLED 产业面临的挑战

发展 OLED 产业面临如下三个方面的挑战。

(1)在技术方面 OLED 面板合格率过低，据了解，目前投产大尺寸 OLED 面板的合格率不到 70%，而液晶面板量产率却可以达到 99%以上。

(2)OLED 产业需要巨额投资，单靠一两个企业难以完成。OLED 是技术资金密集型产业，也是信息产业前沿技术，需要国家相关部门站在战略的高度对 OLED 产业进行整体规划，集中资源，强化自主创新，引导和鼓励企业加入 OLED 产业链并给予资金支持，形成可持续发展的能力。

(3)成本问题，因为 OLED 是电流型设备，需要比较高的电流驱动，因此需要 LTPS TFT 基板。LTPS 就注定了 OLED 的成本将居高不下。目前的 OLED 显示屏主要集中在中小尺寸，而 OLED 的像素分布数不高，因此 OLED 比较适合稍大的尺寸，但是尺寸太大则成本优势更差。

表 9-4 为根据各种资讯整理的内外 OLED 厂商 2010～2011 年产线建设情况，以供参考。

表 9-4　国内外 OLED 厂商产线建设情况

公司	线体建设情况	产品开发情况	后续计划
三星 SMD	1 条 730×920 基板线，25K/M；5 条 730×460 蒸镀线，50K/M；1 条 1300×1500 基板线，20K/M；9 条 750×650 蒸镀线，70K/M；1 条 5.5 代 AM 量产线已于 2011 年 5 月投产	量产 2.2～3.8 寸智能手机屏；已开发完成 14、19、21、30、40 寸 AM 显示屏样品	2011 年 1 月起，在天津开发区 2 年内投资 2.4 亿美元建设 OLED 项目，该项目生产手机用 OLED 屏，新建厂房将于 2011 年 11 月投入使用；2011 年 2 月，与中国台湾和鑫结盟，设立一座 5.5 代的 AMOLED 面板工厂，和鑫的投资将超过百亿新台币，计划 2011 年第 4 季度量产，首期单月产能 5 万片，第二期产能约 8 万片；计划于 2011 年第 3 季度开始建设 8 代 AMOLED 量产线
LGD	1 条 730×920 基板线，10K/M；2 条 730×460 蒸镀线，20K/M；已开工建设一条 8 代线并计划 2011 年内具备量产能力	已实现 3～15in AM 量产；开发出 19/20.7in 样品	1 条 8 代线具备量产能力
SONY	2 条 600×720 基板线，40K/M；1 条 550×600 基板线，25K/M	2011 年 2 月发布了业务用 24.5 寸和 16.5 寸 OLED TV，目前共发布了 4 款 OLED 电视；暂停 11in OLED TV 量产，但仍在持续投入研发	不详
友达	1 条 620×750 基板线；2 条 620×375 量蒸镀线，7K/M	7.6 寸以下 AM 产品已量产，25 寸 AM 样品开发完成	计划开始大批量生产用于手机和手持设备的中小尺寸 OLED 面板

续表

公司	线体建设情况	产品开发情况	后续计划
天马	1条730×920TFT基板线，一条365×460蒸镀线；2010年1月启动了4.5代AMOLED中试线项目	已开发出3.2寸样品	实现4.5代AMOLED中试线试产；规划在厦门建设一条5.5代AMOLED量产线
维信诺	1条370×470 PMOLED量产线；1条200×200 AM面板实验线；1条400×500 TFT基板线	与友达合作开发完成2.4in AMOLED样品	规划建设1条5.5代AMOLED量产线
彩虹	1条335×550PMOLED量产线；2010年10月在顺德动工建设1条4.5代AMOLED量产线，总投资为49.6亿元人民币	尚未开发完成PMOLED或AMOLED样品	建设第2条4.5代AMOLED量产线
京东方	在建1条5.5代*a*-Si & LTPS研发线	推出40in AM样品	规划建设1条4.5代AMOLED量产线，将把OLED项目转移到鄂尔多斯

参考文献

李君浩，刘南洲，吴诗聪，2013. 平板显示概论. 北京：电子工业出版社.
李文连，2002. 有机发光材料、器件及其平板显示——一种新型光电子技术. 北京：科学出版社.
于军胜，田朝勇，2015. OLED显示基础及产业化. 成都：电子科技大学出版社.

第 10 章　太阳能电池材料及应用

10.1　光伏技术与太阳能电池

10.1.1　太阳能电池的发展历程

1. 国际太阳能电池技术发展

1839 年，法国 Becquerel 报道在光照电极插入电解质的系统中产生光伏效应，即光电化学系统。

1876 年，英国 Adams 发现晶体硒在光照下能产生电流，即固体光伏现象。

1884 年，美国 Charles Fritts 制造成第一个 1%硒电池。

1954 年贝尔实验室皮尔逊(Pearson)和查尔平(Charpin)研制成功 6% 的第一个有实用价值的硅太阳电池。《纽约时报》把这一突破性的成果称为“最终导致无限阳光为人类文明服务的一个新时代的开始”，即现代太阳电池的先驱。

1958 年，硅太阳电池第一次在空间应用。

20 世纪 60 年代初，空间电池的设计趋于稳定。20 世纪 70 年代在空间开始大量应用，地面应用开始，20 世纪 70 年代末地面用太阳电池的生产量已经大大超过空间电池。

当电力、煤炭、石油等不可再生能源频频告急，能源问题日益成为制约国际社会经济发展的瓶颈时，越来越多的国家开始实行“阳光计划”，开发太阳能资源，寻求经济发展的新动力。欧洲一些高水平的核研究机构也开始转向可再生能源。在国际光伏市场巨大潜力的推动下，各国的太阳能电池制造业争相投入巨资，扩大生产，以争一席之地。

全球太阳能电池产业 1994~2004 年 10 年里增长了 17 倍，太阳能电池生产主要分布在日本、欧洲和美国。2006 年全球太阳能电池安装规模已达 1744MW，较 2005 年增长 19%，整个市场产值已正式突破 100 亿美元大关。2007 年全球太阳能电池产量达到 3436MW，较 2006 年增长了 56%。

2. 国内太阳能电池技术发展

1959 年，第一个有实用价值的太阳电池诞生；1971 年 3 月，太阳电池首次应用于我国第二颗人造卫星“实践一号”上；1973 年，太阳电池首次应用于浮标灯上；1979 年，开始用半导体工业废次单晶、半导体器件工艺生产单晶硅电池；20 世纪 80 年代中后期引进国外关键设备或成套生产线，我国太阳电池制造产业初步形成。

目前，我国已成为全球主要的太阳能电池生产国。2007 年，全国太阳能电池产量达到 1188MW，同比增长 293%。我国已经成功超越欧洲、日本，为世界太阳能电池生产第一大国。在产业布局上，我国太阳能电池产业已经形成了一定的集聚态势。在长三角、环渤海、珠三角、中西部地区，已经形成了各具特色的太阳能产业集群。

太阳能光伏发电在不远的将来会占据世界能源消费的重要席位，不但要替代部分常规能源，而且将成为世界能源供应的主体。预计到 2030 年，太阳能可再生能源在总绿色环保节能能源结构中将占到 30%以上，而太阳能光伏发电在世界总电力供应中的占比也将占到 10%以上；到 2040 年，可再生能源将占总能耗的 50%以上，太阳能光伏发电将占总电力的 20%以上；到 21 世纪末，可再生能源在能源结构中将占到 80%以上，太阳能发电将占到 60%以上。这些数字足以显示出太阳能光伏产业的发展前景及其在能源领域重要的战略地位。由此可以看出，太阳能电池市场前景广阔。

在太阳能的有效利用中，太阳能光电利用是近些年来发展最快、最具活力的研究领域，是其中最受瞩目的项目之一。

10.1.2 太阳能电池原理

1. 电子和空穴输运

半导体材料导电是由两种载流子，即电子和空穴的定向运动而实现的，在低温状态，价电子被完全束缚在原子核周围，不能在晶体中运动。这时在能带图中价带是充满的而导带是全空的。随着温度的升高等原因，部分电子脱离原子核的束缚，产生价电子共有化，变成自由电子，可以在整个晶格中运动，而在原来电子的位置上，留下了一个电子的空位，称为空穴，价电子成为自由电子后，作为负电荷(e)在晶体中可以做无规则的热运动。此时，从能带的角度讲，电子吸收了能量，从价带跃迁到导带，在外电场的作用下，除了做热运动，电子沿着与电场相反的方向漂移，产生电流，其方向和电场方向相同，这种自由电子运载电流的导电机构，称为电子导电，而电子称为载流子。

在电子成为自由电子之前，原子是显中性的，电子成为自由电子在整个晶体中运动后，原来电子的位置就缺少一个负电荷，显现正电荷，称为空穴。此时，从能带的角度讲，由于电子跃迁到导带，在价带上留下了空穴，如果邻近的电子进入该位置，那么这个电子的位置就空了出来，显现正电，该过程如果连续不断地进行就好像空穴进行了移动。在外电场的作用下，除了做热运动，空穴还要在沿着电场的方向漂移产生电流，其方向与电场方向相反。这种空穴运载电流的导电机构，称为空穴导电。

在一定温度下，由于热振动能量的吸收，半导体材料中电子—空穴对不断产生；同时，当电子和空穴相遇时，产生复合，即导带中的电子跃迁到价带上，与价带上的空穴复合，导致电子-空穴对消失。显然，如果没有有意识地掺入杂质，对于纯净的半导体而言，在热平衡状态，其电子—空穴对的浓度主要取决于温度。温度越高则电子—空穴对的浓度越高。这样的半导体材料就成为本征半导体材料，其电子、空穴浓度为

$$n = p = n_i(T) \tag{10-1}$$

式中，T 为热力学温度；n_i 为本征载流子浓度。在室温 300K 时，硅材料的本征载流子

浓度为 $1.5\times10^{10}\text{cm}^{-3}$。

在外电场作用下，电子、空穴产生运动。由于受到晶体中周期性重复排列的原子的作用，其运动状态与完全自由空间不同，因此，利用有效质量代替质量来表征这样的不同。设电子和空穴的有效质量分别为 m_n 和 m_p，这时它们在外电场中的运动加速度分别为

$$a_n=-\frac{qE}{m_n} \tag{10-2}$$

$$a_p=-\frac{qE}{m_p} \tag{10-3}$$

式中，q 为元电荷电量。

2. 半导体掺杂特性

以硅、锗半导体为例，如果杂质是周期表第Ⅲ族中的一种元素——受主杂质，如硼或铟，它们的价电子带都只有三个电子，并且它们传导带的最小能级低于第Ⅳ族元素的传导电子能级。因此电子能够更容易地由锗或硅的价电子带跃迁到硼或铟的传导带。在这个过程中，由于失去了电子而产生了一个正离子，这对于其他电子而言是个“空位”，所以通常把它称为“空穴”，而这种材料称为 P 型半导体。在这样的材料中传导主要是由带正电的空穴引起的，因而在这种情况下电子是“少数载流子”。图 10-1 为 P 型掺杂 Si。

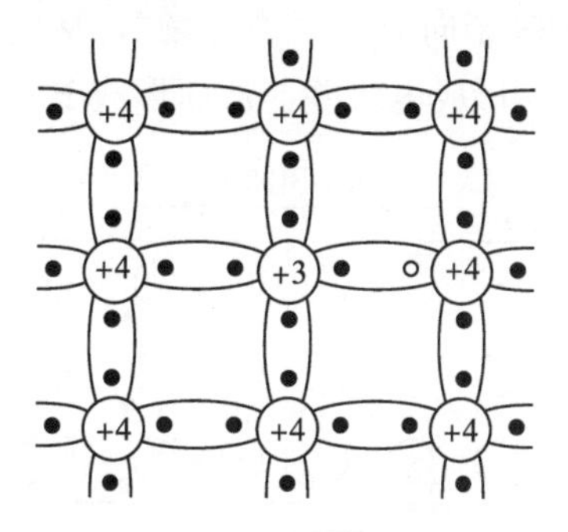

图 10-1　P 型掺杂 Si

如果掺入的杂质是周期表第Ⅴ族中的某种元素——施主杂质，如砷或锑，这些元素的价电子带都有五个电子，然而，杂质元素价电子的最大能级大于锗(或硅)的最大能级，因此电子很容易从这个能级进入第Ⅳ族元素的传导带。这些材料就变成了半导体。因为传导性是由于有多余的负离子引起的，所以称为 N 型。也有些材料的传导性是由于材料中有多余的正离子，但主要还是由于有大量的电子引起的，因而(在 N 型材料中)电子称为“多数载流子”。图 10-2 为 N 型掺杂 Si。

对于一般的导电材料，其电导率 σ 可用下式表示：

$$\sigma=ne\mu \tag{10-4}$$

式中，n 为载流子浓度，cm^{-3}；e 为电子的电荷量；μ 为载流子的迁移率(单位电场强度下载流子的运动速度)，$\text{cm}^2/(\text{V}\cdot\text{s})$。载流子在这里为电子。对于半导体材料，由于电子和空穴同时导电，存在两种载流子，所以公式可变为

$$\sigma = ne\mu_e + pe\mu_p \tag{10-5}$$

式中，n 为电子浓度；p 为空穴浓度；e 为电子电荷量；μ_e 和 μ_p 分别为电子和空穴的迁移率。如果电子浓度远远大于空穴浓度，则材料的电导率为 $\sigma \approx ne\mu e$；如果空穴浓度远远大于电子浓度，则材料的电导率为 $\sigma \approx pe\mu_p$。

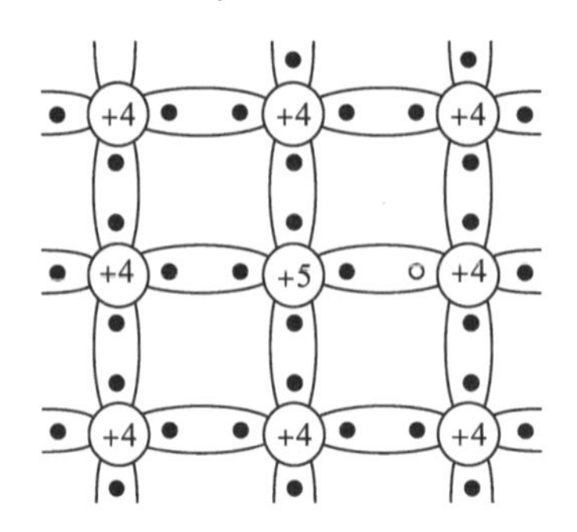

图 10-2 N 型掺杂 Si

3. 太阳能电池工作原理与结构

当 P 型和 N 型半导体结合在一起时，在两种半导体的交界面区域里会形成一个特殊的薄层，界面的 P 型一侧带负电，N 型一侧带正电。这是由于 P 型半导体多空穴，N 型半导体多自由电子，出现了浓度差。N 区的电子会扩散到 P 区，P 区的空穴会扩散到 N 区，一旦扩散就形成了一个由 N 指向 P 的“内电场”，从而阻止扩散进行。达到平衡后，就形成了这样一个特殊的薄层，形成电势差，从而形成 PN 结，如图 10-3 所示。

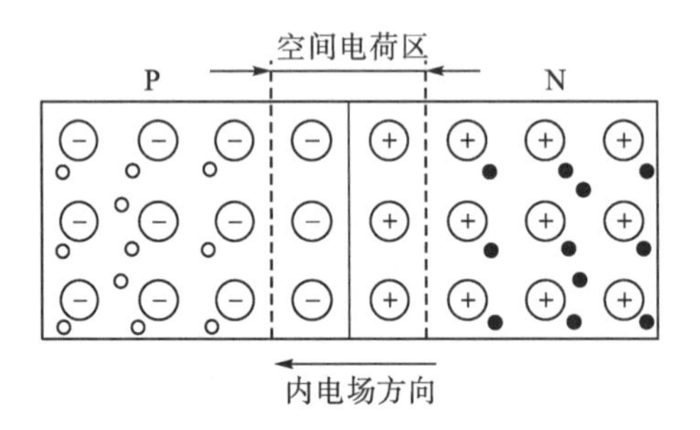

图 10-3 PN 结内建电场示意图

晶片受光照后，PN 结中，N 型半导体的空穴往 P 型区移动，而 P 型区中的电子往 N 型区移动，从而形成从 N 型区到 P 型区的电流。然后在 PN 结中形成电势差，这就形成了电源。图 10-4 和图 10-5 分别为 PN 结太阳能电池示意图和光伏电池的工作原理。

由于半导体不是电的良导体，电子在通过 PN 结后如果在半导体中流动，电阻非常大，损耗也就非常大。但如果在上层全部涂上金属，阳光就不能通过，电流就不能产生，因此一般用金属网格覆盖 PN 结，以增加入射光的面积。

另外硅表面非常光亮，会反射掉大量的太阳光，不能被电池利用。为此，科学家给它涂上了一层反射系数非常小的保护膜，实际工业生产基本都是用化学气相沉积法沉积一层氮化硅膜，厚度在 1000Å 埃左右，将反射损失减小到 5%，甚至更小。

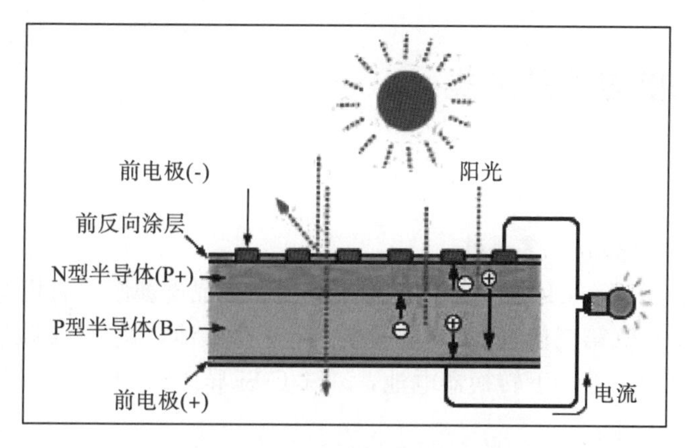

图 10-4　PN 结太阳能电池示意图

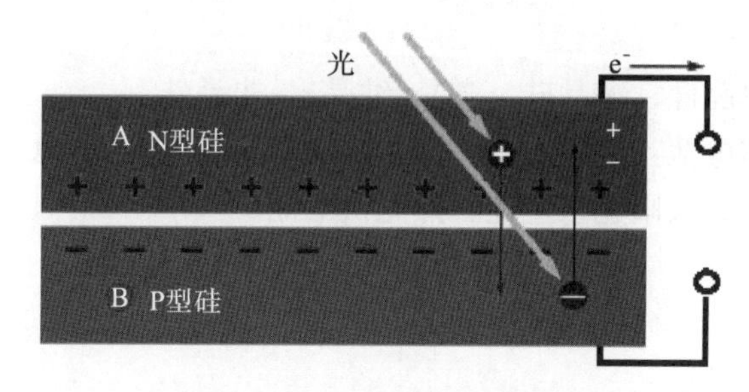

图 10-5　光伏电池的工作原理

这个电场相当于一个二极管，允许(甚至推动)电子从 P 侧流向 N 侧，而不是相反。它就像一座山——电子可以轻松地滑下山头(到达 N 侧)，却不能向上攀升(到达 P 侧)。这样，就得到了一个作用相当于二极管的电场，其中的电子只能向一个方向运动。当光以光子的形式撞击太阳能电池时，其能量会使电子-空穴对释放出来。每个携带足够能量的光子通常会正好释放一个电子，从而产生一个自由的空穴。如果这发生在离电场足够近的位置，或者自由电子和自由空穴正好在它的影响范围之内，则电场会将电子送到 N 侧，将空穴送到 P 侧。这会导致电中性进一步被破坏，如果提供一个外部电流通路，则电子会经过该通路，流向它们的原始侧(P 侧)，在那里与电场发送的空穴合并，并在流动的过程中做功。电子流动提供电流，电池的电场产生电压。有了电流和电压，功率就是两者的乘积。

单晶硅并非光伏电池中使用的唯一材料。电池材料中还采用了多晶硅，尽管这样生产出来的电池不如单晶硅电池的效率高，但可以降低成本。此外，还采用了没有晶体结构的非晶硅，这样做同样是为了降低成本。使用的其他材料还包括砷化镓、硒化铟铜和碲化镉。由于不同材料的带隙不同，它们似乎针对不同的波长或不同能量的光子进行了“调谐”。一种提高效率的方法是使用两层或者多层具有不同带隙的不同材料。带隙较高的材料放在表面，吸收较高能量的光子；而带隙较低的材料放在下方，吸收较低能量的光子。这项技术可极大提高效率。这样的电池称为多接面电池，它们可以有多个电场。

10.1.3 太阳能电池的分类

1. 按技术成熟程度

(1)晶硅电池：单晶硅、多晶硅。

(2)薄膜电池：*a*-Si、CIGS、CdTe、球形电池、多晶硅薄膜、有机电池。

(3)新型概念电池(第三代电池)：量子点、量子阱电池，迭层(带隙递变)电池，中间带电池，杂质带电池，上、下转换器电池，*a*-Si/C-Si异质结(增加红外吸收)，偶极子天线电池，热载流子电池。

2. 按材料

(1)硅基电池：单晶硅、多晶硅、微晶(纳晶)、非晶硅。

(2)化合物半导体电池：CdTe、CIGS、GaAs、InP、有机电池、光化学电池。

(3)按波段范围分为太阳光伏电池、热光伏电池。

10.2 晶硅太阳能电池

10.2.1 多晶硅薄膜太阳能电池

多晶硅(polycrystalline silicon)具有灰色金属光泽，密度为2.32～2.34g/cm^3，熔点1410℃，沸点2355℃；溶于氢氟酸和硝酸的混酸中，不溶于水、硝酸和盐酸；硬度介于锗和石英之间，室温下质脆，切割时易碎裂；加热至800℃以上即有延性，1300℃时显出明显变形。常温下不活泼，高温下与氧、氮、硫等反应；高温熔融状态下，具有较大的化学活泼性，能与几乎任何材料作用；具有半导体性质，是极为重要的优良半导体材料，但微量的杂质即可极大影响其导电性。多晶硅在电子工业中广泛用于制造半导体收音机、录音机、电冰箱、彩电、录像机、电子计算机等，由干燥硅粉与干燥氯化氢气体在一定条件下氯化，再经冷凝、精馏、还原而得。

按硅沉积反应时使用原料的不同，目前世界上批量生产多晶硅的方法分为使用硅烷作为原料的新硅烷热分解法和使用三氯氢硅作为原料的改良西门子法，前者既可生产粒状多晶硅又可生产棒状多晶硅，后者生产棒状多晶硅。生产棒状多晶硅和生产粒状多晶硅的新硅烷热分解法在硅烷的制备及分解反应设备、工艺等方面的差异很大，可以看作两种不同的方法。改良西门子法目前是多晶硅生产的主流工艺，约占总产量的75%以上。

生产电池片的工艺比较复杂，一般要经过如图10-6的工艺过程。

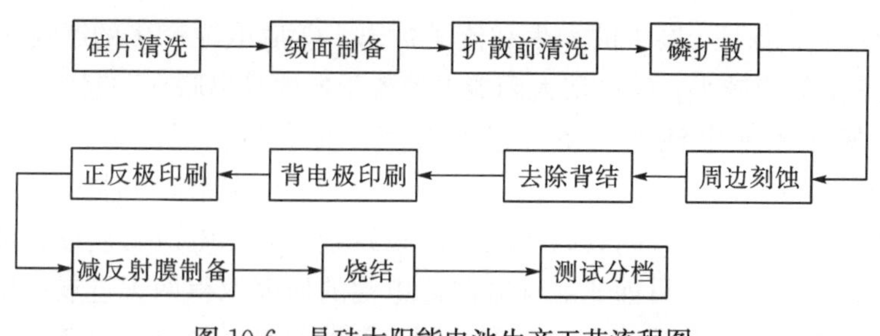

图 10-6　晶硅太阳能电池生产工艺流程图

(1)切片：采用多线切割，将硅棒切割成正方形的硅片。

(2)硅片清洗：用常规的硅片清洗方法清洗，然后用酸(或碱)溶液将硅片表面切割损伤层除去 30～50μm。

(3)绒面制备：用碱溶液对硅片进行各向异性腐蚀，在硅片表面制备绒面。

(4)磷扩散：采用涂布源(或液态源，或固态氮化鳞片状源)进行扩散，制成 PN+结，结深一般为 0.3～0.5μm。

(5)周边刻蚀：扩散时在硅片周边表面形成的扩散层，会使电池上下电极短路，用掩蔽湿法腐蚀或等离子干法腐蚀去除周边扩散层。

(6)去除背面 PN+结：常用湿法腐蚀或磨片法除去背面 PN+结。

(7)上下电极制备：用真空蒸镀、化学镀镍或铝浆印刷烧结等工艺。先制作下电极，然后制作上电极。铝浆印刷是大量采用的工艺方法。

(8)减反射膜制备：为了减少入反射损失，要在硅片表面上覆盖一层减反射膜。制作减反射膜的材料有 MgF_2、SiO_2、Al_2O_3、Si_3N_4、TiO_2、Ta_2O_5 等，工艺方法可用真空镀膜法、离子镀膜法、溅射法、印刷法、PECVD 法或喷涂法等。

(9)烧结：将电池芯片烧结于镍或铜的底板上。

(10)测试分档：按规定参数规范，测试分类。

10.2.2　非晶硅薄膜太阳能电池

开发太阳能电池的两个关键问题就是提高转换效率和降低成本。由于非晶硅薄膜太阳能电池的成本低，便于大规模生产，普遍受到人们的重视并得到迅速发展，其实早在 20 世纪 70 年代初，Carlson 等就已经开始了对非晶硅电池的研制工作，近几年它的研制工作得到了迅速发展，目前世界上已有许多家公司在生产该种电池产品。

非晶硅作为太阳能材料尽管是一种很好的电池材料，但由于其光学带隙为 1.7eV，材料本身对太阳辐射光谱的长波区域不敏感，这样一来就限制了非晶硅太阳能电池的转换效率。此外，其光电效率会随着光照时间的延续而衰减，即所谓的光致衰退(S-W)效应，使得电池性能不稳定。解决这些问题的途径就是制备叠层太阳能电池，叠层太阳能电池是由在制备的 p、i、n 层单结太阳能电池上再沉积一个或多个 p-i-n 子电池制得的。叠层太阳能电池提高转换效率、解决单结电池不稳定性的关键问题在于：①它把不同禁带宽度的材料组合在一起，提高了光谱的响应范围；②顶电池的 i 层较薄，光照产生的电场强度变化不大，保证 i 层中的光生载流子抽出；③底电池产生的载流子约为单电池的 1/2，光致衰退效应减小；④叠层太阳能电池各子电池是串联在一起的。

非晶硅薄膜太阳能电池的制备方法有很多，其中包括反应溅射法、PECVD 法、LPCVD(low pressure chemical vapor deposition)法等，反应原料气体为 H_2稀释的 SiH_4，衬底主要为玻璃及不锈钢片，制成的非晶硅薄膜经过不同的电池工艺过程可分别制得单结电池和叠层太阳能电池。目前非晶硅太阳能电池的研究取得两大进展：第一、三叠层结构非晶硅太阳能电池转换效率达到 13%，创下新的纪录；第二、三叠层太阳能电池年生产能力达 5MW。美国联合太阳能公司(VSSC)制得的单结太阳能电池最高转换效率为 9.3%，三带隙三叠层电池最高转换效率为 13%。

上述最高转换效率是在小面积(0.25cm^2)电池上取得的。曾有文献报道单结非晶硅太阳能电池转换效率超过 12.5%，日本中央研究院采用一系列新措施，制得的非晶硅电池的转换效率为 13.2%。国内关于非晶硅薄膜电池特别是叠层太阳能电池的研究并不多，南开大学的耿新华等采用工业用材料，以铝背电极制备出面积为 20cm×20cm、转换效率为 8.28%的 *a*-Si/*a*-Si 叠层太阳能电池。

非晶硅太阳能电池由于具有较高的转换效率和较低的成本及重量轻等特点，有着极大的潜力。但同时由于它的稳定性不高，直接影响了它的实际应用。如果能进一步解决稳定性问题及提高转换率问题，那么，非晶硅太阳能电池无疑是太阳能电池的主要发展产品之一。

10.3 化合物半导体薄膜电池

10.3.1 CdTe 太阳能电池

CdTe(碲化镉)为Ⅱ-Ⅵ族化合物，E_g=1.5eV，理论效率 28%，性能稳定，一直被光伏界看重。工艺和技术包括近空间升华(CSS)、电沉积、溅射、真空蒸发、丝网印刷等；实验室电池效率 16.4%；商业化电池效率平均 8%～10%；CdTe 电池 20 世纪 90 年代初实现了规模化生产，2002 年市场份额为 0.3%。

第一个 CdTe 太阳能电池是由 RCA 实验室在 CdTe 单晶上镀上 In 的合金制得的，其光电转换效率为 2.1%；1963 年，第一个异质结 CdTe 薄膜电池诞生；我国 CdTe 电池的研究工作开始于 20 世纪 80 年代初。内蒙古大学采用蒸发技术研究，北京市太阳能研究所采用电沉积技术研究，1983 年效率达到 5.8%。20 世纪 90 年代后期四川大学采用近空间升华技术，“十五 ”期间，列入国家“863”重点项目，并要求建立 0.5MW/年的中试生产线。

1. CdTe 太阳能电池结构

图 10-7 为 CdTe 太阳能电池各结构，图 10-8 为 CdTe 薄膜太阳能电池能带图。

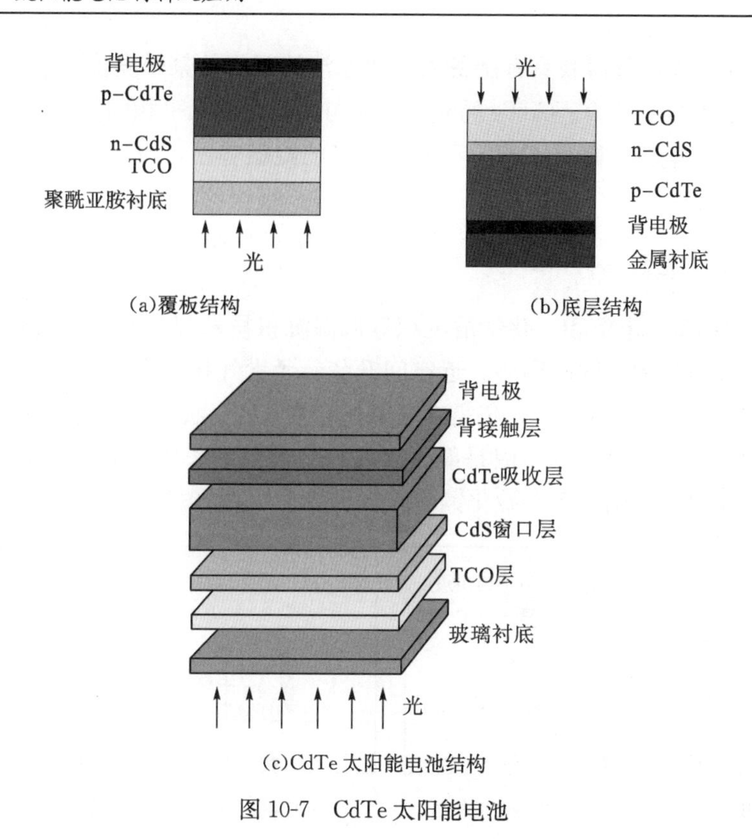

(a)覆板结构　(b)底层结构

(c)CdTe 太阳能电池结构

图 10-7　CdTe 太阳能电池

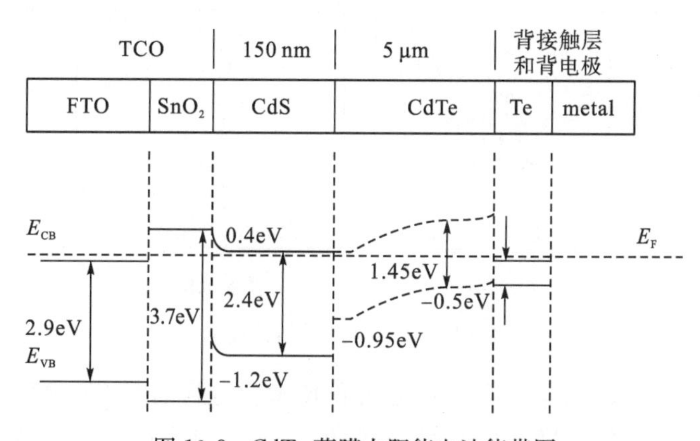

图 10-8　CdTe 薄膜太阳能电池能带图

覆板结构是在玻璃衬底上依次长上透明氧化层(TCO)、CdS、CdTe 薄膜，而太阳光由玻璃衬底下方照射进入，先透过 TCO 层，再进入 CdS/CdTe 结；而对底层结构，先在适当的衬底上长上 CdTe 薄膜，再接着长 CdS 及 TCO 薄膜。其中以覆板的效率最高。

衬底：主要对电池起支架、防止污染和入射太阳光的作用。

TCO 层：透明导电氧化层。它主要的作用是透光和导电。

CdS 层：N 型半导体，与 P 型 CdTe 组成 PN 结。CdS 的吸收边大约是 521nm，几乎所有的可见光都可以透过。

CdTe 层：电池的主体吸光层，它与 N 型的 CdS 窗口层形成的 PN 结是整个电池最核心的部分。多晶 CdTe 薄膜具有制备太阳能电池的理想的禁带宽度(E_g=1.45eV)和高的光吸收率(大约 $10^4 cm^{-1}$)。CdTe 的光谱响应与太阳光谱几乎相同。

背接触层和背电极：降低 CdTe 和金属电极的接触势垒，引出电流，使金属电极与 CdTe 形成欧姆接触。

2. CdTe 太阳能电池制作工艺

CdTe 薄膜制备：电沉积、化学浴沉积等低温沉积技术制备的薄膜致密，晶粒细小。经过后处理，晶粒长大。丝网印刷、近空间升华、元素气相化合等高温沉积技术，制备薄膜的晶粒尺寸在 2～3μm 以上，仍需在含氯化合物+氧气氛下进行后处理，才能制备出较高转换效率的电池，可能的原因是氯不仅促进了晶粒的长大，而且在 CdTe 中作为受主杂质，钝化了晶界缺陷。各种碲化镉薄膜制备技术如图 10-9 所示。

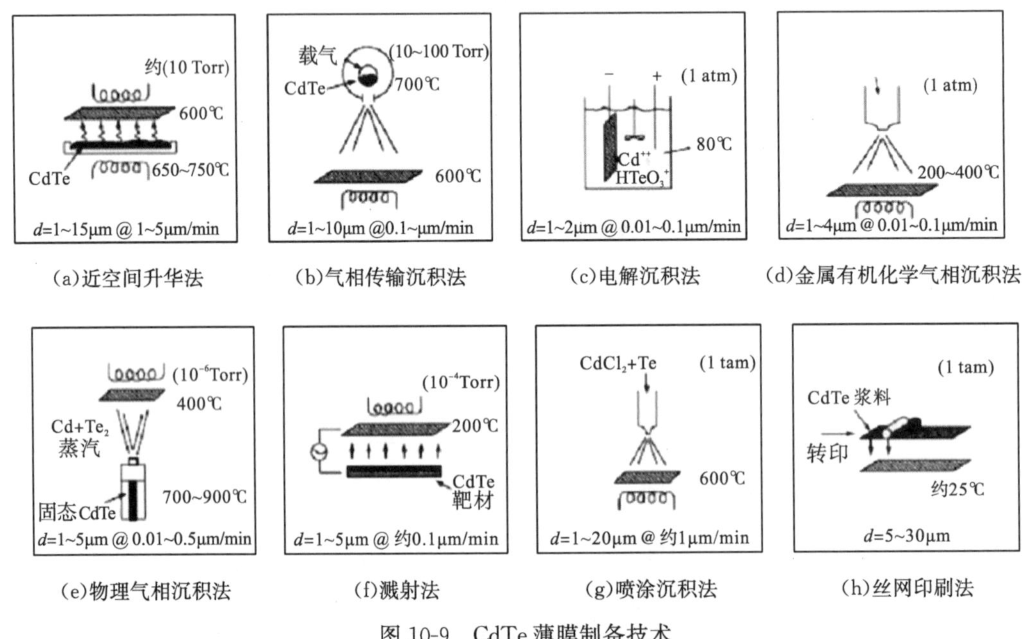

(a)近空间升华法 (b)气相传输沉积法 (c)电解沉积法 (d)金属有机化学气相沉积法

(e)物理气相沉积法 (f)溅射法 (g)喷涂沉积法 (h)丝网印刷法

图 10-9 CdTe 薄膜制备技术

CdTe 吸收层的 $CdCl_2$ 处理：几乎所有沉积技术所得到的 CdTe 薄膜，都必须再经过 $CdCl_2$ 处理。$CdCl_2$ 处理能够进一步提高 CdTe/CdS 异质结太阳电池的转换效率，原因如下：①能够在 CdTe 和 CdS 之间形成界面层，降低界面缺陷态浓度；②导致 CdTe 膜的再次结晶化和晶粒的长大，减少晶界缺陷；③热处理能够钝化缺陷、提高吸收层的载流子寿命。将 CdTe 薄膜置于约 400℃的 $CdCl_2$ 环境下，它将会发生以下的反应：

$$CdTe(s)+CdCl_2(s)\longrightarrow 2Cd(g)+Te(g)+Cl_2(g)\longrightarrow CdTe(s)+CdCl_2(s)$$

因此，借着区域性气相的传输作用，$CdCl_2$ 的存在促进了 CdTe 的再结晶过程。不仅比较小的晶粒消失了，连带着 CdTe 与 CdS 的界面结构也比较有次序。

背接触层制备：CdTe 具有很高的功函数(约 5.5eV)，与大多数的金属都难以形成欧姆接触。一种可行的方法是先对 CdTe 薄膜表面进行化学刻蚀，再沉积高掺杂的背接触材料，可明显提高量子转换效率。表 10-1 为 CdTe 接触层及其转换效率。

表 10-1　CdTe 接触层及其转换效率

结构	背接触层厚度	V_{oc}/mV	I_{sc}/(mA/cm^2)	FF/%	η/%
CdS/CdTe	—	706	20.8	56.4	8.3
CdS/CdTe/ZnTe：Cu	50	768	22.1	61.4	10.4
CdS/CdTe/ZnTe/ZnTe：Cu	50/50	784	22.8	64.7	11.6

3. CdTe 太阳能电池的优缺点

成本低。CdTe 薄膜太阳能电池在工业规模上成本远优于晶体硅和其他材料的太阳能电池技术，生产成本仅为 0.87 美元/W。

吸光率高。它和太阳的光谱最一致，可吸收 95%以上的阳光。

工艺相对简单，标准工艺，低能耗生命周期结束后，可回收，强弱光均可发电，温度越高性能越好。

碲原料稀缺。无法保证 CdTe 太阳能电池的不断增产的需求。

镉作为重金属是有毒的。CdTe 太阳能电池在生产和使用过程中一旦有排放和污染，会影响环境。

10.3.2　CIGS 太阳能电池

CIGS 薄膜太阳能电池，是由 Cu、In、Ga、Se 四种元素构成最佳比例的黄铜矿结晶薄膜太阳能电池，是组成电池板的关键技术。由于该产品具有光吸收能力强，发电稳定性好、转化效率高，白天发电时间长、发电量高、生产成本低及能源回收周期短等诸多优势，CIGS 太阳能电池已是太阳能电池产品的明日之星，可以与传统的晶硅太阳能电池相抗衡。CIGS 薄膜太阳能电池板如图 10-10 所示。

图 10-10　CIGS 薄膜太阳电池电池板

CIGS 薄膜太阳电池材料与器件的实验室技术在发达国家趋于成熟，大面积电池组件和量产化开发是 CIGS 电池目前发展的总体趋势，而柔性电池和无镉电池是近几年的研究热点。美国国家可再生能源实验室(National Renewable Energy Labs，NREL)在玻璃衬底上利用共蒸发三步工艺制备出最高效率达 19.9%的电池。这种柔性衬底 CIGS 太阳电池在军事上很有应用前景。近期，CIGS 小面积电池效率又创造了新的纪录，达到了 20.1%，与主流产品多晶硅电池效率相差无几。美国 NREL 和日本松下电器公司在不锈钢衬底上制备的 CIGS 电池效率均超过 17.5%；瑞士联邦材料科学与技术实验室(EMPA)的科学家蒂瓦里(Tiwari)领导的小组经过多年努力，完善了之前开发的柔性不锈钢衬底太阳能电池，实现了 18.7%的效率。由美国能源部国家光伏中心与日本“新能源和工业技术开发机构”联合研制的无镉 CIGS 电池效率达到 18.6%。这说明即使不使用 CdS 也能制备出高转化效率的 CIGS 太阳电池。

我国研究 CIGS 薄膜太阳电池在 20 世纪 80 年代开始起步，内蒙古大学、云南师范大学和南开大学等单位开始 CIS 材料和电池研究。南开大学采用蒸发法制备吸收层 CIS 薄膜，N 型层 CdS 与窗口低阻层 CdS：In 薄膜。1999 年研制($1cm^2$ 面积)的 CIS 电池效率为 8.83%，CIGS 电池效率为 9.13%。1999 年得到教育部“211”工程资助，开始研究金属预置层后硒化制备 CIGS 薄膜，化学水浴(CBD)法制备过渡层 CdS 薄膜，溅射本征 ZnO、ZnO：Al 薄膜等工艺技术。2002 年得到国家“863”计划的重点投入，建立了 CIGS 薄膜电池 10cm×10cm 面积组件的研究平台，为我国发展 CIGS 薄膜太阳电池及化合物电子薄膜与器件奠定了基础。2011 年 6 月初，中国科学院深圳先进技术研究院与香港中文大学合作，成功研发出了光电转换效率达 17%的 CIGS 薄膜太阳能电池，此为国内报道的 CIGS 太阳电池的最高转换效率。

随着晶体硅太阳能电池原材料短缺的不断加剧和价格的不断上涨，很多公司投入巨资，CIGS 产业呈现出蓬勃发展的态势。2012 年 1 月，曼兹(Manz)对 Würth Solar CIGS 整条创新生产线的并购加快了其技术发展，制造出拥有 14%实际量产光伏组件效率(受光面积效率 15.1%)的光伏组件，创造了该领域的世界纪录。2016 年，曼兹与德国太阳能与氢能研究中心(ZSW)实现 22.6%的 CIGS 薄膜太阳能电池效率。创造了新的薄膜光伏电池记录。在所有薄膜技术中，CIGS 是进一步提高效率和降低成本最具潜力的技术，正是因为其性能优异，被国际上称为下一代的廉价太阳能电池，无论是在地面阳光发电还是在空间微小卫星动力电源的应用上都具有广阔的市场前景。中国的 CIGS 产业远远落后于欧美和日本等国家和地区，南开大学以国家“十五”863 计划为依托，建设 0.3MW 中试线，已制备出 30cm×30cm 效率为 7%的集成组件样品。2008 年 2 月，山东孚日光伏科技有限公司与德国的 Johanna 合作，独家引进了中国首条铜铟镓硫硒化合物(CIGSSe)商业化生产线。2011 年 9 月 15 日，落户在山东省高密市的国内规模最大的铜铟镓硒(3MW CIGS)薄膜太阳能光伏屋顶电站启动，首期安装的规模 300kW 工程成功与国家电网系统并网发电，该光伏屋顶电站是全国规模最大的利用 CIGS 薄膜太阳能电池组件的示范区。继太阳能组件热、多晶硅热之后，薄膜电池又成为国内光伏领域新的投资热点。国内薄膜太阳能电池投资热情持续高涨，薄膜电池项目遍地开花。CIGS 薄膜太阳能的销售加速增长，到 2020 年，全球 CIGS 薄膜太阳能电池的销售规模有望增长至 21 亿美元。CIGS 薄膜光伏组件的收入额在 2017 年达到 44 亿美元。

1. CIGS 薄膜太阳能电池的结构与材料特性

CIGS 薄膜太阳能电池的结构如图 10-11 所示。

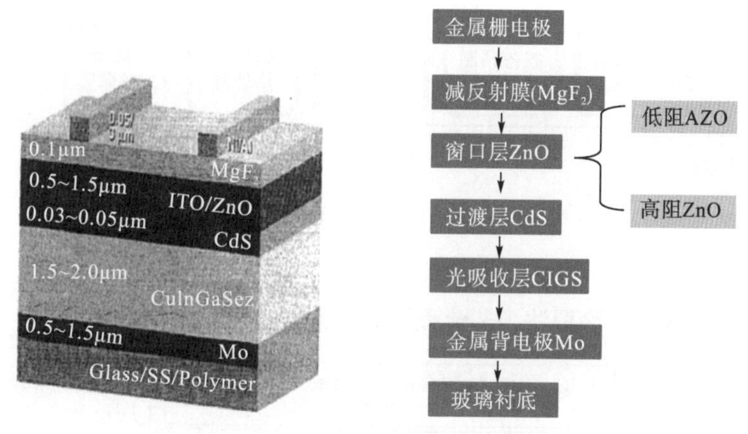

图 10-11　CIGS 薄膜太阳电池结构

CIGS 薄膜材料的化学组成为 $CuIn_xGa_{1-x}Se_2$，晶体结构为黄铜矿结构，是 $CuInSe_2$ 和 $CuGaSe_2$ 的混晶半导体。CIGS 晶体结构如图 10-12 所示。

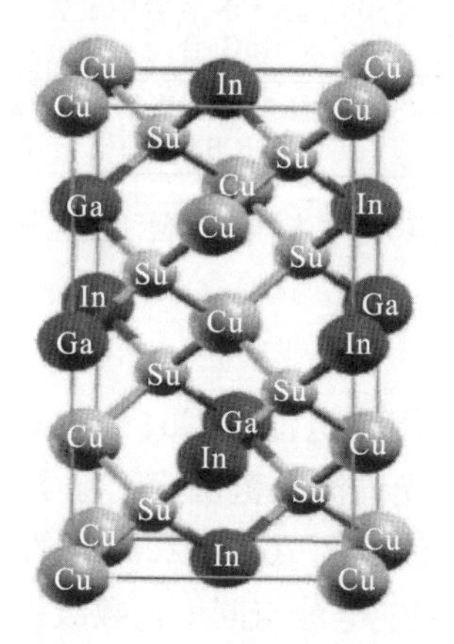

图 10-12　CIGS 晶体结构

CIGS 的特点为直接带隙半导体，光吸收系数高达 $10^5\,cm^{-1}$ 数量级，利于薄膜化；禁带宽度为 1.04~1.68eV；抗辐射，寿命长；可沉积在钠钙玻璃上形成高品质结晶，也可沉积在不锈钢箔和聚酰亚胺等柔性沉底上。制备方法如下。

(1)溅射-硒化法。

图 10-13 为溅射-硒化法工艺流程图。

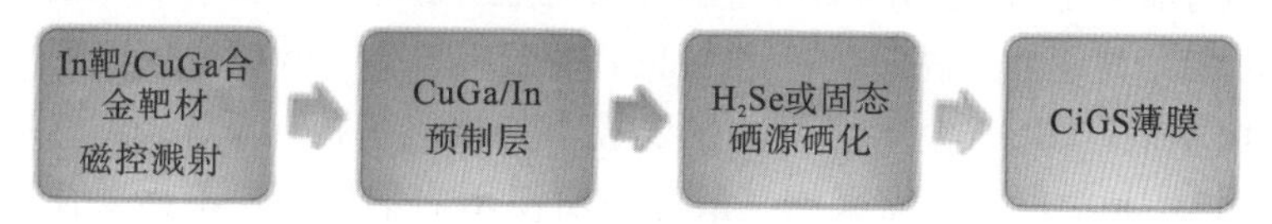

图 10-13　溅射-硒化法工艺流程图

(2)电沉积法。

图 10-14 为电沉积法工艺流程图。

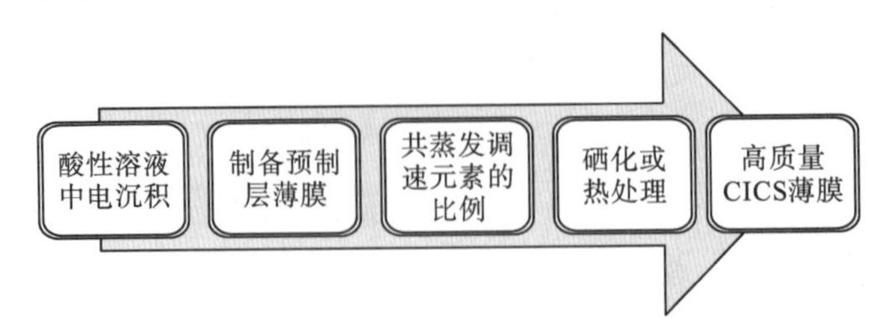

图 10-14 电沉积法工艺流程图

(3)纳米颗粒涂覆法。

图 10-15 为纳米颗粒涂覆法工艺流程图。

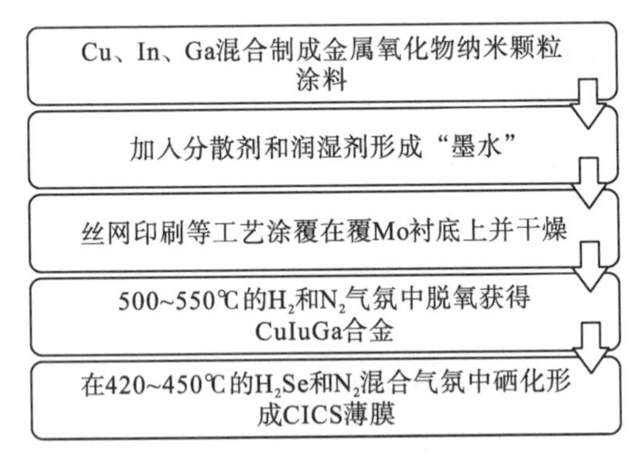

图 10-15 纳米颗粒涂覆法工艺流程图

2. CIGS 技术的优点

(1)光吸收能力强：CIGS 太阳能电池由 Cu、In、Ga、Se 四种元素构成最佳比例的黄铜矿结晶作为吸收层，可吸收光谱波长范围广，除了晶硅与非晶硅太阳能电池可吸收光的可见光谱范围，还可以涵盖波长在 700～1200nm 的红外线区域，即一天内可吸收光发电的时间最长，CIGS 薄膜太阳能电池与同一瓦数级别的晶硅太阳能电池相比，每天可以超出 20％的总发电量。

(2)发电稳定性高：由于晶硅电池本质上有光致衰减的特性，经过阳光的长时间暴晒，其发电效率会逐渐减退，而 CIGS 太阳能电池则没有光致衰减特性，发电稳定性高。晶硅太阳能电池经过较长一段时间发电后，或多或少存在热斑现象，导致发电量小，增加维护费用，而 CIGS 太阳能电池能采用内部连接结构、可避免此现象的发生，较晶硅太阳能电池比所需的维护费用低。

(3)转换效率高：根据美国国家再生能源实验室所公布的，目前太阳能电池转换效率最高可达 20.2％，而业界最高纪录可达 17％，普遍标准为 12％。

(4)生产成本低：CIGS 太阳能电池主要成本为玻璃基板与 Cu、In、Ga、Se 四种元素构成的原材料，其中玻璃只需采用一般建材所使用的钠玻璃，不需要使用太阳能专用超白玻璃或者薄膜导电玻璃。四种金属元素不是贵重金属，而且每片电池板的 CIGS 吸收层所需膜层厚度不超过 3μm，原材料需求量不高，每片成本十分具有竞争力。

(5)能源回收周期短：根据美国能源部研究，以 30 年寿命的太阳能装置为例，晶硅太阳能电池的回收周期为 2～4 年，而薄膜太阳能电池为 1～2 年。换而言之，每一个太阳能发电系统，可享有 26～29 年真正无污染的使用周期，而采用 CIGS 太阳能无疑是最佳选择。

10.3.3　GaAs 太阳能电池

GaAs 是一种重要的半导体材料。由于其电子迁移率比硅大 5～6 倍，故在制作微波器件和高速数字电路方面得到重要应用。用砷化镓制成的半导体器件具有高频、高温、低温性能好、噪声小、抗辐射能力强等优点。砷化镓是半导体材料中，兼具多方面优点的材料，但用它制作的晶体三极管的放大倍数小，导热性差，不适宜制作大功率器件。虽然砷化镓具有优越的性能，但由于它在高温下分解，故要生长理想化学配比的高纯的单晶材料，技术上要求比较高。

砷化镓的禁带较硅宽，使得它的光谱响应性和空间太阳光谱匹配能力较硅好。目前，硅电池的理论效率大概为 23%，单结的砷化镓电池理论效率达到 27%，而多结的砷化镓电池理论效率超过 50%。

多结太阳能电池的结构设计及外延材料的生长是电池制备中非常重要的环节，国内对这方面的研究单位主要有中国科学院西安光学精密机械研究所、四川大学、上海交通大学等，目前武汉光电国家实验室也在进行相关的研究，外延材料的生长主要采用 MOCVD(metal-organic chemical vapor deposition，金属有机气相外延沉积)技术，多结电池结构多采用 $GaInP_2$/GaAs/Ge 级联式。

1. GaAs 太阳电池的结构

1)单结设计

如果要想使产生的电流最大化，那么太阳电池要能尽量捕捉太阳光谱中的光子才行，因此越小带隙的材料越能达到这个目的。但是小带隙的材料却会导致比较小的光电压，而且一些具有较高能量的光子(即比较短的波长)，它高出带隙的能量并不会转换成电能，而是以热的形式浪费掉，如果选择大带隙的材料将会导致较小的光电流。这些单结的太阳电池材料的理论效率都在 30%以下。图 10-16 为 GaAs 太阳电池性能参数。

为了克服 GaAs/GaAs 太阳电池机械强度较差、易碎的缺点，1983 年起逐步采用 Ge 替代 GaAs 制备为衬底。

2)多结设计

由于单结太阳电池只能吸收和转换特定光谱范围的太阳光，所以能量转换效率不高。多结太阳能电池，按带隙宽度大小从上至下叠合起来，选择性地吸收和转换太阳光谱的不同能量，就能大幅度提高电池的转换效率。图 10-18 为多结层叠太阳能光谱吸收原理。

多结太阳能电池可以选择性地吸收和转换太阳光谱的不同能量，大幅度提高电池转换效率。对于多结太阳能电池，越上层的电池带隙越大。

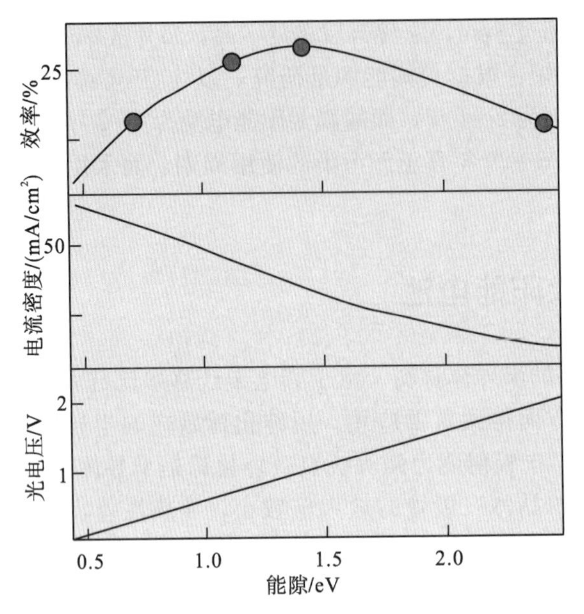

图 10-16 GaAs 太阳电池性能参数

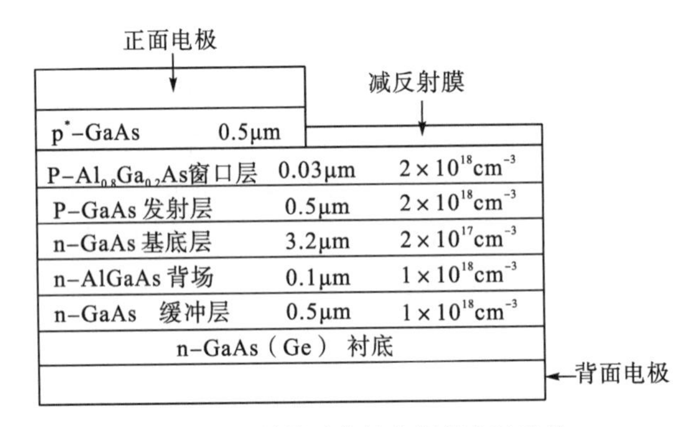

图 10-17 单结砷化镓太阳能电池结构

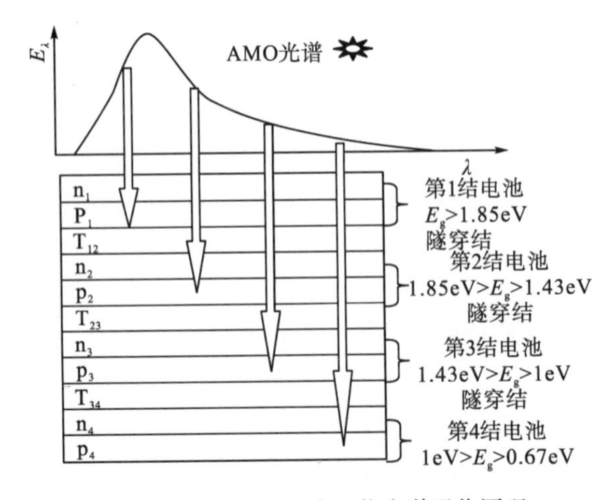

图 10-18 多结层叠太阳能光谱吸收原理

2. GaAs薄膜的制备技术

液相外延(liquid phase epitaxy, LPE)技术是纳尔逊(Nelson)等人在1963年提出的一种外延生长技术。其原理是以低熔点的金属(如Ga 、In等)为溶剂，以待生长材料(如GaAs、Al等)和掺杂剂(如Zn、Te 、Sn等)为溶质，使溶质在溶剂中呈饱和或过饱和状态，通过降温冷却使溶质从溶剂中析出，结晶在衬底上，实现晶体的外延生长。

LPE设备成本较低，技术较为简单，可用于单结GaAs/GaAs太阳电池的批量生产。异质界面生长无法进行、多层复杂结构的生长难以实现、外延层参数难以精确控制，这限制了GaAs太阳电池性能的进一步提高。

20世纪90年代初，国外已基本不再发展该技术，但欧、日等国家仍保留LPE设备，用于研制小卫星电源。

MOCVD是MANASEVIT在1968年提出的一种制备化合物半导体薄层单晶的方法。其原理是采用Ⅲ族、Ⅱ族元素的金属有机化合物$Ga(CH_3)_3$、$Al(CH_3)_3$、$Zn(C_2H_5)_2$等和Ⅴ族、Ⅵ族元素的氢化物(PH_3、AsH_3、H_2Se) 等作为晶体生长的原材料，以热分解的方式在衬底上进行气相沉积(气相外延)，生长Ⅲ-Ⅴ族、Ⅱ-Ⅵ族化合物半导体及其三元、四元化合物半导体薄膜单晶。

10.4　新型太阳能电池

10.4.1　染料敏化太阳能电池

在众多新型太阳能电池中，染料敏化太阳能电池(dye-sensitized sollar cells, DSC)近年来发展迅速。其研究历史可以追溯到20世纪60年代，德国科学家Tributsch发现了染料吸附在半导体上在一定条件下能产生电流，为光电化学奠定了重要基础。事实上，1991年以前，大多数染料敏化太阳能电池的光电转换效率比较低(<1%)。1991年，瑞士洛桑联邦理工学院的迈克尔·格兰泽尔(Michael Gratzel)领导的研究小组将纳晶多孔薄膜引入染料敏化太阳能电池中，使得这种电池的光电转换效率有了大幅度的提高。相比于硅基太阳电池，染料敏化太阳能电池具有成本低廉、工艺简单和光电转换效率较高的特点。

1. 染料敏化太阳能电池的结构

典型的染料敏化太阳能电池的结构包括多孔纳米TiO_2半导体薄膜、透明导电玻璃、染料光敏化剂、空穴传输介质和对电极，如图10-19所示。多孔纳米TiO_2薄膜是电池的光阳极，其性能的好坏直接关系太阳能电池的效率。这种薄膜一般是用TiO_2纳晶微粒涂覆在导电玻璃表面，在高温条件下烧结而形成多孔电极。

透明导电玻璃一般为ITO玻璃或TCO玻璃等，它起着传输和收集电子的作用。染料光敏化剂是吸附在多孔电极表面的，要求具有很宽的可见光谱吸收及具有长期的稳定性。空穴传输介质主要起氧化还原作用和电子传输作用。各种染料敏化电池的主要区别也是在于空穴传输介质的不同。对电极一般使用铂电极或具有单电子层的铂电极，主要用于收集电子。

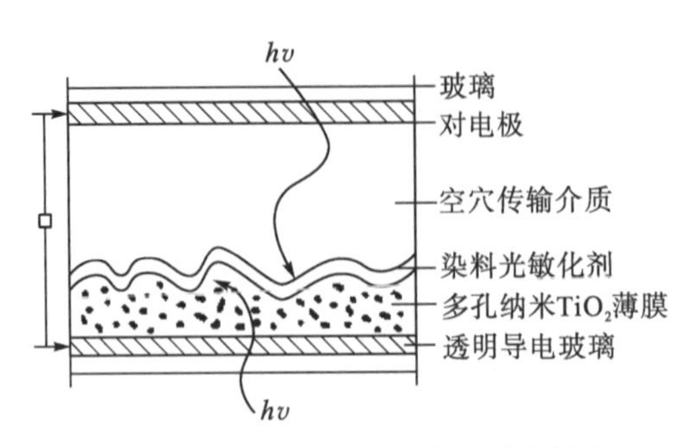

图 10-19 染料敏化太阳能电池的结构

2. 染料敏化太阳能电池的工作原理

染料敏化太阳能电池的基本工作原理如下：当能量低于多孔纳米 TiO_2 薄膜禁带宽度，但等于染料分子特征吸收波长的入射光照射在多孔电极上时，吸附在多孔电极表面的染料分子中的电子受激跃迁至激发态，再注入 TiO_2 导带，而染料分子自身成为氧化态。注入 TiO_2 中的电子通过扩散富集到导电玻璃基板，然后进入外电路。处于氧化态的染料分子从电解质溶液中获得电子而被还原成基态，电解质中被氧化的电子扩散至对电极，这就完成了一个光电化学反应的过程。在染料敏化太阳能电池中，光能直接转换成了电能，而电池内部并没有发生净的化学变化。

DSC 电池的工作原理类似于自然界的光合作用，与传统硅电池不同。它对光的吸收主要通过染料来实现，而电荷的分离传输则通过动力学反应速率来控制。电荷在 TiO_2 中的运输由多数载流子完成，所以这种电池对材料纯度和制备工艺的要求并不十分苛刻，使得制作成本大幅下降。

3. 染料敏化太阳能电池的优势

价格低，工艺简单：传统的太阳能电池的光吸收和载流子的传输是由同种物质来完成的，为了防止电子与空穴的重新复合，所用的材料必须具有很高纯度，并且没有结构缺陷，因此对半导体的工艺要求很高，导致成本难以降低。染料敏化的光电化学电池仅在一个带上产生载流子，即阳极发生光敏化后，电子注入纳米 TiO_2 导带，而空穴仍留在表面的染料上。因此，电荷的重新复合受到限制，从而可以使用多晶的及纯度不高的材料，工艺较为简单，成本也大为降低。目前，染料敏化太阳能电池的价格是硅太阳能电池的 1/10～1/5。

理论光电转换效率高：目前的染料敏化太阳能电池以液态电解质为主，其理论光电转换效率已能稳定在 10％以上，与多晶硅太阳能电池相比也毫不逊色，用固体有机空穴传输材料作为电解质的全固态电池在单色光下，甚至能达到 33％。

其他优势：染料敏化太阳能电池具有透明度高，可以制成透明的产品；在柔性基底上制备，电池可以制成各种形态，极大地扩大了其应用范围；可以在各种光照条件下使用；对光线的入射角度不敏感，可充分利用折射光和反射光；工作温度较宽，上限可高达 70℃等优点。

4. 染料敏化太阳能电池存在的问题与发展前景

1)染料敏化太阳能电池现阶段存在的主要问题

目前，染料敏化太阳能电池(面积<0.5cm²)的光电转换效率已达到 11.04%。但是对于大面积、具有实用化意义的染料敏化太阳能电池，光电转换效率一直在 5%左右(最高 5.9%)，面积大于 100cm² 的电池尚未见报道。比起传统的硅太阳能电池的转换效率仍有一定的差距，染料敏化太阳能电池的光电转换效率仍有待提高。

目前使用较广泛的液态电解质染料敏化太阳能电池，主要采用液态有机小分子化合物溶剂，其沸点低，易挥发，流动性大，会造成电极腐蚀、电解液泄漏、寿命短等一系列问题，给电池的密封和长期使用带来困难。

2)染料敏化太阳能电池的发展前景

由于液态电解质染料敏化太阳能电池存在一系列的问题，因此寻找合适的固态空穴传输材料来代替液态电解质，制备全固态的染料敏化太阳能电池将是一个重要的研究方向。除了全固态敏化太阳能电池，染料敏化太阳能电池未来的发展方向还包括以下几个方面：高效电极(光阳极和对电极)的低温制备和柔性化；廉价、稳定的全光谱染料的设计和开发；液体电解质的封装和高效固态电解质的制备及相关问题的解决等。

10.4.2　有机薄膜太阳能电池

虽然有机薄膜太阳能电池(简称有机太阳能电池)的供电效率不如传统电池的效率高，但是造价低廉，而且还有多样性的用途，所以它的前景一片光明，具有以下优点。

有机材料合成成本低、功能易于调制、柔韧性及成膜性都较好；有机太阳能电池加工过程相对简单，可低温操作，器件制作成本也较低。除此之外，有机太阳能电池的潜在优势还包括可实现大面积制造、可使用柔性衬底、环境友好、轻便易携等。因而有望在手表、便携式计算器、半透光式充电器、玩具、柔性可卷曲系统等体系中发挥供电作用。

1. 有机太阳能电池的结构

1)肖特基结构

首例有机太阳能电池器件结构基本的物理过程如下：有机半导体内的电子在太阳光照射下从 HOMO 能级激发到 LUMO 能级，产生电子-空穴对。电子被低功函数的电极提取，空穴则被来自高功函数电极的电子填充，从而形成光电流。光激发形成的激子，只有在肖特基结的扩散层内，依靠节区的电场作用才能得到分离，而其他位置上形成的激子，必须先移动到扩散层内才可能形成对光电流的贡献。但是有机分子材料内激子的迁移距离相当有限的，通常小于 10nm。所以大多数激子在分离成电子和空穴之前就复合掉了，导致了其光电转换效率较低。图 10-20 为有机太阳能电池的结构图及电荷传输示意图。

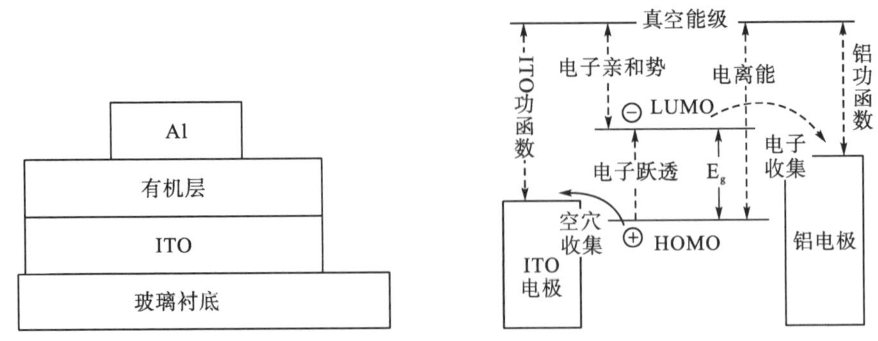

图 10-20 有机太阳能电池的结构图及电荷传输示意图

2)双层结构有机太阳能电池

双层结构有机太阳能电池的基本物理过程如下：光照射到作为给体的有机半导体材料上，产生激子，然后激子在给体和受体的界面解离，接着电子注入作为受体的有机半导体材料中，空穴和电子得到分离。在这种体系中，电子给体为 P 型，电子受体则为 N 型，从而空穴和电子分别传输到两个电极上，形成光电流。

双层结构有机太阳能电池的首创为柯达公司的邓青云。与前述“肖特基型”电池相比，此种结构的特点在于引入了电荷分离的机制，使得在有机材料中产生的激子，可以较容易地在两种材料的界面处解离以实现电荷分离，极大地提高了激子解离的效率，从而获得电池器件效率的增大。

3)体异质结结构

利用共轭聚合物 C60(富勒烯)体系的光诱导电子转移理论，将共轭聚合物 MEH-PPV 和富勒烯的衍生物 PCBM 按一定的比例掺杂制成体异质结结构，由于两种材料互相掺杂，掺杂尺寸在几个至几十纳米之间，这样，在掺杂层内任何一处形成的激子都可以在其扩散长度之内到达界面处分离形成电荷，因而可以获得极高的激子分离效率。

2. 有机太阳能电池常用材料

1)光敏材料

光敏材料为光伏效应的功能层，包括施主材料和受主材料；缓冲层或称阻挡层、传输层、修饰层，主要包括电子传输层和空穴传输层，前者阻挡空穴，传输电子，后者阻挡电子，传输空穴，起到电荷收集作用；窗口电极为 TCO；背电极为金属电极，如 Al、Ag 等。光敏材料一般包括小分子材料和聚合物材料。

小分子材料是一些含共轭体系的染料分子，它们能够很好地吸收可见光，从而表现出较好的光电转换特性，具有化合物结构可设计性、材质较轻、生产成本低、加工性能好、便于制备大面积太阳能电池等优点。但由于有机小分子材料一般溶解性较差，因而在有机太阳能电池中一般采用蒸镀的方法来制备小分子薄膜层。

导电性聚合物材料的分子结构特征是含有大的 π 电子共轭体系，而聚合物材料的分子量影响着共轭体系的程度。材料的凝聚状态(非晶和结晶)、结晶度、晶面取向和结晶形态会对器件性能影响较大。主要的聚合物材料有聚对苯乙烯(PPV)、聚苯胺(PANl)和聚噻吩(PTH)及它们的衍生物等，如最常见的施主材料 P3HT 和受主材料 PCBM。

2)电极材料

为了提高太阳能电池器件中电子和空穴的输出效率，要求选用功函数尽可能低的材料作为阴极和功函数尽可能高的材料作为阳极。电极材料的选取对于确定电极与有机材料之间是否形成欧姆接触或整流接触有较大影响。

有机薄膜太阳能电池对材料的要求如下：吸收光谱范围较宽，吸收系数高，从而获得更多的太阳能；合适的 HOMO 能级和 LUMO 能级，既可以实现有效电荷分离又能保证有足够的 V_{oc}；分子具有较好的平面性，有利于分子堆积，有较高的空穴迁移率，从而有利于光生载流子的输运；有一定的分子自组装能力，可以通过溶液处理、热处理或者添加剂等办法，使活性层形成理想的形貌和优越的电荷传输网络状连续；有良好的溶解性，有利于溶液加工，同时具备优异的化学稳定性和光稳定性，从而具备实用价值。

10.4.3 钙钛矿太阳能电池

基于钙钛矿的太阳能电池已经在光伏领域掀起了一场以高效低成本器件为目标的新革命，美国加州大学洛杉矶分校(UCLA)的 Yang Yang 甚至把它称为新一代太阳能电池。因此，由近一年钙钛矿的迅猛发展速度可以预测，随着相关研究组的不断努力，完全有理由相信，综合利用结构工程、材料工程、界面工程、能带工程和入射光管理工程，有可能通过低成本的制备工艺大规模生产出转换效率极高的绿色、高效钙钛矿基太阳能新能源，真正成为新一代的低成本、绿色能源产业的主流产品。

在 2009 年试制时，Akihiro Kojima 首次将 $CH_3NH_3PbI_3$ 和 $CH_3NH_3PbBr_3$ 制备成量子点(9～10mm)应用到染料敏化太阳能电池(DSC)中，研究了在可见光范围内，该类材料敏化 TiO_2 太阳电池的性能，获得 3.8%的光电转换效率。

2011 年，研究者将实验方案进行了改进与优化，制备的 $CH_3NH_3PbI_3$ 量子点达到 2～3mm，电池效率增加了 1 倍达到 6.54%。

将 Spiro-OMeTAD 作为有机空穴传输材料应用到钙钛矿电池中，钙钛矿电池稳定性和工艺重复性得极大提高。

2013 年，随着工艺不断优化，钙钛矿太阳能电池的光电转换效率仅约半年时间就猛增至 15%。

2014 年，钙钛矿太阳电池的最高光电转换效率已接近 20%。

这种新型钙钛矿吸光材料的最大优点是它的吸光系数很大，吸光能力比传统染料高 10 倍以上，但目前其微观机理没有定论。

1. 钙钛矿材料结构

钙钛矿材料是一种具有 ABX_3 晶型的奇特结构，呈现出丰富多彩的物理性质，包括绝缘体、铁电、反铁磁、巨磁/庞磁效应，著名的是具有超导电性. 这种 ABX_3型钙钛矿结构以金属 Pb 原子为八面体核心、卤素 Br 原子为八面体顶角、有机甲氨基团位于面心立方晶格顶角位置，这种有机卤化物钙钛矿结构的特点如下。

卤素八面体共顶点连接，组成三维网络，根据泡利的配位多面体连接规则，此种结构比共棱、共面连接稳定。

共顶连接使八面体网络之间的空隙比共棱、共面连接时要大，允许较大尺寸离子填入，即使产生大量晶体缺陷，或者各组成离子的尺寸与几何学要求有较大出入时，仍然能够保持结构稳定，并有利于缺陷的扩散迁移。图 10-21 为常用的钙钛矿材料分子结构。

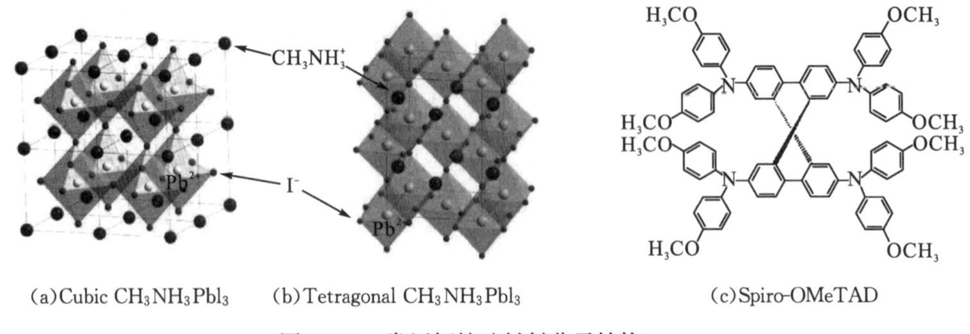

(a)Cubic $CH_3NH_3PbI_3$ (b)Tetragonal $CH_3NH_3PbI_3$ (c)Spiro-OMeTAD

图 10-21 常用钙钛矿材料分子结构

2. 钙钛矿电池典型电池结构

钙钛矿电池典型电池结构及能级示意图见图 10-22 所示。

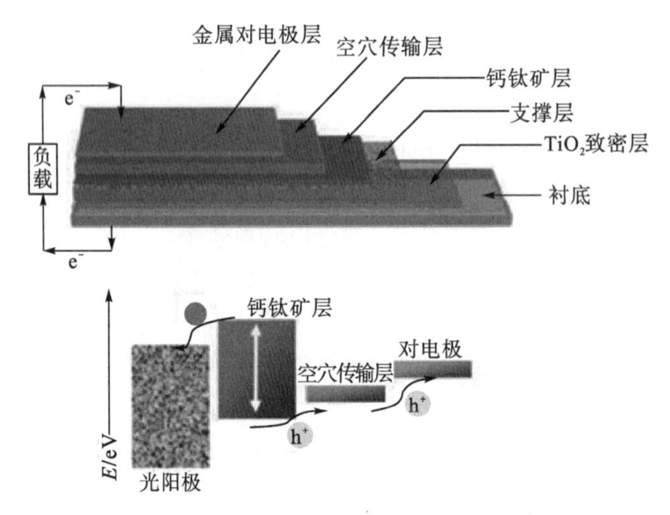

图 10-22 钙钛矿电池典型结构及能级示意图

3. 钙钛矿电池共组原理

在染料敏化电池中电子在电解液的输运性很差，$CH_3NH_3PbX_3$ 在电解液中的稳定性很差，因此在钙钛矿电池的结构中采用固体传输，克服这些不利条件。

有机物电池中，产生的激子的束缚能很大(约为 400meV)，这就需要很强的内建电场来分离激子，而钙钛矿电池激子束缚能只有 50～76meV。材料中的激子为瓦尼尔-莫特型，其意味着在室温下，光生电子-空穴对在材料内部便能实现分离，提高电池的开路电压。

钙钛矿电池的原理为在光照下光敏层产生激子，由于激子束缚能较小，在材料内部就可以发生分离，通过电子-空穴层的输运，最后被电极收集。

光敏层中的光物理过程如下：光吸收产生电子-空穴对，然后演变形成高度离域的瓦尼尔激子。其中一小部分会自发地形成自由载流子，激子和自由载流子共存，其动态数目根据它们寿命的变化而变化。激子的成双重组是很弱的。缺陷辅助的重组，在有些 $CH_3NH_3PbX_3$ 钙钛矿也会被抑制。由激子猝灭产生的电子和空穴的复合也是很微弱的。俄歇复合在这里是占主导地位的，在高泵入激励的条件下，自放大复合会和俄歇复合竞争。在低的光强下，俄歇和自放大复合会受到抑制。

图 10-23 为钙钛矿太阳电池能及和电子转移示意图。

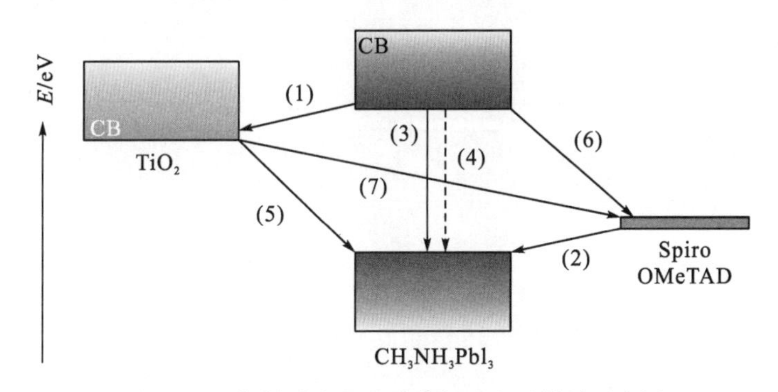

图 10-23　钙钛矿太阳电池能级和电子转移示意图

参考文献

安其霖，曹国琛，李国欣，1984. 太阳电池原理与工艺. 上海：上海科学技术出版社.

罗玉峰，2011. 光伏电池原理与工艺. 北京：中央广播电视大学出版社.

翁敏航，2013. 太阳能电池——材料、制造、检测技术. 北京：科学出版社.

肖旭东，杨春雷，2014. 薄膜太阳能电池. 北京：科学出版社.

熊绍珍，朱美芳，2009. 太阳能电池基础与应用. 北京：科学出版社.

杨德仁，2011. 太阳电池材料. 北京：化学工业出版社.